COURS D'ALGÈBRE

PARIS. — IMPRIMERIE E. CAPIOMONT ET Cie

57, RUE DE SEINE, 57

COURS D'ALGÈBRE

A L'USAGE DES ÉLÈVES

DE LA CLASSE DE MATHÉMATIQUES SPÉCIALES

ET DES CANDIDATS

A l'École normale supérieure et à l'École polytechnique

PAR

B. NIEWENGLOWSKI

Docteur ès sciences, ancien élève de l'École normale supérieure,
Ancien professeur de mathématiques spéciales au lycée Louis-le-Grand,
Ancien membre du Conseil supérieur de l'Instruction publique,
Inspecteur de l'Académie de Paris.

CINQUIÈME ÉDITION, ENTIÈREMENT REFONDUE

TOME PREMIER

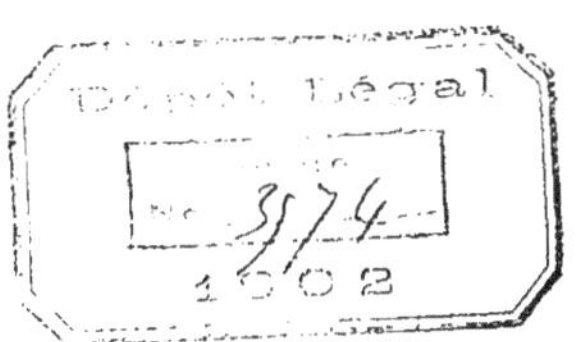

PARIS

LIBRAIRIE ARMAND COLIN

5, RUE DE MÉZIÈRES, 5

1902

AVERTISSEMENT

Dans cette nouvelle édition, entièrement refondue, l'ordre des matières du premier tome a été modifié; quelques additions ont été faites, entre autres le lecteur trouvera un chapitre nouveau résumant la théorie des nombres positifs et des nombres négatifs. Enfin quelques corrections rendront, je l'espère, cet ouvrage moins imparfait.

Plusieurs théories exposées dans ce Cours d'Algèbre ne font pas partie du programme actuel d'admission à l'École polytechnique; je les ai maintenues, parce que la connaissance de ces théories pourra rendre quelques services aux étudiants, même après leur réception à l'une de nos grandes Écoles. Ainsi, pour ne citer qu'un exemple, un élève qui aura lu la théorie élémentaire des fractions continues sera mieux armé pour étudier plus tard la théorie des engrenages.

J'ai conservé également le théorème de Sturm.

Le jeudi 20 décembre 1855, Liouville s'exprimait ainsi sur la tombe de son collègue :

« Prenez au hasard un des candidats à notre École polytechnique et demandez-lui ce que c'est que le théorème de Sturm; vous verrez s'il répondra! La question pourtant n'a jamais été exigée par aucun programme : elle est entrée d'elle-même dans l'enseignement, elle s'est imposée comme autrefois la théorie des couples. »

Depuis, le théorème de Sturm a figuré dans les programmes, mais en a bientôt disparu. Qui oserait affirmer encore aujourd'hui que tous nos élèves connaissent cette célèbre proposition énoncée par son illustre auteur en 1829! Espérons, du moins, que les meilleurs d'entre eux nous sauront gré de professer à leur égard la même opinion flatteuse que Liouville.

C'est à ces élèves que s'adressent la plupart des paragraphes rédigés en petits caractères; c'est pour eux que M. E. Borel a bien voulu rédiger une note (placée à la fin du tome II) résumant ses beaux travaux sur les séries divergentes, qui ont valu à ce jeune savant le grand prix des Sciences mathématiques décerné par l'Académie des Sciences.

En terminant, qu'il me soit permis d'adresser mes sincères remercîments aux Éditeurs de cet ouvrage, les dignes successeurs d'Armand Colin, qui ont bien voulu entreprendre cette édition entièrement renouvelée.

Septembre 1902.

B. NIEWENGLOWSKI.

COURS D'ALGÈBRE

CHAPITRE PREMIER

NOMBRES POSITIFS — NOMBRES NÉGATIFS

1. La théorie des nombres positifs et des nombres négatifs (qu'on nomme quelquefois nombres algébriques et aussi nombres qualifiés) est exposée dans tous les traités d'algèbre élémentaire ; nous ne ferons qu'en rappeler les points essentiels.

On appelle *nombre positif* l'ensemble formé par un nombre et le signe $+$ placé devant ce nombre ; *nombre négatif* l'ensemble formé par un nombre et le signe $-$ placé devant lui. Ainsi $+3$, $+\frac{4}{5}$ sont des nombres positifs ; -1, $-\frac{3}{7}$, $-\frac{15}{8}$ … sont des nombres négatifs. Dans ces exemples, 3, $\frac{4}{5}$, 1, $\frac{3}{7}$, $\frac{15}{8}$ … sont les *valeurs absolues* des nombres qualifiés considérés.

Le signe qui précède la valeur absolue se nomme le signe du nombre qualifié.

On dit que deux nombres qualifiés sont égaux quand ils ont le même signe et la même valeur absolue.

Deux nombres qualifiés ayant la même valeur absolue et des signes différents sont dits *opposés*, ou encore : *égaux et de signes contraires*. Les nombres, tels qu'on les considère en arithmétique, sont appelés *neutres*.

2. Comme il est arrivé plus d'une fois en mathématiques, la théorie des nombres négatifs a pris naissance dans l'indication d'une opération impossible. On a été conduit à poser, par définition,

$$a - b = -(b - a)$$

quand b surpasse a, a et b étant deux nombres neutres. Ainsi on convient de remplacer $3 - 7$ par $-(7 - 3)$, c'est-à-dire -4.

3. Addition. — *On appelle somme de deux nombres positifs ou négatifs, le nombre positif ou négatif obtenu en faisant la somme des* *valeurs absolues des deux nombres donnés quand ils ont le même signe et mettant alors devant le résultat le signe commun ; et, au contraire, en faisant la différence des valeurs absolues si les signes sont différents et mettant alors devant le résultat le signe de celui de ces deux nombres qui avait la plus grande valeur absolue.*

Pour éviter toute confusion, nous ferons usage de parenthèses. Ainsi la somme de $+ 4$ et de $- 7$ sera représentée par l'écriture

$$(+ 4) + (- 7).$$

On a ainsi, par exemple, en appliquant la convention que nous venons de rappeler

$$(+ 3) + (+ 5) = + 8$$
$$(- 3) + (- 5) = - 8$$
$$(+ 4) + (- 7) = - 3$$
$$(- 4) + (+ 7) = + 3.$$

Nous avons laissé de côté le cas où les valeurs absolues seraient égales et les signes contraires ; dans ce cas, on dit que la somme est nulle et l'on écrit, par exemple :

$$\left(+ \frac{3}{4}\right) + \left(- \frac{3}{4}\right) = 0.$$

On voit de plus que, réciproquement, la somme ne peut être égale à zéro que si les nombres sont opposés.

4. D'après ce qui précède, si α et β représentent deux nombres qualifiés, on a

$$\alpha + \beta = \beta + \alpha.$$

On convient encore que

$$\alpha + 0 = 0 + \alpha = \alpha.$$

5. Polynomes. — On nomme *polynome arithmétique* le nombre qu'on obtient en effectuant successivement, dans l'ordre indiqué, des additions et des soustractions, en supposant les soustractions toutes possibles.

Exemple :

$$8 - 5 + 2 + 7 - 3 ;$$

on trouve, en opérant successivement :

$$8 - 5 = 3 ; 3 + 2 + 7 = 12 ; 12 - 3 = 9.$$

Le nombre obtenu se nomme la valeur du polynome. Le polynome précédent a donc pour valeur 9.

Nous généraliserons cette définition en regardant un polynome comme une somme de nombres positifs ou négatifs. Ainsi le polynome considéré plus haut est équivalent à la *somme algébrique* suivante :

$$(+8) + (-5) + (+2) + (+7) + (-3).$$

(Le premier terme n'était, naturellement, précédé d'aucun signe, on l'a remplacé par un nombre positif de même valeur absolue).

Il est évident qu'en effectuant les *additions* suivant la règle indiquée plus haut, on retrouve le même résultat, en valeur absolue, (mais précédé du signe +).

$$(+8) + (-5) = +3; \quad (+3) + (+2) = +5; \quad (+5) + (+7) = +12;$$
$$(+12) + (-3) = +9.$$

On obtient $+9$, au lieu de 9.

On pourra considérer une suite de nombres telle que

$$-3 + 7 - 18 + 2 + 16 - 13$$

comme ayant la même signification que

$$(-3) + (+7) + (-18) + (+2) + (+16) + (-13)$$

et en appliquant la règle d'addition on obtient pour résultat -9. Nous dirons que le *polynome* précédent a pour valeur -9.

Les nombres placés entre parenthèses sont les *termes* des polynomes considérés.

6. Je dis maintenant que *la valeur d'un polynome est indépendante de l'ordre de ses termes.*

Pour établir cette proposition importante, rappelons d'abord que la différence de deux nombres ne change pas quand on les augmente tous deux d'un même nombre.

Soient a, b deux nombres *neutres*, c'est-à-dire deux nombres arithmétiques ; supposons $a > b$ et soit d leur différence : on a

$$a = b + d$$

donc

$$a + c = b + d + c = b + c + d = (b + c) + d;$$

ce qui prouve que la différence des deux nombres $a + c$ et $b + c$ est la même que celle des nombres donnés a et b.

Si au contraire on suppose $a < b$, on a par définition

$$a - b = -(b - a),$$

il suffit donc d'appliquer le théorème à la différence $b - a$.

On voit en même temps que la différence de deux nombres ne change pas quand on les diminue d'un troisième nombre que nous supposerons d'ailleurs plus petit que chacun des nombres donnés.

Cela étant, désignons par P la somme des valeurs absolues des termes positifs d'un polynome donné, et par N la somme des valeurs absolues de ses termes négatifs. Je dis que la valeur algébrique du polynome est égale à P — N.

Pour le prouver, il suffit de remarquer qu'en effectuant successivement les additions algébriques indiquées, on remplace chaque fois un polynome par un autre dans lequel la différence P — N est remplacée par une différence égale.

Ainsi, dans le polynome :

$$(-3) + (+7) + (-18) + (+2) + (-5) + (-4) + (+6),$$
$$P = 7 + 2 + 6, \quad N = 3 + 18 + 5 + 4 ;$$

on effectue une première opération qui remplace $(-3) + (+7)$ par $+4$, ce qui donne comme second polynome

$$(+4) + (-18) + (+2) + (-5) + (-4) + (+6)$$

dans lequel

$$P' = 4 + 2 + 6$$
$$N' = 18 + 5 + 4.$$

Or il est visible que

$$P' = P - 3, \quad N' = N - 3,$$

donc

$$P' - N' = P - N.$$

Quand on arrive à un polynome dont deux ou plusieurs termes consécutifs à partir du premier ont le même signe, on passe à un polynome suivant dans lequel la somme des valeurs absolues des termes positifs et celle des termes négatifs conservent leurs valeurs respectives. On arrivera ainsi finalement à un polynome n'ayant plus que deux termes et dont la valeur, qui est précisément celle du polynome proposé, est évidemment égale à P — N.

Aussi dans l'exemple précédent on a successivement

$$P = 7 + 2 + 6 \qquad N = 3 + 18 + 5 + 4$$
$$P' = 4 + 2 + 6 \qquad N' = 18 + 5 + 4$$
$$P'' = 2 + 6 \qquad N'' = 14 + 5 + 4$$
$$P''' = 6 \qquad N''' = 12 + 5 + 4$$
$$P^{IV} = 6 \qquad N^{IV} = (12 + 5) + 4$$
$$P^{V} = 6 \qquad N^{V} = (12 + 5 + 4).$$

On a

$$P - N = P^v - N^v = - 15$$

et le polynome a bien pour valeur — 15.

7. Polynomes algébriques. — On appelle *polynome algébrique* toute expression de la forme

$$a + b + c + d + \ldots + h$$

dans laquelle a, b, c, d, ... h désignent des nombres positifs ou négatifs.

Un polynome qui n'a que deux termes s'appelle un binome; celui qui en a trois, un trinome, etc.; un terme isolé s'appelle souvent un monome.

8. Addition des polynomes. — Soient A et B deux polynomes. Quand on remplace les lettres qui y figurent par des membres positifs ou négatifs donnés, chacun d'eux devient égal à un nombre positif ou négatif. On peut trouver un polynome dont la valeur soit toujours égale à la somme algébrique des deux polynomes donnés, quelles que soient les valeurs numériques attribuées aux lettres qui y figurent. Il suffit pour cela de former un polynome ayant pour termes l'ensemble des termes de chacun des deux polynomes avec leurs signes respectifs.

Soient

$$A = a + b + c \qquad B = d + e + f + g$$

les deux polynomes donnés.

Quelles que soient les valeurs numériques attribuées aux lettres, si l'on représente par les mêmes lettres accentuées ces valeurs, correspondant à une hypothèse particulière, de sorte que

$$a' + b' + c' = A' \qquad d' + e' + f' + g' = B'$$

on a (5)

$$\begin{aligned}
A' + B' &= a' + b' + c' + B' \\
&= B' + a' + b' + c' \\
&= d' + e' + f' + g' + a' + b' + c' \\
&= a' + b' + c' + d' + e' + f' + g'.
\end{aligned}$$

Il en résulte que la valeur du polynome

$$a + b + c + d + e + f + g$$

sera bien la somme des valeurs des polynomes donnés.

On étend la règle à un nombre quelconque de polynomes.

9. Soustraction. — *Par définition, retrancher d'un nombre qualifié un autre nombre qualifié, c'est en trouver un troisième qui, ajouté au second, reproduise le premier.*

Soient α et β deux nombres qualifiés. Il s'agit d'en trouver un troisième x tel que

$$x + \beta = \alpha.$$

1° Supposons que α et β aient des signes différents. Dans ce cas, x ne peut avoir le signe de β, car le signe du premier membre serait encore celui de β et par suite les deux membres auraient des signes contraires; x doit donc avoir le signe de α. Si $\alpha = + a$ et $\beta = - b$, la solution est évidemment $x = + (a + b) = (+ a) + (+ b)$.

Si $\alpha = - a$ et $\beta = + b$, alors $x = - x'$, x' désignant sa valeur absolue, qui est déterminée par l'équation $b - x' = - a$, ce qui exprime que $x' = b + a$; donc $x = - (a + b) = (- a) + (- b)$.

2° Supposons α et β positifs, $\alpha = + a$, $\beta = + b$; alors $x = \alpha - \beta$. Cela est évident si $\alpha > \beta$. Quand $\alpha < \beta$, x doit être négatif; donc en posant $x = - x'$, on doit avoir $\beta - x' = \alpha$ ou $x' = \beta - \alpha$, et par suite $x = - (\beta - \alpha) = \alpha - \beta = (+ a) + (- b)$.

3° Enfin, soient $\alpha = - a$, $\beta = - b$. On doit avoir $x - b = - a$, ce qui signifie que $b = x + a$. On est ainsi ramené au second cas, et $x = b - a = (- a) + (+ b)$.

4° En dernier lieu si $\alpha = \beta$, $x = 0$.

Il résulte de cette discussion qu'on a :

$$(+ a) - (+ b) = (+ a) + (- b)$$
$$(+ a) - (- b) = (+ a) + (+ b)$$
$$(- a) - (+ b) = (- a) + (- b)$$
$$(- a) - (- b) = (- a) + (+ b).$$

Exemple :

$$(- 7) - (- 12) = (- 7) + (+ 12) = + (12 - 7) = + 5$$
$$(- 12) - (- 7) = (- 12) + (+ 7) = - (12 - 7) = - 5.$$

On voit ainsi que si a et b désignent deux nombres qualifiés on a, dans tous les cas :

$$a - b = - (b - a).$$

10. Soustraction des polynomes. — *Retrancher un polynome* B *d'un polynome* A, *c'est trouver un polynome* C, *tel que*

$$B + C = A.$$

On voit immédiatement qu'on obtient le polynome cherché C en ajoutant à A le polynome obtenu en changeant tous les signes des termes de B.

Soit, par exemple :

$$A = 3 - 5 + 7 + 4 \qquad B = 2 - 8 - 1,$$

on a

$$3 - 5 + 7 + 4 - 2 + 8 + 1 + 2 - 8 - 1 = 3 - 5 + 7 + 4,$$

donc

$$C = 3 - 5 + 7 + 4 - 2 + 8 + 1.$$

On écrit $A - B$ pour représenter le polynome C.

Remarque. — L'égalité

$$2 - 8 - 1 - 2 + 8 + 1 = 0$$

peut s'écrire

$$B + B' = 0;$$

en désignant par B le polynome

$$-2 + 8 + 1$$

on peut donc poser

$$B' = -B$$

et par suite $-B$ désigne le polynome qu'on déduit de B quand on y change les signes de tous les termes.

Retrancher du polynome A le polynome B revient à lui ajouter le polynome $-B$.

11. Multiplication.

Par définition :

$$
\begin{aligned}
(+a) \times (+b) &= +ab \\
(+a) \times (-b) &= -ab \\
(-a) \times (+b) &= -ab \\
(-a) \times (-b) &= +ab .
\end{aligned}
$$

Ces égalités conventionnelles sont valables si les lettres a et b désignent elles-mêmes des nombres positifs ou négatifs.

D'après ces égalités, le produit de deux facteurs ne change pas quand on intervertit l'ordre de ces deux facteurs.

On peut encore remarquer que le produit a le signe du premier facteur quand le second a le signe $+$, et le signe contraire à celui du premier facteur quand le second a le signe $-$.

On passe de là au produit d'un nombre quelconque des facteurs : c'est, par définition, le nombre obtenu en multipliant le premier facteur par le second, le résultat trouvé par le troisième facteur, et ainsi de suite. En tenant compte de la remarque précédente on voit que ce résultat obtenu est un nombre dont la valeur absolue est égale au produit des valeurs absolues des facteurs donnés et dont le signe est $+$ quand le nombre des facteurs négatifs est pair et $-$ quand ce nombre est impair.

On déduit de là que l'on peut intervertir à volonté l'ordre des facteurs, le résultat obtenu reste le même. Par suite, tous les théorèmes démontrés en arithmétique s'étendent aux produits de facteurs positifs ou négatifs.

Remarquons encore que la condition nécessaire et suffisante pour qu'un produit soit égal à 0 est que sa valeur absolue soit égale à 0, et par suite que l'un des facteurs soit nul. Il s'agit, bien entendu, de facteurs ayant chacun une valeur déterminée.

12. Puissances. — La puissance n d'un nombre est le produit de n facteurs égaux à ce nombre ; il résulte de ce qui précède que

$$(+ a)^n = + a^n$$

et que

$$(- a)^n = + a^n \qquad \text{si } n \text{ est pair}$$
$$(- a)^n = - a^n \qquad \text{si } n \text{ est impair.}$$

On a de même

$$(- 1)^n = + 1 \qquad \text{si } n \text{ est pair}$$
$$(- 1)^n = - 1 \qquad \text{si } n \text{ est impair,}$$

en outre

$$(ab)^n = a^n \times b^n \, ;$$

or, on peut écrire

$$- a = a \times (- 1),$$

donc, d'une manière générale

$$(- a)^n = a^n \times (- 1)^n = (- 1)^n a^n .$$

Toute puissance paire (c'est-à-dire dont l'exposant est pair) d'un nombre est positive ; toute puissance impaire a le signe du nombre : ainsi, par exemple.

$$(- a)^{2n} = + a^{2n}, \quad (- a)^{2n+1} = - a^{2n+1}.$$

Nous représenterons souvent par ε l'unité positive ou négative, c'est-à-dire $+ 1$ ou $- 1$, quand on supposera choisie l'une des deux déterminations sans toutefois spécifier laquelle.

D'après cela, un nombre quelconque pourra s'écrire εa, a étant sa valeur absolue.

En outre nous désignerons généralement la valeur absolue d'un nombre par ce nombre placé entre deux traits, comme par exemple $|-3|$ qui signifie 3.

D'après cela $\varepsilon\,|x|$ a le signe de ε, quel que soit le signe de x.

13. Division. — *Diviser un nombre par un autre c'est en trouver un troisième qui, multiplié par le second, reproduise le premier.*

Soit à trouver un nombre qualifié x tel que

$$\varepsilon b \times x = \varepsilon' a,$$

a et b étant les valeurs absolues des deux nombres εb et $\varepsilon' a$, et $\varepsilon = \pm 1$, $\varepsilon' = \pm 1$. Les deux membres doivent avoir la même valeur absolue. Donc, pourvu qu'on suppose $b \neq 0$, on a $x = \varepsilon'' \dfrac{a}{b}$, ε'' étant ± 1. On a donc à déterminer ε'' de façon que

$$\varepsilon \times \varepsilon'' = \varepsilon'.$$

Si $\varepsilon' = +1$, il faut prendre $\varepsilon'' = \varepsilon$ et si $\varepsilon' = -1$, $\varepsilon'' = -\varepsilon$.

L'équation proposée a donc toujours une solution positive ou négative, et une seule, si $b \neq 0$. — On est ainsi conduit aux règles suivantes :

$$(+\,a) : (+\,b) = +\,(a : b)$$
$$(+\,a) : (-\,b) = -\,(a : b)$$
$$(-\,a) : (+\,b) = -\,(a : b)$$
$$(-\,a) : (-\,b) = +\,(a : b).$$

Le quotient d'un nombre par un autre est encore ce qu'on appelle une *fraction*. On conserve la même notation qu'en arithmétique, on a donc, par définition :

$$\frac{+\,a}{+\,b} = +\,\frac{a}{b}$$
$$\frac{+\,a}{-\,b} = -\,\frac{a}{b}$$
$$\frac{-\,a}{+\,b} = -\,\frac{a}{b}$$
$$\frac{-\,a}{-\,b} = +\,\frac{a}{b}.$$

Il résulte de là qu'une fraction ne change pas de valeur quand on change les signes de ses deux termes, c'est-à-dire quand on multiplie chacun de ses termes par -1. Plus généralement, on peut multiplier les deux termes par un même nombre, car les valeurs absolues sont alors multipliées par la valeur absolue de ce nombre et les signes sont conservés ou changés tous les deux suivant que le multiplicateur est positif ou négatif.

On peut donc étendre aux fractions algébriques la théorie des fractions arithmétiques.

14. Multiplication des polynomes.

1° *Multiplication d'un polynome par un nombre.* — Supposons d'abord que le multiplicateur soit un nombre entier positif, et soit à multiplier le polynome $a + b + c$ par 3, on a, en conservant la définition de la multiplication par un nombre entier,

$$(a + b + c)\,3 = (a + b + c) + (a + b + c) + (a + b + c)$$
$$= a \times 3 + b \times 3 + c \times 3.$$

On déduit de là

$$\left(\frac{a}{5} + \frac{b}{5} + \frac{c}{5}\right) 5 = \frac{a}{5} \times 5 + \frac{b}{5} \times 5 + \frac{c}{5} \times 5 = a + b + c,$$

donc

$$\frac{a}{5} + \frac{b}{5} + \frac{c}{5} = \frac{a + b + c}{5};$$

on en tire

$$(a + b + c)\frac{3}{5} = \left(\frac{a}{5} + \frac{b}{5} + \frac{c}{5}\right) 3 = \frac{a}{5} \times 3 + \frac{b}{5} \times 3 + \frac{c}{5} \times 3$$
$$= a \times \frac{3}{5} + b \times \frac{3}{5} + c \times \frac{3}{5};$$

on a donc, si m désigne un nombre positif,

$$(a + b + c)\,m = a \times m + b \times m + c \times m.$$

Il reste à étendre cette formule au cas où le multiplicateur est négatif.

Soit à multiplier le polynome A par $- m$, m étant positif on a :

$$A \times (- m) = - (A \times m),$$

il suffit donc de multiplier tous les termes de A par m et de changer ensuite les signes du résultat, ce qui revient à multiplier tous les termes par $- m$. Donc on a, quel que soit le signe de m :

$$(a + b + c)\,m = am + bm + cm.$$

2° *Multiplication d'un polynome par un polynome.*
Soient

$$A = a + b + c \qquad\qquad B = d + e + f + g$$

deux polynomes donnés,

on a

$$A \times B = (a + b + c) B = a \times B + b \times B + c \times B$$
$$= B \times a + B \times b + B \times c$$
$$= (d + e + f + g) a + (d + e + f + g) b + (d + e + f + g) c.$$

On obtient aussi pour résultat la somme des produits de chaque terme du premier polynome par chaque terme du second. Ce qu'on peut écrire sous forme abrégée, le signe Σ désignant une somme de termes :

$$\Sigma a \times \Sigma b = \Sigma ab.$$

15. Comparaison des nombres. — Quand il s'agit de nombres a, b déterminés, l'égalité $a = b$ représente la même chose que celle-ci : $a - b = 0$.

Quels que soient les nombres positifs ou négatifs a et b, on dit que

$$a > b$$

quand la différence $a - b$ est un nombre positif.

Au contraire, on dira que $a < b$ si $a - b$ est un nombre négatif.

Quand $a - b$ est positif, $b - a$ est négatif, donc $a > b$ signifie la même chose que $b < a$.

D'après cela, un nombre positif est, *par définition*, plus grand que 0. Ainsi on a

$$(+ 4) - 0 = + 4.$$

Au contraire, un nombre négatif est plus petit que 0.
Exemple :

$$(- 3) - 0 = - 3.$$

Un nombre positif est plus grand qu'un nombre négatif : ainsi
$(+ 3) - (- 11) = 3 + 11 = 14.$

Soient $(- a)$ et $(- b)$, deux nombres négatifs, on a :

$$(- a) - (- b) = b - a;$$

ce résultat est positif si $b > a$; négatif si $b < a$; égal à zéro si $b = a$.

Dans le premier cas $(- a) > (- b)$; dans le second $(- a) < (- b)$ et dans le troisième $(- a) = (- b)$.

Ainsi, au point de vue de l'algèbre, la suite

$$- 3, - 2, - 1, 0, + 1, + 2, + 3, \ldots$$

est une suite croissante.

Mais il importe de ne pas oublier en vertu de quelles définitions ces résultats sont établis et de remarquer que le point de vue algébrique n'est pas le même que le point de vue arithmétique. Ainsi, on a

$$\frac{+ 1}{- 1} = \frac{- 1}{+ 1},$$

car chacun des deux membres a pour valeur — 1.

On ferait une étrange confusion (qui a été faite du temps de Descartes) si l'on raisonnait ainsi : « Dans la première fraction, le numérateur est plus grand que le dénominateur, et par suite cette fraction est plus grande que 1 ; le numérateur de la seconde est plus petit que son dénominateur, donc la seconde fraction est plus petite que 1 et l'égalité serait absurde ! »

Rappelons encore que si l'on multiplie les deux membres d'une inégalité par un même nombre, on obtient une inégalité de même sens que la première quand le multiplicateur est positif, de sens contraire quand le multiplicateur est négatif.

En effet, supposons m positif et soit $a > b$; on a $a - b > 0$; donc $m (a - b) > 0$, ou $ma - mb > 0$, et par suite $ma > mb$. Si l'on suppose m négatif, alors $m (a - b) < 0$ et par suite $ma < mb$.

16. Soient x et y deux nombres variables, et soient a, b deux nombres déterminés. Si à tout nombre positif α, aussi petit d'ailleurs qu'on voudra, correspond un nombre positif β tel que les inégalités

$$a - \beta < x < a + \beta$$

entraînent celles-ci :

$$b - \alpha < y < b + \alpha,$$

on dit que y a pour limite b quand x tend vers a. Les deux inégalités précédentes pourraient s'écrire encore

$$| x - a | < \beta \qquad | y - b | < \alpha.$$

Il faut observer qu'il ne faut pas se contenter d'écrire $y - b < \alpha$, car cette inégalité serait vérifiée si $y - b$ était négatif, c'est-à-dire si $y < b$ et cette seule condition n'exprimerait évidemment pas que y a pour limite b.

Si $b = 0$, on dira que y est infiniment petit quand x tend vers a. Et si l'on suppose $a = 0$ et $b = 0$, on dira que y est infiniment petit en même temps que x.

En second lieu, si à tout nombre positif α correspond un nombre positif N tel que l'inégalité

$$x > N$$

entraîne celles-ci :

$$b - \alpha < y < b + \alpha,$$

ou, ce qui revient au même,

$$| y - b | < \alpha,$$

on dit que y a pour limite b quand x grandit indéfiniment par valeurs positives.

Si à tout nombre positif α correspond un nombre positif N tel que l'inégalité

$$x < - N$$

entraîne

$$| y - b | < \alpha,$$

on dit encore que y a pour limite b quand x grandit indéfiniment par valeurs négatives, c'est-à-dire quand il décroît algébriquement et indéfiniment.

17. On appelle polynome entier en x un polynome dont tous les termes sont proportionnels à des puissances entières d'une même lettre x, c'est-à-dire de la forme

$$a_0 x^n + a_1 x^{n-1} + a_2 x^{n-2} + \ldots + a_n$$

$a_0, a_1, a_2, \ldots a_n$ étant des nombres positifs ou négatifs donnés et n un entier quelconque.

Quand tous les termes sont ainsi rangés de façon que les exposants de x aillent en décroissant, on dit que le polynome est ordonné suivant les puissances décroissantes de x. En rangeant les termes en sens contraire, le polynome serait ordonné suivant les puissances croissantes.

Nous supposerons connues les règles relatives à l'addition, à la soustraction et à la multiplication des polynomes ordonnés et nous renverrons, pour ces questions, le lecteur aux traités d'algèbre élémentaire.

CHAPITRE II

PROPRIÉTÉS DES POLYNOMES ORDONNÉS — CONDITIONS POUR QUE DEUX POLYNOMES ENTIERS EN x AIENT DES VALEURS ÉGALES POUR TOUTES LES VALEURS DE x.

1. Théorème. — *Étant donné un polynome* $f(x)$, *entier et ne renfermant pas de terme constant ; à tout nombre positif* α *correspond un nombre positif* β *tel que les inégalités*

$$-\beta < x < \beta$$

entraînent les suivantes :

$$-\alpha < f(x) < \alpha.$$

Soit

$$f(x) = a_1 x + a_2 x^2 + \ldots + a_n x^n$$

$a_1, a_2, \ldots a_n$ étant des nombres donnés, dont quelques-uns peuvent être nuls. Donnons à x une valeur numérique dont la valeur absolue soit égale à ρ, et soit R la valeur absolue correspondante de $f(x)$. Si l'on désigne par A, la plus grande des valeurs absolues des coefficients de $f(x)$, on a évidemment :

$$\text{R} \leqslant \text{A} (\rho + \rho^2 + \rho^3 + \dots \rho^n)$$

ou

$$\text{R} \leqslant \text{A} \frac{\rho - \rho^{n+1}}{1 - \rho}.$$

et *a fortiori*, en supposant $\rho < 1$:

$$\text{R} < \frac{\text{A} \rho}{1 - \rho}.$$

Pour résoudre cette inégalité, en tenant compte de l'hypothèse $\rho < 1$, il suffit de supposer :

$$\rho < \frac{\alpha}{\text{A} + \alpha};$$

mais la fraction $\dfrac{\alpha}{\text{A} + \alpha}$ est inférieure à 1; donc, si l'on pose

$$\beta = \frac{\alpha}{\text{A} + \alpha}$$

l'inégalité $\rho < \beta$ entraînera l'inégalité $\text{R} < \alpha$; en d'autres termes, pour toutes les valeurs de x comprises entre $\dfrac{-\alpha}{\text{A} + \alpha}$ et $\dfrac{+\alpha}{\text{A} + \alpha}$ la valeur absolue de $f(x)$ sera inférieure à α.

Le nombre α pouvant être supposé aussi petit qu'on veut, on peut énoncer le théorème sous cette forme :

Tout polynome entier $f(x)$, sans terme indépendant, est infiniment petit en même temps que la variable x.

2. Théorème. — *Quand un polynome entier en x est ordonné suivant les puissances croissantes de x, on peut assigner un nombre β tel que x ayant une valeur quelconque comprise entre $-\beta$ et $+\beta$ le signe de $f(x)$ soit celui de son premier terme.*

Soit, en effet,

$$f(x) = a_p x^p + a_{p+1} x^{p+1} + \dots + a_n x^n$$

le polynome donné.

On a :

$$\frac{f(x)}{a_p x^p} = 1 + \frac{a_{p+1}}{a_p} x + \dots + \frac{a_n}{a_p} x^{n-p}$$

ou

$$\frac{f'(x)}{a_p x^p} = 1 + \varphi(x).$$

$\varphi(x)$ désignant un polynome ayant pour limite zéro quand x tend vers zéro. D'après le théorème précédent, on peut déterminer un nombre β tel que x étant compris entre $-\beta$ et $+\beta$, la valeur absolue de $\varphi(x)$ soit moindre que l'unité. Pour les valeurs considérées de x, le quotient $\dfrac{f'(x)}{a_p x^p}$ sera positif, par suite le polynome et son premier terme auront le même signe.

Remarque. — Il résulte de ce qui précède que le rapport du polynome à son terme de degré le moins élevé a pour limite l'unité quand x tend vers zéro.

3. Théorème. — *Quand un polynome entier en x est ordonné suivant les puissances décroissantes de x, on peut assigner un nombre positif* B, *tel que le polynome et son premier terme aient le même signe, dès que la valeur absolue de x surpasse* B.

Soit :

$$f(x) = a_0 x^n + a_1 x^{n-1} + \ldots + a_n$$

le polynome donné. On a :

$$\frac{f(x)}{a_0 x^n} = 1 + \frac{a_1}{a_0}\frac{1}{x} + \frac{a_2}{a_0}\frac{1}{x^2} + \ldots + \frac{a_n}{a_0}\frac{1}{x^n}.$$

Si l'on pose $\dfrac{1}{x} = z$, on peut écrire

$$\frac{f(x)}{a_0 x^n} = 1 + \varphi(z)$$

où $\varphi(z)$ désigne le polynome :

$$\frac{a_1}{a_0} z + \frac{a_2}{a_0} z^2 + \ldots + \frac{a_n}{a_0} z^n.$$

Lorsque x augmente indéfiniment en valeur absolue, z tend vers zéro et réciproquement ; il en est donc de même du polynome $\varphi(z)$, autrement dit (1), il existe un nombre β tel que l'on ait :

$$-1 < \varphi(z) < 1$$

et, par suite,

$$\frac{f(x)}{a_0 x^n} > 0,$$

pour toutes les valeurs de z comprises entre $-\beta$ et $+\beta$, c'est-à-dire si l'on a : $x > \dfrac{1}{\beta}$ ou $x < -\dfrac{1}{\beta}$; il suffit donc de prendre B $= \dfrac{1}{\beta}$.

On voit, d'après ce qui précède, que quand x augmente indéfiniment, en valeur absolue, le rapport d'un polynome à son terme de degré le plus élevé a pour limite l'unité.

4. Théorème. — *Étant donné un polynome entier en x, si A désigne un nombre positif donné arbitrairement, il existe un nombre positif B' tel que la valeur absolue du polynome surpasse A dès que la valeur absolue de x surpasse B'.*

Désignons par ρ la valeur absolue de x, par r_p la valeur absolue de a_p et par R la valeur absolue de $f(x)$. On peut regarder $f(x)$ comme la somme de deux parties :

$$a_0 x^n \text{ et } a_1 x^{n-1} + a_2 x^{n-2} + \ldots + a_n.$$

La valeur absolue d'une somme de deux nombres étant plus grande que la différence de leurs valeurs absolues, on a :

$$R > r_0 \rho^n - (r_1 \rho^{n-1} + r_2 \rho^{n-2} + \ldots + r_{n-1} \rho + r_n).$$

L'inégalité $R > A$ sera donc vérifiée si l'on a :

$$r_0 \rho^n - (r_1 \rho^{n-1} + r_2 \rho^{n-2} + \ldots + r_{n-1} \rho + r_n) > A,$$

ou

$$r_0 \rho^n - [r_1 \rho^{n-1} + r_2 \rho^{n-2} + \ldots + r_{n-1} \rho + (r_n + A)] > 0.$$

Si l'on appelle r le plus grand des nombres positifs

$$r_1, r_2, \ldots r_{n-1}, r_n + A,$$

l'inégalité précédente sera vérifiée *a fortiori*, si l'on a :

$$r_0 \rho^n - r[\rho^{n-1} + \rho^{n-2} + \ldots + \rho + 1] > 0,$$

ou

$$r_0 \rho^n - r \frac{\rho^n - 1}{\rho - 1} > 0.$$

Or, le premier membre de cette dernière inégalité est égal à

$$\rho^n \left[r_0 - \frac{r}{\rho - 1} \right] + \frac{r}{\rho - 1}.$$

Il suffit de poser

$$r_0 - \frac{r}{\rho - 1} > 0,$$

d'où

$$\rho > 1 + \frac{r}{r_0}.$$

Les inégalités précédentes seront évidemment toutes vérifiées si la dernière est vérifiée. Si l'on prend $B' = 1 + \dfrac{r}{r_0}$, dès que la valeur absolue de x surpassera B', celle du polynome donné surpassera A.

5. Remarque. — Si l'on nomme B'' le plus grand des deux nombres B et B' déterminés comme on vient de le faire, dès que la valeur absolue de x surpasse B'', le polynome et son premier terme conservent le même signe, et la valeur absolue du polynome surpasse A.

Pour abréger le langage, on dit que, quand x est infini positif ou négatif, $f(x)$ est lui-même infini et a le même signe que son premier terme.

En supposant $a_0 > 0$, on écrit :

$$f(+\infty) = +\infty,$$

et : 1° lorsque n est pair :

$$f(-\infty) = +\infty ;$$

2° quand n est impair :

$$f(-\infty) = -\infty.$$

Les signes doivent être changés dans les seconds membres si l'on suppose $a_0 < 0$.

6. Théorème. — *Pour qu'un polynome entier en x soit nul, quelle que soit la valeur attribuée à x, il faut et il suffit que tous ses coefficients soient nuls.*

Supposons qu'on ait :

$$f(x) \equiv a_0 x^n + a_1 x^{n-1} + a_2 x^{n-2} + \ldots + a_{n-1} x + a_n \equiv 0.$$

Le signe $\equiv$ indiquant que l'égalité précédente doit avoir lieu pour toutes les valeurs de x.

Pour $x = 0$ le polynome se réduit à a_n, donc $a_n = 0$; on doit donc avoir :

$$x(a_0 x^{n-1} + a_1 x^{n-2} + \ldots + a_{n-2} x + a_{n-1}) \equiv 0.$$

Je dis maintenant que $a_{n-1} = 0$. En effet, supposons a_{n-1} différent de zéro; on pourrait alors déterminer un nombre α tel que pour toutes les valeurs de x comprises entre $-\alpha$ et $+\alpha$ le polynome

$$a_0 x^{n-1} + \ldots + a_{n-2} x + a_{n-1}$$

eût le signe de a_{n-1}, et, par suite, fût différent de zéro; si x_0 est un nombre quelconque compris entre $-\alpha$ et $+\alpha$, le produit

$$x_0(a_0 x_0^{n-1} + \ldots + a_{n-1})$$

composé de deux facteurs différents de zéro serait différent de zéro, ce qui est contraire à l'hypothèse $f(x_0) = 0$. Donc, $a_{n-1} = 0$ et $f(x)$ se réduit à

$$a_0 x^n + a_1 x^{n-1} + \ldots + a_{n-2} x^2$$

qu'on peut remplacer par le produit

$$x^2 (a_0 x^{n-2} + a_1 x^{n-3} + \ldots + a_{n-2}).$$

Un raisonnement identique au précédent prouve que $a_{n-2} = 0$ et ainsi de suite; donc si $f(x) \equiv 0$ tous les coefficients de $f(x)$ sont nuls. La réciproque est évidente.

Autre démonstration. — On peut donner du théorème précédent une démonstration très simple, due à M. G. Sannia (*Supplemento al periodico di Matematica*, mars 1902).

Supposons le théorème vrai pour un polynome de degré $n-1$: je dis alors qu'il subsiste pour le degré n.

Soit

$$a_0 x^n + a_1 x^{n-1} + \ldots + a_{n-1} x + a_n \equiv 0. \qquad (1)$$

Ce polynome sera encore nul si l'on remplace x par $2x$, ce qui donnera

$$2^n a_0 x^n + 2^{n-1} a_1 x^{n-1} + \ldots + 2 a_{n-1} x + a_n \equiv 0. \qquad (2)$$

On obtiendra encore une identité en retranchant membre à membre après avoir multiplié les deux membres de (1) par 2^n, ce qui donne :

$$\left(2^n - 2^{n-1}\right) a_1 x^{n-1} + \left(2^n - 2^{n-2}\right) a_2 x^{n-2} + \ldots \left(2^n - 2\right) a_{n-1} x + \left(2^n - 1\right) a_n \equiv 0,$$

ce polynome étant du degré $n-1$ ne peut être identiquement nul que si tous ses coefficients sont nuls, ce qui donne

$$a_1 = 0, \quad a_2 = 0, \quad \ldots a_{n-1} = 0, \quad a_n = 0.$$

Le polynome proposé se réduit donc à $a_0 x^n$ et comme il doit être nul, quel que soit x, par exemple, pour $x = 1$, on a $a_0 = 0$. Or le théorème est évident si $n = 1$; il est donc vrai pour $n = 2$, puis pour $n = 3$, et ainsi de suite.

7. Généralisation du théorème précédent. — Un polynome entier à plusieurs variables $x, y, z \ldots$ est une somme de termes de la forme $\pm A x^n y^p z^q \ldots$, où A est un coefficient indépendant de $x, y, z \ldots$ et $n, p, q \ldots$ des entiers dont la somme peut atteindre, sans le dépasser, un entier donné qui est le degré du polynome. Si tous les termes sont de même degré, le polynome est *homogène*.

On démontre le théorème pour un polynome à un nombre quelconque de variables, en faisant voir que s'il est vrai pour p variables, il l'est encore pour $p + 1$.

Pour plus de simplicité dans l'écriture, considérons un polynome de second degré à 3 variables x, y, z :

$$A x^2 + A' y^2 + A'' z^2 + 2B yz + 2B' zx + 2B'' xy + 2C x + 2C' y + 2C'' z + D.$$

Si l'on ordonne par rapport à x, on a :

$$A x^2 + 2(B'' y + B' z + C) x + A' y^2 + A'' z^2 + 2B yz + 2C' y + 2C'' z + D.$$

Donnons à y et z des valeurs déterminées. Ce polynome étant nul quel que soit x, par hypothèse, on doit avoir

$$A = 0; \qquad B''y + B'z + C = 0;$$
$$A'y^2 + A''z^2 + 2Byz + 2C'y + 2C''z + D = 0.$$

Ces égalités doivent avoir lieu quelles que soient les valeurs attribuées à y et à z. Si l'on admet le théorème vrai pour deux variables, on voit que tous les coefficients du polynome donné doivent être nuls, c'est-à-dire que le théorème est vrai pour 3 variables.

Or le théorème est vrai pour une variable, il l'est donc pour 2, etc., donc il est vrai quel que soit le nombre des variables.

Dans l'exemple précédent, pour passer du cas d'une seule variable au cas de 2, en donnant à y, par exemple, une valeur déterminée, on devrait avoir :

$$B' = 0, \ B''y + C = 0; \ A'' = 0, \ By + C'' = 0, \ A'y^2 + 2C'y + D = 0.$$

Ces égalités devant avoir lieu quelle que soit la valeur de y, on arrive bien au résultat annoncé.

La proposition s'étend à un polynome homogène. Par exemple,

si $\qquad Ax^2 + A'y^2 + A''z^2 + 2Byz + 2B'zx + 2B''xy \equiv 0$

quels que soient x, y, z; en posant $z = 1$, et laissant x et y arbitraires, on retombe sur le cas d'un polynome à deux variables qui ne peut être nul identiquement que si tous ses coefficients sont nuls.

8. Théorème. — *Pour que deux polynomes entiers par rapport à des lettres données x, y, z... soient égaux pour toutes les valeurs attribuées à ces lettres, il faut et il suffit que ces deux polynomes soient identiques terme à terme.*

En effet, représentons par $f(x, y, z)$ et $\varphi(x, y, z)$ deux tels polynomes. On doit avoir

$$f(x, y, z) \equiv \varphi(x, y, z),$$

c'est-à-dire

$$f(x, y, z) - \varphi(x, y, z) \equiv 0.$$

Le premier membre est un polynome entier en x, y, z qui doit être identiquement nul. Tous ses coefficients doivent être nuls, ce qui démontre évidemment la proposition.

La réciproque est évidente.

Remarque. — La proposition s'applique aussi bien *à des polynomes homogènes* qu'à des polynomes non homogènes.

CHAPITRE III

DIVISION DES POLYNOMES ORDONNÉS

1. Objet de la division des polynomes. — Soient :

$$A = ax^n + a_1 x^{n-1} + a_2 x^{n-2} + \ldots + a_n$$
$$B = bx^p + b_1 x^{p-1} + b_2 x^{p-2} + \ldots + b_p$$

deux polynomes donnés. On se propose de chercher s'il existe un troisième polynome Q, appelé quotient :

$$Q = cx^q + c_1 x^{q-1} + c_2 x^{q-2} + \ldots + c_q,$$

tel que l'on ait :

$$A = B \cdot Q. \qquad\qquad (1)$$

Supposons d'abord que l'on ordonne les deux polynomes A et B suivant les puissances décroissantes de x; en supposant le quotient ordonné également suivant les puissances décroissantes, nous allons déterminer successivement tous les termes de ce polynome, en commençant par le terme du plus haut degré en x, les degrés des termes trouvés l'un après l'autre allant en diminuant : c'est ce que l'on nomme ordonner la division *suivant les puissances décroissantes*.

2. Division ordonnée suivant les puissances décroissantes. — Supposons donc le dividende A, le diviseur B et le quotient Q ordonnés chacun suivant les puissances décroissantes de x. Nous appelons premier terme d'un polynome ainsi ordonné le terme du plus haut degré de ce polynome. L'identité (1) devant avoir lieu pour toutes les valeurs de x, si l'on effectue la multiplication de B par Q, après réduction des termes semblables on obtiendra un polynome identique à A ; or, on sait que le premier terme du produit de deux polynomes ordonnés est égal au produit du premier terme du multiplicande par le premier terme du multiplicateur. Le premier terme du produit BQ est donc égal à $bx^p \times cx^q$ ou bcx^{p+q}; et l'on doit avoir

$$bcx^{p+q} \equiv ax^n.$$

Cette égalité devant avoir lieu quel que soit x, on en tire

$$bc = a, \quad p + q = n,$$

d'où

$$c = \frac{a}{b}, \quad q = n - p ;$$

par conséquent : *le premier terme du quotient* (si ce quotient existe), *s'obtient en divisant le premier terme du dividende par le premier terme du diviseur.*

On a bien, en effet,

$$\frac{a}{b} x^{n-p} = a x^n : b x^p.$$

Retranchons du dividende A le produit du diviseur par le premier terme du quotient et posons :

$$A - B.\, c x^q = R_1. \tag{2}$$

Je dis que le degré de R_1 est au plus égal à $n - 1$; en effet, dans le polynome $A - BQ$, le terme de degré n est égal à

$$a x^n - b x^p . c x^q \quad \text{ou} \quad a x^n - b c x^{p+q},$$

or cette différence est nulle, puisque $p + q = n$ et $bc = a$. (Ce raisonnement ne suppose pas l'existence du polynome Q.) Cela posé, si Q existe, on a évidemment :

$$A - B c x^q = BQ - B c x^q = B(Q - c x^q),$$

c'est-à-dire

$$R_1 = B(c_1 x^{q-1} + c_2 x^{q-2} + \ldots + c_q), \tag{3}$$

ce qui prouve que R_1 est égal au produit du diviseur B par la partie inconnue du quotient ; on obtiendra donc le premier terme de cette partie inconnue, c'est-à-dire le *second terme* du quotient, en divisant le premier terme du *premier reste partiel* R_1 par le premier terme de B, c'est-à-dire par $b x^p$. Supposons que R_1 soit effectivement de degré $n - 1$; en divisant ce premier terme de R_1 par $b x^p$, nous obtiendrons un monome du degré $n - 1 - p$, ou $q - 1$; soit $c_1 x^{q-1}$. En retranchant de R_1 le produit du diviseur par le second terme du quotient, nous obtiendrons un second reste R_2 qui sera de degré $n - 2$ au plus :

$$R_1 - B c_1 x^{q-1} = R_2. \tag{4}$$

Pour s'assurer que le degré de R_2 est au plus $n - 2$, il suffit de reproduire le raisonnement déjà fait plus haut pour R_1.

En ajoutant membre à membre les identités (2) et (4) on a :

$$A - B(c x^q + c_1 x^{q-1}) = R_2$$

et en remplaçant A par BQ :

$$R_2 = B(c_2 x^{q-2} + c_3 x^{q-3} + \ldots + c_q), \tag{5}$$

ce qui exprime que la partie inconnue du quotient est égale au quotient du second reste R_2 par le diviseur B ; donc on obtiendra le troisième terme du quotient en divisant le premier terme du second reste R_2 par le premier terme de B, c'est-à-dire par bx^p.

Je dis qu'il en sera toujours ainsi et que, quel que soit le nombre de termes consécutifs du quotient déjà obtenus, on obtiendra le terme suivant en retranchant du dividende le produit du diviseur par la partie connue du quotient et en divisant le premier terme du reste ainsi obtenu par le premier terme du diviseur.

Supposons donc qu'en appliquant un certain nombre de fois la règle précédente on ait trouvé successivement les termes

$$cx^q, \quad c_1 x^{q-1}, \quad c_2 x^{q-2}, \quad \ldots \quad c_{h-1} x^{q-h+1}$$

auxquels correspondent des restes partiels :

$$R_1, \quad R_2, \quad R_3, \quad \ldots \quad R_h$$

de degrés

$$n-1, \quad n-2, \quad n-3, \quad \ldots \quad n-h$$

respectivement, de sorte qu'on aura :

$$\left. \begin{array}{l} A - Bcx^q = R_1 \\ R_1 - Bc_1 x^{q-1} = R_2 \\ \cdot \cdot \cdot \cdot \cdot \cdot \cdot \cdot \cdot \cdot \cdot \\ \cdot \cdot \cdot \cdot \cdot \cdot \cdot \cdot \cdot \cdot \cdot \\ R_{h-1} - Bc_{h-1} x^{q-h+1} = R_h \end{array} \right\} \quad (I).$$

En ajoutant ces identités membre à membre, on obtient :

$$A - B(cx^q + c_1 x^{q-1} + \ldots + c_{h-1} x^{q-h+1}) = R_h \qquad (6)$$

Si le quotient existe, on voit comme plus haut, en remplaçant dans l'identité précédente A par $B \times Q$, que :

$$R_h = B(c_h x^{q-h} + c_{h-1} x^{q-h-1} + \ldots + c_q).$$

On aura donc bien le terme suivant du quotient, savoir : $c_h x^{q-h}$, en divisant le premier terme de R_h par bx^p. Le reste suivant R_{h+1} est égal à

$$R_h - Bc_h x^{q-h}.$$

Le terme de degré $n-h$ de R_h sera détruit par le produit $-bc_h x^{p+q-h}$ ou $-bc_h x^{n-h}$; donc, R_{h+1} sera au plus de degré $n-h-1$; la loi observée est donc générale.

En continuant de cette manière nous arriverons ainsi au reste

R_{q-1} de degré $n - q + 1 = p + 1$ et en retranchant de ce reste le produit de B par $c_{q-1}\, x$, le reste obtenu

$$R_{q-1} - B\, c_{q-1}\, x = R_q$$

sera de degré $n - q = p$, et si le quotient existe on devra avoir exactement

$$R_q = B\, c_q \text{ ou } R_q - B\, c_q = 0.$$

Réciproquement, si l'on arrive en opérant ainsi à un reste nul, l'opération est possible et le polynome égal à la somme des termes obtenus successivement est le quotient de A par B. On a, en effet, obtenu successivement les identités représentées par les deux tableaux (I) et (II).

$$
\left.
\begin{aligned}
R_h - B\, c_h\, x^{q-h} &= R_{h+1} \\
R_{h+1} - B\, c_{h+1}\, x^{q-h-1} &= R_{h+2} \\
\cdots\cdots\cdots\cdots\cdots\cdots & \\
\cdots\cdots\cdots\cdots\cdots\cdots & \\
R_q - B\, c_q &= 0\,;
\end{aligned}
\right\} \quad \text{(II)}
$$

d'où, en ajoutant membre à membre et simplifiant :

$$A - B\,(c\,x^q + c_1\, x^{q-1} + \ldots + c_q) = 0,$$

c'est-à-dire $A = B\,Q$.

Si, au contraire, on est conduit à un reste de degré inférieur à p, mais différent de zéro, l'opération est impossible, A n'est pas exactement divisible par B. Alors, la dernière des identités du tableau (II) devra être remplacée par celle-ci :

$$R_q - B\, c_q = R,$$

on obtiendra, en ajoutant membre à membre, les identités (I) et (II), après avoir modifié la dernière comme il vient d'être dit :

$$A - B\,Q = R, \qquad\qquad (7)$$

Q désignant toujours le polynome

$$c\,x^q + c_1\, x^{q-1} + \ldots c_q.$$

Nous arrivons donc à cette conclusion :

Pour qu'un polynome A soit divisible exactement par un polynome B il faut et il suffit : 1° que le degré de A soit au moins égal au degré de B ; 2° qu'en opérant d'après la règle trouvée plus haut on arrive à un reste égal à zéro.

Remarque. — Quand l'opération est possible on peut calculer directement le dernier terme du quotient ; il est, en effet, égal au quotient du dernier terme du dividende par le dernier terme du diviseur, puisque le dernier terme du produit B Q est égal au produit du dernier terme de B par le dernier terme de Q, ces deux polynomes étant toujours supposés ordonnés suivant les puissances décroissantes de x. Donc, si l'application de la règle conduit à écrire au quotient un terme dont le degré soit inférieur au degré du dernier terme de A diminué du degré du dernier terme de B, ou bien un terme de même degré mais non identique au quotient du dernier terme de A par le dernier terme de B, on peut être assuré que la division de A par B est impossible.

3. Nouvelle définition de la division ordonnée suivant les puissances décroissantes. — D'une manière générale : *Diviser un polynome* A *entier en* x, *par un polynome* B *entier en* x, *dont le degré est au plus égal à celui de* A, *c'est trouver un polynome* Q, *entier en* x, *tel que le degré de la différence* A — BQ *soit inférieur au degré de* B.

Le polynome Q se nomme *le quotient entier* de A divisé par B et R est appelé le reste. Les opérations indiquées pour chercher si A est exactement divisible par B, conduisent, comme nous l'avons vu, à l'identité (7), dans laquelle Q et R sont des polynomes entiers, le degré de R étant inférieur à celui de B.

Il convient de remarquer que si l'on pose, *a priori* :

$$A = B\left(c x^q + c_1 x^{q-1} + \ldots + c_q\right) + r_1 x^{p-1} + r_2 x^{p-2} + \ldots + r_p,$$

tous les raisonnements faits plus haut subsisteront entièrement et l'on sera conduit à la même règle pour déterminer les coefficients $c, c_1 \ldots c_q$. Si l'on désigne par R_h la différence

$$A - B\left(c x^q + c_1 x^{q-1} + \ldots + c_{h-1} x^{q-h+1}\right),$$

on aura :

$$R_h = B\left(c_h x^{q-h} + c_{h+1} x^{q-h-1} + \ldots + c_q\right) + r_1 x^{p-1} + r_2 x^{p-2} + \ldots + r_p.$$

Dans le second membre, le terme du plus haut degré sera égal à $b x^p \times c_h x^{q-h}$ ou $b c_h x^{p+q-h}$, ce produit étant, en effet, au moins de degré p ; la présence, dans le second membre du polynome

$$r_1 x^{p-1} + r_2 x^{p-2} + \ldots + r_p$$

n'apporte aucune modification aux raisonnements qu'on a faits plus haut.

Il résulte de ce qui précède que le polynome Q est unique, et que, par conséquent, il en est de même de R qui est égal à A — B Q. C'est ce que l'on peut démontrer directement.

4. Théorème. — *Étant donnés deux polynomes entiers en x, A
et B, le degré de A étant supérieur ou égal à celui de B, l'identité*

$$A \equiv BQ + R$$

*dans laquelle Q est un polynome entier en x et R un polynome entier
en x de degré inférieur à celui de B, n'est possible que d'une seule
manière.*

Supposons, en effet, qu'on ait trouvé par un procédé quelconque

$$A \equiv B. Q' + R',$$

le degré de R' étant inférieur à celui de B; on aurait :

$$BQ + R \equiv BQ' + R',$$

ou

$$B(Q - Q') + R - R' \equiv 0.$$

Dans le produit $B(Q - Q')$, le terme de degré le plus élevé est au
moins de degré p; ce terme ne pourra être détruit par aucun terme
du polynome $R - R'$, car les degrés de R et de R' étant tous deux,
par hypothèse, inférieurs à p, le degré de la différence $R - R'$ est
aussi moindre que p; il y a donc dans le premier membre de
l'égalité précédente, après réduction des termes semblables, au
moins un terme différent de zéro; par conséquent, cette égalité est
impossible tant qu'on n'a pas $Q' = Q$ et $R' = R$.

5. Généralisation. — Nous avons obtenu l'identité (6), qui
devient, si on remplace q par $n - p$,

$$A = B\left(c\, x^{n-p} + c_1 x^{n-p-1} + \ldots + c_{h-1} x^{n-p-h+1}\right) + R_h,$$

le degré de R_h étant au plus $n - h$.

On peut démontrer comme plus haut que cette transformation
n'est possible que d'une seule manière.

On peut même supposer que h ait une valeur supérieure à
$n - p + 1$, soit $h = n - p + k$; de sorte qu'on obtiendra au quotient une suite de termes dont les degrés iront en décroissant et
pourront devenir négatifs[1]; R_h commencera par un terme de degré
$n - h = p - k$. Si l'on a $k > p$, R_h ne sera plus un polynome, mais
une fraction rationnelle. Il est aisé de reconnaître que les raisonnements qu'on a faits plus haut subsistent encore dans ce cas.

Exemple. — On a identiquement :

$$x^3 + 1 = (x^2 + x + 1)(x - 1 + 2x^{-2}) - 2x^{-1} - 2x^{-2},$$

c'est-à-dire :

$$x^3 + 1 = (x^2 + x + 1)\left(x - 1 + \frac{2}{x^2}\right) - \frac{2}{x} - \frac{2}{x^2}.$$

1. Voir plus loin (ch. XI) la théorie des exposants négatifs.

6. Problème. — *Transformer une fraction dont les deux termes sont des polynomes entiers en x, en une somme de deux parties : la première étant un polynome entier et la seconde une fraction rationnelle ayant même dénominateur que la proposée et un numérateur de degré inférieur à celui du dénominateur.*

Soient A et B deux polynomes entiers en x, de degrés n et p respectivement, n étant au moins égal à p. Divisant A par B, la division étant ordonnée suivant les puissances décroissantes, nous obtiendrons un quotient entier Q et un reste R de degré inférieur à p, de sorte que

$$A = B \cdot Q + R\,;$$

on en tire :

$$\frac{A}{B} = Q + \frac{R}{B}.$$

Cette identité résout la question.

7. La transformation précédente n'est possible que d'une seule manière. — En effet, supposons qu'on puisse trouver en même temps deux polynomes entiers Q et Q', et deux autres polynomes entiers R et R' tous deux de degrés inférieurs à celui de B, on aurait :

$$Q + \frac{R}{B} = Q' + \frac{R'}{B},$$

d'où

$$B \cdot Q + R = B\, Q' + R'.$$

On est ramené à une question déjà traitée.

8. Remarque. — Considérons la fraction $\dfrac{x^4 + y^4}{x^2 + y^2}$

On a :

$$\frac{x^4 + y^4}{x^2 + y^2} = x^2 - y^2 + \frac{2\,y^4}{x^2 + y^2}\,;$$

on a aussi :

$$\frac{x^4 + y^4}{x^2 + y^2} = y^2 - x^2 + \frac{2\,x^4}{x^2 + y^2}.$$

Il semble qu'il y ait contradiction avec ce qui précède; il convient de remarquer que si l'on regarde x comme la lettre ordonnatrice, la fraction $\dfrac{2\,x^4}{x^2 + y^2}$ ne répond pas à l'objet qu'on s'est proposé, car le degré du numérateur est 4 et celui du dénominateur 2 [1].

1. Cette remarque est tirée de l'algèbre de M. J. Bertrand.

9. Division ordonnée suivant les puissances croissantes.

— Soient A et B deux polynomes et entiers en x; ordonnons-les par rapport aux puissances croissantes et soient :

$$A = a + a_1 x + a_2 x^2 + \ldots\ldots + a_m x^n,$$
$$B = b + b_1 x + b_2 x^2 + \ldots\ldots + b_p x^p.$$

Nous supposons b différent de zéro.

Nous nous proposons de trouver, s'il existe, un polynome Q,

$$Q = c + c_1 x + c_2 x^2 + \ldots\ldots + c_q x^q,$$

tel que l'on ait identiquement :

$$A = B.\ Q.$$

En raisonnant comme dans le premier cas, on voit que le premier terme de Q, si l'identité précédente est possible, sera égal au quotient du premier terme de A par le premier terme de B; par suite,

$$c = \frac{a}{b}.$$

Retranchons de A le produit $B \times c$, nous obtiendrons le premier reste partiel R_1,

$$A - B.\ c = R_1.$$

Je dis que R_1 contient x en facteur; en effet, le premier terme a de A sera détruit par le premier terme $b.c$ du produit B. c. On peut donc écrire :

$$R_1 = S_1.\ x,$$

S_1 étant un polynome entier en x. On aura donc, si le polynome Q existe :

$$R_1 = B\ (c_1 x + c_2 x^2 + \ldots\ldots + c_q x^q),$$

ce qui prouve que le second terme du quotient s'obtiendra en divisant le premier terme de R_1 par b; si l'on retranche de R_1 le produit de B par le second terme obtenu, on obtient un second reste R_2,

$$R_1 - B\ c_1 x = R_2$$

et l'on prouve comme plus haut que R_2 est divisible par x^2 et que l'on peut écrire

$$A - B\ (c + c_1 x) = R_2 = S_2.\ x^2,$$

S_2 étant un polynome entier en x. En continuant ainsi on arrivera, après avoir déterminé les h premiers termes du quotient, à l'identité :

$$A - B\ (c + c_1 x + c_2 x^2 + \ldots\ldots + c_{h-1} x^{h-1}) = S_h.\ x^h,$$

S_h étant un polynome entier en x. On démontre comme plus haut que cette formule est générale. Si l'opération est possible, on obtiendra successivement tous les termes du quotient en divisant le premier terme de chaque reste partiel par le premier terme du diviseur, et si l'on retranche du dernier reste le produit du diviseur par le dernier terme trouvé au quotient, on aura le reste partiel suivant.

Réciproquement, si l'on arrive à un reste nul en procédant ainsi, il est clair que l'opération est possible et l'on s'assure aisément que le quotient trouvé est alors le même que celui qu'on aurait obtenu en ordonnant l'opération suivant les puissances décroissantes, puisque l'identité $A = B . Q$ subsiste quelle que soit la manière d'ordonner les polynomes A, B, Q.

En général, l'opération ne réussira pas ; mais il est à remarquer que, si la première division partielle est possible, toutes les autres le seront toujours, puisque les degrés des premiers termes des restes successifs vont en augmentant. Il est donc nécessaire d'avoir un moyen de reconnaître quand la division est impossible. Or, si le quotient cherché existe, on peut trouver directement son dernier terme en divisant le dernier terme du dividende A par le dernier terme du diviseur B. Par suite, la division est impossible dans l'un des trois cas suivants :

1° Le degré de A est inférieur à celui de B ;

2° Le degré de A étant supérieur ou égal à celui de B, la division est impossible si l'on est conduit à écrire au quotient un terme de degré supérieur à la différence $n - p$ des degrés de A et B ;

3° En supposant toujours $n \geqslant p$, la division est impossible si l'on arrive à un terme de degré $n - p$ non identique au quotient du dernier terme de A par le dernier terme de B.

Exemple. — Soit à diviser $1 + x^2$ par $1 + 2x$. On trouve :

$$1 + x^2 = (1 + 2x)(1 - 2x) + 5x^2 ;$$

on est ainsi conduit à diviser $5x^2$ par 1, le quotient $5x^2$ n'est pas identique au quotient de x^2 par $2x$, donc la division est impossible, on pourrait la continuer indéfiniment sans jamais arriver à un reste nul. Si, au contraire, on ordonne suivant les puissances décroissantes, on obtient :

$$x^2 + 1 = (2x + 1)\left(\frac{x}{2} - \frac{1}{4}\right) + \frac{5}{4}$$

arrivé au reste $+ \dfrac{5}{4}$, on ne peut plus continuer l'opération. On voit ainsi combien ces deux opérations diffèrent l'une de l'autre ; mais si l'on introduit des exposants négatifs, la seconde opération pourra être aussi continuée indéfiniment, on écrira comme troisième terme du *quotient* $-\dfrac{3}{8} x^{-1}$, ... etc.

10. Cas où l'opération est impossible ; nouvelle définition de la division. — Lorsque la division ordonnée suivant les puissances croissantes n'est pas possible, on est conduit, en exécutant les calculs indiqués (9), à l'identité :

$$A - B (c + c_1 x + c_2 x^2 + ... + c_h x^h) = S_{h+1} x^{h+1}.$$

Nous pouvons prendre cette identité pour définir d'une manière générale la division ordonnée suivant les puissances croissantes ; ainsi, nous nous proposons, étant donnés deux polynomes entiers A et B non divisibles par x, de trouver un polynome Q_h entier en x et de degré h, tel que le polynome

$$A - B . Q_h$$

soit divisible par x^{h+1}.

Si l'on pose *a priori*

$$A = B . Q_h + S_{h+1} x^{h+1},$$

on voit aisément que l'on peut, pour déterminer les coefficients de Q_h, raisonner absolument comme si le polynome $S_{h+1} . x^{h+1}$ n'existait pas ; sa présence dans le second membre de l'identité précédente ne modifie en rien les raisonnements qu'on a faits en supposant A divisible exactement par B.

Il résulte de ce qui précède que le polynome Q_h est unique. Il en est par suite de même de R_{h+1} ou $S_{h+1} x^{h+1}$ qui est égal à la différence $A - B Q_h$.

11. Démonstration directe. — On ne peut pas avoir en même temps :

$$A = B . Q_h + S_{h+1} x^{h+1}$$
$$A = B Q'_h + S'_{h+1} x^{h+1}.$$

Q_h et Q'_h étant deux polynomes entiers de degrés h et S_{h+1}, S'_{h+1} deux polynomes entiers. En effet, on aurait identiquement :

$$B (Q_h - Q'_h) = (S'_{h+1} - S_{h+1}) x^{h+1}.$$

Le second membre est divisible par x^{h+1} ; il est impossible qu'il en soit de même du premier, car si $Q_h - Q'_h$ est divisible par une puissance de x, c'est au plus par x^h, et, en outre, B n'est pas divisible par x ; donc *l'identité* précédente ne peut exister si l'on n'a pas à la fois $Q_h = Q'_h$, et $S_{h+1} = S'_{h+1}$.

12. Supposons maintenant que le diviseur ne renferme aucun terme indépendant de x et soit

$$B' = B \cdot x^\alpha,$$

B n'étant pas divisible par x. On peut traiter ce cas *directement* comme le précédent. Nous laissons au lecteur le soin de suivre cette méthode. On peut encore opérer ainsi. Divisons A par B; nous obtiendrons :

$$A = B \left(c + c_1 x + c_2 x^2 + \ldots + c_h x^h \right) + S_{h+1} x^{h+1}.$$

Si nous remplaçons B par $\dfrac{B'}{x^\alpha}$ ou $B' x^{-\alpha}$, nous obtiendrons :

$$A = B' \left(c x^{-\alpha} + c_1 x^{-\alpha+1} + \ldots + c_h x^{-\alpha+h} \right) + S_{h+1} x^{h+1}.$$

Si l'on n'a pas :

$$c = 0, \quad c_1 = 0, \ldots c_{\alpha-1} = 0,$$

c'est-à-dire si A n'est pas divisible par x^α, le quotient commencera par des puissances négatives; on n'aura plus, au quotient, un *polynome* entier, mais l'identité précédente n'en est pas moins exacte.

Il est clair que la transformation précédente n'est possible que d'une seule manière.

13. Développement d'une fraction rationnelle $\dfrac{f(x)}{\varphi(x)}$ suivant les puissances croissantes ou décroissantes de x.

1° *Développement suivant les puissances croissantes.*
Considérons d'abord une fraction de la forme

$$\frac{f(x)}{\varphi(x)} = \frac{a + a_1 x + a_2 x^2 + \ldots + a_n x^n}{b + b_1 x + b_2 x^2 + \ldots + b_p x^p}$$

le coefficient b étant différent de zéro.

Divisons le numérateur $f(x)$ par le dénominateur $\varphi(x)$ en ordonnant suivant les puissances croissantes de x; si nous supposons que le numérateur ne soit pas exactement divisible par le dénominateur, nous pourrons continuer l'opération jusqu'à un terme de degré quelconque h. Nous obtiendrons ainsi l'identité :

$$f(x) = \varphi(x) \left(c + c_1 x + c_2 x^2 + \ldots + c_h x^h \right) + S_{h+1} x^{h+1},$$

on en tire :

$$\frac{f(x)}{\varphi(x)} = c + c_1 x + c_2 x^2 + \ldots + c_h x^h + \lambda x^{h+1} \qquad (1)$$

en posant

$$\lambda = \frac{S_{h+1}}{\varphi(x)}$$

λ est une fraction rationnelle de la forme :

$$\lambda = \frac{s + s_1 x + s_2 x^2 + \ldots}{b + b_1 x + b_2 x^2 + \ldots b_p x^p},$$

et l'on voit que, pour $x = 0$, on a $\lambda = \dfrac{s}{b}$; on peut remarquer que, si l'on continuait la division, le terme suivant $c_{h+1} \, x^{h+1}$ aurait précisément pour coefficient $\dfrac{s}{b}$; par suite, $\lambda = c_{h+1} + \theta$, θ ayant pour limite zéro quand x tend vers zéro.

Donc, on peut développer la fraction rationnelle donnée sous la forme d'un polynome entier de degré arbitraire h, augmenté d'un terme complémentaire de la forme $\lambda \, x^{h+1}$, λ étant une fraction rationnelle ayant une valeur finie pour $x = 0$.

Je dis maintenant que le *développement obtenu n'est possible que d'une seule manière*.

Supposons qu'ayant obtenu le développement représenté par l'identité (1), on ait aussi :

$$\frac{f(x)}{\varphi(x)} = c' + c'_1 x + c'_2 x^2 + \ldots + c'_h x^h + \lambda' \, x^{h+1}, \qquad (2)$$

λ' ayant une valeur finie par $x = 0$.

Des identités (1) et (2) on tire :

$$(c - c') + (c_1 - c'_1) x + (c_2 - c'_2) x^2 + \ldots + (c_h - c'_h) x^h = (\lambda' - \lambda) \, x^{h+1}. \qquad (3)$$

Cette identité doit avoir lieu pour toutes les valeurs de x, donc pour $x = 0$, ce qui donne :

$$c - c' = 0 \qquad \text{ou} \qquad c = c',$$

on a donc, en supprimant $c - c'$ et divisant par x,

$$c_1 - c'_1 + (c_2 - c'_2) x + \ldots + (c_h - c'_h) \, x^{h-1} = (\lambda' - \lambda) \, x^h.$$

Cette identité doit avoir lieu pour toutes les valeurs de x, sauf peut-être par $x = 0$.

Or, si x tend vers zéro, le premier membre tend vers $c_1 - c'_1$, le second tend vers zéro; les limites de deux variables constamment égales étant égales, il en résulte que $c_1 - c'_1 = 0$ ou $c_1 = c'_1$. On trouvera de même $c_2 = c'_2$, $c_3 = c'_3$ ..... On continuera ainsi jusqu'à ce qu'on arrive à

$$c_h - c'_h = (\lambda - \lambda') \, x$$

et l'on voit comme plus haut que $c_h = c'_h$, d'où il résulte que $\lambda = \lambda'$. La proposition est donc démontrée.

Généralisation. — Soit maintenant une fraction rationnelle :

$$\frac{f(x)}{x^\alpha \, \varphi(x)}$$

dans laquelle $f(x)$ et $\varphi(x)$ sont des polynomes entiers, $\varphi(x)$ n'étant pas divisible par x.

En divisant par x^α les deux membres de l'identité (1), on obtient :

$$\frac{f(x)}{x^\alpha \, \varphi(x)} = c \, x^{-\alpha} + c_1 \, x^{-\alpha+1} + \ldots + c_h \, x^{-\alpha+h} + \lambda \, x^{-\alpha+h+1}. \qquad (4)$$

Le second membre peut commencer par un certain nombre de puissances négatives de x; si l'on suppose h suffisamment grand, on arrivera nécessairement à des puissances positives de x; dans tous les cas, les exposants vont en croissant.

Il est évident que le développement donné par cette formule (4) n'est possible que d'une seule manière; car, autrement, on pourrait développer $\dfrac{f(x)}{\varphi(x)}$ par la formule (1) de deux manières différentes.

2° *Développement suivant les puissances décroissantes.*
Soit la fraction :

$$\frac{f(x)}{\varphi(x)} = \frac{a\,x^n + a_1\,x^{n-1} + \ldots + a_n}{b\,x^p + b_1\,x^{p-1} + \ldots + b_p}$$

En posant $\dfrac{1}{x} = z$, on peut écrire :

$$f(x) = x^n \left(a + a_1 z + a_2 z^2 + \ldots + a_n z^n \right)$$
$$\varphi(x) = x^p \left(b + b_1 z + b_2 z^2 + \ldots + b_p z^p \right)$$

d'où :

$$\frac{f(x)}{\varphi(x)} = x^{n-p}\,\frac{a + a_1 z + a_2 z^2 + \ldots + a_n z^n}{b + b_1 z + b_2 z^2 + \ldots + b_p z^p}.$$

En vertu de l'identité (1), on obtient :

$$\frac{f(x)}{\varphi(x)} = x^{n-p} \left[c + c_1 z + c_2 z^2 + \ldots + c_h z^h + \lambda z^{h+1} \right],$$

ou, en remplaçant z par $\dfrac{1}{x}$,

$$\frac{f(x)}{\varphi(x)} = c\,x^{n-p} + c_1 x^{n-p-1} + c_2 x^{n-p-2} + \ldots + c_h\,x^{n-p-h} + \lambda x^{n-p-h-1}. \quad (5)$$

Dans cette formule, λ désigne une fraction rationnelle en z qui a une valeur finie quand $z = 0$; donc λ est une fraction rationnelle en x qui a une valeur finie quand x augmente indéfiniment en valeur absolue. La transformation précédente n'est possible que d'une seule manière, comme celle qui est représentée par l'identité (1), dont nous avons déduit l'identité (5).

Exemples :

1°
$$\frac{1}{1-x} = 1 + x + x^2 + x^3 + \ldots + x^h + \lambda x^{h+1},$$

λ ayant une limite finie pour $x = 0$. Ici $\lambda = \dfrac{1}{1-x}$;

2°
$$\frac{x^n + 1}{x - 1} = x^{n-1} + x^{n-2} + x^{n-3} + \ldots + x^{n-h} + \mu\,x^{n-h-1},$$

μ ayant une limite finie quand x augmente indéfiniment. Dans cet exemple, $\mu = \dfrac{x}{x-1}$.

14. Reste de la division d'un polynome entier en x par le binome du premier degré $b\,x - a$.

Soit $f(x)$ un polynome donné entier en x. Divisons $f(x)$ par $b\,x - a$, la division étant ordonnée suivant les puissances décroissantes. Nous obtiendrons un quotient égal à un polynome entier $\varphi(x)$ et un reste R dont le degré doit être inférieur à celui de $b\,x - a$; par suite R sera indépendant de x.

On obtient ainsi l'identité :

$$f(x) \equiv b\,(x - a)\,\varphi(x) + R$$

qui a lieu pour toutes les valeurs de x. Les deux membres prendront, par suite, des valeurs égales si l'on remplace x par $\dfrac{a}{b}$; le premier membre prend une valeur déterminée qu'on représente par $f\left(\dfrac{a}{b}\right)$; quant au second membre, il se réduit à R; en effet, pour $x = \dfrac{a}{b}$, le binome $bx - a$ est nul, le polynome $\varphi(x)$ devient égal à un nombre déterminé $\varphi\left(\dfrac{a}{b}\right)$, donc le produit $(bx - a)\,\varphi(x)$ est nul pour $x = \dfrac{a}{b}$. On a donc :

$$f\left(\dfrac{a}{b}\right) = \text{R}.$$

Corollaire. — Pour que le polynome $f(x)$ soit divisible par $bx - a$, il faut et il suffit que l'on ait : $f\left(\dfrac{a}{b}\right) = 0$, et réciproquement.

En particulier, si $b = 1$, on a ce théorème :

Le reste de la division d'un polynome entier $f(x)$ par $x - a$ est égal à $f(a)$. Et par suite, pour qu'un polynome entier $f(x)$ soit divisible par $x - a$, il faut et il suffit que $f(a)$ soit nul.

Applications. — Il résulte de là, comme on l'a vu dans le cours de mathématiques élémen'aires, que :

$$x^n - a^n \text{ est divisible par } x - a$$
$$x^{2p+1} + a^{2p+1} \text{ est divisible par } x + a$$
$$x^{2p} - a^{2p} \text{ est divisible par } x + a \text{ et par } x - a.$$

15. Problème. — *Trouver le reste de la division d'un polynome entier $f(x)$ par $x^2 + 1$.*

Soit

$$f(x) = A_0 x^n + A_1 x^{n-1} + A_2 x^{n-2} + \ldots + A_{n-1} x + A_n.$$

On peut écrire :

$$f(x) = A_n + A_{n-2} x^2 + A_{n-4} x^4 + \ldots + x(A_{n-1} + A_{n-3} x^2 + \ldots), \quad (1)$$

c'est-à-dire

$$f(x) = \varphi(x^2) + x\,\psi(x^2),$$

$\varphi(x^2)$ et $\psi(x^2)$ désignant des polynomes entiers par rapport à x^2.

Posons $x^2 = t$ et divisons $\varphi(t)$ et $\psi(t)$ par $t + 1$; on trouvera :

$$\varphi(t) = (t + 1)\,\varphi_1(t) + \varphi(-1)$$
$$\psi(t) = (t + 1)\,\psi_1(t) + \psi(-1),$$

$\varphi_1(t)$ et $\psi_1(t)$ désignant des polynomes entiers par rapport à t. En effet, le reste de la division d'un polynome entier en t par $t + 1$ s'obtient, d'après le théorème précédent, en remplaçant dans ce polynome t par $- 1$: on a donc :

$$\varphi(x^2) = (x^2 + 1)\,\varphi_1(x^2) + \varphi(-1)$$
$$\psi(x^2) = (x^2 + 1)\,\psi_1(x^2) + \psi(-1),$$

et par suite

$$f(x) = (x^2 + 1)\left[\varphi_1(x^2) + x\,\psi_1(x^2)\right] + \varphi(-1) + x\,\psi(-1). \qquad (2)$$

Donc le reste de la division de $f(x)$ par $x^2 + 1$ s'obtiendra en remplaçant x^2 par $- 1$ dans les deux polynomes

$$A_n + A_{n-2}\,x^2 + A_{n-4}\,x^4 + \cdots$$

et

$$A_{n-1} + A_{n-3}\,x^2 + A_{n-5}\,x^4 + \cdots$$

qui sont dans le second membre de l'identité (1) ; cela revient, comme on s'en assure aisément, à remplacer dans $f(x)$, x^{4p} par 1, x^{4p+2} par $- 1$, x^{4p+1} par x et x^{4p+3} par $- x$.

Ainsi, par exemple, le reste de la division de $A_0 x^4 + A_1 x^3 + A_2 x^2 + A_3 x + A_4$ par $x^2 + 1$ est : $A_4 - A_2 + A_0 + x(-A_3 + A_1)$.

16. Théorème. — *Un polynome entier $f(x)$ divisible par $(x - a)^\alpha$, $(x - b)^\beta$, $(x - c)^\gamma$ ... séparément, est divisible par le produit*

$$(x - a)^\alpha\,(x - b)^\beta\,(x - c)^\gamma\,\cdots$$

a, b, c... étant des nombres différents et α, β, γ... des entiers positifs.

En effet, par hypothèse :

$$f(x) = (x - a)^\alpha f_1(x),$$

$f_1(x)$ étant un polynome entier non divisible par $x - a$. D'autre part $f(x)$ est divisible par $x - b)^\beta$, on a donc

$$f(x) = (x - b)^\beta \varphi(x),$$

$\varphi(x)$ étant un polynome entier non divisible par $x - b$; donc $f(b) = 0$. Par suite

$$(b - a)^\alpha f_1(b) = 0.$$

Mais $b - a$ est différent de zéro, par conséquent $f_1(b) = 0$, d'où il résulte que $f_1(x)$ est divisible par $x - b$. Soit β' la plus haute puissance de $x - b$ qui divise $f_1(x)$, de sorte que

$$f_1(x) = (x - b)^{\beta'} f_2(x),$$

$f_2(x)$ n'étant pas divisible par $x - b$. On aura :

$$f(x) = (x - a)^\alpha (x - b)^{\beta'} f_2(x),$$

et par suite :

$$(x - b)^\beta \varphi(x) = (x - a)^\alpha (x - b)^{\beta'} f_2(x),$$

je dis que $\beta = \beta'$. En effet, le produit

$$(x - a)^{a} f_2(x)$$

n'est pas divisible par $x - b$, car si le produit

$$(b - a)^{a} f_2(b)$$

était nul, on aurait $f_2(b) = o$, ce qui est impossible, puisque $f_2(x)$ n'est pas divisible par $x - b$. Donc β' est la plus haute puissance de $x - b$ qui divise $f(x)$ et par suite $\beta' = \beta$, et l'on a :

$$f(x) = (x - a)^{a} (x - b)^{\beta} f_2(x).$$

En raisonnant de la même manière on démontrera que $f_2(x)$ est divisible par $(x - c)^{\gamma}$, de sorte que :

$$f(x) = (x - a)^{a} (x - b)^{\beta} (x - c)^{\gamma} f_2(x)$$

et il en sera ainsi, quel que soit le nombre de diviseurs de $f(x)$.

Remarque. — Il est évident que si le degré de $f(x)$ est égal à n, on a :

$$\alpha + \beta + \gamma \ldots \leqslant n.$$

17. Théorème. — *Un polynome entier par rapport à des lettres x, y, z..., divisible séparément par $x - y$, $y - z$, $z - x$ ..... est divisible par le produit $(x - y)(y - z)(z - x)$.*

Représentons par $f(x, y, z)$ un pareil polynome en nous bornant au cas de trois lettres, x, y, z. Par hypothèse, $f(x, y, z)$ est divisible par $x - y$. Ordonnant la division par rapport aux puissances décroissantes de x, le quotient sera un polynome entier à la fois, par rapport à x, y et z; en effet, ce quotient est entier par rapport à x, puisque le polynome donné est divisible par $x - y$; il sera aussi entier par rapport à y et à z, puisque pour déterminer un terme quelconque du quotient on aura à diviser un terme de la forme $A x^p y^q z^r$ par x, ce qui donne $A x^{p-1} y^q z^r$. Nous pouvons donc poser :

$$f(x, y, z) = (x - y) \varphi(x, y, z),$$

$\varphi(x, y, z)$ désignant un nouveau polynome entier à la fois, par rapport à x, y, z. Le polynome donné est divisible par $y - z$; donc si l'on remplace y par z, le résultat est nul, ce qui donne

$$(x - z) \varphi(x, z, z) = 0;$$

or, x a une valeur arbitraire qu'on peut supposer différente de z; donc $\varphi(x, z, z) = 0$, et par suite $\varphi(x, y, z)$ est divisible par $y - z$, etc. En résumé, la démonstration est la même que s'il s'agissait d'un polynome $f(x)$ divisible par $x - a$, $x - b$, $x - c$ .....

18. Détermination des coefficients du quotient de $f(x)$ divisé par $bx - a$.

Soit

$$f(x) = A_0 x^n + A_1 x^{n-1} + \ldots + A_{n-1} x + A_n.$$

Nous savons que le quotient cherché est un polynome entier de degré $n - 1$; désignons-le par

$$B_1 x^{n-1} + B_2 x^{n-2} + \ldots + B_{n-1} x + B_n,$$

le reste doit être indépendant de x, désignons-le par R; de sorte que :

$$A_0 x^n + A_1 x^{n-1} + \ldots A_n = (bx - a)(B_1 x^{n-1} + B_2 x^{n-2} + \ldots + B_n) + R. \quad (1)$$

Il ne reste plus qu'à *déterminer* les inconnues B_1, B_2,... B_n, R. La méthode que nous suivons ici a été appelée *méthode des coefficients indéterminés.*

Identifions les deux membres en égalant les coefficients des mêmes puissances de x; nous aurons pour déterminer les coefficients inconnus, les $n + 1$ équations suivantes :

$$
\begin{cases}
B_1 b = A_0 \\
B_2 b - B_1 a = A_1 \\
B_3 b - B_2 a = A_2 \\
\ldots \ldots \ldots \ldots \\
\ldots \ldots \ldots \ldots \\
\ldots \ldots \ldots \ldots \\
B_n b - B_{n-1} a = A_{n-1} \\
R - B_n a = A_n
\end{cases} \quad (2)
$$

Nous aurons successivement :

$$B_1 = \frac{A_0}{b}, \ B_2 = \frac{B_1 a + A_1}{b}, \ldots B_p = \frac{B_{p-1} a + A_{p-1}}{b} \ldots B_n = \frac{B_{n-1} a + A_n}{b}$$

$$\text{et } R = B_n a + A_n. \quad (3)$$

Pour que la division soit possible, il faut et il suffit que le nombre B_n déduit des formules précédentes vérifie l'identité :

$$B_n a + A_n = 0,$$

puisque les équations (2) étant alors vérifiées, l'identité (1) sera elle-même vérifiée, en remplaçant R par zéro. Le premier coefficient est égal au coefficient du premier terme de $f(x)$ divisé par b. Pour avoir le second coefficient du quotient, on multiplie le premier coefficient calculé par a, on ajoute le coefficient du second terme de $f(x)$ (c'est-à-dire le coefficient de x^{n-1}) et on divise la somme par b; d'une manière générale, le $p^{ème}$ coefficient du quotient s'obtient en multipliant le coefficient précédent par a, ajoutant au produit le coefficient du terme de rang p de $f(x)$ (c'est-à-dire le coefficient de x^{n-p+1}) et en divisant la somme obtenue par b. On applique la règle jusqu'à ce qu'on trouve le dernier terme B_n et le reste de la division est égal à $B_n a + A_n$.

Supposons que la division soit possible; alors, en faisant $R = 0$ dans la dernière des équations (1), on peut résoudre ce système en calculant de proche en proche B_n, B_{n-1}, ... on obtient successivement :

$$- B_n = \frac{A_n}{a}; - B_{n-1} = \frac{-B_n b + A_{n-1}}{a} . ... - B_1 = \frac{-B_2 b + A_1}{a} \quad (4)$$

ce qui donne un nouveau procédé analogue au premier, mais où a remplace b aux dénominateurs; si l'opération est possible, on doit avoir $B_1 b = A_0$, c'est-à-dire $- B_1 b + A_0 = 0$ et réciproquement, si cette condition est remplie, l'identité (1) aura lieu en supposant $R = 0$, donc $f(x)$ sera divisible par $bx - a$.

Cas particulier. — Supposons que les coefficients du polynome $f(x)$ soient tous des nombres entiers positifs ou négatifs, et, en outre, que a et b soient des nombres entiers premiers entre eux et supposons encore que $bx - a$ divise $f(x)$, c'est-à-dire que $\frac{a}{b}$ soit une racine de l'équation $f(x) = 0$.

Dans ce cas, les formules (3) montrent que si les coefficients B_1, B_2 ..... ne sont pas entiers, ils ne peuvent contenir en dénominateurs que des facteurs premiers appartenant à b; mais ces mêmes coefficients peuvent être calculés par les formules (4) qui nous font voir que si les nombres B_n B_{n-1}, ... ne sont pas entiers, leurs dénominateurs ne peuvent avoir d'autres facteurs premiers que ceux de a; or, a et b n'ont aucun facteur premier commun, par hypothèse; il en résulte que les coefficients du quotient seront tous entiers. Cette remarque importante nous sera utile dans la suite.

Remarque. — Quand on doit calculer le résultat de la substitution d'un nombre donné a dans un polynome $f(x)$, on fait la division de $f(x)$ par $x - a$ et l'on calcule le reste; c'est, en général, plus simple que de faire le calcul directement, excepté toutefois si le nombre donné est égal à ± 1; dans ce dernier cas, en effet, la méthode de la division conduit aux mêmes calculs que la substitution directe.

EXERCICES

1. Décomposer

$$(x - y)^3 + (y - z)^3 + (z - x)^3.$$

en facteurs du premier degré.

2. Décomposer

$$x^3 (y - z) + y^3 (z - x) + z^3 (x - y),$$

en facteurs du premier degré.

3. Mettre l'expression

$$x^3 (z - y^2) + y^3 (x - z^2) + z^3 (y - x^2) + xyz (xyz - 1),$$

sous la forme d'un produit.

Réponse :
$$(x^2 - y)(y^2 - z)(z^2 - x).$$

4. Décomposer

$$(1 + x + x^2 + \ldots x^n)^2 - x^n,$$

en un produit de deux polynomes entiers.

5. Décomposer

$$\left(1 + x + x^2 + \ldots + x^n\right)^p - x^n,$$

en un produit de deux polynomes entiers.   (E. CATALAN.)

Réponse. En posant $\quad 1 + x + x^2 + \ldots + x^n = s.$

on a :

$$\frac{s^p - x^n}{s - x^n} = s^{p-1} + s^{p-2} x^n + \ldots + x^{(p-1)n} + x^n (x - 1)\left[x^{(p-2)n} + \ldots + x^n + 1\right].$$

6. Prouver que

$$(x + y + z)^{2n+1} - x^{2n+1} - y^{2n+1} - z^{2n+1},$$

est divisible par

$$(x + y + z)^3 - x^3 - y^3 - z^3.$$

7. Vérifier par la division, que

$$x^n \sin \varphi - r^{n-1} x \sin n\varphi + r^n \sin (n - 1)\varphi,$$

est divisible par

$$x^2 - 2rx \cos \varphi + r^2.$$

8. Vérifier par la division que

$$(\cos a + x \sin a)^n - (\cos na + x \sin na),$$

est divisible par

$$x^2 + 1.$$

9. Démontrer qu'un polynome entier et symétrique $f(x, y)$, divisible par $x - y$, est aussi divisible par $(x - y)^2$.
                                                                        (HERMITE.)

10. Simplifier l'expression :

$$\frac{1 - a^n}{1 - a} + \frac{(1 - a^n)(a - a^n)}{a - a^3} + \ldots\ldots + \frac{(1 - a^n)(a - a^n)\ldots(a^{n-1} - a^n)}{a^{\frac{n(n-1)}{2}} - a^{\frac{n(n+1)}{2}}}.$$

Réponse : n.

11. Trouver les conditions pour que

$$x^n \pm a^n,$$

soit divisible par

$$x^m \pm a^m.$$

12. Soient $f_1(x) = f(x) + \alpha x^n$, $\varphi_1(x) = \varphi(x) + \beta x^p$, $f(x)$ et $\varphi(x)$ étant les polynomes du n° 13, et α ainsi que β ayant des limites finies quand x tend vers zéro. La différence $\dfrac{f_1(x)}{\varphi_1(x)} - \dfrac{f(x)}{\varphi(x)}$ peut se mettre sous la forme γx^h, h étant le plus petit des deux nombres n et p et γ ayant une limite finie quand x tend vers zéro. Application au développement de $\dfrac{f_1(x)}{\varphi_1(x)}$ suivant les puissances croissantes de x.

CHAPITRE IV

PLUS GRAND COMMUN DIVISEUR DE DEUX POLYNOMES ENTIERS

1. Soient A et B deux polynomes entiers en x, de degrés n et p respectivement ; supposons $n \geqslant p$ et proposons-nous de chercher tous les polynomes qui divisent à la fois A et B.

Remarquons tout d'abord que si un polynome entier C divise A, il en sera encore de même du produit de C par un facteur h indépendant de x, car si l'on a $A = C . Q$, Q étant un polynome entier, on aura aussi : $A = C h \times \left(\dfrac{Q}{h}\right)$. Or, h étant indépendant de x, $\dfrac{Q}{h}$ est un polynome entier en x. Il en sera de même à l'égard de B, et, par suite, on ne regarde pas comme différents deux polynomes diviseurs qui ne diffèrent que par un facteur constant. En outre, si C divise A, tout polynome divisant C divise aussi A. Supposons, en effet, que l'on ait $A = C . A'$ et $C = D . C'$, A' et C' étant des polynomes entiers, on aura $A = D . A' . C'$, ce qui prouve que D divise A.

Cela posé, si B divisait A, la recherche des diviseurs communs de A et B serait évidemment ramenée, par la remarque précédente, à la recherche des diviseurs de B. On est ainsi conduit à diviser A par B. Ordonnons cette division suivant les puissances décroissantes de x. Si B divise A, on ne peut pas trouver de polynome de degré supérieur à p, divisant à la fois A et B, et tout polynome de degré p divisant à la fois A et B ne peut évidemment différer de B que par

un facteur constant, puisque si l'on a $B = C.B'$, C étant de degré p
comme B, la théorie de la division montre que $B' = \dfrac{b_0}{c_0}$, b_0 et c_0 étant
les coefficients de x^p dans B et C. On peut donc dire dans ce cas
que B est le polynome du plus haut degré qui divise A et B; on dit
alors que B est le *plus grand commun diviseur* des deux polynomes
A et B.

Supposons maintenant que B ne divise pas exactement A; alors
l'opération conduit à l'identité

$$A = B.Q + R_1$$

Q étant, comme on l'a vu, un polynome entier et R_1 un polynome
entier de degré p_1 plus petit que p.

Je dis que les polynomes A et B ont les mêmes diviseurs communs que B et R_1. En effet, soit C un polynome entier divisant
A et B; on a

$$A = C.A' \qquad B = C.B'$$

A' et B' étant des polynomes entiers; on en conclut

$$R_1 = A - BQ = CA' - CB'Q = (A' - B'Q)C.$$

$A' - B'Q$ étant un polynome entier, cette identité prouve que C
divise R_1.

Supposons, en second lieu, que le polynome C divise B et R_1; on
verra de la même manière qu'il divise A. D'où il résulte que les
polynomes A et B ont les mêmes diviseurs que B et R_1. Divisons B
par R_1, nous obtiendrons, si R_1 ne divise pas B :

$$B = R_1 Q_1 + R_2$$

puis, en continuant de la même manière :

$$R_1 = R_2 Q_2 + R_3$$
$$R_2 = R_3 Q_3 + R_4$$
$$\cdots \cdots \cdots \cdots \cdots$$
$$\cdots \cdots \cdots \cdots \cdots$$
$$R_{h-1} = R_h Q_h + R_{h+1}.$$

Les degrés des polynomes B, R_1, R_2, ... R_{h+1} vont en diminuant,
puisque dans chaque division le degré du reste est moindre que
celui du diviseur; il en résulte que la suite des opérations nous
conduira nécessairement à un reste de degré zéro, c'est-à-dire à
un reste ne contenant plus x. Supposons que ce soit R_{h+1}; il peut
arriver deux cas :

1° R_{h+1} est différent de zéro. Dans ce cas, les deux polynomes A et B n'admettent aucun diviseur commun. En effet, nous avons vu que ces polynomes ont les mêmes diviseurs que B et R_1; ces derniers, à leur tour, en vertu du même raisonnement, ont les mêmes diviseurs que R_1 et R_2, et ainsi de suite; on arrive ainsi à cette conclusion : tout diviseur de A et de B est un diviseur de R_{h-1} et de R_h et, par suite, un diviseur de R_{h+1}. Or, R_{h+1} ne contient pas x, donc aucun polynome entier en x ne peut diviser en même temps A et B. On dit dans ce cas que ces polynomes *sont premiers entre eux*.

2° $R_{h+1} = 0$. Alors, R_h divise R_{h-1} et d'après ce qui a été dit plus haut R_h est le plus grand commun diviseur des polynomes R_{h-1} et R_h : c'est donc aussi le plus grand commun diviseur des deux polynomes A et B.

En résumé, étant donnés deux polynomes A et B, il peut arriver que ces polynomes n'admettent aucun diviseur commun ou, au contraire, qu'il y ait des polynomes divisant à la fois A et B; dans ce dernier cas, les polynomes du plus haut degré possible divisant à la fois A et B, ne diffèrent entre eux que par un facteur indépendant de x, et l'un quelconque d'entre eux se nomme *le plus grand commun diviseur des polynomes donnés*. Si l'on représente par Δ le plus grand commun diviseur de A et B, il résulte encore de ce qui précède que tout diviseur commun de A et B est un diviseur de Δ. La recherche des diviseurs communs de deux polynomes est donc ramenée à celle des diviseurs d'un seul polynome. Cette recherche est liée intimement à la théorie des équations; nous y reviendrons plus loin.

Remarque. — La théorie précédente présente, comme on le voit, la plus grande analogie avec la théorie du plus grand commun diviseur des nombres entiers. Nous verrons cette analogie se manifester davantage dans la suite.

2. On dispose l'opération comme en arithmétique; mais avant de donner un exemple il est nécessaire de faire remarquer que l'on peut remplacer, dans les raisonnements faits plus haut, les restes de chaque opération par les restes partiels obtenus dans le cours de cette opération. Ainsi, dans une division, tout polynome qui divise le dividende et le diviseur divise le premier reste partiel, puis le second..... les polynomes qui divisent à la fois le dividende et le diviseur sont les mêmes que ceux qui divisent le diviseur et un reste partiel quelconque.

Cela posé, on peut multiplier ou diviser un dividende partiel quelconque et le diviseur par des facteurs indépendants de x.

Supposons, en effet, qu'on obtienne en faisant une division :

$$\alpha V = \beta V_1 . Q + \gamma V_2$$

V, V_1, V_2 étant des polynomes entiers et α, β, γ des facteurs numériques indépendants de x; d'après ce qu'on a vu, αV et βV_1 ont les mêmes diviseurs que βV_1 et γV_2; or, ces diviseurs sont aussi ceux de V et V_1 ou de V_1 et V_2; l'introduction ou la suppression des facteurs α, β, γ ne change rien aux conclusions; mais il ne faut pas oublier que ces facteurs sont supposés indépendants de x.

Dans la pratique, si tous les coefficients d'un diviseur sont divisibles par un même nombre, on peut les diviser par ce nombre; puis, pour éviter des coefficients fractionnaires, si le premier terme d'un dividende partiel n'est pas exactement divisible par le premier terme du diviseur, on peut multiplier tous les coefficients de ce dividende par un nombre convenable, pour rendre la division possible; on pourra ensuite, s'il y a lieu, diviser tous les termes du reste partiel obtenu par un même nombre.....

3. **Exemple**. — *Trouver le plus grand commun diviseur des deux polynomes :*

$$A = x^5 - 2x^4 - 8x^3 + 16x^2 + 16x - 32$$
$$B = 5x^4 - 8x^3 - 24x^2 + 32x + 16.$$

Opération :

$$
\begin{array}{l|l|l}
 & x\!/ - 1 & 5x + 2 \\
\cline{2-2}
5x^5 - 10x^4 - 40x^3 + 80x^2 + 80x - 160 & 5x^4 - 8x^3 - 24x^2 + 32x + 16 & x^3 - 2x^2 - 4x + 8 \\
\quad - 2x^4 - 16x^3 + 48x^2 + 64x - 160 & \quad + 2x^3 - 4x^2 - 8x + 16 & \\
\quad - 5x^4 - 40x^3 + 120x^2 + 160x - 400 & & \\
\quad - 48x^3 + 96x^2 + 192x - 384 & &
\end{array}
$$

On multiplie d'abord tous les coefficients de A par 5; le premier terme de la division de $5A$ par B est x; les coefficients du premier dividende partiel sont divisibles par 2; on multiplie par 5 tous les coefficients divisés par 2 et on continue la division; on trouve -1 au quotient; mais le quotient est altéré, il n'est pas $x - 1$; pour en tenir compte nous avons placé un trait oblique après x. Le reste est divisible par -48; on simplifie et on divise ensuite B par $x^3 - 2x^2 - 4x + 8$ ......, etc. Remarquons enfin que les quotients ont été écrits *au-dessus* des diviseurs, comme cela se fait en arithmétique. On trouve pour plus grand commun diviseur des deux polynomes donnés : $\Delta = x^3 - 2x^2 - 4x + 8$.

On a :

$$B = (x^3 - 2^2 x - 4x + 8)(5x + 2)$$
$$A = (x^3 - 2x^2 - 4x + 8)(x^2 - 4).$$

On peut trouver le quotient de A par Δ sans faire de divisions nouvelles; en effet, si l'on nomme C le polynome

$$- x^4 - 8x^3 + 24x^2 + 32x - 80$$

on a successivement, d'après les calculs précédents :

$$5A = B \cdot x + 2C$$
$$5C = B.(-1) - 48\Delta,$$

d'où :

$$25A = B(5x - 2) - 96\Delta \qquad \Delta(25x^2 - 100),$$

d'où :

$$A = \Delta(x^2 - 4).$$

PROPRIÉTÉS DU PLUS GRAND COMMUN DIVISEUR

4. Nous allons d'abord démontrer la proposition suivante :

Soient deux polynomes A et B entiers en x, Q le quotient de A divisé par B, R le reste, et soit C un polynome quelconque, entier en x. Il s'agit de prouver que si l'on divise AC par BC on trouve pour quotient Q, et pour reste R . C.

En effet, de l'identité

$$A = B \cdot Q + R \qquad\qquad (1)$$

on déduit :

$$AC = BC \cdot Q + R \cdot C. \qquad\qquad (2)$$

Le degré de R est, par hypothèse, inférieur à celui de B. Si l'on nomme p le degré de B, p_1 celui de R et q celui de C, le degré du produit RC est égal à $p_1 + q$ et celui de B . C est $p + q$; l'inégalité $p < p_1$ entraîne $p_1 + q < p + q$; donc le polynome R . C ayant un degré moindre que celui du diviseur BC, l'identité précédente prouve que le quotient de la division de AC par BC est égal à Q et que le reste est égal à RC.

On a vu que si un polynome C divise A et B, il divise R; soient donc $A = CA'$, $B = CB'$, $R = CR'$, A', B', C', étant des polynomes entiers : on déduit de l'identité (1) :

$$A' = B' \cdot Q + R',$$

on verra comme plus haut que le degré de R' est inférieur à celui de B'; donc si l'on divise A' par B', on trouvera pour quotient Q et pour reste R'. Par conséquent :

Si l'on multiplie ou divise le dividende et le diviseur par un même polynome, le quotient ne change pas et le reste est multiplié ou divisé par ce polynome.

5. Corollaire I. — *Quand on multiplie ou divise deux polynomes par un troisième, leur plus grand commun diviseur est multiplié ou divisé par ce troisième polynome.*

6. Corollaire II. — *Les quotients de deux polynomes par leur plus grand commun diviseur sont des polynomes premiers entre eux et réciproquement, si les quotients de deux polynomes par un diviseur commun sont premiers entre eux, ce diviseur est le plus grand commun diviseur des deux polynomes.*

7. Théorème. — *Si un polynome entier C divise le produit A.B de deux polynomes entiers et s'il est premier avec l'un des facteurs, il divise l'autre. Plus généralement C divise B.D si D est le plus grand commun diviseur de A et C.*

8. Théorème. — *Quand deux polynomes A et B sont premiers entre eux, toute fraction rationnelle $\frac{U}{V}$ égale à $\frac{A}{B}$ a ses termes U et V équimultiples de A et B respectivement.*

Tous ces théorèmes se démontrent absolument comme les théorèmes correspondants d'arithmétique.

Prenons le dernier comme exemple.

Si l'on a :

$$\frac{U}{V} = \frac{A}{B}$$

on en déduit :

$$U = \frac{A \times V}{B}.$$

Cette identité prouve que le polynome B divise le produit $A \times V$; or, par hypothèse, B est premier avec A, donc il divise V (**7**) ; soit Q le quotient, de sorte que $V = B \times Q$; on aura :

$$U = \frac{A \times B \times Q}{B}$$

ou en simplifiant :

$$U = A \times Q.$$

Remarque. — Si le degré de U et celui de V sont respectivement égaux à ceux de A et de B, Q sera indépendant de x et, dès lors, U et V seront premiers entre eux.

Enfin, si l'on suppose U et V premiers entre eux, en même temps que A et B, l'identité :

$$\frac{U}{V} = \frac{A}{B}$$

ne peut exister que si U et V sont de mêmes degrés que A et B et n'en diffèrent que par un même facteur constant, car, autrement, on aurait d'après ce qui précède :

$$U = A.Q, \quad V = B.Q,$$

Q étant un polynome entier. Q serait le plus grand commun diviseur des polynomes U et V.

9. **Corollaire.** — Une fraction rationnelle dont les deux termes sont des polynomes premiers entre eux est *irréductible*.

10. **Application.** — *Trouver tous les polynomes divisibles par deux polynomes donnés.*

Tout polynome divisible par A est un produit de la forme A M, M désignant un polynome entier; il s'agit de déterminer la forme du polynome M de manière que A M soit divisible par B; c'est-à-dire que l'on ait

$$A.M = B.P. \tag{1}$$

Soit Δ le plus grand commun diviseur des polynomes A et B et désignons par A′ et B′ les quotients de ces polynomes par Δ, de sorte que $A = \Delta . A'$, $B = \Delta . B'$.

Divisons par Δ les deux nombres de l'identité (1), nous obtiendrons

$$A'M = B'.P.$$

Ce qui prouve que B′ doit diviser A′M; or il est premier avec A′, donc il doit diviser M; on doit donc avoir

$$M = B'.Q,$$

et par suite

$$A M = A B'.Q.$$

Réciproquement, tout polynome de cette forme est un multiple de A et de B; en effet, on a

$$A B'.Q = \frac{A.B.Q}{\Delta} = A'.B.Q,$$

en écrivant $A (B'. Q)$ ou $B (A'. Q)$ on voit que la condition est remplie; donc tout multiple de A et de B est de la forme

$$\frac{A . B}{\Delta} Q$$

et réciproquement.

On aura donc les multiples du plus petit degré possible, en remplaçant Q par un facteur numérique; on peut prendre $Q = 1$. Le polynome $\frac{A B}{\Delta}$ se nomme *le plus petit commun multiple* des polynomes A et B; si on le désigne par μ, on a

$$\mu = \frac{A . B}{\Delta} .$$

11. Corollaire I. — *Tout multiple commun à A et B est un multiple de μ.*

12. Corollaire II. — *Les quotients du plus petit commun multiple de deux polynomes par ces deux polynomes sont premiers entre eux.*

En effet :

$$\frac{\mu}{A} \quad \frac{B}{\Delta} \quad B' \qquad \frac{\mu}{B} \quad \frac{\Delta}{\Delta} \quad A'.$$

13. Théorème. — *Si l'on désigne par $R_1, R_2, \ldots R_k \ldots$ les restes successifs obtenus dans la recherche du plus grand commun diviseur de deux polynomes A, B de degrés n et p respectivement, on a identiquement :*

$$R_k \quad A U_k + B V_k.$$

U_k, V_k *désignant des polynomes entiers en x, dont les degrés sont respectivement moindres que p et n.*

En effet, on a :

$$A = B Q + R_1 ;$$

donc,

$$R_1 = A - B Q = A U_1 + B V_1,$$

en posant : $U_1 = 1$, $V_1 = - Q$. Le degré de U_1 est égal à zéro, celui de V_1 à $n - p$.

On a ensuite :

$$R_2 = B - R_1 Q_1 = A (- Q_1) + B (1 + Q Q_1) ;$$

donc,

$$U_2 = -Q_1 \qquad V_2 = 1 + Q Q_1,$$

le degré de U_2 est égal à $p - p_1$ et celui de V_2 à $n - p + p - p_1$ ou $n - p_1$, p_1 étant le degré de R_1.

Supposons que la loi observée jusqu'ici soit vraie jusqu'à R_h, je dis que l'on aura :

$$R_{h+1} = A U_{h+1} + B V_{h+1},$$

U_{h+1} et V_{h+1} étant de degrés $p - p_h$ et $n - p_h$, si p_h désigne le degré de R_h.

En effet, des identités :

$$R_{h+1} = R_{h-1} - R_h Q_h$$

et

$$R_{h-1} = A U_{h-1} + B V_{h-1}$$
$$R_h = A U_h + B V_h,$$

on tire :

$$R_{h+1} = A (U_{h-1} - U_h Q_h) + B (V_{h-1} - V_h Q_h),$$

de sorte que :

$$U_{h+1} = U_{h-1} - U_h Q_h \qquad V_{h+1} = V_{h-1} - V_h Q_h.$$

D'après nos hypothèses, les degrés de U_h et V_h sont respectivement supérieurs à ceux de U_{h-1} et V_{h-1}. Le degré de Q_h est égal à $p_{h-1} - p_h$, par suite U_{h+1} a un degré égal à

$$p - p_{h-1} + p_{h-1} - p_h = p - p_h$$

et le degré de V_{h+1} sera égal à :

$$n - p_{h-1} + p_{h-1} - p_h = n - p_h,$$

de sorte que la loi est vérifiée. On a donc bien

$$R_k = A U_k + B V_k,$$

U_k et V_k étant des polynomes dont les degrés sont respectivement celui de U_k : $p - p_{k-1}$ et celui de V_k : $n - p_{k-1}$; ces deux nombres sont évidemment au plus égaux à $p - 1$ et à $n - 1$.

Supposons les deux polynomes premiers entre eux. On obtiendra un reste R_{h+1} égal à un *nombre* différent de zéro; on a d'après ce qui vient d'être dit :

$$R_{h+1} = A U_{h+1} + B V_{h+1},$$

d'où :

$$A \frac{U_{h+1}}{R_{h+1}} + B \frac{V_{h+1}}{R_{h+1}} = 1.$$

Posons $\dfrac{U_{h+1}}{R_{h+1}} = U$, $\dfrac{V_{h+1}}{R_{h+1}} = V$; U et V sont deux polynomes entiers dont les degrés sont égaux aux nombres $p - p_h$, $n - p_h$; p_h désignant le degré de R_h, c'est-à-dire un nombre inférieur à p. Nous avons ainsi obtenu la proposition suivante, due à *Bézout*.

Quand deux polynomes entiers : A de degré n, B de degré p en x, sont premiers entre eux, on peut trouver deux polynomes : U de degré inférieur à p, V de degré inférieur à n, et tels que l'on ait identiquement :

$$A U + B V = 1.$$

Réciproquement, si l'on peut trouver deux polynomes U et V, d'ailleurs de degrés quelconques, vérifiant la relation précédente, A et B sont premiers entre eux, car tout polynome qui diviserait A et B devrait diviser le premier membre et, par suite, aussi l'unité.

Les polynomes U et V sont premiers entre eux; de même, A et V, ainsi que B et U sont aussi premiers entre eux.

14. Je dis maintenant que les polynomes U et V obtenus par la méthode précédente sont les seuls qui puissent vérifier l'identité :

$$A U + B V = 1,$$

si l'on suppose que le degré de U soit inférieur à celui de B et le degré de V inférieur à celui de A.

Supposons, en effet, qu'on puisse trouver deux autres polynomes U', V' satisfaisant aux conditions précédentes. On aurait

$$A U + B V = A U' + B V'$$

ou

$$A (U - U') = B (V' - V).$$

D'après cette identité, le polynome A devrait diviser le second membre, et, comme il est, par hypothèse, premier avec B, il diviserait V' - V, ce qui est impossible puisque les degrés de V et de V' sont supposés tous deux inférieurs à celui de A.

15. Application. — Nous avons indiqué plus haut une démonstration de ce théorème :

Tout polynome A qui divise un produit de deux polynomes B, C, et est premier avec l'un d'eux, divise l'autre.

Voici une nouvelle démonstration :

Soit Δ le plus grand commun diviseur des polynomes A et B; on peut trouver deux polynomes entiers U et V vérifiant l'identité

$$AU + BV = \Delta.$$

car dans ce cas $B_{h+1} = \Delta$. En multipliant les deux membres par un polynome entier C, on obtient

$$ACU + BCV = C\Delta.$$

Donc si A divise BC, il divise CΔ. En particulier, A divise C, s'il est premier avec B.

16. Théorème. — *Tout polynome entier premier avec chaque facteur d'un produit de polynomes entiers, est premier avec ce produit.*

Supposons le polynome entier A premier avec chacun des polynomes B_1, B_2, ... B_n; on peut déterminer des polynomes entiers U_1, V_1; U_2, V_2, ... U_n, V_n, tels que l'on ait identiquement :

$$AU_1 + B_1V_1 = 1$$
$$AU_2 + B_2V_2 = 1$$
$$. . . . .$$
$$. . . . .$$
$$. . . . .$$
$$AU_n + B_nV_n = 1.$$

En multipliant toutes ces identités membre à membre, on obtiendra évidemment une nouvelle identité de la forme

$$AU + B_1 B_2 ..... B_n. V = 1,$$

U et V désignant des polynomes entiers. Cette identité démontre que A est premier avec le produit : $B_1 B_2 ..... B_n$.

17. Corollaire. — *Si chacun des polynomes A_1, A_2, ... A_p est premier avec chacun des polynomes B_1, B_2, ... B_n, les deux produits $A_1 A_2 ..... A_p$ et $B_1 B_2 ..... B_n$ sont premiers entre eux.*

En effet, chacun des polynomes A_1, A_2 ..... A_p est alors premier avec le produit $B_1 B_2 ..... B_n$; donc, à son tour, ce polynome est premier avec le produit $A_1 A_2 ..... A_p$.

18. *Si deux polynomes A et B sont premiers entre eux, leurs puissances A^n et B^n sont des polynomes premiers entre eux.*

Remarquons d'abord que si A et B sont premiers entre eux, tout diviseur de A est premier avec tout diviseur de B, car tout polynome qui diviserait ces diviseurs diviserait A et B. De même tout diviseur de l'un des polynomes est premier avec l'autre. Je dis maintenant que A est premier avec B^n, n étant un entier quelconque. En effet, si A et B^n avaient un diviseur commun C, C diviseur de A serait premier avec B. Or C divisant B^n, c'est-à-dire $B \times B^{n-1}$, devrait diviser B^{n-1}, puis pour la même raison B^{n-2}, ... B^2. Mais pour que C divise $B \times X$, il faut que C divise X; donc C ne peut diviser B^2.

Cela étant, B^n étant premier avec A est aussi premier avec A^n, en vertu du même raisonnement.

19. On démontre encore le théorème suivant :

Si un polynome A *est divisible par des polynomes* B, C, D ..... *premiers entre eux deux à deux, il est divisible par leur produit.*

La démonstration est identique à celle du théorème analogue relatif aux nombres entiers.

Cela posé, les polynomes $x - a$, $x - b$, $x - c$ sont premiers entre eux deux à deux; il en est de même de $(x - a)^\alpha$, $(x - b)^\beta$, $(x - c)^\gamma$ ..... donc : *tout polynome entier $f(x)$ divisible par $(x - a)^\alpha$, $(x - b)^\beta$, $(x - c)^\gamma$ ..... séparément, est divisible par leur produit* $(x - a)^\alpha (x - b)^\beta (x - c)^\gamma$ ..... comme nous l'avons déjà établi d'une autre manière.

20. Théorème (Euler). — *Pour que deux polynomes entiers en x,* A *et* B *de degrés n et p, aient un diviseur commun, il faut et il suffit qu'on puisse trouver deux polynomes entiers,* U *de degré $p - 1$, et* V *de degré $n - 1$, tels que l'on ait identiquement :*

$$AU + BV = 0. \qquad (1)$$

En effet, supposons que les deux polynomes A et B aient un diviseur commun, et, par suite, ne soient pas premiers entre eux. Soit Δ leur plus grand commun diviseur, de sorte que

$$A = \Delta . A' \quad B = \Delta . B',$$

A' et B' étant deux polynomes premiers entre eux.

Si l'on désigne par M un polynome entier quelconque, on aura évidemment :

$$A . B'M - B . A'M = 0.$$

Si q est le degré de Δ, A' sera de degré $n - q$ et B' de degré $p - q$, donc en supposant M de degré $q - 1$, les polynomes

$$U = B'M, \quad V = - A'M \qquad (2)$$

satisferont aux conditions demandées. On peut remarquer que si $q = 1$, M devra être une constante; on pourra prendre alors $U = B'$ et $V = - A'$.

Réciproquement. — Supposons qu'il existe deux polynomes U et V, U de degré moindre que p et V de degré moindre que n, vérifiant l'identité :

$$AU + BV = 0;$$

je dis que A et B ne sont pas premiers entre eux. En effet, s'il en était ainsi, l'identité

$$AU = -BV$$

montre que A devrait diviser V, ce qui est impossible, puisque A est de degré n et V de degré inférieur à n.

Remarque. — Les polynomes U et V satisfaisant à l'identité

$$AU + BV = 0$$

sont nécessairement de la forme choisie plus haut. En effet, l'identité précédente peut être remplacée par :

$$A'U + B'V = 0 \quad \text{ou} \quad A'U = -B'V,$$

A' et B' désignant les quotients de A et de B par leur plus grand commun diviseur ; mais B' étant premier avec A', cette dernière identité montre que B' divise U.

Si donc on pose $U = B'M$ on aura bien : $V = -A'M$, M désignant un polynome entier.

21. Théorème. — *Pour que les deux polynomes A et B de degrés n et p aient un plus grand commun diviseur Δ de degré q, il faut et il suffit qu'on puisse trouver deux polynomes entiers premiers entre eux, U de degré $p - q$, V de degré $n - q$, vérifiant l'identité*

$$AU + BV = 0. \tag{1}$$

En effet, soit Δ le plus grand diviseur de A et B, de sorte que $A = \Delta A'$, $B = \Delta B'$; A' et B' sont deux polynomes entiers premiers entre eux, de degrés $n - q$ et $p - q$; pour vérifier l'identité proposée, il suffit de prendre $U = B'$, $V = -A'$.

Réciproquement, supposons que les deux polynomes U et V soient *premiers entre eux*, que leurs degrés soient $n - q$, $p - q$ et qu'ils vérifient l'identité considérée : alors, en répétant un raisonnement déjà fait, on voit que $A = V.Q$, $B = -U.Q$, Q étant un polynome entier de degré q. Or V et $-U$ sont premiers entre eux, donc Q est le plus grand commun diviseur des polynomes A et B.

Il résulte de ce qui précède que si le plus grand commun diviseur de A et B est de degré q, il n'y a pas de polynomes U et V de degrés inférieurs à $p - q$ et $n - q$, respectivement, qui puissent vérifier l'identité

$$AU + BV = 0$$

puisque tous ces polynomes sont donnés par les formules (2), A' et B' étant premiers entre eux, de degrés $n - q$ et $p - q$, et M étant une constante numérique ou un polynome de degré quelconque. On peut donc énoncer ainsi le théorème :

Pour que A et B aient un plus grand commun diviseur de degré q, il faut et il suffit qu'on puisse trouver des polynomes U et V, premiers entre eux, de degrés $p - q$ et $n - q$ respectivement, vérifiant l'identité (1).

Remarque. — Dans tous les cas : $AU + BV = K$, K étant une constante. Les polynomes A et B sont premiers entre eux, ou non, suivant que l'on a $K \neq 0$ ou $K = 0$.

22. Théorème. — A *étant un polynome entier en x premier avec chacun des polynomes* B_1, B_2, ... B_n *entiers en x et premiers entre eux deux à deux, on a :*

$$\frac{A}{B_1 B_2 ..... B_n} = \frac{A_1}{B_1} + \frac{A_2}{B_2} + ... + \frac{A_n}{B_n} + E,$$

$\dfrac{A_1}{B_1}$, $\dfrac{A_2}{B_2}$, ... $\dfrac{A_n}{B_n}$ *étant des fractions irréductibles dans lesquelles le degré du numérateur est inférieur à celui du dénominateur, et* E *désignant un polynome entier.*

La transformation précédente n'est possible que d'une seule manière.

Considérons d'abord le cas où il n'y a que deux polynomes au dénominateur de la fraction rationnelle donnée.

Soient B et C deux polynomes donnés premiers entre eux et premiers avec A.

On peut trouver un polynome B' de degré inférieur à celui de B, et un polynome C' de degré inférieur à celui de C et tels que

$$BC' + CB' = 1,$$

d'où l'on tire

$$\frac{1}{BC} = \frac{B'}{B} + \frac{C'}{C}$$

et, par suite,

$$\frac{A}{BC} = \frac{AB'}{B} + \frac{AC'}{C}.$$

En divisant AB' par B, si le degré de AB' surpasse celui de B, on aura :

$$AB' = BQ + A_1,$$

d'où

$$\frac{AB'}{B} = Q + \frac{A_1}{B}$$

Q étant un polynome entier et A_1 un polynome de degré inférieur à celui de B ; d'ailleurs B est premier avec B' et avec A, il est donc premier avec AB' et, par suite, avec le reste A_1 de la division de AB par B ; donc la fraction $\dfrac{A_1}{B}$ est irréductible.

On aura de même :

$$\frac{AC'}{C} = Q' + \frac{A_2}{C}$$

et, par suite,

$$\frac{A}{BC} = \frac{A_1}{B} + \frac{A_2}{C} + Q + Q'.$$

Le degré $A_1 C + A_2 B$ est évidemment inférieur à celui de BC; donc $Q + Q'$ est le quotient entier de la division de A par BC.

Cela posé, soit la fraction :

$$\frac{A}{B_1 B_2 B_3 \ldots B_n},$$

en remarquant que B_1 est premier avec $B_2 B_3 \ldots B_n$, on a, d'après ce qui précède :

$$\frac{A}{B_1 (B_2 B_3 \ldots B_n)} = \frac{A_1}{B_1} + \frac{A'}{B_2 B_3 \ldots B_n} + E,$$

E étant le quotient entier de la division de A par $B_1 B_2 \ldots B_n$, $\frac{A'}{B'}$ et $\frac{A}{B_2 B_3 \ldots B_n}$ étant des fractions irréductibles dans lesquelles le degré du numérateur est inférieur à celui du dénominateur. On aura ensuite :

$$\frac{A'}{B_2 B_3 \ldots B_n} = \frac{A_2}{B_2} + \frac{A''}{B_3 B_4 \ldots B_n}$$

sans partie entière dans le second membre, puisque le degré de A' est inférieur à celui du dénominateur $B_2 B_3 \ldots B_n$.

On aura de même :

$$\frac{A''}{B_3 B_4 \ldots B_n} = \frac{A_3}{B_3} + \frac{A'''}{B_4 B_5 \ldots B_n}$$

et ainsi de suite, jusqu'à :

$$\frac{A^{(n-2)}}{B_{n-1} B_n} = \frac{A_{n-1}}{B_{n-1}} + \frac{A_n}{B_n}.$$

En ajoutant membre à membre les identités précédentes on obtient la formule annoncée :

$$\frac{A}{B_1 B_2 \ldots B_n} = \frac{A_1}{B_1} + \frac{A_2}{B_2} + \cdots + \frac{A_n}{B_n} + E.$$

Je dis maintenant que cette transformation n'est possible que d'une seule manière. Supposons, en effet, qu'on ait en même temps :

$$\frac{A}{B_1 B_2 \ldots B_n} = \frac{C_1}{B_1} + \frac{C_2}{B_2} + \cdots + \frac{C_n}{B_n} + E_1$$

E_1 étant un polynome entier, les fractions $\dfrac{C_1}{B_1}$, $\dfrac{C_2}{B_2}$ ..... $\dfrac{C_n}{B_n}$ étant irréductibles et le degré du numérateur de chacune inférieur au degré de son dénominateur, on en déduirait :

$$\frac{A_1 - C_1}{B_1} + \frac{A_2 - C_2}{B_2} + \cdots + \frac{A_n - C_n}{B_n} + E - E_1 = 0.$$

Supposons A_1 différent de C_1; en multipliant par $B_2 B_3 \ldots B_n$ l'identité précédente, on aurait :

$$\frac{(A_1 - C_1) B_2 B_3 \ldots B_n}{B_1} \qquad H,$$

H désignant un polynome entier. Il résulte de là que B_1 devrait diviser le produit $(A_1 - C_1) B_2 B_3 \ldots B_n$; mais B_1 étant premier avec le facteur $B_2 B_3 \ldots B_n$, devrait diviser $A_1 - C_1$, ce qui est impossible, puisque les degrés de A_1 et de C_1 sont tous deux inférieurs à celui de B_1. On doit donc supposer $C_1 = A_1$; puis, pour la même raison : $C_2 = A_2$, ... $C_n = A_n$ et, par suite, $E_1 = E$.

23. Application. — *P, A, B,... L désignant des polynomes entiers en x, premiers entre eux deux à deux et* α, β *des nombres entiers, on a*

$$\frac{P}{A^\alpha B^\beta \ldots L^\lambda} = E + \frac{a}{A^\alpha} + \frac{a_1}{A^{\alpha-1}} + \cdots + \frac{a_{\alpha-1}}{A} + \frac{b}{B^\beta} + \cdots + \frac{b_{\beta-1}}{B} + \cdots + \frac{l_{\lambda-1}}{L}$$

a, $a_1 \ldots a_{\alpha-1}$ *désignant des polynomes entiers de degrés moindres que celui de A ;* b, $b_1 \ldots b_{\beta-1}$ *des polynomes entiers de degrés moindres que celui de B, etc., et* E *désignant un polynome entier.*

En effet, on peut d'abord mettre la fraction proposée sous la forme suivante :

$$\frac{P}{A^\alpha B^\beta \ldots L^\lambda} = E + \frac{A_1}{A^\alpha} + \frac{B_1}{B^\beta} + \cdots + \frac{L_1}{L^\lambda}$$

A_1, $B_1 \ldots L_1$ étant des polynomes entiers de degrés respectivement moindres que ceux des dénominateurs correspondants. Cela étant, si le degré de A_1 est supérieur à celui de A, divisons A_1 par A, ce qui donne

$$A_1 = A.A_2 + a$$

A_2 désignant un polynome entier et a un polynome entier de degré moindre que celui de A, de sorte que

$$\frac{A_1}{A^\alpha} = \frac{a}{A^\alpha} + \frac{A_2}{A^{\alpha-1}}$$

on aura dans les mêmes conditions

$$A_2 = A.A_3 + a_1$$

d'où $\quad \dfrac{A_2}{A^{\alpha-1}} = \dfrac{a_1}{A^{\alpha-1}} + \dfrac{A_3}{A^{\alpha-2}}$, etc., et finalement

$$\frac{A_1}{A^\alpha} = \frac{a}{A^\alpha} + \frac{a_1}{A^{\alpha-1}} + \ldots + \frac{a^{\alpha-1}}{A}$$

et par suite

$$\frac{P}{A^\alpha B^\beta \ldots L^\lambda} = E + \sum \left(\frac{a}{A^\alpha} + \frac{a_1}{A^{\alpha-1}} + \ldots + \frac{a_{a-1}}{A} \right)$$

$A, A_1 \ldots B, B_1 \ldots L, L_1 \ldots L_{\lambda-1}$ désignant des constantes.

Nous reviendrons plus tard sur cette décomposition; mais il n'est pas inutile de remarquer que l'on parvient à la formule précédente en s'appuyant uniquement sur la théorie de la division des polynomes.

24. Plus grand commun diviseur de plusieurs polynomes. — Soient $A_1, A_2, \ldots A_n$, n polynomes donnés. Tout polynome qui divise A_1 et A_2 divise leur plus grand commun diviseur Δ_1, et réciproquement tout polynome qui divise Δ, divise A_1 et A_2; donc, pour trouver tous les diviseurs de $A_1, A_2, \ldots A_n$, il suffit de chercher les polynomes qui divisent à la fois $\Delta_1, A_3, \ldots A_n$. On traitera de la même manière ces $n-1$ polynomes, en remplaçant deux d'entre eux, Δ_1 et A_3, par exemple, par leur plus grand commun diviseur Δ_2: en continuant de la même manière, on arrivera à deux polynomes Δ_{n-2}, A_n qui ont les mêmes diviseurs communs que les polynomes proposés: si Δ_{n-1} est le plus grand commun diviseur des deux polynomes Δ_{n-2}, A_n on voit que tout polynome qui divise $A_1, A_2, \ldots A_n$ divise Δ_{n-1}, et réciproquement. Ce polynome Δ_{n-1} se nomme le plus grand commun diviseur des polynomes donnés; si Δ_{n-1} est de degré p, aucun polynome de degré supérieur à p ne peut diviser exactement tous les polynomes donnés et tout polynome de degré p qui les divise, ne diffère de Δ_{n-1} que par un facteur indépendant de x.

Si l'un des polynomes $\Delta_1, \Delta_2, \ldots$ se réduit à une constante, il est inutile de continuer l'opération; les polynomes donnés sont premiers entre eux.

Il résulte de ce qui précède que la recherche du plus grand commun diviseur de plus de deux polynomes peut se ramener à la recherche du plus grand commun diviseur de plusieurs groupes de deux polynomes. On en conclut aisément que les propriétés du plus grand commun diviseur s'étendent au cas où il y a plus de deux polynomes. On a ainsi les théorèmes suivants :

Quand on multiplie plusieurs polynomes par un même polynome, leur plus grand commun diviseur est multiplié par ce dernier polynome.

Autrement dit, si $A_1, A_2 \ldots A_n$ ont pour plus grand commun diviseur Δ, les produits $A_1 B, A_2 B, \ldots A_n B$ ont pour plus grand commun diviseur ΔB.

Si un polynome C divise $A_1, A_2 \ldots A_n$, il divise leur plus grand commun diviseur, comme nous l'avons vu plus haut; soient :

$$A_1 = CA'_1 \quad A_2 = CA'_2 \ldots A_n = CA'_n \quad \Delta = C\Delta'.$$

Les quotients

$$A'_1, A'_2 \ldots A'_n$$

ont pour plus grand commun diviseur Δ', autrement dit :

Quand on divise plusieurs polynomes par un diviseur commun, leur plus grand commun diviseur se trouve divisé par ce diviseur commun.

Les quotients de plusieurs polynomes par leur plus grand commun diviseur sont premiers entre eux, et réciproquement :

Si un polynome entier Δ divise plusieurs polynomes donnés et si, en outre, les quotients obtenus sont premiers entre eux, Δ est le plus grand commun diviseur des polynomes donnés.

25. Plus petit commun multiple de plusieurs polynomes. — Pour trouver le plus petit commun multiple de plusieurs polynomes donnés A_1, A_2, ... A_n on peut procéder comme pour leur plus grand commun diviseur. Soit μ_1 le plus petit commun multiple des polynomes A_1, A_2. Tout multiple de A_1 et de A_2 est un multiple de μ_1 et réciproquement, tout multiple de μ_1 est un multiple de A_1 et de A_2: donc les polynomes donnés ont les mêmes multiples communs que les polynomes μ_1, A_3, A_4 ..... A_n qui sont au nombre de $n-1$; en continuant de la même manière on arrivera à deux polynomes μ_{n-2}, A_n dont le plus petit commun multiple μ_{n-1} sera le plus petit commun multiple des polynomes proposés. De plus, tout multiple de μ_{n-1} sera un multiple des polynomes donnés, et réciproquement.

26. Formule de Gauss. — Nous avons donné l'expression du plus petit commun multiple de deux polynomes A, B, et nous avons obtenu : $\mu = \dfrac{A B}{\Delta}$, Δ étant le plus grand commun diviseur de A et B. Nous nous proposons de trouver une formule analogue dans le cas de n polynomes.

Soit μ le plus petit commun multiple des polynomes A_1, A_2, ... A_n et posons

$$\mu = A_1 B_1 = A_2 B_2 ..... = A_n B_n,$$

je dis que B_1, B_2, ... B_n, quotients de μ par les polynomes donnés, sont premiers entre eux. En effet, si B_1, B_2 ..... B_n avaient un diviseur commun δ, on aurait

$$B_1 = C_1 \delta, \qquad B_2 = C_2 \delta ..... B_n = C_n \delta$$

C_1, C_2 ..... C_n étant des polynomes entiers et par suite :

$$\mu = A_1 C_1 \delta = A_2 C_2 \delta = ... = A_n C_n \delta$$

ce qui prouve que $\dfrac{\mu}{\delta}$ serait un multiple commun des polynomes donnés ; μ ne serait donc pas leur plus petit commun multiple.

Tout multiple commun M est un multiple de μ ; soit $M = \mu.Q$: les quotients de M par les polynomes A_1, A_2 ..... A_n sont respectivement égaux à $B_1 Q$, $B_2 Q$, ... $B_n Q$, donc ils ont pour plus grand commun diviseur Q. Il résulte de là que les conditions nécessaires et suffisantes pour qu'un polynome entier μ soit le plus petit commun multiple de polynomes donnés sont : *que μ soit divisible par tous les polynomes et que les quotients soient premiers entre eux.*

Je dis, d'après cela, que

$$\mu = \frac{A_1 A_2 ..... A_n}{D}$$

D désignant le plus grand commun diviseur des n polynomes égaux aux produits des polynomes donnés $n-1$ à $n-1$: $A_2 A_3 ..... A_n$, $A_1 A_3 A_4 ..... A_n$ ..... $A_1 A_2 A_3 ..... A_{n-1}$.

En effet, on peut écrire

$$\mu = A_1 . \frac{A_2 A_3 ..... A_n}{D} = A_2 . \frac{A_1 A_3 ..... A_n}{D} ..... = A_n . \frac{A_1 A_2 ..... A_{n-1}}{D}$$

ce qui prouve que μ est divisible par A_1, A_2, ... A_n et que les quotients de μ par ces polynomes sont premiers entre eux, puisque ces quotients sont ceux des polynomes $A_2 A_3 ..... A_n$, $A_1 A_3 ..... A_n$, ... $A_1 A_2 ..... A_{n-1}$ par leur plus grand commun diviseur.

PLUS GRAND COMMUN DIVISEUR DE DEUX POLYNOMES HOMOGÈNES À DEUX VARIABLES x, y.

27. Le produit d'un polynome homogène, par un monome est homogène. Le produit d'un polynome homogène par un second polynome non homogène, n'est pas homogène; de même le produit de deux polynomes non homogènes n'est pas homogène; au contraire le produit de deux ou plusieurs polynomes homogènes est homogène. Ces propositions n'offrent aucune difficulté; nous les supposerons établies.

Cela posé, soient $f(x, y)$ et $\varphi(x, y)$ deux polynomes homogènes admettant un diviseur commun $\psi(x, y)$, et supposons d'abord que y ne soit en *facteur* ni dans $f(x, y)$ ni dans $\varphi(x, y)$; dans ce cas le diviseur $\psi(x, y)$ contient nécessairement x.

On aura *identiquement* :

$$f(x, y) = \psi(x, y) . f_1(x, y),$$
$$\varphi(x, y) = \psi(x, y) . \varphi_1(x, y).$$

Les polynomes $\psi(x, y)$, $f_1(x, y)$ et $\varphi_1(x, y)$ sont homogènes. On déduit des identités précédentes qui ont lieu pour toutes les valeurs d'x et d'y, en remplaçant y par 1.

$$f(x, 1) = \psi(x, 1) . f_1(x, 1).$$
$$\varphi(x, 1) = \psi(x, 1) . \varphi_1(x, 1).$$

Ce qui prouve que $\psi(x, 1)$ est un diviseur commun des deux polynomes entiers en x : $f(x, 1)$, $\varphi(x, 1)$.

Réciproquement, soit $\theta(x)$ un diviseur commun à $f(x, 1)$ et $\varphi(x, 1)$; on a identiquement :

$$f(x, 1) = \theta(x) . f_1(x).$$
$$\varphi(x, 1) = \theta(x) . \varphi_1(x).$$

Si l'on remplace x par $\dfrac{x}{y}$ on aura donc :

$$f\left(\frac{x}{y}, 1\right) = \theta\left(\frac{x}{y}\right) f_1\left(\frac{x}{y}\right)$$
$$\varphi\left(\frac{x}{y}, 1\right) = \theta\left(\frac{x}{y}\right) \varphi_1\left(\frac{x}{y}\right).$$

Si n et p sont les degrés de $f(x, y)$ et de $\varphi(x, y)$, et q le degré de $\theta(x)$, le polynome $f_1(x)$ est de degré $n - q$ et le polynome $\varphi_1(x)$ de degré $p - q$; en multipliant les deux membres de la première identité par y^n et en désignant par $\theta(x, y)$ le produit $y^q . \theta\left(\frac{x}{y}\right)$ et par $f_1(x, y)$ le produit $y^{n-q} f_1(x)$, on obtient :

$$f(x, y) = \theta(x, y) f_1(x, y).$$

de la même manière on obtiendra

$$\varphi(x, y) = \theta(x, y) \varphi_1(x, y).$$

ce qui prouve que $\theta(x, y)$ est un diviseur de $f(x, y)$ et de $\varphi(x, y)$.

Corollaire. — Si $f(x, 1)$ et $\varphi(x, 1)$ sont premiers entre eux, il en est de même des deux polynomes $f(x, y)$ et $\varphi(x, y)$.

$2°$ Supposons en second lieu que y soit en facteur dans l'un seulement des deux polynomes, dans $f(x, y)$ par exemple et soit

$$f(x, y) = y^{\alpha} F(x, y).$$

$F(x, y)$ étant un polynome homogène du degré $n - \alpha$. La démonstration précédente subsiste avec une très légère modification ; mais on peut remarquer que tout diviseur $\psi(x, y)$ de $y^\alpha F(x, y)$ et de $\varphi(x, y)$ sera évidemment un diviseur de $F(x, y)$ et de $\varphi(x, y)$ puisqu'on suppose que $\varphi(x, y)$ ne contient pas y en facteur ; on est ainsi ramené au premier cas.

3° Supposons maintenant que les deux polynomes soient divisibles tous deux par une puissance de y, de sorte que l'on puisse les mettre sous la forme $y^a f(x, y)$ et $y^b \varphi(x, y)$ en supposant $a \leqslant b$. Il est évident que tout diviseur commun sera de la forme $y^p \psi(x, y)$, $(p \leqslant a)$, $\psi(x, y)$ étant un diviseur des polynomes $f(x, y)$ et $\varphi(x, y)$. On est donc ramené au premier cas.

Cela posé, on cherchera le plus grand commun diviseur des polynomes $f(x, 1)$, $\varphi(x, 1)$ soit $\psi(x, 1)$; le plus grand commun diviseur de $y^a f(x, y)$ et $y^b \varphi(x, y)$ sera $y^a \psi(x, y)$.

On pourra appliquer la méthode de la division aux polynomes $f(x, y)$ et $\varphi(x, y)$ en ordonnant suivant les puissances décroissantes de x ; mais pour éviter des coefficients ayant en dénominateur des puissances de y, on pourra être conduit à multiplier tous les termes de quelque reste partiel par une puissance convenable de y, de sorte que le dernier reste de la suite des opérations se trouvera multiplié par une puissance de y ; il conviendra donc de s'assurer si cette puissance de y appartient réellement au plus grand commun diviseur.

28. Exemples. — Les polynomes $x^3 - y^3$ et $x^2 - y^2$ ont pour plus grand commun diviseur $x - y$; celui des polynomes $x^3 - y^3$ et $x^2y - y^2$ est encore $x - y$.

Les polynomes $x^2 y - xy^2$ et $xy + y^2$ ont pour plus grand commun diviseur y. Les polynomes $x^3 - y^3$ et $x^2 + y^2$ sont premiers entre eux.

29. On démontre, comme pour les polynomes entiers en x, les théorèmes suivants :

Les quotients de deux ou plusieurs polynomes homogènes par leur plus grand commun diviseur sont premiers entre eux.

Quand un polynome homogène divise le produit de deux polynomes homogènes et est premier avec l'un d'eux, il divise l'autre.

Une fraction rationnelle $\dfrac{f(x, y)}{\varphi(x, y)}$ *dont les deux termes homogènes sont premiers entre eux est irréductible et toute fraction égale a ses termes équimultiples de ceux de la première.*

Pour que deux polynomes homogènes $f(x, y)$ et $\varphi(x, y)$ de degrés n et p aient un diviseur commun, il est nécessaire et suffisant qu'on puisse trouver deux polynomes homogènes $f_1(x, y)$ de degré $n - 1$ et $\varphi_1(x, y)$ de degré $p - 1$, tels que l'on ait identiquement

$$f(x, y) \varphi_1(x, y) + \varphi(x, y) f_1(x, y) = 0.$$

EXERCICES

1. Trouver le plus grand commun diviseur et le plus petit commun multiple des deux polynomes :

$$x^8 + x^7 - 2x^6 - 3x^5 + 3x^3 + 2x^2 - x - 1 \text{ et } 8x^7 + 7x^6 - 12x^5 - 15x^4 + 9x^2 + 4x - 1.$$

2. Trouver deux polynomes entiers connaissant leur somme et leur plus petit commun multiple.

3. Développer $\dfrac{1}{(x - a)(x - b)}$ suivant les puissances croissantes ou décroissantes de x.

On mettra d'abord $\dfrac{1}{x - a}\cdot\dfrac{1}{a - b}$ sous la forme $\dfrac{A}{x - a} + \dfrac{A}{x - b}$.

4. Développer

$$\frac{1}{(x - a_1)(x - a_2)\ldots(x - a_n)}$$ suivant les puissances croissantes ou décroissantes de x.

5. Étant donnés les deux polynomes

$$A = x^4 - x^3 - 7x^2 + x + 6 \qquad B = 2x^4 + 5x^3 - 5x^2 - 5x + 3$$

trouver les polynomes U et V les plus simples, vérifiant l'identité

$$AV + BU = 0.$$

6. Chercher le plus grand commun diviseur des deux polynomes $x^n - 1$, $x^p - 1$ n et p étant deux nombres entiers.

Prouver que le plus grand commun diviseur est égal à $x^d - 1$, d étant le plus grand commun diviseur des entiers n et p.

CHAPITRE V

ANALYSE COMBINATOIRE

ARRANGEMENTS

1. On nomme *arrangements* p à p de n objets distincts, les différents groupes que l'on peut former en prenant, de toutes les manières possibles, p de ces objets et les plaçant les uns à la suite des autres, de telle sorte que deux groupes ainsi formés diffèrent entre eux, soit par la nature des objets, soit par leur ordre. Le nombre p est toujours supposé plus petit que n.

On désigne le nombre de tous ces groupes par la notation A_n^p. Pour fixer les idées nous représenterons les objets donnés par des lettres. Avec les lettres a, b, c, par exemple, on peut former les arrangements *deux* à *deux* suivants :

$$ab, \ ac, \ ba, \ bc, \ ca, \ cb.$$

Nous supposerons que l'on écrive toutes les lettres en ligne droite, comme on le fait pour représenter les mots. Si l'on convient d'appeler *mot* tout assemblage de lettres placées en ligne droite les unes à côté des autres, on peut dire que les arrangements de n lettres distinctes prises p à p, sont tous les mots de p lettres qu'on peut former avec les n lettres données. Il est inutile d'ajouter qu'on peut représenter par des lettres autant d'objets qu'on veut, en employant, par exemple, une seule lettre pourvue d'un indice : Ainsi, a_1, a_2, ... a_n représenteront n objets.

2. Calcul du nombre A_n^p.

Théorème. — *Le nombre des arrangements de n lettres distinctes prises p à p est égal au produit de p nombres entiers consécutifs décroissants à partir de n.*

Supposons formé le tableau des arrangements $p-1$ à $p-1$ de n lettres données; je dis qu'on pourra en déduire le tableau des arrangements des mêmes lettres p à p. Considérons, en effet, un groupe quelconque du premier tableau ; il contient, par hypothèse, $p-1$ lettres. Si nous écrivons à la suite l'une quelconque des $n-(p-1)$ ou $n-p+1$ autres lettres, nous obtiendrons autant de groupes de p lettres, qui seront évidemment des arrangements p à p des n lettres données ; en faisant la même opération sur chaque groupe du premier tableau on obtiendra un second tableau contenant $A_n^{p-1} \times (n-p+1)$, arrangements p à p des n lettres données. Je dis que le second tableau renferme tous les arrangements p à p des lettres données et chacun d'eux une seule fois.

1° *Chaque arrangement p à p a été obtenu.*

En effet, considérons un arrangement p à p quelconque terminé, par exemple par la lettre l, si nous supprimons cette lettre l nous obtiendrons un arrangement $p-1$ à $p-1$ qui est dans le premier tableau, puisque par hypothèse ce tableau les contient tous; or, cet arrangement ne contient pas la lettre l, et l'on a écrit à sa droite toutes les lettres qui n'y étaient pas; on a donc nécessairement ajouté la lettre l et, par suite, formé l'arrangement p à p considéré.

2° *Chaque arrangement p à p n'a été obtenu qu'une seule fois.*

Considérons, en effet, deux groupes obtenus par le procédé précédent; s'ils proviennent d'un même groupe du premier tableau, ils diffèrent par la nature de la $p^{\text{ième}}$ lettre, et s'ils proviennent de deux groupes différents pris dans le premier tableau, ils seront distincts quelle que soit la $p^{\text{ième}}$ lettre ajoutée.

Le tableau obtenu est donc celui des arrangements p à p, et comme il contient un nombre de groupes égal à $A_n^{p-1}(n-p+1)$ A_n^p est lié à A_n^{p-1} par la formule :

$$A_n^p = A_n^{p-1}(n-p+1).$$

D'après ce qui précède on a donc successivement :

$$A_n^2 = A_n^1 (n - 1),$$
$$A_n^3 = A_n^2 (n - 2),$$
$$. \quad . \quad . \quad . \quad . \quad . \quad . \quad . \quad . \quad . \quad .$$
$$. \quad . \quad . \quad . \quad . \quad . \quad . \quad . \quad . \quad . \quad .$$
$$. \quad . \quad . \quad . \quad . \quad . \quad . \quad . \quad . \quad . \quad .$$
$$A_n^p = A_n^{p-1} (n - p + 1) ;$$

d'où, en multipliant ces égalités membre à membre, supprimant les facteurs communs, et remarquant que $A_n^1 = n$ on obtient la formule :

$$A_n^p = n (n - 1) (n - 2) \ldots (n - p + 1),$$

ce qui démontre le théorème.

3. *Formation du tableau des arrangements de n lettres p à p.*

La démonstration précédente donne le moyen de former, de proche en proche, les tableaux des arrangements de n lettres 1 à 1, 2 à 2, 3 à 3, ... p à p.

Soient a, b, c, ... l, les n lettres données.

Les arrangements des lettres 1 à 1, sont ces lettres elles-mêmes. Le tableau des arrangements 2 à 2, s'obtiendra en écrivant à la suite de chaque lettre chacune des $n - 1$ suivantes, ce qui donne :

$$a\,b, \ a\,c, \ \ldots \ a\,k, \ a\,l,$$
$$b\,a, \ b\,c, \ \ldots \ b\,k, \ b\,l,$$
$$. \quad . \quad . \quad . \quad . \quad . \quad . \quad .$$
$$. \quad . \quad . \quad . \quad . \quad . \quad . \quad .$$
$$. \quad . \quad . \quad . \quad . \quad . \quad . \quad .$$
$$k\,a, \ k\,b, \ \ldots \ k\,j, \ k\,l,$$
$$l\,a, \ l\,b, \ \ldots \ l\,j, \ l\,k.$$

On obtiendra ensuite les arrangements 3 à 3 :

$$a\,b\,c, \ a\,b\,d, \ \ldots \ a\,b\,k, \ a\,b\,l,$$
$$a\,c\,b, \ a\,c\,d, \ \ldots \ a\,c\,k, \ a\,c\,l,$$
$$a\,d\,b, \ a\,d\,c, \ \ldots \ a\,d\,k, \ a\,d\,l,$$
$$. \quad . \quad . \quad . \quad . \quad . \quad . \quad .$$
$$. \quad . \quad . \quad . \quad . \quad . \quad . \quad .$$
$$b\,a\,c, \ b\,a\,d, \ \ldots \ b\,a\,k, \ b\,a\,l,$$
$$. \quad . \quad . \quad . \quad . \quad . \quad . \quad .$$
$$. \quad . \quad . \quad . \quad . \quad . \quad . \quad .$$
$$. \quad . \quad . \quad . \quad . \quad . \quad . \quad .$$
$$. \quad . \quad . \quad . \quad . \quad . \quad . \quad .$$
$$l\,k\,a, \ l\,k\,b, \ \ldots \ l\,k\,i, \ l\,k\,j,$$

et ainsi de suite.

4. Applications. — 1° *Combien y a-t-il de nombres formés avec trois chiffres significatifs différents?* Il y en a autant que d'arrangements des 9 chiffres significatifs 3 à 3, c'est-à-dire A_9^3 ou $9.8.7 = 504$.

2° *Combien peut-on former de nombres de trois chiffres différents?*

Il y a $10.9.8 = 720$ arrangements des 10 chiffres 3 à 3; mais il faut en défalquer tous les arrangements qui commencent par un zéro, et dont le nombre est égal au nombre d'arrangements des neuf chiffres 1, 2, ... 9 pris 2 à 2, c'est-à-dire $9.8 = 72$; le nombre demandé est donc $720 - 72 = 648$.

PERMUTATIONS

5. On appelle *permutations de n objets distincts*, tous les arrangements que l'on peut former avec ces n objets pris tous ensemble.

Si l'on désigne par P_n le nombre des permutations de n objets distincts, on a d'après la définition des permutations :

$$P_n = A_n^n = n (n - 1) ..... (n - (n - 1)) = 1.2.3. ..... n.$$

Donc :

Théorème. — *Le nombre des permutations de n objets distincts, est égal au produit des n premiers nombres entiers consécutifs.*

6. On nomme ordinairement ce produit : *factorielle n*, et l'on fait usage, pour le représenter, de la notation $n!$

D'une manière plus générale, on nomme factorielle le produit d'un nombre quelconque de termes consécutifs d'une progression arithmétique :

$$a (a + r) (a + 2 r) ..... (a + \overline{n - 1}\, r).$$

On a donc, d'après le théorème précédent :

$$P_n = n!$$

7. Démonstration directe. — On peut établir la formule précédente sans connaître celle des arrangements. Pour cela nous démontrerons d'abord la formule *de récurrence* suivante :

$$P_n = P_{n-1} . n.$$

Supposons qu'on ait formé le tableau des permutations de $n - 1$ lettres distinctes a, b, c, ... k. Considérons un terme de ce tableau et écrivons une lettre nouvelle l, à toutes les places possibles; nous obtiendrons ainsi, en remarquant que le nombre de places est égal à n (une à droite de chacune des $n-1$ lettres considérées et une dernière place à gauche de la première), n permutations des lettres a, b, c, ... l et en répétant la même opération sur chacun des P_{n-1} groupes du tableau, nous obtiendrons $P_{n-1} \times n$ permutations de ces n lettres.

Or deux groupes ainsi obtenus sont toujours distincts, car s'ils proviennent d'une même permutation du premier tableau, ils diffèrent par la place attribuée à la lettre l, et s'ils proviennent de deux permutations différentes des $n-1$ lettres a, b, ... k, ils restent évidemment distincts, même si la lettre l est introduite dans ces deux permutations au même rang. De plus, si l'on considère une permutation quelconque des n lettres a, b, c, ... k, l, donnée arbitrairement et dans laquelle la lettre l occupe la $q^{\text{ième}}$ place; en supprimant la lettre l on obtient une permutation des $n-1$ lettres restantes a, b, ... k, c'est-à-dire un groupe du premier tableau; or on a ajouté à ce groupe la lettre l à toutes les places possibles; donc, quand on l'a mise à la $q^{\text{ième}}$ place, on a précisément formé la permutation des n lettres, que nous voulions obtenir. De là résulte que l'on a formé un second tableau qui est précisément le tableau des permutations des n lettres a, b, ... l.

On a donc bien :

$$P_n = P_{n-1} \times n.$$

En donnant à n des valeurs entières consécutives, on a ainsi :

$$P_2 = P_1 \times 2$$
$$P_3 = P_2 \times 3$$
$$\cdots \cdots \cdots$$
$$\cdots \cdots \cdots$$
$$\cdots \cdots \cdots$$
$$P_{n-1} = P_{n-2} \times n-1,$$
$$P_n = P_{n-1} \times n.$$

En multipliant toutes ces égalités membre à membre, simplifiant et remarquant que l'on a évidemment $P_1 = 1$, on trouve :

$$P_n = 1.2.3\ldots n.$$

C'est la formule déjà obtenue.

8. Applications. — 1° De combien de manières 12 personnes peuvent-elles se placer autour d'une table de 12 couverts ?

Réponse. — De $P_{12} = 1.2.3.4.5.6.7.8.9.10.11.12. = 479\,001\,600$ manières différentes.

Si les 12 personnes effectuaient *une* permutation par *minute*, et si elles consacraient à ce *travail* 12 heures par jour et 360 jours par année, il leur faudrait 1 848 ans pour venir à bout de leur tâche ! (E. Catalan, *Manuel des candidats à l'École polytechnique.*)

2° Avec n lettres a, b, c, ... l ayant des valeurs arbitraires, combien peut-on faire de produits de n facteurs équivalents?

Ces produits sont évidemment en nombre égal à $n!$ puisque la valeur d'un produit est indépendante de l'ordre des facteurs.

COMBINAISONS

9. On appelle *combinaisons p à p de n objets distincts*, tous les groupes que l'on peut former avec p de ces objets, de manière que deux groupes diffèrent entre eux par la nature des objets. Il n'est tenu aucun compte de l'ordre des objets.

Quand on représente les objets par des lettres distinctes, on peut assimiler les combinaisons de n lettres p à p aux différents produits que l'on peut former avec p facteurs, pris parmi les n lettres données; les lettres ayant des valeurs arbitraires, deux produits qui n'auront pas les mêmes facteurs seront évidemment différents.

On représente le nombre des combinaisons de n lettres p à p par le symbole C_n^p; p doit être supposé au plus égal à n. On emploie aussi quelquefois la notation : n_p.

10. Formule des combinaisons. — Théorème.

$$A_n^p = C_n^p \times P_p.$$

Supposons formé le tableau des arrangements des n lettres p à p, ce tableau contient évidemment *toutes* les combinaisons de ces lettres p à p; mais si l'on considère tous les arrangements contenant p lettres déterminées, comme avec ces p lettres on peut faire P_p permutations, le nombre des arrangements de cette espèce est évidemment égal à P_p, et à ces P_p groupes il ne correspond qu'une seule combinaison. On a donc bien :

$$A_n^p = C_n^p \times P_p$$

d'où :

$$C_n^p = \frac{A_n^p}{P_p},$$

c'est-à-dire :

$$C_n^p = \frac{n\,(n-1)\dots(n-p+1)}{1.2\dots p}.$$

Donc :

Le nombre des combinaisons p à p de n lettres distinctes est égal à une fraction dont le dénominateur est le produit des p premiers entiers consécutifs et le numérateur le produit d'autant d'entiers consécutifs décroissants à partir de n.

En multipliant les deux termes de la fraction précédente, par $1.2\dots(n-p)$, on peut écrire cette formule souvent plus commode :

$$C_n^p = \frac{n!}{p!\,(n-p)!}.$$

11. Formation du tableau des combinaisons de n lettres p à p.

On peut procéder, de proche en proche comme pour les arrangements, en ayant soin seulement d'écrire les lettres dans *l'ordre alphabétique*. Pour les combinaisons 2 à 2, on écrira donc à la suite de chaque lettre chacune des suivantes ; ce qui donnera :

$$ab, \; ac, \; \ldots \; ak, \; al,$$
$$bc, \; \ldots \; bk, \; bl,$$
$$\cdots \cdots \cdots \cdots$$
$$\cdots \cdots \cdots \cdots$$
$$jk, \; jl,$$
$$kl.$$

On passera de la même manière aux combinaisons 3 à 3.

$$abc, \; abd, \; \ldots \; abl,$$
$$acd, \; \ldots \; acl,$$
$$\cdots \cdots \cdots \cdots$$
$$\cdots \cdots \cdots \cdots$$
$$akl,$$
$$bcd, \; \ldots \; bcl,$$
$$\cdots \cdots \cdots \cdots$$
$$\cdots \cdots \cdots \cdots$$
$$\cdots \cdots \cdots \cdots$$
$$bkl,$$
$$\cdots \cdots \cdots \cdots$$
$$\cdots \cdots \cdots \cdots$$
$$\cdots \cdots \cdots \cdots$$
$$\cdots \cdots \cdots \cdots$$
$$jkl,$$

et ainsi de suite.

12. Autre démonstration de la formule des combinaisons. —

Comptons de deux manières différentes combien il faut employer de lettres d'une nature déterminée, par exemple combien de lettres a, pour former le tableau des combinaisons de n lettres p à p.

Chaque combinaison renferme p lettres ; il faut en tout $C_n^p \cdot p$ lettres ; chacune est employée le même nombre de fois ; donc il faut $C_n^p \cdot \dfrac{p}{n}$ lettres a.

D'autre part, chaque lettre ne peut entrer qu'une fois au plus dans une combinaison ; il faut donc autant de lettres a qu'il y a de combinaisons qui la contiennent. Or si de chacune de ces combinaisons on ôte la lettre a, il reste une combinaison $p-1$ à $p-1$ des $n-1$ lettres autres que a ; et réciproquement, si à une quelconque des combinaisons $p-1$ à $p-1$, des $n-1$ lettres autres que a, on ajoute a, on obtient une combinaison p à p des n lettres données; donc le nombre des combinaisons de ces lettres qui contiennent a est C_{n-1}^{p-1}; on a donc

$$C_n^p \cdot \frac{p}{n} = C_{n-1}^{p-1}.$$

d'où

$$C_n^p = C_{n-1}^{p-1} \times \frac{n}{p}.$$

On a de même :

$$C_{n-1}^{p-1} = C_{n-2}^{p-2} \cdot \frac{n-1}{p-1}$$

$$C_{n-2}^{p-2} = C_{n-3}^{p-3} \cdot \frac{n-2}{p-2}$$

$$\cdots\cdots\cdots\cdots\cdots\cdots\cdots\cdots\cdots\cdots$$

$$C_{n-p+2}^{2} = C_{n-p+1}^{1} \cdot \frac{n-p+2}{2}$$

et enfin,

$$C_{n-p+1}^{1} = \frac{n-p+1}{1}$$

d'où l'on tire

$$C_n^p = \frac{n}{p} \cdot \frac{n-1}{p-1} \cdots \frac{n-p+1}{1}.$$

13. Applications. — 1° Le nombre C_n^p est évidemment entier : donc *le produit de p entiers consécutifs est divisible par le produit* $1.2.3\ldots p$.

Par exemple, le produit de deux entiers consécutifs est toujours pair, le produit de trois entiers consécutifs est divisible par 6..., etc.

2° **Problème.** — De combien de manières peut-on choisir 13 cartes dans un jeu de 52 cartes?

$$\textit{Réponse.} \quad C_{52}^{13} = \frac{52.51.50.49.48\ldots40}{1.2.3.4.5\ldots13} = 6.354.741.596.$$

THÉORÈMES RELATIFS AUX COMBINAISONS

14. Théorème. — *Le nombre des combinaisons de n lettres p à p est égal au nombre des combinaisons de n lettres $n-p$ à $n-p$.*

Il suffit de remarquer qu'à toute combinaison renfermant p des n lettres correspond une combinaison renfermant les $n-p$ lettres non employées et réciproquement.

La vérification directe est immédiate. D'ailleurs on a trouvé :

$$C_n^p = \frac{n!}{p!\,(n-p)!}.$$

donc,

$$C_n^{n-p} = \frac{n!}{(n-p)!\,p!}.$$

Les deux nombres C_n^p et C_n^{n-p} sont donc égaux.

15. Théorème. — *Le nombre des combinaisons de n objets p à p, est égal au nombre des combinaisons de n — 1 objets p à p augmenté du nombre des combinaisons de n — 1 objets p — 1 à p — 1.*

En effet, les combinaisons des n lettres $a, b, c, \dots l$ prises p à p peuvent être divisées en deux catégories: la première formée de toutes les combinaisons contenant une lettre déterminée a, et la seconde formée de toutes les combinaisons qui ne renferment pas cette lettre. La première catégorie comprend C_{n-1}^{p-1} combinaisons comme on l'a vu plus haut, et la seconde en contient évidemment C_{n-1}^p; on a donc :

$$C_n^p = C_{n-1}^{p-1} + C_{n-1}^p.$$

La vérification directe n'offre aucune difficulté.

16. Corollaire. — On a, d'après le théorème précédent :

$$C_n^p = C_{n-1}^{p-1} + C_{n-1}^p$$
$$C_{n-1}^p = C_{n-2}^{p-1} + C_{n-2}^p$$
$$C_{n-2}^p = C_{n-3}^{p-1} + C_{n-3}^p$$
$$\cdot \; \cdot \; \cdot \; \cdot \; \cdot \; \cdot \; \cdot \; \cdot \; \cdot \; \cdot \; \cdot \; \cdot$$
$$\cdot \; \cdot \; \cdot \; \cdot \; \cdot \; \cdot \; \cdot \; \cdot \; \cdot \; \cdot \; \cdot \; \cdot$$
$$\cdot \; \cdot \; \cdot \; \cdot \; \cdot \; \cdot \; \cdot \; \cdot \; \cdot \; \cdot \; \cdot \; \cdot$$
$$C_{p+1}^p = C_p^{p-1} + C_p^p.$$

Ajoutant membre à membre, simplifiant et remarquant que $C_p^p = C_{p-1}^{p-1} = 1$, on obtient :

$$C_n^p = C_{n-1}^{p-1} + C_{n-2}^{p-1} + C_{n-3}^{p-1} + \dots + C_p^{p-1} + C_{p-1}^{p-1},$$

donc :

Le nombre des combinaisons de n lettres p à p est égal à la somme des nombres de combinaisons p — 1 à p — 1 que l'on peut faire successivement avec p — 1, p, p + 1 ..... n — 1 lettres.

En multipliant les deux membres de l'identité précédente par $(p-1)!$ on obtient :

$$\frac{1}{p} A_n^p = A_{n-1}^{p-1} + A_{n-2}^{p-1} + \dots + A_{p-1}^{p-1}.$$

17. Probabilités. — On nomme *probabilité* d'un événement le rapport du nombre des *cas* favorables à cet événement au nombre total des cas possibles, tous les cas qui peuvent se présenter étant supposés également possibles.

Exemples. — *1° Quelle est la probabilité d'amener avec un dé un numéro désigné d'avance.*

Le dé portant 6 numéros dont un seul est le numéro désigné, il y a un cas favorable et 6 cas possibles : la probabilité est $\dfrac{1}{6}$.

2° Trouver la probabilité d'amener avec 2 dés, deux numéros dont la somme soit donnée d'avance ?

La solution dépend de la somme donnée; supposons que ce soit 4. On peut faire 4 avec 1 et 3, 2 et 2 ou 3 et 1, ce qui fait 3 cas favorables; il y a évidemment 36 cas possibles, chaque numéro du premier dé pouvant être associé à chaque numéro du second; donc la probabilité est $\dfrac{3}{36}$ ou $\dfrac{1}{12}$.

Pour 5, on peut avoir les cas favorables suivants : premier dé : 1, deuxième dé : 4; premier dé : 2, deuxième dé : 3; ou les deux cas inverses, ce qui fait 4 cas favorables; la probabilité est $\dfrac{4}{36} = \dfrac{1}{9}$.

3° Loterie. — Une loterie contenant n numéros, on suppose que l'on tire p numéros à la fois; quelle est la probabilité que parmi ces p numéros il y en aura q désignés d'avance?

Le nombre des cas possibles est évidemment C_n^p, le nombre des cas favorables est C_{n-p}^{p-q}; en effet, considérons une combinaison favorable et supprimons les q numéros désignés; il reste une combinaison des $n-q$ numéros restants $p-q$ à $p-q$, et réciproquement, si à une combinaison de ces $n-q$ numéros $p-q$ à $p-q$, on ajoute les q numéros désignés d'avance, on aura une combinaison favorable; la probabilité est donc

$$\frac{C_{n-p}^{p-q}}{C_n^p}$$

si $n = 90$, $p = 5$, $q = 3$, la probabilité d'amener 3 numéros donnés est :

$$\frac{C_{87}^2}{C_{90}^5} = \frac{87.86}{1.2} : \frac{90.89.88.87.86}{1.2.3.4.5} = \frac{3.4.5}{90.89.88} = \frac{1}{6.89.22} = \frac{1}{11\,748}.$$

Sur 11 748 cas, il y en a 1 favorable et 11 747 défavorables: il faudrait parier 1 contre 11 717 pour que le jeu fût équitable. Il est inutile d'ajouter que l'administration d'une pareille loterie se garderait bien de donner 11 747 fois sa mise au gagnant.

ARRANGEMENTS AVEC RÉPÉTITIONS

18. Soient n lettres a, b, c ..... l. On nomme *arrangements avec répétitions* de ces n lettres, tous les groupes qu'on peut former en prenant de toutes les manières possibles p lettres distinctes ou non, et les écrivant en ligne droite, de manière que deux groupes diffèrent soit par l'ordre, soit par la nature des lettres qu'ils renferment, chaque lettre pouvant être répétée dans chacun de ces groupes jusqu'à p fois.

Par exemple, avec les lettres a, b, c on peut faire les arrangements avec répétitions :

$$aa, \quad ab, \quad ac, \quad ba, \quad bb, \quad bc, \quad ca, \quad cb, \quad cc.$$

Désignons par α_n^p le nombre des arrangements avec répétitions de n lettres p à p ; pour calculer α_n^p nous établirons la formule :

$$\alpha_n^p = \alpha_n^{p-1}.n.$$

Supposons formé le tableau des arrangements des n lettres $p-1$ à $p-1$; à la suite de chaque groupe de ce tableau, écrivons chacune des n lettres ; nous formerons un second tableau contenant $\alpha_n^{p-1} \times n$ groupes ; on démontrera sans peine que ce tableau est précisément celui des arrangements avec répétitions des n lettres p à p ; donc la formule précédente est établie. On en déduit :

$$\alpha_n^p = n^p.$$

En particulier si $p = n$, on a le nombre des permutations de n lettres, avec répétitions, chacune des lettres pouvant être répétée jusqu'à n fois : ce nombre est n^n.

On considère une autre espèce de permutations avec répétitions dont nous allons nous occuper.

PERMUTATIONS AVEC RÉPÉTITIONS

19. *Trouver le nombre* N *des permutations de* n *lettres, parmi lesquelles se trouvent* α *lettres* a, β *lettres* b, γ *lettres* c, ... λ *lettres* l. Pour *effectuer* ces permutations, il suffirait de faire occuper aux n lettres, n places consécutives marquées sur une ligne droite, de toutes les manières possibles. Il y a α lettres a ; ces lettres peuvent occuper α places d'autant de manières qu'il y a de combinaisons de n lettres α à α, c'est-à-dire C_n^α. Une fois les lettres a placées suivant l'une de ces manières, il reste $n-\alpha$ places ; les lettres b pourront occuper β de ces places de $C_{n-\alpha}^\beta$ manières différentes et ainsi de suite. Enfin, quand toutes les lettres autres que l auront été placées, il n'y aura plus qu'une seule manière de placer les λ lettres l ; le nombre total des manières est donc évidemment (puisque $C_\lambda^\lambda = 1$)

$$C_n^\alpha \times C_{n-\alpha}^\beta \times C_{n-\alpha-\beta}^\gamma \ldots\ldots\ldots C_\lambda^\lambda$$

ou

$$\frac{n!}{\alpha!\,(n-\alpha)!}\;\frac{(n-\alpha)!}{\beta!\,(n-\alpha-\beta)!}\;\frac{(n-\alpha-\beta)!}{\gamma!\,(n-\alpha-\beta-\gamma)!}\;\cdots\;\frac{\lambda!}{\lambda!}$$

ou en simplifiant :

$$N = \frac{n!}{\alpha!\;\beta!\;\gamma!\;\cdots\;\lambda!}\,.$$

20. Application. — De combien de manières peut-on permuter les 21 lettres du mot *constitutionnellement?*

Réponse :

$$N = \frac{1.2.3.4.5.6.7.8.\;\cdots\;21}{1.2.1.2.3.4.1.2.3.4.1.2.1.2.3.1.2.}\cdot 5.7.9.10.11.7.15.16.17.18.19.20.21$$

ou

$$N = 142\,146\,718\,560\,000.$$

Cet exemple et la démonstration précédente sont empruntés au *Manuel des candidats à l'École polytechnique*, de M. E. Catalan.

21. Théorème. — *Le produit de n nombres entiers consécutifs est divisible par le produit* $\alpha!\;\beta!\;\cdots\;\lambda!$ *où* $\alpha+\beta+\cdots\;\lambda = n$.

En effet, le nombre N des permutations de α lettres a, β lettres b... λ lettres l, est entier. A *fortiori* $n!$ est divisible par le produit des factorielles $\alpha!\;\beta!\;\cdots\;\lambda!$ quand on suppose $\alpha+\beta+\cdots+\lambda < n$.

COMBINAISONS AVEC RÉPÉTITIONS

22. On nomme *combinaisons avec répétitions* ou *combinaisons complètes* de n lettres distinctes prises p à p, tous les groupes que l'on peut former avec p de ces lettres, chaque lettre pouvant être répétée jusqu'à p fois, mais de telle sorte que deux groupes diffèrent par la nature des lettres qu'ils renferment.

Ainsi avec a et b on peut faire des combinaisons trois à trois suivantes : aaa, aab, abb, bbb que nous pouvons représenter par a^3, a^2b, ab^2, b^3.

Nous désignerons par le symbole K_n^p le nombre des combinaisons avec répétitions de n lettres p à p, pour le distinguer du nombre de combinaisons simples que nous avons désigné par C_n^p. Dans ce dernier symbole, il faut toujours supposer $n \geqslant p$; il n'en est plus de même pour les combinaisons avec répétitions, comme on le voit par l'exemple donné plus haut.

23. Calcul de K_n^p. — Pour calculer le nombre de combinaisons complètes de n lettres p à p, supposons formé le tableau de toutes ces combinaisons et comptons de deux manières différentes combien il renferme de lettres d'une nature donnée, par exemple de lettres a.

Il est évident que toutes les lettres entrent dans ce tableau le même nombre de fois, c'est-à-dire p. K_n^p fois, et comme il y a n lettres distinctes, la lettre a est écrite un nombre de fois égal à

$$\frac{p}{n} K_n^p.$$

D'autre part, considérons toutes les combinaisons du tableau, renfermant a au moins une fois; si dans chacune on supprime la lettre a, on obtiendra *toutes* les combinaisons avec répétitions des n lettres a, b, c ..... l prises $p - 1$ à $p - 1$, car si l'on considère une combinaison quelconque, avec répétitions, des n lettres $p - 1$ à $p - 1$, et qu'on y ajoute la lettre a, on aura bien une combinaison du tableau considéré, contenant la lettre a; donc en supprimant dans celle-là précisément la lettre a, on obtiendra la combinaison $p - 1$ à $p - 1$ considérée; et, il est évident qu'en supprimant une fois la lettre a dans des groupes distincts on obtient encore des groupes distincts; donc en opérant ainsi on a bien, chacune une seule fois, toutes les combinaisons en nombre égal à K_n^{p-1}, des n lettres $p - 1$ à $p - 1$; on a ainsi supprimé K_n^{p-1} fois a; cette lettre est encore contenue dans les K_n^{p-1} combinaisons restantes, un nombre de fois égal, en vertu du raisonnement fait plus haut, à $\dfrac{p-1}{n} K_n^{p-1}$; donc, la lettre a est écrite, en tout, un nombre de fois égal à

$$K_n^{p-1} + \frac{p-1}{n} K_n^{p-1}.$$

En égalant les deux expressions trouvées, on a :

$$\frac{p}{n} K_n^p = \frac{n + p - 1}{n} K_n^{p-1},$$

c'est-à-dire

$$K_n^p = \frac{n + p - 1}{p} K_n^{p-1}.$$

On a donc successivement :

$$K_n^p = \frac{n+p-1}{p} K_n^{p-1}$$

$$K_n^{p-1} = \frac{n+p-2}{p-1} K_n^{p-2}$$

$$\cdots \cdots \cdots \cdots \cdots$$
$$\cdots \cdots \cdots \cdots \cdots$$
$$\cdots \cdots \cdots \cdots \cdots$$

$$K_n^2 = \frac{n+1}{2} K_n^1$$

et de plus :

$$K_n^1 = n$$

d'où l'on tire :

$$K_n^p = \frac{n\,(n+1)\,(n+2)\,\ldots\,(n+p-1)}{1.2.3.\,\ldots\,p} = C_{n+p-1}^p.$$

Nous pouvons donc énoncer ce théorème :

Le nombre des combinaisons complètes de n lettres p à p est égal à une fraction dont le numérateur est le produit de p nombres entiers consécutifs croissants à partir de n, et dont le dénominateur est le produit des p premiers entiers.

24. Remarque. — Nous avons trouvé :

$$K_n^p = C_{n+p-1}^p$$

on a aussi, par conséquent,

$$K_n^p = C_{n+p-1}^{n-1},$$

on emploiera celle des deux formules dans laquelle l'indice supérieur est le plus petit ; ce sera la seconde si $n < p+1$, la première si $n > p+1$; les deux formules coïncident si $n = p+1$.

La formule :

$$C_{n+p-1}^{n-1} = \frac{(n+p-1)\,(n+p-2)\,\ldots\,(p+1)}{1.2.\,\ldots\,(n-1)}$$

montre que :

$$K_n^p = K_{p+1}^{n-1}.$$

Ainsi, le nombre des combinaisons complètes de n lettres p à p, est égal au nombre des combinaisons complètes de $p+1$ lettres $n-1$ à $n-1$.

25. On peut démontrer directement la formule

$$K_n^p = C_{n+p-1}^p.$$

Soient n lettres $a_1, a_2, \ldots a_n$: considérons une combinaison avec répétitions de ces n lettres prises p à p.

$$a_{\alpha_1}\ a_{\alpha_2} \ldots a_{\alpha_p}$$

les indices $\alpha_1, \alpha_2, \ldots \alpha_p$ étant pris parmi les n nombres $1, 2, \ldots n$ et rangés par ordre *non décroissant*. Ajoutons à ces indices respectivement les nombres $0, 1, 2, \ldots p-1$; nous obtiendrons les résultats suivants :

$$\alpha_1, \ \alpha_2 + 1, \ \alpha_3 + 2, \ \ldots \alpha_p + p - 1.$$

Ces nombres sont inégaux, car si l'on considère deux indices consécutifs α_k et α_{k+1}, on a par hypothèse

$$\alpha_k \leqslant \alpha_{k+1}$$

d'où

$$\alpha_k + k - 1 < \alpha_{k-1} + k;$$

de plus, les mêmes nombres sont évidemment p des nombres

$$1, 2, \ldots n + p - 1$$

d'où il résulte qu'à chaque combinaison complète de n lettres données correspond une combinaison simple des $n + p - 1$ premiers nombres entiers pris p à p.

Réciproquement, considérons une combinaison simple des $n + p - 1$ premiers nombres entiers pris p à p, soit :

$$\beta_1\ \beta_2 \ldots \beta_p$$

et supposons ces nombres rangés par ordre croissant. Retranchons-en respectivement les nombres

$$0, 1, 2, \ldots p-1.$$

Deux différences consécutives

$$\beta_k - (k-1) \text{ et } \beta_{k+1} - k$$

seront égales si

$$\beta_k + 1 = \beta_{k+1};$$

en outre, la plus grande différence sera au plus égale à $n + p - 1 - (p-1)$, c'est-à-dire au plus égale à n. Donc, à toute combinaison simple des $n + p - 1$ premiers entiers pris p à p, correspond une combinaison complète de n lettres $a_1, a_2, \ldots a_n$ prises p à p; les deux nombres K_n^p et C_{n+p-1}^p sont donc égaux.

26. Formation du tableau des combinaisons complètes. — On peut écrire les lettres dans l'ordre alphabétique : on obtient facilement le tableau des combinaisons deux à deux des lettres $a, b, \ldots l$,

$$a^2\ ab\ ac \ldots ak\ al$$
$$b^2\ bc \ldots bk\ bl$$
$$c^2 \ldots ck\ cl$$
$$\cdot\ \cdot\ \cdot\ \cdot\ \cdot\ \cdot\ \cdot\ \cdot\ \cdot\ \cdot$$
$$\cdot\ \cdot\ \cdot\ \cdot\ \cdot\ \cdot\ \cdot\ \cdot\ \cdot\ \cdot$$
$$k^2\ kl$$
$$l^2.$$

Pour passer au cas de $p = 3$, on multiplie par a tous les produits précédents, puis par b tous ceux qui ne contiennent pas a; par c, tous ceux qui ne contiennent ni a, ni b, et ainsi de suite.

On passera des combinaisons $p - 1$ à $p - 1$ aux combinaisons p à p, en multipliant par a toutes les combinaisons $p - 1$ à $p - 1$; puis par b toutes celles de ces combinaisons qui ne contiennent pas a; par c toutes celles qui ne contiennent ni a ni b; et ainsi de suite.

Il est facile de vérifier que le nombre de combinaisons obtenues sera bien égal à C_{n+p-1}^p.

27. Application. — *Trouver le nombre des termes d'un polynome complet de degré donné, contenant un nombre donné de lettres.*

Soit d'abord un polynome homogène de degré n à p lettres $x, y, z, \ldots u$. Un terme quelconque étant de la forme $A x^\alpha y^\beta z^\gamma \ldots u^\lambda$ avec la condition $\alpha + \beta + \gamma \ldots + \lambda = n$, il est évident que le nombre des termes est égal à K_p^n.

Ainsi :

$$A x^2 + A' y^2 + A'' z^2 + 2 B y z + 2 B' z x + 2 B'' x y$$

renferme 6 termes : $K_3^2 : \dfrac{3.4}{1.2} = 6$.

Pour passer du cas d'un polynome homogène à celui d'un polynome non homogène, il suffit de regarder un polynome quelconque de degré p renfermant n lettres comme un polynome de même degré homogène avec une lettre supplémentaire ayant la valeur 1; ainsi

$$A x^2 + A' y^2 + A'' + 2 B y + 2 B' x + 2 B'' x y$$

n'est autre chose que le polynome homogène considéré plus haut dans lequel $z = 1$. Le nombre de lettres est réduit à 2, et le nombre de termes est encore K_3^2.

Si l'on considère :

$$A x^2 + A' y^2 + A'' z^2 + 2 B y z + 2 B' z x + 2 B'' x y + 2 C x + 2 C' y + 2 C'' z + D$$

le nombre de termes sera $K_4^2 \cdot \dfrac{4.5}{1.2} = 10$.

Le nombre de termes d'un polynome entier, complet, du degré n à trois variables est égal à K_4^n; c'est-à-dire C_{n+3}^3, ou :

$$\frac{(n+1)(n+2)(n+3)}{1.2.3}$$

Si le nombre de variables est égal à p, le nombre des termes égal à K''_{p+1} sera représenté par C''_{n+p} ou par C^p_{n+p}.

28. Remarque. — On peut représenter un polynome complet de degré n à p variable sous la forme suivante :

$$\varphi_n + \varphi_{n-1} + \varphi_{n-2} + \ldots + \varphi_1 + \varphi_0$$

φ_q désignant l'ensemble homogène des termes de degré q ; de sorte que le nombre des termes du polynome est encore égal à

$$K''_p + K''^{-1}_p + K''^{-2}_p + \ldots + K'^1_p + 1,$$

on a donc la formule suivante :

$$K''_{p+1} = K''_p + K''^{-1}_p + \ldots + K'^1_p + 1$$

que l'on démontre aisément, à l'aide des formules relatives aux combinaisons simples.

EXERCICES

1. On suppose formé le tableau des arrangements $p-1$ à $p-1$ de n lettres distinctes et l'on écrit dans chaque arrangement, à toutes les places possibles, chacune des $n-p+1$ lettres non employées. Combien de fois formera-t-on ainsi les arrangements p à p des n lettres données?

2. Démontrer la formule :

$$C^q_{n+p} = C^q_n + C^1_p \cdot C^{q-1}_n + C^2_p \cdot C^{q-2}_n + \ldots + C^q_p.$$

3. Si l'on désigne par C^p_n l'expression $\dfrac{n(n-1)\ldots(n-p+1)}{1\cdot 2 \ldots p}$ dans laquelle p est un entier et n un nombre arbitraire, entier ou non, positif ou négatif, pouvant même être incommensurable, vérifier qu'on a encore :

$$C^p_n = C^p_{n-1} + C^{p-1}_{n-1}.$$

En déduire la formule

$$C^p_n + C^{p-1}_{n-1} + \ldots + C^1_{n-p+2} + C^0_{n-p+1} = C^p_{n+1}$$

en convenant que $C^0_{n-p+1} = 1$, n étant un nombre quelconque et p un entier.

4. Démontrer les formules

$$1 + \frac{n}{1} + \frac{n(n+1)}{1\cdot 2} + \ldots + \frac{n(n+1)\ldots(n+p-1)}{1\cdot 2 \ldots p} = \frac{(n+1)(n+2)\ldots(n+p)}{1\cdot 2 \ldots p}$$

$$1 - \frac{n}{1} + \frac{n(n-1)}{1\cdot 2} - \ldots + (-1)^p \frac{n(n-1)\ldots(n-p+1)}{1\cdot 2 \ldots p}$$

$$= (-1)^p \frac{(n-1)(n-2)\ldots(n-p)}{1\cdot 2 \ldots p}$$

(JANNI.)

p étant un entier positif et n un nombre quelconque.

5. Avec n lettres dont α sont égales à a, β égales à b, on forme des arrangements avec répétitions p à p. Combien en trouvera-t-on contenant h fois la lettre a, et k fois la lettre b?

$$\text{Réponse :} \qquad \frac{P_n}{P_h \, P_k} \, C^{p-h-k}_{n-\alpha-\beta}.$$

Généraliser.

6. Avec n lettres dont α sont égales à a, et β égales à b, on forme des combinaisons p à p. Combien en trouvera-t-on qui contiennent h fois la lettre a et k fois la lettre b ?

$$\text{Réponse :} \qquad C^{p-h-k}_{n-\alpha-\beta}.$$

7. On dit que deux nombres appartenant à un arrangement forment une inversion quand le plus grand précède, immédiatement ou non, le plus petit. En désignant par I_n le nombre total d'inversions présentées par toutes les permutations des n premiers entiers, démontrer la formule :

$$I_n = \frac{1}{2} P_n \cdot C^2_n.$$

8. Trouver de combien de manières on peut décomposer un polygone en triangles par des diagonales.

En désignant ce nombre par p_n pour un polygone de n côtés, on démontrera d'abord les formules

$$p_{n+1} = p_n + p_{n-1} p_3 + p_{n-2} p_4 + \ldots + p_3 p_{n-1} + p_n$$

$$p_{n+1} = \frac{4n-6}{n} p_n.$$

Pour cela, on comptera à combien de décompositions appartiennent les triangles ayant pour base un même côté du polygone et ensuite dans combien de décompositions figure une même diagonale.

9. Démontrer la formule :

$$C^{2k+1}_{n+1} + C^1_{k+1} \cdot C^{2k+3}_{n+1} \quad C^2_{k+1} \cdot C^{2k+5}_{n+1} + \ldots = 2^{n-2k} C^k_{n-k}.$$

$$\text{(D. André.)}$$

10. Démontrer la formule :

$$k\, C^k_a + (k-1)\, C^{k-1}_a C^1_b + (k-2)\, C^{k-2}_a C^2_b + \ldots = \frac{a}{a+b} k\, C^k_{a+b}.$$

$$\text{(H. Laurent.)}$$

11. Démontrer la formule :

$$C^n_{2n} + 2.\,C^{n-1}_{2n-1} + 2^2\, C^{n-2}_{2n-2} + \ldots + 2^k\, C^{2n-k}_{n-k} + \ldots + 2^n = 2^{2n}.$$

$$\text{(Pellerin.)}$$

12. Trouver le nombre des permutations de n lettres dans lesquelles une lettre au moins est à sa place.

$$\text{Réponse :} \qquad n!\left(1 - \frac{1}{2!} + \frac{1}{3!} - \ldots - (-1)^n \frac{1}{n!}\right).$$

CHAPITRE VI

BINOME

FORMULE DU BINOME

1. Problème. — *Développer suivant les puissances décroissantes de x, le produit de n binomes du premier degré.*

$$(x + a)(x + b) \ldots (x + l).$$

D'après la règle de la multiplication des polynomes, on obtiendra le produit demandé en faisant la somme de tous les produits obtenus en prenant un facteur et un seul dans chaque binome. On obtiendra ainsi un polynome entier en x de degré n.

Le terme en x^n s'obtiendra évidemment en prenant x dans chaque binome; donc son coefficient est l'unité.

On aura tous les termes en x^{n-1}, en prenant x dans $n-1$ binomes seulement, par conséquent le coefficient de x^{n-1} sera évidemment égal à la somme S_1 de tous les termes indépendants de x : $a, b, c, \ldots l$.

On voit de même que le coefficient de x^{n-2} est égal à la somme S_2 des produits 2 à 2 : $ab, ac, \ldots bc, \ldots$

D'une manière générale, pour avoir tous les termes en x^{n-p} il faut prendre de toutes les manières possibles x dans $n-p$ binomes, donc le coefficient de x^{n-p} est égal à la somme S_p de tous les produits p à p des termes indépendants de x. Enfin le dernier terme du produit est égal à $abc \ldots l$ que nous représenterons par S_n. On a donc :

$$(x + a)(x + b) \ldots (x + l) = x^n + S_1 x^{n-1} + S_2 x^{n-2} + \ldots$$
$$+ S_p x^{n-p} + \ldots + S_{n-1} x + S_n. \tag{1}$$

2. Si dans la formule précédente on change $a, b, \ldots l$ en $-a, -b, \ldots -l$, il est clair que la somme des produits p à p des nombres $-a, -b, \ldots -l$ est égale à $(-1)^p S_p$, de sorte que :

$$(x - a)(x - b) \ldots (x - l) = x^n - S_1 x^{n-1} + S_2 x^{n-2} - \ldots + (-1)^p S_p x^{n-p}$$
$$+ \ldots + (-1)^n S_n. \tag{2}$$

3. Développement de $(x + a)^n$ **suivant les puissances décroissantes de** x. — Supposons $a = b = c = \ldots = l$; le premier membre de la formule (1) devient $(x + a)^n$; dans le second membre, la somme S_1 devient évidemment égale à na, n désignant le nombre des lettres a, b, ... l ; S_2 devient égale à a^2 multiplié par le nombre des produits 2 à 2, c'est-à-dire par le nombre des combinaisons de n lettres 2 à 2, de sorte que $S_2 = C_n^2 a^2$; en général, la somme S_p devient égale à a^p multiplié par le nombre des produits p à p, c'est-à-dire par C_n^p. On a donc :

$$(x + a)^n = x^n + C_n^1 a . x^{n-1} + C_n^2 a^2 x^{n-2} + \ldots + C_n^p a^p x^{n-p} + \ldots + a^n . \quad (3)$$

Telle est *la formule du binome* que l'on écrit souvent encore ainsi :

$$(x + a)^n = x^n + n_1 a x^{n-1} + n_2 a^2 x^{n-2} + \ldots + n_p a^p x^{n-p} + \ldots + a^n.$$

En remplaçant les symboles C_n^p ou n_p par leurs valeurs, on obtient :

$$(x + a)^n = x^n + n . a x^{n-1} + \frac{n(n-1)}{1.2} a^2 x^{n-2} + \frac{n(n-1)(n-2)}{1.2.3} a^3 x^{n-3}$$
$$+ \ldots + \frac{n(n-1)\ldots(n-p+1)}{1.2\ldots p} a^p x^{n-p} + \ldots + a^n . \quad (4)$$

Terme général. — Nous appellerons terme général, celui qui a un nombre arbitraire p de termes avant lui, c'est le terme de rang $p + 1$. En désignant ce terme par T_p, le premier terme sera T_0 ; on a :

$$T_p = C_n^p a^p x^{n-p} = \frac{n!}{p!(n-p)!} a^p . x^{n-p}.$$

4. Règle pour passer d'un terme au suivant. — On a :

$$T_{p+1} = C_n^{p+1} a^{p+1} x^{n-p-1} = \frac{n(n-1)\ldots(n-p+1)(n-p)}{1.2\ldots p.(p+1)} a^{p+1} x^{n-p-1}$$

d'où :

$$T_{p+1} = T_p . \frac{n-p}{p+1} . \frac{a}{x}.$$

Pour passer d'un terme déjà calculé au suivant, on multiplie le coefficient du dernier terme obtenu par l'exposant de x dans ce terme et on le divise par l'exposant de a augmenté de 1, puis ensuite on diminue d'une unité l'exposant de x et l'on augmente d'autant celui de a.

On peut encore remarquer que le nombre total des termes est

$n + 1$; $p + 1$ étant le nombre des termes connus, il en reste $n - p$ à calculer; donc connaissant le coefficient de T_p, on aura le coefficient suivant en multipliant le dernier coefficient calculé par le nombre des termes inconnus et on le divisera par le nombre des termes calculés.

5. Développement de $(x - a)^n$. — On a de la même manière :

$$(x - a)^n = x^n - n\,a\,x^{n-1} + \frac{n(n-1)}{1 \cdot 2}\,a^2 x^{n-2} + \dots$$

$$+ (-1)^p \frac{n(n-1)\dots(n-p+1)}{1 \cdot 2 \dots p}\,a^p x^{n-p} + \dots + (-1)^n a^n.$$

6. Exemples :

$$(x + a)^5 = x^5 + 5\,a\,x^4 + 10\,a^2 x^3 + 10\,a^3 x^2 + 5\,a^4 x + a^5$$

$$(x - a)^6 = x^6 - 6\,a\,x^5 + 15\,a^2 x^4 - 20\,a^3 x^3 + 15\,a^4 x^2 - 6\,a^5 x + a^6$$

$$(x - a)^7 = x^7 - 7\,a\,x^6 + 21\,a^2 x^5 - 35\,a^3 x^4 + 35\,a^4 x^3 - 21\,a^5 x^2 + 7\,a^6 x - a^7.$$

7. Théorème. — *Les coefficients des termes à égale distance des extrêmes dans le développement de $(x + a)^n$, sont égaux :*

En effet, le coefficient de T_p est C_n^p; le terme correspondant est T_{n-p}, car T_p ayant p termes avant lui, celui qui en a p après lui, en a $n - p$ avant; le coefficient de T_{n-p} est C_n^{n-p} et l'on sait que $C_n^p = C_n^{n-p}$.

On peut établir la proposition directement; en effet, si dans la formule :

$$(x + a)^n = x^n + n_1\,a\,x^{n-1} + n_2\,a^2 x^{n-2} + \dots + n_p\,a^p x^{n-p} + \dots + a^n,$$

on permute x et a, on obtient :

$$(a + x)^n = a^n + n_1\,a^{n-1} x + n_2\,a^{n-2} x^2 + \dots + n_p\,a^{n-p} x^p + \dots + x^n,$$

les premiers membres étant égaux quel que soit x, il en est de même des seconds; dans la première formule, le coefficient de x^p est $n_{n-p}\,a^{n-p}$. Dans la seconde formule, ce coefficient est $n_p\,a^{n-p}$; donc $n_p = n_{n-p}$. On en conclut $C_n^p = C_n^{n-p}$, comme nous le savions déjà.

On verra facilement que dans le développement de $(x - a)^n$, les coefficients des termes à égale distance des extrêmes sont égaux si n est pair, égaux et de signes contraires quand n est impair.

8. Problème. — *Trouver le plus grand coefficient du développement de $(x + a)^n$.*

Nous avons vu que l'on passe du coefficient de T_p à celui de T_{p+1}, en multipliant le premier par $\dfrac{n-p}{p+1}$. Donc les coefficients, à partir du premier, iront en croissant tant que l'on n'aura pas

$$\frac{n-p}{p+1} \leqslant 1,$$

c'est-à-dire

$$p \geqslant \frac{n-1}{2}.$$

Distinguons deux cas : 1° $n = 2m$. Le nombre des termes du développement est égal à $2m+1$; $\dfrac{n-1}{2} = m - \dfrac{1}{2}$; l'égalité $\dfrac{n-p}{p+1} = 1$ est impossible, les termes commenceront à décroître dès que p aura atteint la valeur m. Donc, deux termes consécutifs n'auront jamais le même coefficient; les coefficients vont en augmentant jusqu'à celui du terme T_m qui est le terme du milieu, puis les termes reprennent les mêmes valeurs. Le plus grand coefficient est, dans ce cas, égal à $C_n^{\frac{n}{2}}$ ou

$$\frac{n(n-1)\ldots\left(\frac{n}{2}+1\right)}{1.2\ldots\ldots\frac{n}{2}}$$

2° $n = 2m+1$; le nombre des termes est pair et égal à $2m+2$ $\dfrac{n-1}{2} = m$; si $p = m$ on a $\dfrac{n-p}{p+1} = 1$. Cette fraction est supérieure à 1 tant que p est inférieur à m; et inférieure à 1 si p surpasse m; donc les coefficients iront en croissant depuis le premier terme, jusqu'au terme de rang $m+1$, les termes suivants reprendront les mêmes valeurs en ordre inverse. Les deux coefficients égaux, ayant la plus grande valeur absolue sont égaux à $C_n^{\frac{n-1}{2}}$, c'est-à-dire à :

$$\frac{n(n-1)\ldots\left(\frac{n+3}{2}\right)}{1.2\ldots\ldots\left(\frac{n-1}{2}\right)}$$

On peut obtenir les résultats précédents plus facilement, en remarquant que les coefficients iront en augmentant tant que $n-p$

sera supérieur à $p + 1$, c'est-à-dire tant que le nombre des termes restant à calculer sera plus grand que le nombre des termes déjà calculés.

9. Somme des coefficients du binome. — Si dans la formule (3) on fait $x = a = 1$, on trouve :

$$2^n = 1 + n_1 + n_2 + \ldots + n_n,$$

si l'on fait $x = 1$, $a = -1$, on obtient :

$$0 = 1 - n_1 + n_2 - n_3 \ldots + (-1)^n n_n.$$

Si l'on désigne par u la somme des coefficients de rangs impairs, c'est-à-dire :

$$u = 1 + n_2 + n_4 + \ldots$$

et par v celle des coefficients de rangs pairs, soit :

$$v = n_1 + n_3 + n_5 + \ldots$$

on a :

$$u = v = 2^{n-1}.$$

Si l'on pose :

$$\alpha = C_n^1 + C_n^3 + C_n^5 + \ldots$$
$$\beta = C_n^2 + C_n^4 + C_n^6 + \ldots$$

on a :

$$\beta = u - 1, \quad \alpha = v,$$

donc

$$\alpha = 2^{n-1}, \quad \beta = 2^{n-1} - 1.$$

Donc, la somme des nombres de combinaisons de n lettres prises en nombre impair surpasse d'une unité la somme des nombres de combinaisons des mêmes lettres prises en nombre pair.

10. Exercice. — *Trouver la somme des carrés des coefficients du binome.*

Écrivons :

$$(x + 1)^n = x^n + C_n^1 x^{n-1} + C_n^2 x^{n-2} + \ldots + C_n^p x^{n-p} + \ldots + C_n^n.$$

on a aussi

$$(x + 1)^n = 1 + C_n^1 x + C_n^2 x^2 + \ldots + C_n^p x^p + \ldots + C_n^n x^n.$$

Si l'on multiplie membre à membre, on obtient le développement de $(x + 1)^{2n}$. Le coefficient de x^n est C_{2n}^n ; d'autre part, il est évidemment égal à :

$$1 + (C_n^1)^2 + (C_n^2)^2 + \ldots + (C_n^n)^2$$

donc la somme demandée est égale à C_{2n}^n, c'est-à-dire à :

$$\frac{2n \cdot (2n - 1) \ldots (n + 1)}{1 . 2 \ldots n}.$$

Remarque. — Cette fraction peut se mettre sous une autre forme qu'il est utile de connaître. On peut, en effet, l'écrire ainsi :

$$\frac{2n!}{n!\,n!} = \frac{1.3.5\ldots(2n-1)\,2.4.6\ldots2n}{1.2\ldots n\;1.2\ldots n}$$

ou bien

$$\frac{1.3.5\ldots(2n-1)}{1.2\ldots n} \times 2^n,$$

ou enfin

$$\frac{2.6.10\ldots(4n-2)}{1.2.3\ldots n}.$$

11. Trouver le développement de $(x+a)^{n+1}$ en supposant connu celui de $(x+a)^n$. — Soit :

$$(x+1)^n = x^n + A_1 x^{n-1} + A_2 x^{n-2} + \ldots + A_{p-1} x^{n-p+1} + A_p x^{n-p} + \ldots + 1.$$

Si l'on multiplie les deux membres par $x+1$, on aura :

$$(x+1)^{n+1} = x^{n+1} + A_1 \left| x^n + A_2 \right| x^{n-1} + \ldots + A_p \left| x^{n-p+1} + \ldots + 1 \right| x$$
$$+\,1.\ \ \ \ +A_1 \ \ \ \ \ \ \ +A_{p-1} \ \ \ \ \ \ \ +A_{n-1} \ \ +1$$

Si l'on pose :

$$(x+1)^{n+1} = x^{n+1} + B_1 x^n + B_2 x^{n-1} + \ldots + B_p x^{n+1-p} + \ldots + 1,$$

on aura :

$$B_p = A_p + A_{p-1}$$

cette relation n'est pas autre chose que la relation établie plus haut (V, 15), savoir :

$$C_{n+1}^p = C_n^p + C_n^{p-1}.$$

On pourrait ainsi vérifier que la formule du binome, admise jusqu'à une valeur déterminée de l'exposant, est vraie quand on augmente l'exposant de 1, et par suite est générale.

TRIANGLE ARITHMÉTIQUE DE PASCAL

12. — On donne le nom de triangle arithmétique de Pascal, au tableau formé de la manière suivante :

```
1 | 1
1 | 2  1
1 | 3  3  1
1 | 4  6  4  1
1 | 5 10 10  5  1
1 | 6 15 20 15  6  1
1 | 7 21 35 35 21  7  1
  | . . . . . . . . . . . .
```

On écrit d'abord les nombres 1, 1 dans une première ligne. Ensuite on forme successivement les autres lignes en écrivant au-dessous de chacun des nombres d'une ligne quelconque, la somme obtenue en ajoutant ce nombre à celui qui le précède dans sa ligne, et en regardant chaque ligne comme précédée et suivie d'un zéro. On obtient ainsi deux séries de lignes, les unes dans le sens de l'écriture et que nous nommerons les *lignes*, les autres perpendiculaires aux premières et que nous nommerons les *colonnes*. Nous aurons d'abord une colonne formée par des unités et que l'on peut laisser à part; les colonnes suivantes seront désignées par les numéros 1, 2, 3, ... et nous représenterons par F_n^p le $n^{ème}$ nombre de la colonne de rang p, ou comme on dit le $n^{ème}$ *nombre figuré du $p^{ème}$ ordre*. La loi de formation du tableau est contenue dans la formule de récurrence :

$$F_n^p = F_{n-1}^p + F_n^{p-1} \qquad (1)$$

Les nombres du premier ordre sont les nombres naturels, ceux du second ordre se nomment triangulaires, ceux du troisième, pyramidaux, etc.

De la formule (1) on déduit aisément :

$$F_n^p = F_n^{p-1} + F_{n-1}^{p-1} + \ldots + F_2^{p-1} + F_1^{p-1}. \qquad (2)$$

Considérons, par exemple, le nombre $F_5^3 = 35$.

On a :

$$35 = 20 + 15$$
$$20 = 10 + 10$$
$$10 = 4 + 6$$
$$4 = 1 + 3$$

d'où

$$35 = 15 + 10 + 6 + 3 + 1.$$

Les nombres situés dans la $n^{ème}$ ligne sont les nombres de combinaisons de n lettres 1 à 1, 2 à 2, ... n à n.

En effet, cela est évident pour les premières lignes; si on l'admet pour la $n^{ème}$, cela sera vrai pour la $(n+1)^{ème}$. Car si le $p^{ème}$ nombre de la $n^{ème}$ ligne est C_n^p, le $(p-1)^{ème}$ nombre de la même ligne est C_n^{p-1}; leur somme $C_n^p + C_n^{p-1}$ qui est égale à C_{n+1}^p est, d'après la loi de formation du tableau, égale au $p^{ème}$ nombre de la $(n+1)^{ème}$ ligne; donc la proposition est établie.

13. Théorème. — *Le $n^{ème}$ nombre figuré du $p^{ème}$ ordre est égal au nombre des combinaisons complètes de n lettres p à p; c'est-à-dire :*

$$F_n^p = K_n^p.$$

En effet, le premier terme de la colonne de rang p est dans la $p^{\text{ème}}$ ligne, le second dans la $(p+1)^{\text{ème}}$ ligne et ainsi de suite... le $n^{\text{ème}}$ sera dans la $(p+n-1)^{\text{ème}}$ ligne ; donc on a bien :

$$F_n^p = C_{n+p-1}^p = K_n^p.$$

On peut écrire ainsi la formule (2) :

$$K_n^p = K_1^{p-1} + K_2^{p-1} + \ldots + K_n^{p-1}.$$

14. Applications. — 1° Le triangle de Pascal donne le développement de $(x+a)^n$. En effet, les coefficients de $(x+a)^2$, par exemple, sont bien les nombres de la seconde ligne ; supposons qu'il en soit ainsi jusqu'à la $n^{\text{ème}}$; on passe des nombres de la $n^{\text{ème}}$ ligne à ceux de la $(n+1)^{\text{ème}}$ précisément par la même règle qui permet de passer du développement de $(x+a)^n$ à celui de $(x+a)^{n+1}$; donc les nombres de la $(n+1)^{\text{ème}}$ ligne sont bien les coefficients du développement de $(x+a)^{n+1}$.

2° *Sommation des factorielles*. — On a :

$$F_n^p = \frac{n\,(n+1)\,\ldots\,(n+p-1)}{1.2\ldots\ldots\ldots p}$$

d'autre part :

$$F_1^p + F_2^p + \ldots + F_n^p = F_n^{p+1}$$

donc :

$$\sum_{n=1}^{n=m} n\,(n+1)\,\ldots\,(n+p-1) = \frac{m\,(m+1)\,\ldots\,(m+p)}{p+1}$$

Exemples :

$$1.2 + 2.3 + 3.4 + \ldots + n\,(n+1) = \frac{n\,(n+1)\,(n+2)}{3}$$

$$1.2.3 + 2.3.4 + 3.4.5 + \ldots + n\,(n+1)\,(n+2) = \frac{n\,(n+1)\,(n+2)\,(n+3)}{4}.$$

Ces formules se déduisent immédiatement, comme on le voit, du triangle de Pascal ou, ce qui revient au même, des formules des combinaisons complètes.

On peut les établir directement.

D'une manière plus générale, soit la progression arithmétique :

$$a, \ b, \ c\ d, \ldots j, \ k, \ l,$$

de raison r, et soit à calculer, par exemple, la somme

$$abc + bcd + \ldots + jkl.$$

En posant :

$$a - r = a' \quad \text{et} \quad l + r = l',$$

on a :

$$abcd - a'abc = abc\,(d - a') = abc.\,4r$$

de même

$$bcde - abcd = bcd\,(e - a) = bcd.\,4r$$

$$\cdots\cdots\cdots\cdots\cdots\cdots\cdots\cdots\cdots$$

$$\cdots\cdots\cdots\cdots\cdots\cdots\cdots\cdots\cdots$$

$$jkll' - ijkl = jkl\,(l' - i) = jkl.\,4r.$$

Ajoutant membre à membre et simplifiant, on trouve :

$$jkll' - a'abc = 4r\,\mathrm{S}$$

S étant la somme demandée.

On calculerait d'une façon analogue :

$$\frac{1}{abc} + \frac{1}{bcd} + \cdots + \frac{1}{jkl},$$

en considérant les différences telles que $\dfrac{1}{ab} - \dfrac{1}{bc}, \dfrac{1}{bc} - \dfrac{1}{cd} \cdots$

Remarque. — Le triangle de Pascal peut être généralisé de plusieurs manières. (Voir les *Questions d'Algèbre* de **M. Desboves**.)

EXERCICES

1. Trouver le terme du développement de $(x + a)^n$ qui a la plus grande valeur absolue.

2. On désigne par $[a, r]_n$ le produit $a\,(a + r)\,(a + 2r) \cdots (a + \overline{n-1}\,r)$.
Démontrer la formule suivante, dite *binome de Vandermonde* ou binome des factorielles.

$$[a + b, r]_n = [a, r]_n + \mathrm{C}_n^1 [a, r]_{n-1}\,[b, r]_1 + \mathrm{C}_n^2 [a, r]_{n-2}\,[b, r]_2 + \cdots + [b, r]_n.$$

3. Résoudre l'équation

$$x^n - nax^{n-1} - \frac{n\,(n - 1)}{1.2}\,a^2\,x^{n-2} - \cdots - a^n = 0.$$

4. Vérifier l'identité

$$a^n + b^n = (a + b)^n - \frac{n}{1}\,ab\,(a + b)^{n-2} + \frac{n\,(n - 3)}{1.2}\,a^2\,b^2\,(a + b)^{n-4}$$

$$- \frac{n\,(n - 5)\,(n - 4)}{1.2.3}\,a^3\,b^3\,(a + b)^{n-6} +$$

$$+ \cdots + (- 1)^p \frac{n\,(n - 2p + 1) \cdots (n - p - 1)}{1.2 \cdots\cdots\cdots p}\,a^p\,b^p\,(a + b)^{n-2p}.$$

5. Trouver les coefficients du polynome

$$f(x) = (1 + ax)(1 + a^2 x)(1 + a^3 x) \ldots (1 + a^n x),$$

et, en faisant tendre a vers 1, retrouver la formule du binome.

On cherchera une relation entre $f(x)$ et $f(ax)$, d'où l'on tirera une relation entre les coefficients A_p et A_{p-1}.

6. *Chercher si l'expression*

$$u = \frac{(x - y) a^n + (a - x) y^n - (a - y) x^n}{(x - y)(a - x)(a - y)}$$

tend vers une limite déterminée quand x et y tendent vers a.

Réponse. — On pose $x - a = h$, $y - a = lh$ et l'on fait tendre h vers 0, et l vers une limite quelconque. On trouve

$$\lim u = \frac{n(n-1)}{1.2} a^{n-2}.$$

(Question posée par M. E. Rouché aux examens d'admission à l'École polytechnique.)

CHAPITRE VII

APPLICATIONS DE LA FORMULE DU BINOME

1. Sommation des puissances semblables des termes d'une progression arithmétique. — Soient :

$$a, b, c \ldots l,$$

n termes consécutifs d'une progression arithmétique dont la raison est égale à r et désignons par S_p la somme des puissances $p^{\text{èmes}}$ des termes de cette progression, p désignant un entier.

Si dans l'identité

$$(x + r)^{m+1} = x^{m+1} + C_{m+1}^1 x^m r + C_{m+1}^2 x^{m-1} r^2 + \ldots + C_{m+1}^1 x r^m + r^{m+1}$$

on remplace x successivement par $a, b, c \ldots l$, on aura :

$$(a + r)^{m+1} = a^{m+1} + C_{m+1}^1 a^m r + C_{m+1}^2 a^{m-1} r^2 + \ldots + C_{m+1}^1 a r^m + r^{m+1}$$

$$(b + r)^{m+1} = b^{m+1} + C_{m+1}^1 b^m r + C_{m+1}^2 b^{m-1} r^2 + \ldots + C_{m+1}^1 b r^m + r^{m+1}$$

$$\cdots\cdots\cdots\cdots\cdots\cdots\cdots$$

$$\cdots\cdots\cdots\cdots\cdots\cdots\cdots$$

$$(l + r)^{m+1} = l^{m+1} + C_{m+1}^1 l^m r + C_{m+1}^2 l^{m-1} r^2 + \ldots + C_{m+1}^1 l r^m + r^{m+1}.$$

Ajoutons membre à membre et, en ayant soin de remarquer que l'on a

$$a + r = b, \quad b + r = c, \quad \ldots\ldots \quad k + r = l,$$

et supprimons les termes communs aux deux membres, il vient :

$$(l+r)^{m+1} = a^{m+1} + C^1_{m+1} S_m r + C^2_{m+1} S_{m-1} r^2 + \ldots\ldots + C^1_{m+1} S_1 r^m + S_0 r^{m+1}$$

Nous avons écrit S_0 au lieu de n, S_0 désignant $a^0 + b^0 + \ldots\ldots + l^0$, c'est-à-dire précisément n.

La formule précédente permet de calculer S_m si l'on suppose connues les sommes précédentes : S_1, S_2, $\ldots\ldots$ S_{m-1}.

On peut écrire symboliquement cette formule de la manière suivante :

$$(S + r)^{(m+1)} - S_{m+1} = (l + r)^{m+1} - a^{m+1}, \qquad (1)$$

en représentant par $(S + r)^{(m+1)}$ ce que devient le développement de $(S + r)^{m+1}$ lorsqu'on y remplace chaque puissance de S telle que S^p par S_p, en ayant soin d'écrire $r^{m+1} S_0$ pour le dernier terme.

Par exemple :

$$(S + r)^{(3)} = S_3 + 3 S_2 r + 3 S_1 r^2 + S_0 r^3.$$

2. Application à la suite naturelle des nombres entiers.

— Si dans la formule (1), on suppose $a = 1$, $r = 1$, $l = n$, on aura :

$$(S + 1)^{(m+1)} - S_{m+1} = (n + 1)^{m+1} - 1,$$

ou

$$(m + 1) S_m + \frac{(m+1)m}{1 \cdot 2} S_{m-1} + \cdots + \frac{m+1}{1} S_1 + n = (n+1)^{m+1} - 1$$

ou encore :

$$(n+1)[(n+1)^m - 1] = \frac{m+1}{1} S_m + \frac{m+1}{1} \cdot \frac{m}{2} S_{m-1} + \cdots + \frac{m+1}{1} S_1 \quad (2)$$

Cette formule permet de calculer la somme des puissances m^{es} des n premiers entiers, quand on connaît les sommes des puissances $m - 1$, $m - 2$, $\ldots\ldots$ des mêmes nombres. Elle est très commode tant que m ne dépasse pas 4. Nous indiquons en exercice, à la fin du chapitre, d'autres méthodes plus rapides. Actuellement, nous appliquerons la formule (2) aux cas de $m = 1, 2, 3$.

1° *Somme de la suite naturelle des nombres entiers.*

Soit à calculer la somme $1 + 2 + 3 + \ldots + n$, ou S_1. On a :

$$(S + 1)^{(2)} - S_2 = 2\,S_1 + n = (n + 1)^2 - 1,$$

d'où :

$$S_1 = \frac{(n + 1)^2 - (n + 1)}{2} = \frac{n\,(n + 1)}{2};$$

2° *Somme des carrés.* — De même :

$$(S + 1)^{(3)} - S_3 = 3\,S_2 + 3\,S_1 + n = (n + 1)^3 - 1,$$

ce qui donne :

$$3\,S_2 = (n + 1)^3 - (n + 1) - 3\,\frac{n\,(n + 1)}{2} = (n + 1)\left[(n + 1)^2 - 1 - \frac{3n}{2}\right]$$

ou

$$S_2 = \frac{n\,(n + 1)\,(2n + 1)}{6},$$

3° *Somme des cubes.* — On part de l'identité :

$$(S + 1)^{(4)} - S_4 = (n + 1)^4 - 1,$$

ou

$$4\,S_3 + 6\,S_2 + 4\,S_1 + n = (n + 1)^4 - 1,$$

en remplaçant S_2 et S_1 par leurs valeurs déjà calculées, on obtient :

$$
\begin{aligned}
4S_3 &= (n+1)^4 - (n + 1) - n\,(n + 1)\,(2n + 1) - 2n\,(n + 1)\\
&= (n+1)\,[(n + 1)^3 - 1 - n\,(2n + 1) - 2n]\\
&= (n+1)\,[(n+1)^3 - (2n+1)(n+1)] = (n+1)^2\,[(n+1)^2 - (2n+1)],
\end{aligned}
$$

d'où :

$$S_3 = \left[\frac{n\,(n + 1)}{2}\right]^2 = (S_1)^2 .$$

Remarque. — Au lieu d'employer la formule générale relative à une progression arithmétique quelconque, on peut procéder directement. A cet effet, pour trouver S_3 par exemple, nous considérons l'identité :

$$(x + 1)^4 = x^4 + 4\,x^3 + 6\,x^2 + 4\,x + 1,$$

qui donne successivement par $x = 1, 2, \ldots n$

$$2^4 = 1^4 + 4.\,1^3 + 6.\,1^2 + 4.\,1 + 1$$
$$3^4 = 2^4 + 4.\,2^3 + 6.\,2^2 + 4.\,2 + 1$$

$$\cdot \cdot \cdot \cdot \cdot \cdot \cdot \cdot \cdot \cdot \cdot \cdot \cdot \cdot \cdot \cdot \cdot$$

$$\cdot \cdot \cdot \cdot \cdot \cdot \cdot \cdot \cdot \cdot \cdot \cdot \cdot \cdot \cdot \cdot$$

$$(n + 1)^4 = n^4 + 4.\,n^3 + 6.\,n^2 + 4.\,n + 1$$

ajoutant et simplifiant;

$$(n + 1)^4 = 1 + 4S_3 + 6\,S_2 + 4\,S_1 + 1,$$

c'est la formule déjà trouvée.

Vérification. — Il est très facile de vérifier le résultat trouvé pour S_3. En effet, on a :

$$(1 + 2 + \ldots + p)^2 - (1 + 2 - \ldots + p - 1)^2 = p^3,$$

en remplaçant dans cette identité p successivement par $1, 2, 3, \ldots n$, ajoutant et réduisant on retrouve bien :

$$(1 + 2 + \ldots + n)^2 = 1^3 + 2^3 + \ldots + n^3.$$

3. Autre méthode. — Soit, par exemple, le polynome

$$f(x) = A\,x^3 + B\,x^2 + C\,x + D,$$

A, B, C, D étant des nombres donnés; on se propose de calculer la somme

$$S = f(1) + f(2) + \ldots + f(n).$$

Pour cela, remarquons que l'on peut identifier $f(x)$ avec un polynome du même degré de la forme

$$\alpha\,x\,(x + 1)\,(x + 2) + \beta\,x\,(x + 1) + \gamma\,x + \delta,$$

ou

$$\alpha\,x^3 + (\beta + 3\alpha)\,x^2 + (\gamma + \beta + 2\alpha)\,x + \delta.$$

Il suffit de poser

$$\begin{aligned}
\alpha &= A \\
\beta &= B - 3A \\
\gamma &= C - B + A \\
\delta &= D.
\end{aligned}$$

On aura ensuite :

$$S = \alpha\,\frac{n\,(n + 1)\,(n + 2)\,(n + 3)}{4} + \beta\,\frac{n\,(n + 1)\,(n + 2)}{3} + \gamma\,\frac{n\,(n + 1)}{2} + \delta.$$

On déduit aisément de S, les sommes S_1, S_2, S_3.
On peut encore calculer S_2 en écrivant

$$x\,(x + 1) = x^2 + x.$$

Ce qui donne immédiatement, en faisant la somme des valeurs que prennent les deux membres quand on remplace x par $1, 2, \ldots n$,

$$\frac{n\,(n + 1)\,(n + 2)}{3} = S_2 + S_1, \text{ etc.}$$

De même

$$(x - 1)\,x\,(x + 1) = x^3 - x,$$

donc :

$$\frac{(n - 1)\,n\,(n + 1)\,(n + 2)}{4} = S_3 - S_1,$$

ou

$$S = \frac{n\,(n + 1)}{2}\left[1 + \frac{(n - 1)\,(n + 2)}{2}\right] = \frac{n\,(n + 1)}{2} \cdot \frac{n^2 + n}{2} = (S_1)^2.$$

SOMMATION DES PILES DE BOULETS

4. Projectiles cylindro-coniques. — On dispose sur un terrain horizontal une première file de boulets identiques, de manière que deux boulets consécutifs se touchent le long d'une arête commune de la partie cylindrique; soit n le nombre de ces boulets; par-dessus, on dispose une deuxième file de telle sorte qu'un boulet repose sur deux boulets consécutifs de la première file; on a ainsi une seconde file contenant $n - 1$ boulets et ainsi de suite jusqu'à une file formée de deux boulets sur lesquels repose un dernier boulet, en tout $\dfrac{n(n+1)}{2}$ boulets; on peut disposer, les uns contre les autres, un nombre quelconque p de groupes semblables; le nombre total des boulets sera égal à $\dfrac{n(n+1)}{2} \cdot p$.

Si les tranches supérieures, au lieu de se réduire à un seul boulet, sont formées de n' boulets, le nombre total de boulets sera évidemment égal à la différence :

$$\frac{p}{2}\Big[n(n+1) - n'(n'-1) \Big].$$

Projectiles sphériques. — Considérons des boulets ayant la forme de sphères de même rayon; on peut faire avec ces boulets des piles de plusieurs formes; nous examinerons les principales.

5. Pile triangulaire. — On dispose sur un terrain horizontal une première file de n boulets de sorte que deux boulets consécutifs se touchent; les centres des boulets seront en ligne droite. A côté de cette première file, on en dispose une deuxième formée de la même manière et contenant $n - 1$ boulets, de sorte que chaque boulet de cette deuxième file soit tangent à deux boulets de la première; puis, de la même façon, on dispose une troisième file touchant la seconde et contenant $n - 2$ boulets, et ainsi de suite jusqu'à 1 boulet. On obtient ainsi une première assise de boulets rappelant la forme d'un triangle équilatéral et renfermant :

$$1 + 2 + 3 + \ldots + n = \frac{n(n+1)}{2} \text{ boulets.}$$

Sur cette première assise on en dispose une deuxième également de forme triangulaire, mais ayant un boulet de moins sur chaque côté; chaque boulet de cette seconde assise touche trois boulets de la première, sur lesquels ils reposent. On dispose une troisième assise s'appuyant sur la deuxième, et ainsi de suite, jusqu'à ce qu'on arrive à n'avoir à placer qu'un seul boulet qui reposera sur les trois boulets de la $(n-1)^{e}$ assise. Le nombre de boulets contenus dans la $p^{ième}$ assise, à partir d'en haut, est égal à $\dfrac{p(p+1)}{2}$; on a donc pour trouver le nombre de boulets contenus dans la pile, à faire la somme des nombres qu'on obtient en donnant à p successivement les valeurs 1, 2, 3, ... n, somme que nous représenterons par :

$$\sum_{p=1}^{p=n} \frac{p(p+1)}{2}.$$

Nous connaissons déjà cette somme, elle est égale à :

$$\frac{n(n+1)(n+2)}{6} = K_n^3.$$

On peut encore l'obtenir en remarquant que :

$$\sum \frac{p\,(p+1)}{2} = \frac{1}{2} \sum p^2 + \frac{1}{2} \sum p = \frac{S_2'' + S_1''}{2}$$

en désignant par S_2'' la somme des carrés des n premiers entiers et par S_1'' la somme de ces mêmes nombres.

Tronc de pile triangulaire. — Si la tranche supérieure contient n' boulets au côté, la pile est la différence de deux piles triangulaires ayant n et $n'-1$ boulets au côté ; le nombre de boulets est donc alors :

$$\frac{n\,(n+1)\,(n+2)}{6} - \frac{(n'-1)\,n'\,(n'+1)}{6}.$$

6. Problème. — *Reconnaître si un nombre donné de boulets sphériques peut être disposé en pile triangulaire.*

Soit a le nombre donné. Il s'agit de trouver une solution entière de l'équation

$$x\,(x+1)\,(x+2) = 6a \;;$$

or $x\,(x+1)\,(x+2)$ est compris entre x^3 et $(x+1)^3$, on doit donc avoir :

$$x^3 < 6a < (x+1)^3,$$

donc x doit être la racine cubique de $6a$ à une unité près.

Soit n cette racine : on vérifiera si le produit $n\,(n+1)\,(n+2)$ est égal à $6a$. S'il en est ainsi, le problème est possible et il faut mettre n boulets au côté de la base ; dans le cas contraire, le problème est impossible.

7. Pile rectangulaire. — On dispose les unes à côté des autres, n files composées chacune de $n+p$ boulets, de manière à figurer un rectangle dont les côtés contiennent n et $n+p$ boulets. Au-dessus, on dispose un deuxième rectangle dont les côtés ont $n-1$ et $n-1+p$ boulets qui reposent chacun sur quatre boulets du premier rectangle ; on continue de la sorte jusqu'à ce qu'on arrive à une pile de $p+1$ boulets que l'on peut considérer comme un rectangle dont un côté ne contiendrait qu'un boulet, le second côté en contenant $p+1$. Le nombre de boulets contenus dans cette pile est égal à la somme :

$$1\,(1+p) + 2\,(2+p) + 3\,(3+p) + \ldots + n\,(n+p),$$

c'est-à-dire à :

$$1^2 + 2^2 + 3^2 + \ldots + n^2 + p\,(1 + 2 + 3 + \ldots + n),$$

somme qui a pour valeur :

$$\frac{n\,(n+1)\,(2n+1)}{6} + p\,\frac{n\,(n+1)}{2} = \frac{n\,(n+1)\,(2n+1+3p)}{6}.$$

Si l'on pose $p = n' - n$, n' désigne le nombre de boulets du plus grand côté de la base, et le nombre de boulets contenus dans la pile est égal à :

$$\frac{n\,(n+1)\,(3\,n' - n + 1)}{6}.$$

8. Pile carrée. — Si $n' = n$, la pile rectangulaire devient une pile *carrée* ; le nombre de boulets est alors :

$$\frac{n\,(n+1)\,(2\,n+1)}{6}.$$

D'ailleurs chaque tranche est un carré ; le nombre de boulets est donc égal à la somme des carrés des n premiers entiers.

DÉVELOPPEMENT DE LA PUISSANCE n^e D'UNE SOMME

9. Nous nous proposons de développer

$$(a + b + c + \ldots + l)^n,$$

suivant les puissances des lettres a, b, ….. l,

1re Méthode. — Le terme général du développement sera évidemment de la forme

$$A \, a^p \, b^q \, c^r \ldots k^t \, l^u$$

avec la condition

$$p + q + r + \ldots + t + u = n ;$$

il s'agit de calculer A quand on connaît p, q, r, ….. u.

Posons

$$b + c + \ldots + l = x ;$$

on aura :

$$(a + b + c + \ldots + l)^n = (a + x)^n.$$

Par conséquent, l'ensemble des termes contenant en facteur a^p, p étant un nombre positif au plus égal à n, est égal, en vertu de la formule du binome, à :

$$C_n^p \, a^p \, x^{n-p}.$$

Nous sommes ainsi ramenés à développer x^{n-p}, c'est-à-dire :

$$(b + c + \ldots + l)^{n-p}$$

ou,

$$(b + y)^{n-p},$$

en posant :

$$c + d + \ldots + l = y.$$

L'ensemble des termes contenant en facteur b^q, q étant au plus égal à $n - p$, est égal à :

$$C_{n-p}^q \cdot b^q \, y^{n-p-q},$$

de sorte que l'ensemble des termes de $(a + b + \ldots + l)^n$ qui contiennent en facteur $a^p \, b^q$ est

$$C_n^p \cdot C_{n-p}^q \cdot a^p \, b^q \cdot y^{n-p-q},$$

en continuant ainsi on arrive facilement au développement de l'expression :

$$C_n^p \, C_{n-p}^q \, C_{n-p-q}^r \, \ldots \, a^p \, b^q \, c^r \, \ldots \, j^s \, (k+l)^{n-p-q-r\ldots-s}$$

et, par suite, le terme contenant $a^p \, b^q \, c^r \, \ldots \, j^s \, k^t \, l^u$ est :

$$C_n^p \, C_{n-p}^q \, C_{n-p-q}^r \, \ldots \, C_{n-p-b-r\ldots-s}^t \, a^p \, b^q \, c^r \, \ldots \, k^t \, l^u.$$

Le coefficient de ce terme est donc :

$$\frac{n!}{p!\,(n-p)!} \cdot \frac{(n-p)!}{q!\,(n-p-q)!} \, \ldots \, \frac{(n-p-q\ldots-s!}{l!\,(n-p-q-\ldots-s-l)!}$$

ou, plus simplement, en se rappelant que $n = p + q + \ldots + s + t + u$,

$$\frac{n!}{p!\,q!\,r!\,\ldots\,t!\,u!}.$$

Il importe de remarquer que la formule subsiste si quelques-uns des nombres p, $q \ldots u$, deviennent nuls, pourvu que l'on convienne de poser :

$$o! = 1.$$

Si, par exemple, $p = o$, on doit prendre dans $(a+x)^n$, le terme x^n; c'est ce que donne l'expression $C_n^p \, a^p \, x^{n-p}$, si l'on convient de poser $C_n^o = 1$; d'ailleurs, la fraction $\dfrac{n!}{p!\,(n-p)!}$ se réduit à 1 pour $p = o$, si l'on convient de remplacer $o!$ par 1. On fera la même vérification pour chacun des exposants p, q, r .....

Avec ces conventions nous pouvons poser :

$$(a+b+c+\ldots+l)^n = \Sigma \frac{n!}{p!\,q!\,\ldots\,u!}\, a^p \, b^q \, \ldots \, l^u, \quad (1)$$

le signe Σ désignant la somme obtenue en donnant à p, q, ... u toutes les valeurs entières non négatives vérifiant l'équation :

$$p + q + \ldots + u = n.$$

2ᵉ Méthode. — Pour former la puissance n^e de la somme : $a + b + c + \ldots + l$, il suffit de faire le produit suivant des n facteurs égaux :

$$(a+b+c+\ldots+l)(a+b+c+\ldots+l)\ldots(a+b+c+\ldots+l).$$

On doit prendre de toutes les manières possibles un terme et un seul dans chacun de ces facteurs; si l'on prend p fois a, q fois b, r fois c, et ainsi de suite jusqu'à u fois l, la somme $p + q + r \ldots + u$ étant égale à n, on aura un produit de la forme $a^p b^q c^r \ldots l^u$; il s'agit de savoir combien il y a de termes semblables à celui-là; je dis qu'il y en a un nombre égal au nombre des permutations qu'on peut former avec p lettres a, q lettres b, r lettres c, $\ldots u$ lettres l; en effet, à chaque permutation correspond évidemment un terme du produit que l'on obtient en prenant chaque lettre dans celui des facteurs qui occupe le même rang que cette lettre dans la permutation considérée; et inversement, à tout produit partiel correspond une permutation contenant autant de fois chaque lettre particulière; donc le coefficient de

$$a^p b^q c^r \ldots l^u$$

est

$$\frac{n!}{p!\, q! \ldots u!}$$

et l'on retrouve la formule déjà obtenue :

$$(a + b + c + \ldots + l)^n = \sum \frac{n!}{p!\, q! \ldots u!} \, a^p b^q \ldots l^u \quad (1)$$

avec la condition

$$p + q + \ldots + u = n. \qquad (2)$$

10. Détermination des différents termes du développement précédent. — Il s'agit de trouver toutes les solutions entières, non négatives de l'équation

$$p + q + \ldots + u = n.$$

Pour procéder avec ordre, on peut supposer les exposants de chaque terme rangés par ordre non croissant, à condition de permuter de toutes les manières possibles les lettres $a, b \ldots l$. Ainsi par exemple, ayant un terme de la forme :

$$a^3 b^2 c^1,$$

on en déduira les termes $b^3 a^2 c^1$, $c^3 a^2 b^1$, $a^3 c^2 b^1$, $\ldots$ etc.

Cela étant, on peut supposer d'abord $p = n$; on en déduit :

$$q = r = \ldots = u = 0.$$

Si l'on pose ensuite $p = n - 1$, on aura à résoudre l'équation :

$$q + r + \ldots + u = 1$$

qui est de la même forme que la proposée, mais contient une inconnue de moins; on la résout en posant $q = 1$, les autres inconnues ayant la valeur zéro.

Posons maintenant $p = n - 2$; on est ramené à l'équation :

$$q + r + ... + u = 2,$$

on posera donc d'abord $q = 2, r = s = ... = u = 0$, puis $q = 1$. et on aura à résoudre l'équation :

$$r + s + ... + u = 1, \text{ etc.}$$

et ainsi de suite, en ne prenant pour chaque inconnue que des nombres au plus égaux aux solutions trouvées pour les inconnues précédentes.

Exemples. — 1° *Carré :* Il s'agit de former $(a + b + c + ... + l)^2$. On a à résoudre l'équation

$$p + q + ... + u = 2.$$

Ce qui donne :

1° $\qquad p = 2 \quad q = 0 \quad r = ... = u = 0$

2° $\qquad p = 1 \quad q = 1 \quad r \quad ..... = u = 0;$

donc

$$(a + b + c + ... + l)^2 = \Sigma a^2 + 2 \Sigma ab, \text{ car } \frac{2!}{1!\,1!} = 2$$

2° *Cube :* Soit à faire le développement de :

$$(a + b + c + ... + l)^3.$$

L'équation à résoudre est ici :

$$p + q + r + ... + u = 3,$$

1° $\qquad p = 3, \quad q = r = ... = u = 0$

2° $\qquad p = 2, \quad q = 1 \quad r = ... = u = 0$

3° $\qquad p = 1 \text{ avec } q + r + ... = 2,$

on ne prendra pas $q = 2$ puisque nous devons supposer $q \leqslant 1$; donc, $q = 1$ avec $r = 1$, les autres étant nulles.

On a ainsi des termes de trois espèces :

$$a^3, \quad a^2b, \quad abc$$

et tous ceux qui s'en déduisent en permutant les lettres.

Le coefficient de a^3 est égal à 1; celui de a^2b et des termes de même espèce est égal à $\dfrac{3!}{2!\,1!\,0!\,\ldots\,0!}$ ou $\dfrac{3!}{2!\,1!} = 3$; enfin, le

coefficient des termes correspondants à $p = q = r = 1$, est

$\dfrac{3!}{1!\,1!\,1!} = 6$. Donc :

$$(a + b + c + \ldots + l)^3 = \Sigma\, a^3 + 3\,\Sigma\, a^2 b + 6\,\Sigma\, a\,b\,c.$$

11. Application. — On peut écrire la formule (1) de cette manière :

$$(a + b + c + \ldots + l)^n = \Sigma\, a^n + \Sigma\, \frac{n!}{p!\,q!\,\ldots\,u!}\, a^p\, b^q \ldots l^u \cdot \qquad (3)$$

Les nombres $p, q, \ldots u$ ayant des valeurs inférieures à n et vérifiant l'équation

$$p + q + \ldots + u = n.$$

Supposons n premier absolu; alors n est premier avec chacun des entiers plus petits que lui; si l'on écrit

$$\frac{n!}{p!\,q!\,\ldots\,u!} = \frac{(n-1)!}{p!\,q!\,\ldots\,u!}\cdot n$$

on voit que $p!\,q!\,\ldots\,u!$ divisant $n!$ et étant premier avec n, divise $(n-1)!$ donc $\dfrac{n!}{p!\,q!\,\ldots\,u!}$ est un multiple de n. Posons : $a = b = c \ldots = l = 1$ et soit A le nombre des lettres; la formule (3) nous donnera :

$$A^n = A + B n,$$

B étant un entier; il en résulte immédiatement que n divise $A^n - A$; or

$$A^n - A = A\left(A^{n-1} - 1\right),$$

donc si n ne divise pas A il divise $A^{n-1} - 1$; on a ainsi une démonstration du théorème de *Fermat* :

Tout nombre premier n qui ne divise pas un entier A divise $A^{n-1} - 1$.

EXERCICES

1. Trouver le terme du développement de $(a + b + c + \ldots + l)^n$, qui a la plus grande valeur absolue.

2. Trouver le coefficient de x^2 dans le développement de

$$(1 + x + x^2 + x^3 + \ldots + x^n)^p$$

3. Si dans le développement de $(a + b + c + \ldots + l)^n$ on remplace tous les coefficients numériques par l'unité, on obtient un polynome entier que l'on peut représenter par $[a, b, c, \ldots l]_n$.
Cela posé, démontrer les identités suivantes :

$$[a_1, a_2, \ldots a_p]_n = [a_1, a_2, \ldots a_{p-1}]_{n-1} + a_p [a_1, a_2, \ldots a_p]_{n-1}$$

$$[a_2, a_3, \ldots a_p, a_{p+1}]_n - [a_1, a_2, \ldots a_p]_n = (a_{p+1} - a_1)[a_1, a_2, a_3 \ldots a_p\, a_{p+1}]_{n-1}$$

$$[a_1\, a_2, \ldots a_{p-1}\, a_p]_n = [a_1, a_2, \ldots a_{p-1}]_n + a_p\,[a_1, a_2, \ldots a_{p-1}]_{n-1}$$

$$+ a_p^2\,[a_1, a_2, \ldots a_{p-1}]_{n-2} + \ldots + a_p^n\,[a_1, a_2, \ldots a_{p-1}]_0$$

on convient de poser

$$|a_1, a_2, \ldots a_{p-1}|_0 = 1.$$

(Wronski, Maurice d'Ocagne.)

4. Si l'on pose :

$$S_{n,p} = 1^p + 2^p + 3^p + \ldots + n^p$$

on a :

$$S_{n,p+1} = (n+1) S_{n,p} - (S_{1,p} + S_{2,p} + \ldots + S_{n,p}).$$

(J. M. Croker, de Longchamps.)

5. Former un polynome entier en x, $\varphi_p(x)$ qui s'annule pour $x = 0$ et qui vérifie l'identité

$$\varphi_p(x) - \varphi_p(x - 1) = x^p$$

p désignant un entier positif ou nul, et vérifier que

$$\varphi_p(n) = 1^p + 2^p + \ldots + n^p$$

si n désigne un nombre entier.

Les polynomes $\varphi_p(x)$ se nomment les polynomes de Bernoulli.

6. On a identiquement :

$$n^2 = n(n-1) + n$$
$$n^3 = n(n-1)(n-2) + 3n(n-1) + n$$
$$n^4 = n(n-1)(n-2)(n-3) + 6n(n-1)(n-2) + 7n(n-1) + n,$$

montrer qu'en général, A_n^p désignant le nombre des arrangements de n objets p à p, et $B_p, C_p \ldots L_p$ étant $p - 2$ coefficients *indépendants* de n, on a :

$$n^p = A_n^p + B_p . A_n^{p-1} + C_p . A_n^{p-2} + \ldots + L_p . A_n^2 + n.$$

Prouver que

$$B_p = B_{p-1} + p - 1$$
$$C_p = C_{p-1} + (p-2) B_{p-1}$$
$$D_p = D_{p-1} + (p-3) C_{p-1}$$
$$\cdots \cdots \cdots \cdots \cdots$$
$$\cdots \cdots \cdots \cdots \cdots$$
$$L_p = 1 + 2 K_{p-1}.$$

De l'identité précédente on tire :

$$S_p = \frac{1}{p+1} A_{n+1}^{p+1} + \frac{B_p}{p} . A_{n+1}^p + \frac{C_p}{p-1} A_{n+1}^{p-1} + \ldots + \frac{L_p}{3} A_{n+1}^3 + \frac{1}{2} A_{n+1}^2.$$

(E. Catalan.)

CHAPITRE VIII

DÉVELOPPEMENT DE L'ACCROISSEMENT D'UN POLYNOME ENTIER A UNE OU PLUSIEURS VARIABLES SUIVANT LES PUISSANCES ENTIÈRES DES ACCROISSEMENTS DONNÉS AUX VARIABLES

1. — Soit :

$$f(x) = A_0 x^n + A_1 x^{n-1} + A_2 x^{n-2} + \ldots + A_{n-1} x + A_n$$

un polynome entier en x. Si nous remplaçons x par $x + h$, nous obtiendrons

$$f(x + h) = A_0 (x + h)^n + A_1 (x + h)^{n-1} + A_2 (x + h)^{n-2} + \ldots$$
$$\ldots + A_{n-1}(x + h) + A_n$$

on voit, en appliquant la formule du binome, que le second membre contiendra h au plus à la puissance n ; on peut le regarder comme un polynome entier en h de degré n et écrire :

$$f(x + h) = B_0 + B_1 h + B_2 h^2 + \ldots + B_n h^n.$$

$B_0, B_1, \ldots B_n$ étant des polynomes entiers en x que nous nous proposons de déterminer.

Si l'on fait $h = 0$ on a : $f(x) = B_0$.

Nous appellerons *polynome dérivé* de $f(x)$ ou simplement *dérivée* de $f(x)$, le coefficient de h dans le développement de $f(x + h)$ suivant les puissances croissantes de h, et nous représenterons ce nouveau polynome par $f'(x)$.

Cela étant, si l'on considère la somme d'un nombre quelconque de polynomes entiers en x, soit par exemple :

$$F(x) = f_1(x) + f_2(x) + \ldots + f_p(x)$$

le coefficient de h dans le développement de $F(x + h)$ sera évidemment égal à la somme des coefficients de h dans les développements de $f_1(x), f_2(x), \ldots f_p(x)$; on a donc :

$$F'(x) = f_1'(x) + f_2'(x) + \ldots + f_p'(x),$$

autrement dit : *la dérivée d'une somme de polynomes est égale à la somme des dérivées de ces polynomes.*

Nous appellerons dérivée seconde de $F(x)$, la dérivée de $F'(x)$ et nous la représenterons par $F''(x)$; de même la dérivée de $F''(x)$ ou $F'''(x)$ sera la dérivée troisième de $F(x)$, et ainsi de suite ; en appliquant plusieurs fois la remarque précédente, on voit que la dérivée d'ordre k ou $F^{(k)}(x)$ est la somme des dérivées d'ordre k des polynomes $f_1(x)$, $f_2(x)$, ... $f_p(x)$, c'est-à-dire :

$$F^{(k)}(x) = f_1^{(k)}(x) + f_2^{(k)}(x) + ... + f_p^{(k)}(x).$$

Il résulte immédiatement de la définition de la dérivée d'un polynome, que si A est une constante, la dérivée de $Af(x)$ est $Af'(x)$.

Cela posé, pour calculer la dérivée de $f(x)$ il suffit de savoir calculer la dérivée de chacun de ses termes ; soit par exemple un terme de degré p :

$$A\, x^p.$$

On a :

$$(x+h)^p = x^p + px^{p-1}h + \frac{p(p-1)}{1.2}x^{p-2}h^2 + ... + h^p.$$

Le coefficient de h est px^{p-1} ; donc la dérivée de x^p est px^{p-1} ; elle s'obtient en multipliant x^p par p et en retranchant 1 de l'exposant ; la dérivée de Ax^p est donc : pAx^{p-1} ; la dérivée seconde sera : $pA \times (p-1)x^{p-2}$ ou $p(p-1)Ax^{p-2}$. De même la dérivée troisième est $p(p-1)(p-2)Ax^{p-3}$; la dérivée d'ordre q est, en supposant $q < p$

$$p(p-1) ..... (p-q+1)Ax^{p-q}.$$

On vérifie immédiatement que la formule est générale en calculant la dérivée d'ordre $q+1$. La dérivée d'ordre p est :

$$p(p-1)(p-2) ..... 2.1.A,$$

elle est indépendante de x. Pour plus de commodité dans les calculs on convient de dire que les dérivées suivantes sont *nulles*.

Il résulte de ce qui précède que :

$$f'(x) = n\,A_0\,x^{n-1} + (n-1)\,A_1\,x^{n-2} + ... + 2A_{n-2}x + A_{n-1}$$
$$f''(x) = n(n-1)\,A_0\,x^{n-2} + (n-1)(n-2)\,A_1\,x^{n-3} + ...$$
$$..... + 2\,A_{n-2}$$

$$f^{(p)}(x) = n(n-1)\ldots(n-p+1)A_0 x^{n-p} + (n-1)(n-2)\ldots(n-p)A_1 x^{n-p-1}$$
$$+ \ldots + p(p-1)\ldots 2.1.A_{n-p}$$

$$\ldots \ldots \ldots \ldots \ldots \ldots \ldots \ldots \ldots \ldots$$

$$f^{(n)}(x) = n(n-1)\ldots 2.1.A_0$$

de sorte que les dérivées successives

$$f'(x), f''(x) \ldots f^{(p)}(x), \ldots\ldots\ldots f^{(n)}(x)$$

sont des polynomes entiers de degrés

$$n-1, \; n-2, \; \ldots n-p, \; \ldots 0$$

respectivement; les dérivées suivantes, c'est-à-dire celles d'ordres $n+1, n+2, \ldots$ sont regardées comme nulles.

D'après cela, si nous représentons Ax^n par u, et $A(x+h)^n$ par u_h, nous aurons :

$$u_h = u + \frac{h}{1}u' + \frac{h^2}{1.2}u'' + \ldots + \frac{h^p}{1.2\ldots p}u^{(p)}.$$

et d'après ce que nous venons de convenir, on peut prolonger cette suite jusqu'à $\dfrac{h^n}{1.2\ldots n}u^n$ puisque les termes ajoutés seront tous nuls, donc :

$$u_h = u + \frac{h}{1}u' + \frac{h^2}{2!}u'' + \frac{h^3}{3!}u''' + \ldots + \frac{h^n}{n!}u^{(n)} \qquad (1)$$

Pour obtenir $f(x+h)$ il suffit d'appliquer l'identité (1) à chacun des termes du polynome et d'ajouter membre à membre les identités obtenues, ce qui donnera :

$$f(x+h) = f(x) + \frac{h}{1}f'(x) + \frac{h^2}{2!}f''(x) + \ldots + \frac{h^p}{p!}f^{(p)}(x) + \ldots$$
$$\ldots + \frac{h^n}{n!}f^{(n)}(x). \qquad (2)$$

C'est la formule de *Taylor* pour un polynome entier.

2. Corollaire. — Remplaçons x par a dans la formule (2), il vient :

$$f(a+h) = f(a) + \frac{h}{1}f'(a) + \frac{h^2}{1.2}f''(a) + \ldots + \frac{h^p}{p!}f^{(p)}(a) + \ldots$$
$$\ldots + \frac{h^n}{n!}f^{(n)}(a)$$

en désignant par $f^{(p)}(a)$ ce que devient $f^{(p)}(x)$ quand on y remplace x par a.

Dans cette dernière formule posons $a + h = x$, d'où $h = x - a$, nous obtiendrons cette formule, qui ne diffère pas de la formule de Taylor :

$$f(x) = f(a) + \frac{x-a}{1} f'(a) + \frac{(x-a)^2}{1.2} f''(a) + \ldots + \frac{(x-a)^p}{p!} f^{(p)}(a) + \ldots$$
$$\ldots + \frac{(x-a)^n}{n!} f^{(n)}(a). \tag{3}$$

Remarque. — La différence $f(a + h) - f(a)$ est, par définition, l'accroissement du polynome $f(x)$ relatif aux valeurs a et $a + h$, données successivement à x.

Le développement de l'accroissement de $f(x)$ relatif à un accroissement h donné à x se déduit immédiatement de la formule de Taylor, d'où l'on tire :

$$f(x + h) - f(x) = \frac{h}{1} f'(x) + \frac{h^2}{2!} f''(x) + \ldots + \frac{h^n}{n!} f^{(n)}(x).$$

3. Application : Conditions pour qu'un polynome entier en x soit divisible par $(x - a)^p$. — L'identité (3) peut se mettre sous la forme suivante :

$$f(x) = f(a) + \frac{x-a}{1} f'(a) + \ldots + \frac{(x-a)^{p-1}}{(p-1)!} f^{(p-1)}(a)$$
$$+ (x-a)^p \left[\frac{f^{(p)}(a)}{p!} + (x-a) \frac{f^{(p+1)}(a)}{(p+1)!} + \ldots + (x-a)^{n-p} \frac{f^{(n)}(a)}{n!} \right] \tag{4}$$

Le polynome

$$R = f(a) + \frac{x-a}{1} f'(x) + \ldots + \frac{(x-a)^{p-1}}{(p-1)!} f^{(p-1)}(a)$$

étant du degré $p - 1$ en x, on en conclut que le reste de la division de $f(x)$ par $(x-a)^p$ est précisément égal à R, le quotient étant le polynome entier.

$$\frac{f^{(p)}(a)}{p!} + (x-a) \frac{f^{(p+1)}(a)}{(p+1)!} + \ldots + (x-a)^{n-p} \frac{f^{(n)}(a)}{n!}$$

Pour que la division soit possible on doit avoir $R = 0$ quel que soit x, ou, ce qui revient au même, quel que soit $x - a$; les conditions nécessaires pour que $f(x)$ soit divisible par $(x-a)^p$ sont donc les suivantes :

$$f(a) = 0 \quad f'(a) = 0 \ldots f^{(p-1)}(a) = 0. \tag{5}$$

Réciproquement, si ces conditions sont remplies, $f(x)$ est évidemment divisible par $(x-a)^p$; mais si l'on veut exprimer que p est la plus haute puissance de $x-a$ qui divise $f(x)$, il faut encore exprimer que le polynome

$$\frac{f^{(p)}(a)}{p!} + (x-a)\frac{f^{(p+1)}(a)}{(p+1)!} + \ldots + (x-a)^{n-p}\frac{f^{(n)}(a)}{n!}$$

n'est pas divisible par $x-a$ et par suite, aux conditions (5) il faut ajouter celle-ci :

$$f^{(p)}(a) \neq 0. \tag{6}$$

Ainsi pour que $f(x)$ soit divisible par $(x-a)^p$, il faut et il suffit que le polynome $f(x)$ et ses $p-1$ premières dérivées soient nuls quand on y substitue a à x, et que la dérivée d'ordre p prenne une valeur différente de zéro quand on y fait la même substitution.

4. Corollaire. — *Pour que le polynome $f(x)$ soit divisible par $(x-a)^p (x-b)^q (x-c)^r$, il faut et il suffit qu'on ait :*

$$f(a) = 0 \quad f'(a) = 0 \ldots f^{(p-1)}(a) = 0 \quad f^{(p)}(a) \neq 0$$
$$f(b) = 0 \quad f'(b) = 0 \ldots f^{(q-1)}(b) = 0 \quad f^{(q)}(b) \neq 0$$
$$f(c) = 0 \quad f'(c) = 0 \ldots (f^{(r-1)}(c) = 0 \quad f^{(r)}(c) \neq 0$$

5. Exercice. — *Étant donné un polynome entier $f(x)$, exprimer que le polynome entier en z, obtenu en remplaçant x par $a + bz$, est divisible par $z^2 + 1$.*
Nous avons, en remplaçant x par a et h par bz, dans la formule (1),

$$f(a+bz) = f(a) + bz\,f'(a) + \frac{b^2 z^2}{1.2}f''(a) + \ldots + \frac{b^n z^n}{n!}f^{(n)}(a).$$

Ce que nous pouvons écrire :

$$f(a+bz) = f(a) + \frac{b^2 z^2}{2!}f''(a) + \frac{b^4 z^4}{4!}f^{(iv)}(a) + \ldots$$
$$+ z\left(b\,f'(a) + \frac{b^3 z^2}{3!}f'''(a) + \ldots\right)$$

Nous sommes ramenés à trouver le reste de la division d'un polynome entier en z par $z^2 + 1$ (Ch. III, 15).
Le reste cherché est égal à :

$$f(a) - \frac{b^2}{2!}f''(a) + \frac{b^4}{4!}f^{(iv)}(a) - \ldots + z\left(b\,f'(a) - \frac{b^3}{3!}f'''(a) + \ldots\right)$$

Les conditions pour que $f(a + bz)$ soit divisible par $z^2 + 1$, sont donc les suivantes :

$$f(a) - \frac{b^2}{2!} f''(a) + \frac{b^4}{4!} f^{(\text{IV})}(a) - \ldots = 0,$$

$$b\left(f'(a) - \frac{b^2}{3!} f'''(a) + \frac{b^4}{5!} f^{(\text{V})}(a) - \ldots \right) = 0.$$

Soit, par exemple,

$$f(x) = x^2 + p\,x + q,$$

on trouve les conditions :

$$a^2 + p\,a + q - b^2 = 0,$$
$$b(2a + p) = 0.$$

Nous supposerons $b \neq 0$; alors il faut prendre

$$a = -\frac{p}{2}$$

et

$$b^2 = \frac{p^2}{4} - \frac{p^2}{2} + q = q - \frac{p^2}{4}.$$

Si l'on suppose $q - \frac{p^2}{4} > 0$, on voit que si l'on remplace x par

$$-\frac{p}{2} \pm z \sqrt{q - \frac{p^2}{4}}$$

dans le trinome $x^2 + p\,x + q$, on obtient un trinome du second degré en z qui est divisible par $z^2 + 1$.

6. Formule de Taylor pour un polynome à plusieurs variables.

— Soit, par exemple, $f(x, y, z)$ un polynome entier de degré m en x, y, z, et soient h, k, l trois nombres donnés; nous nous proposons de développer $f(x + h, y + k, z + l)$, suivant les puissances entières de h, k, l.

Soit $u = A\, x^\alpha y^\beta z^\gamma$ un terme quelconque du polynome. La dérivée de u par rapport à x est égale à $\alpha A\, x^{\alpha-1} y^\beta z^\gamma$; nous la représenterons par u'_x. On peut calculer de même la dérivée de u'_x par rapport à y; on trouve $\alpha \beta A\, x^{\alpha-1} y^{\beta-1} z^\gamma$ et on la représente par u''_{xy}.

On obtient le même résultat en intervertissant l'ordre de ces opérations; en d'autres termes, $u''_{xy} = u''_{yx}$. D'une manière générale on représente par

$$u^{(p+q+r)}_{x^p\, y^q\, z^r}$$

le résultat obtenu en calculant successivement la dérivée de u p fois par rapport à x puis q fois par rapport à y et r fois par rapport à z. On reconnait immédiatement que l'ordre des dérivées successives

est indifférent. En faisant le même calcul par chacun des termes
du polynome et ajoutant les résultats on obtient :

$$f^{(p+q+r)}_{(x,\, y,\, z)}\; x^p y^q z^r.$$

Cela étant, remplaçons dans un terme quelconque u, x par $x + h$,
y par $y + k$ et z par $z + l$. On obtiendra $A\,(x + h)^\alpha\,(y + k)^\beta\,(z + l)^\gamma$.

En développant chaque puissance par la formule du binome, on
trouve, pour le terme contenant $h^p k^q l^r$ en facteur :

$$\frac{\alpha\,(\alpha-1)\ldots(\alpha-p+1)}{p!}\;\frac{\beta\,(\beta-1)\ldots(\beta-q+1)}{q!}\;\frac{\gamma\,(\gamma-1)\ldots(\gamma-r+1)}{r!}\; A\,x^{\alpha-p}\,y^{\beta-q}\,z^{\gamma-r}\,h^p k^q l^r$$

c'est-à-dire :

$$\frac{1}{p!\,q!\,r!}\cdot u^{(p+q+r)}_{x^p y^q z^r}\; h^p k^q l^r,$$

pourvu qu'on suppose $p \leqslant \alpha$, $q \leqslant \beta$, $r \leqslant \gamma$. Mais on peut lever cette
restriction, car si l'une seulement de ces inégalités n'est pas
remplie, la dérivée correspondante de u est nulle.

Cherchons l'ensemble des termes pour lesquels $p + q + r = n$,
n étant un nombre donné au plus égal à m.

Si nous remplaçons

$$\frac{1}{p!\,q!\,r!} \quad \text{par} \quad \frac{1}{n!}\cdot\frac{n!}{p!\,q!\,r!},$$

l'ensemble de tous ces termes sera :

$$\frac{1}{n!}\sum \frac{n!}{p!\,q!\,r!}\; h^p k^q l^r\, f^{(n)}_{x^p y^q z^r}(x,\, y,\, z);$$

or, si p, q, r prennent toutes les valeurs non négatives vérifiant
l'équation :

$$p + q + r = n,$$

les nombres $\dfrac{n!}{p!\,q!\,r!}$ correspondants, sont précisément tous les
coefficients du développement de $(a + b + c)^n$. Alors, si nous
considérons l'expression :

$$(h f'_x + k f'_y + l f'_z)^n = \sum \frac{n!}{p!\,q!\,r!}\; h^p k^q l^r\, (f'_x)^p (f'_y)^q (f'_z)^r,$$

nous voyons que si nous convenons d'y remplacer :

$$(f'_x)^p (f'_y)^q (f'_z)^r \quad \text{par} \quad f^{(p+q+r)}_{x^p y^q z^r}$$

et si nous représentons la somme ainsi obtenue par

$$(hf'_x + kf'_y + lf'_z)_m,$$

nous pourrons écrire la formule de Taylor sous la forme symbolique :

$$f(x+h, y+k, z+l) = f(x,y,z) + (hf'_x + kf'_y + lf'_z)_1 + \frac{1}{2!}(hf'_x + kf'_y + lf'_z)_2$$

$$+ \dots + \frac{1}{p!}(hf'_x + kf'_y + lf'_z)_p + \dots + \frac{1}{m!}(hf'_x + kf'_y + lf'_z)_m. \quad (7)$$

7. Application. — Soit $f(x, y, z)$ un polynome homogène et du degré m; dans la formule précédente, permutons x et h, y et k, z et l; nous aurons :

$$f(h+x, k+y, l+z) = f(h,k,l) + (xf'_h + yf'_k + zf'_l)_1 + \frac{1}{2!}(xf'_h + yf'_k + zf'_l)_2$$

$$\dots + \frac{1}{(m-p)!}(xf'_h + yf'_k + zf'_l)_{m-p} \dots + \frac{1}{m!}(xf'_h + yf'_k + zf'_l)_m. \quad (8)$$

Si l'on calcule la dérivée par rapport à x, y ou z d'un monome $A x^\alpha y^\beta z^\gamma$, on obtient un monome de degré $\alpha + \beta + \gamma - 1$; on en conclut que si $f(x, y, z)$ est homogène et de degré m, la dérivée $f^{(n)}_{x^p y^q z^r}(x, y, z)$ où $p + q + r = n$ est homogène et de degré $m - n$.

Si l'on compare les seconds membres des formules (7) et (8), on voit que les expressions :

$$\frac{1}{p!}(hf'_x + kf'_y + lf'_z)_p \text{ et } \frac{1}{(m-p)!}(xf'_h + yf'_k + zf'_l)_{m-p}$$

sont homogènes et de même degré $m - p$; il est clair, par suite, que ces deux expressions sont identiques. On a donc :

$$\frac{1}{p!}(hf'_x + kf'_y + lf'_z)_p \equiv \frac{1}{(m-p)!}(xf'_h + yf'_k + zf'_l)_{m-p}.$$

en particulier :

$$\frac{1}{m!}(hf'_x + kf'_y + lf'_z)_m \equiv f(h, k, l)$$

$$\frac{1}{m!}(xf'_h + yf'_k + zf'_l)_m \equiv f(x, y, z).$$

Considérons, par exemple, un polynome homogène et du second degré $f(x, y, z)$, on a :

$$f(x + h, y + k, z + l) = f(x, y, z) + h f'_x + k f'_y + l f'_z + f(h, k, l)$$

et aussi :

$$f(x + h, y + k, z + l) = f(h, k, l) + x f'_h + y f'_k + z f'_l + f(x, y, z),$$

et, par suite :

$$x f'_h + y f'_k + z f'_l = h f'_x + k f'_y + l f'_z.$$

Les raisonnements précédents s'appliquent à un nombre quelconque de variables. Donc :

Si l'on désigne par $f(x_1, x_2, \ldots x_n)$, *un polynome homogène du second degré, on a identiquement :*

$$x_1 f'_{y_1} + x_2 f'_{y_2} + \ldots + x_n f'_{y_n} = y_1 f'_{x_1} + y_2 f'_{x_2} + \ldots + y_n f'_{x_n}$$

$y_1, y_2 \ldots y_n$ *désignant de nouvelles variables arbitraires.*

8. Supposons maintenant que $f(x, y, z)$ désigne un polynome *quelconque* de degré m.

$\varphi_p(x, y, z)$ désignant l'ensemble homogène de tous les termes de degré p, on a successivement :

$$\varphi_m(x + h, y + k, z + l) = \varphi_m(x,y,z) + (h\varphi'_{m,x} + k\varphi'_{m,y} + l\varphi'_{m,z})_1 + \ldots$$
$$+ \varphi_m(h, k, l)$$
$$\varphi_{m-1}(x+h, y+k, z+l) = \varphi_{m-1}(x,y,z) + (h\varphi'_{m-1,x} + k\varphi'_{m-1,y} + l\varphi'_{m-1,z}) +$$
$$\ldots + \varphi_{m-1}(h, k, l),$$

il en résulte que, dans le développement de $f(x + h, y + k, z + l)$, l'ensemble des termes de degré m en h, k, l est $\varphi_m(h, k, l)$, de même l'ensemble des termes de degré m en x, y, z, est $\varphi_m(x, y, z)$.

Soit, par exemple :

$$f(x,y,z) = Ax^2 + A'y^2 + A''z^2 + 2Byz + 2B'zx + 2B''xy + 2Cx + 2C'y + 2C''z + D$$
$$= \varphi(x, y, z) + \varphi_1(x, y, z) + \varphi_0$$

on aura :

$$f(x + h, y + k, z + l) = f(x, y, z) + h f'_x + k f'_y + l f'_z + \varphi(h, k, l)$$
$$= f(h, k, l) + x f'_h + y f'_k + z f'_l + \varphi(x, y, z).$$

9. Soit encore un polynome homogène du second degré à un nombre quelconque de variables, à trois variables, pour fixer les idées : $f(x, y, z)$. Posons

$$x = \alpha X + \alpha' Y + \alpha'' Z$$
$$y = \beta X + \beta' Y + \beta'' Z$$
$$z = \gamma Y + \gamma' Y + \gamma'' Z,$$

il est clair que

$$f(\alpha X + \alpha' Y + \alpha'' Z, \beta X + \beta' Y + \beta'' Z, \gamma X + \gamma' Y + \gamma'' Z)$$

est homogène et du second degré par rapport à X, Y, Z ; nous nous proposons de calculer les coefficients des différents termes X^2, Y^2, Z^2, YZ, ZX, XY.

Si l'on pose $Y = Z = 0$, le polynome se réduit évidemment à son terme en X^2 ; ce terme est donc :

$$f(\alpha X, \beta X, \gamma X) = X^2 f(\alpha, \beta, \gamma).$$

Le coefficient de X^2 est donc égal à $f(\alpha, \beta, \gamma)$. Par la même raison, le coefficient de Y^2 est égal à $f(\alpha', \beta', \gamma')$ et celui de Z^2 est égal à $f(\alpha'', \beta'', \gamma'')$.

Cherchons le coefficient de XY ; si l'on fait $Z = 0$, ce coefficient ne sera pas altéré ; il suffit donc de considérer le polynome :

$$f(\alpha X + \alpha' Y, \beta X + \beta' Y, \gamma X + \gamma' Y).$$

La formule de Taylor appliquée au polynome $f(x, y, z)$, dans lequel on pose $x = \alpha X$, $h = \alpha' Y$; $y = \beta X$, $k = \beta' Y$; $z = \gamma' X$, $l = \gamma' Y$ donne :

$$f(\alpha X + \alpha' Y, \beta X + \beta' Y, \gamma X + \gamma' Y) \equiv f(\alpha X, \beta X, \gamma' X) +$$
$$\alpha' Y f'_{\alpha X} + \beta' Y f'_{\beta X} + \gamma' Y f'_{\gamma X} + f(\alpha' Y, \beta' Y, \gamma' Y).$$

Or, on a évidemment :

$$f'_{\alpha X} = X f'_\alpha, \; f'_{\beta X} = X f'_\beta, \; f'_{\gamma X} = X f'_\gamma,$$

donc le coefficient de XY est égal à

$$\alpha' f'_\alpha + \beta' f'_\beta + \gamma' f'_\gamma,$$

ou, ce qui est la même chose, égal à

$$\alpha f'_{\alpha'} + \beta f'_{y'} + \gamma f'_{\gamma'},$$

on saura donc développer le polynome donné. On trouve ainsi la formule :

$$f(\alpha X + \alpha' Y + \alpha'' Z, \beta X + \beta' Y + \beta'' Z, \gamma X + \gamma' Y + \gamma'' Z)$$
$$= \sum X^2 f(\alpha, \beta, \gamma) + \sum X Y (\alpha' f'_\alpha + \beta' f'_\beta + \gamma' f'_\gamma).$$

Remarque. — La formule de Taylor, pour les polynomes, est, comme on le voit, une application immédiate de la formule du binome. Comme dans le cas d'une seule variable, on en déduit le développement de *l'accroissement* $f(x+h, y+k, z+l) - f(x, y, z)$, suivant les puissances de h, k, l.

CHAPITRE IX

NOMBRES IRRATIONNELS

1. Soit x un nombre, fonction d'un nombre entier variable n; nous conviendrons de représenter par :

$$x_1, x_2, x_3, \ldots\ldots x_n, \ldots\ldots$$

les valeurs successives de x.

Si à chaque nombre positif α, il correspond un entier n' tel que l'inégalité

$$n > n'$$

entraine l'inégalité

$$\mid x_n - a \mid < \alpha$$

a étant un nombre déterminé, x_n a pour limite a, quand l'entier n augmente indéfiniment.

Il convient de remarquer que l'inégalité

$$\mid x_n - a \mid < \alpha$$

a la même signification que les deux inégalités

$$a - \alpha < x_n < a + \alpha.$$

2. On dit qu'une variable est *infiniment petite* quand elle a pour limite zéro.

Si, α étant un nombre positif arbitraire (que l'on peut choisir aussi petit qu'on veut), on peut toujours trouver un entier n', tel que l'inégalité

$$\mid x_n \mid < \alpha$$

soit vérifiée pour toutes les valeurs de n supérieures à n'; on dira que x_n est infiniment petit quand n augmente indéfiniment, ou encore que x_n est *infiniment petit* quand n est *infiniment grand*.

Remarque. — Dans tout ce qui précède, il n'est question que d'*entiers* ou de *fractions*. Jusqu'à nouvel ordre, le mot *nombre* servira uniquement à désigner des entiers ou des fractions.

3. Définition des nombres irrationnels. — Considérons deux suites indéfinies de nombres (entiers ou fractionnaires)

$$\left. \begin{array}{l} x_1, x_2, \ldots\ldots x_n, \ldots \\ y_1, y_2, \ldots\ldots y_n, \ldots \end{array} \right\} \tag{1}$$

vérifiant les inégalités

$$x_1 < x_2 < x_3 \ldots\ldots < x_n < y_n < \ldots\ldots < y_3 < y_2 < y_1 \tag{2}$$

et tels que la différence

$$y_n - x_n$$

tende vers zéro, quand n augmente indéfiniment.

Il peut arriver qu'il y ait un nombre déterminé a vérifiant, quel que soit n, les inégalités

$$x_n < a < y_n. \tag{3}$$

Dans ce cas, chacune des différences positives $a - x_n$, $y_n - a$ étant moindre que $y_n - x_n$, a pour limite zéro, quand n augmente indéfiniment, et par conséquent x_n et y_n ont pour limite commune a.

Il convient de remarquer qu'il ne peut y avoir plus d'un nombre vérifiant les inégalités (3) quel que soit n; en effet, si l'on avait

$$x_n < a < b < y_n$$

pour toutes les valeurs de n, la différence $y_n - x_n$ serait supérieure au nombre $b - a$ et par suite ne saurait avoir pour limite zéro.

Il peut aussi se faire qu'il n'y ait aucun nombre entier ou fractionnaire vérifiant les inégalités (3) pour toutes les valeurs attribuées à l'entier n. Pour justifier cette assertion, considérons un entier b non carré parfait. L'arithmétique apprend à former des suites indéfinies de nombres fractionnaires x_n, y_n satisfaisant aux conditions indiquées plus haut, c'est-à-dire vérifiant les inégalités (2); tels que $y_n - x_n$ ait pour limite zéro quand n augmente indéfiniment, et vérifiant en outre, pour toutes les valeurs de n, les inégalités

$$x_n^2 < b < y_n^2$$

la différence $y_n^2 - x_n^2$ égale à $(y_n - x_n)(y_n + x_n)$, est plus petite que $2y_1 (y_n - x_n)$; elle a donc pour limite zéro quand n augmente indéfiniment; par conséquent, x_n^2 et y_n^2 ont pour limite commune le nombre b. L'existence d'un nombre a vérifiant les inégalités (2) est par suite impossible, car a étant alors la limite de x_n, on sait que x_n^2 aurait pour limite a^2, de sorte que l'on aurait

$$a^2 = b,$$

ce qui est contraire à notre hypothèse, à savoir que b n'est pas un carré parfait.

A la vérité, il peut arriver que certaines inégalités (2) se transforment en égalités, mais on reconnaîtra aisément que les conclusions précédentes subsistent néanmoins.

4. Toutes les fois que des nombres x_n, y_n vérifiant les inégalités (2) et satisfaisant à la condition

$$lim\ (y_n - x_n) = 0$$

quand n augmente indéfiniment, n'auront pas de limite commune, nous conviendrons de dire que les deux suites (1) définissent un nombre d'une espèce nouvelle, que nous appellerons *irrationnel* ou *incommensurable*; nous représenterons ce nombre fictif par une lettre quelconque : λ, p. ex. ; nous conviendrons de dire que λ sépare les nombres x_n et les nombres y_n, que λ est plus grand que x_n et plus petit que y_n, et nous écrirons quel que soit n :

$$x_n < \lambda < y_n. \tag{4}$$

Nous conserverons les mêmes conventions s'il arrive que des inégalités (2) se transforment en égalités, en remarquant qu'on ne peut avoir indéfiniment $x_p = x_{p+1} = x_{p+2} \ldots$ en même temps que $y_p = y_{p+1} = y_{p+2} \ldots$ puisque dans cette hypothèse $y_n - x_n$ ne pourrait avoir pour limite zéro. D'autre part, si l'on avait indéfiniment, p. ex. : $x_p = x_{p+1} = x_{p+2} \ldots\ldots$, dans ce cas, y_n et x_n auraient pour limite commune x_p.

Il convient de remarquer dès à présent que les inégalités (4) sont écrites *par convention*, et que, par suite, on ne peut pas leur appliquer *a priori* les règles établies pour les inégalités ayant lieu entre nombres entiers ou fractionnaires.

Pour rappeler que le symbole λ est défini à l'aide des suites (1), nous le représenterons quelquefois, dans ce qui suit, par la notation (x, y), et nous poserons

$$\lambda = (x, y).$$

Nous appellerons les nombres entiers ou fractionnaires, des nombres *commensurables* ou *rationnels*.

Remarque. — A vrai dire, il est impossible de définir complètement ce qu'on entend par un nombre irrationnel pas plus d'ailleurs qu'on ne peut définir un nombre entier; mais on va pouvoir établir d'une manière précise ce qu'on appelle deux nombres irrationnels égaux ou un nombre irrationnel plus grand ou plus petit qu'un autre nombre rationnel ou irrationnel ; et enfin le sens qu'on doit attacher aux opérations : addition, soustraction, multiplication, etc., effectuées sur les nombres irrationnels. En définitive, ce sont les opérations qui, à proprement parler, achèvent de définir les nombres.

5. Comparaison des nombres. — Soient λ, λ', deux nombres irrationnels définis par deux doubles suites de nombres x_n, y_n, et x'_n, y'_n vérifiant respectivement les conditions indiquées plus haut. Si l'on a, quel que soit n,

$$x_n < y'_n \qquad x'_n < y_n$$

on dit que

$$\lambda = \lambda'.$$

S'il existe un entier n', tel que, pour $n > n'$ on ait

$$y_n < x'_n$$

on dira que λ est plus petit que λ', ou que λ' est plus grand que λ et l'on écrira, à volonté

$$\lambda < \lambda' \qquad \text{ou} \qquad \lambda' > \lambda.$$

Si au contraire, pour $n > n'$, on a :

$$x_n > y'_n$$

on dira que λ est plus grand que λ', ou que λ' est plus petit que λ, et l'on écrira :

$$\lambda > \lambda' \qquad \text{ou} \qquad \lambda' < \lambda.$$

Enfin, si pour $n > n'$, on a

$$x_n > a$$

on dira que λ est plus grand que a, et l'on écrira

$$\lambda > a \qquad \text{ou} \qquad a < \lambda.$$

Si pour $n > n'$, on a

$$y_n < a$$

on convient, de même, de dire que λ est plus petit que a, et l'on écrit

$$\lambda < a \qquad \text{ou} \qquad a > \lambda.$$

Il résulte de là, que si l'on a, par exemple : $\lambda < \lambda'$ on peut trouver autant de nombres rationnels que l'on veut, vérifiant les inégalités

$$\lambda < a < b \ldots < l < \lambda'.$$

En effet, dire que λ est plus petit que λ', c'est dire que pour $n \geqslant n'$, n' était convenablement choisi, on a :

$$y_n < x'_n$$

soient a et l, deux nombres vérifiant les inégalités

$$y_{n'} < a < l < x'_{n'}.$$

Si n est plus grand que n', on a :

$$y_n < y_{n'} < x'_{n'} < x'_n$$

donc

$$y_n < a < l < x'_n$$

il n'y a plus qu'à insérer entre a et l autant de moyens que l'on voudra.

Remarque. — Portons sur une ligne droite X'X à partir d'un point O, des longueurs OX_n et OY_n mesurées respectivement par les nombres x_n, y_n quand on prend pour unité une longueur déterminée OA. Si les nombres x_n, y_n vérifient les conditions qui leur ont été imposées plus haut, il est clair que les points variables X_n, Y_n seront *séparés*, sur X'X, par un point déterminé L, de sorte que la longueur OL vérifiera, quel que soit n, les inégalités

$$OX_n < OL < OY_n$$

et comme chacune des différences $OL - OX_n$ et $OY_n - OL$ est moindre que $OY_n - OX_n$ qui a pour mesure $y_n - x_n$, on voit que OL est la limite commune de OX_n et OY_n. D'après ce qui précède, x_n et y_n définissent un nombre λ; nous dirons que le rapport de OL à OA est égal à λ, ou que λ est la mesure de OL quand on prend OA pour unité, ou encore que $OL = OA \times \lambda$.

En réalité, on définit la longueur OL en indiquant quelles sont les longueurs commensurables avec l'unité qui sont plus petites ou plus grandes que OL.

Supposons, par exemple, que A et B désignant deux grandeurs de même espèce et f une fraction quelconque telle que si $f^2 < 2$ on ait $A > B \times f$, et au contraire $A < B \times f$ si $f^2 > 2$; on dira que $A = B \times \sqrt{2}$, c'est-à-dire que le rapport de A à B est égal à $\sqrt{2}$.

Soient maintenant deux grandeurs de même espèce A, B et deux autres grandeurs C, D de même espèce, mais pouvant être d'espèce différente des deux premières ; les considérations précédentes justifient aisément la définition suivante : *on dit que le rapport de A à B est le même que le rapport de C à D, si, quel que soit le nombre entier ou fractionnaire f, les deux différences A — fB et C — fD sont de même signe (ou nulles simultanément pour une valeur déterminée de f).*

6. Opérations sur les irrationnels. — Soient

$$x_1, x_2, \ldots x_n \ldots$$
$$y_1, y_2, \ldots y_n \ldots \tag{1}$$

deux suites indéfinies de nombres entiers ou fractionnaires vérifiant les inégalités

$$x_1 < x_2 \ldots < x_n < y_n < \ldots < y_2 < y_1 \tag{2}$$

et deux autres suites indéfinies

$$x'_1, x'_2, \ldots x'_n \ldots$$
$$y'_1, y'_2, \ldots y'_n \ldots \tag{1'}$$

vérifiant les inégalités

$$x'_1 < x'_2 \ldots < x'_n < y'_n < \ldots < y'_2 < y'_1. \tag{2'}$$

Supposons, en outre, que chacune des différences

$$y_n - x_n \quad \text{et} \quad y'_n - x'_n$$

ait pour limite zéro, quand n augmente indéfiniment. Soit α un nombre positif arbitraire ; on pourra trouver un entier n' tel que l'inégalité $n > n'$ entraine les suivantes :

$$y_n - x_n < \alpha \qquad y'_n - x'_n < \alpha.$$

1º Addition. — Si l'on pose :

$$u_n = x_n + x'_n, \qquad v_n = y_n + y'_n$$

on aura évidemment :

$$u_1 < u_2 < \ldots < u_n < v_n < \ldots < v_2 < v_1 \tag{3}$$

et

$$v_n - u_n = (y_n - x_n) + (y'_n - x'_n),$$

Par suite, en supposant $n > n'$ on a :

$$v_n - u_n < 2\alpha.$$

donc

$$\lim. (v_n - u_n) = 0.$$

Il résulte de là que les deux suites :

$$x_1 + x'_1, \quad x_2 + x'_2, \ldots x_n + x'_n, \ldots$$
$$y_1 + y'_1, \quad y'_2 + y'_2, \ldots y_n + y'_n, \ldots$$

ont une limite commune a ou bien définissent un nombre incommensurable μ. Nous conviendrons de dire que a ou μ, suivant les cas, est la *somme* des nombres λ et λ' définis par les suites (1) et (1)'.

En d'autres termes nous poserons, *par définition*,

$$(x, y) + (x', y') = (x + x', y + y').$$

Si $x_n + x'_n$ et $y_n + y'_n$ ont pour limite a, nous écrirons

$$(x, y) + (x', y') = a.$$

Remarque. — On définirait d'une manière analogue l'addition d'un nombre commensurable et d'un nombre incommensurable en écrivant :

$$a + (x, y) = (a + x, a + y);$$

2° **Soustraction**. — Si l'on pose

$$u_n = x_n - y'_n, \qquad v_n = y_n - x'_n$$

et si l'on a, par exemple,

$$\lambda > \lambda',$$

on aura, au moins, à partir d'une valeur de n suffisamment grande :

$$x'_n < y'_n < x_n < y_n$$

et par suite

$$u_n < v_n,$$

d'ailleurs u_n croît et v_n décroît quand n augmente ; enfin :

$$v_n - u_n = y_n - x_n + y'_n - x'_n.$$

Si l'on suppose $n > n'$, la différence $v_n - u_n$ sera moindre que 2α ; par suite, $v_n - u_n$ a pour limite zéro. On en conclut que la suite formée par les nombres

$$x_1 - y'_1, x_2 - y'_2, \ldots x_n - y'_n$$
$$y_1 - x'_1, y_2 - x'_2, \ldots y_n - x'_n$$

définit un nombre; *par définition*, ce nombre est *la différence* $\lambda - \lambda'$, de sorte que nous poserons

$$(x, y) - (x' \, y') = (x - y', y - x').$$

On raisonnerait d'une manière analogue si λ était plus petit que λ'.

Si λ et λ' désignent deux nombres commensurables ou incommensurables, nous savons, d'après ce qui précède, définir les symboles

$$\lambda + \lambda', \qquad \lambda - \lambda' \qquad \lambda' - \lambda.$$

On vérifie aisément que

$$(\lambda - \lambda') + \lambda' = \lambda.$$

Si l'on a quel que soit n : $\quad x'_n = - x_n, \qquad y'_n = - y_n,$ nous dirons que

$$\lambda' = - \lambda,$$

c'est-à-dire :

$$(- x, - y) = - (x, y).$$

Si $x_n + x'_n$ et $y_n + y'_n$ ont pour limite zéro, nous dirons que $\lambda + \lambda' = 0$; d'après cela :

$$(x, y) + (- x, - y) = 0.$$

Enfin, on voit facilement que

$$\lambda - \lambda' = - (\lambda' - \lambda).$$

Remarquons encore que les égalités

$$x_n + x'_n = x'_n + x_n \quad \text{et} \quad y_n + y'_n = y'_n + y_n,$$

qui ont lieu quel que soit n, montrent que

$$\lambda + \lambda' = \lambda' + \lambda.$$

A l'aide de ce qui précède, si $\lambda, \mu, \nu, \ldots\ldots$ désignent des nombres quelconques, nous pourrons définir le symbole

$$\pm \lambda \pm \mu \pm \nu \ldots\ldots$$

On reconnaîtra aisément qu'on peut intervertir à volonté l'ordre des termes, dans l'expression précédente, sans en changer la valeur.

3° **Multiplication.** — Considérons les nombres x_n, y_n; x'_n, y'_n satisfaisant toujours aux mêmes conditions que précédemment, et supposons, en outre, que ces nombres soient tous positifs. Soient :

$$u_n = x_n x'_n, \qquad v_n = y_n y'_n,$$

on aura

$$u_1 < u_2 \ldots\ldots < u_n < v_n \ldots\ldots < v_2 < v_1.$$

Je dis que $v_n - u_n$ a pour limite zéro quand n augmente indéfiniment. En effet, supposons $n > n'$, on a :

$$y_n < x_n + \alpha$$
$$y'_n < x'_n + \alpha,$$

d'où l'on tire :

$$y_n y'_n < x_n x'_n + \alpha(x_n + x'_n) + \alpha^2,$$

si l'on suppose $\alpha < 1$, on déduit de la dernière inégalité :

$$y_n y'_n - x_n x'_n < \alpha(y_1 + y'_1 + 1).$$

Si β désigne un nombre arbitraire, en supposant

$$\alpha < \frac{\beta}{y_1 + y'_1 + 1}$$

on aura pour $n > n'$,

$$y_n y'_n - x_n x'_n < \beta.$$

Donc

$$\lim. (y_n y'_n - x_n x'_n) = 0.$$

Il résulte des hypothèses admises, que les deux suites

$$x_1 x'_1, \; x_2 x'_2, \; \ldots\ldots x_n x'_n, \ldots\ldots$$
$$y_1 y'_1, \; y_2 y'_2, \; \ldots\ldots y_n y'_n, \ldots\ldots$$

définissent un nombre : *par définition*, ce nombre est le produit des deux nombres λ, λ'; de sorte que :

$$(x, y) \times (x', y') = (xx', yy'),$$

et l'on a aussi

$$(x, y) \times (x', y') = (x'x, y'y),$$

donc

$$(x, y) \times (x', y') = (x', y') \times (x, y).$$

Nous avons supposé les nombres x_n, y_n, x'_n, y'_n positifs; on peut facilement lever cette restriction; en effet, supposons, par exemple, x_n et y_n négatifs et posons

$$x_n = -z_n \qquad y_n = -t_n,$$

on aura

$$x_n x'_n = -z_n x'_n \qquad y_n y'_n = -t_n y'_n,$$

par suite,

les nombres $-z_n x'_n$, $-t_n y'_n$ définiront le nombre $-(zx',\ ty')$;

on posera donc :

$$(x,\ y) \times (x',\ y') = -(z,\ t)(x',\ y').$$

On étendra la définition de la multiplication à un nombre quelconque de facteurs, et comme on peut intervertir l'ordre des facteurs dans les produits tels que $x_n x'_n x''_n \ldots$, $y_n y'_n y''_n \ldots$, on doit regarder comme démontrée la même proposition pour les produits de facteurs incommensurables. On en déduit aisément tous les théorèmes relatifs aux produits de facteurs.

4° **Puissances entières.** — En désignant par m un nombre entier, nous appellerons *puissance m^e* de λ le produit de m facteurs égaux à λ, de sorte que :

$$(x,\ y)^m = (x^m,\ y^m).$$

5° **Division.** Les nombres variables x_n, y_n, x'_n, y'_n étant assujettis aux mêmes conditions que plus haut et de plus supposés positifs, posons

$$u_n = \frac{x_n}{y'_n} \qquad v_n = \frac{y_n}{x'_n};$$

les nombres u_n, v_n ainsi définis vérifieront les inégalités

$$u_1 < u_2 < \ldots < u_n < v_n < \ldots < v_2 < v_1$$

comme cela est évident ; de plus, je dis que

$$\lim. (v_n - u_n) = 0,$$

quand n croît indéfiniment. En effet, on a :

$$v_n - u_n = \frac{y_n}{x'_n} - \frac{x_n}{y'_n} = \frac{y_n y'_n - x_n x'_n}{x'_n y'_n}$$

et, par suite :

$$v_n - u_n < \frac{y_n y'_n - x_n x'_n}{(x'_1)^2}.$$

En supposant

$$\alpha < \frac{\beta (x'_1)^2}{y_1 + y'_1 + 1}$$

on verra, comme dans le cas de la multiplication, que si l'on détermine n' de telle façon que pour toutes les valeurs de n supérieures à n' les deux différences $y_n - x_n$ et $y'_n - x'_n$ soient moindres que α, on aura pour $n > n'$:

$$v_n - u_n < \beta.$$

Donc, quand n augmente indéfiniment, $v_n - u_n$ a pour limite zéro.

Les nombres u_n, v_n... définissent donc un nombre, qui sera, *par définition*, le quotient de λ par λ'.

Nous poserons, par suite :

$$(x, y) : (x', y') = \left(\frac{x}{y'}, \frac{y}{x'} \right).$$

7. Inégalités. — 1° *On peut ajouter un même nombre aux deux membres d'une inégalité.*

Soit, par exemple

$$\lambda < \lambda',$$

je dis que l'on a aussi

$$\lambda + \mu < \lambda' + \mu.$$

Supposons que λ, λ', μ soient des nombres incommensurables définis respectivement par les nombres x_n, y_n; x'_n, y'_n; z_n, t_n.

On peut, à cause de l'hypothèse $\lambda < \lambda'$, trouver deux nombres commensurables a, b et un entier n', tels que, en supposant $n > n'$, on ait :

$$y_n < a < b < x'_n,$$

et par suite :

$$x'_n - y_n > b - a \qquad (1)$$

De plus, $t_n - z_n$ ayant pour limite zéro, nous pouvons supposer n' assez grand pour que l'inégalité $n > n'$ entraine celle-ci :

$$t_n - z_n < b - a. \qquad (2)$$

On déduit alors des inégalités (1) et (2) :

$$t_n - z_n - (x'_n - y_n) < 0,$$

c'est-à-dire :

$$y_n + t_n < x'_n + z_n.$$

Cette inégalité qui est vérifiée dès que n surpasse n', exprime précisément que l'on a :

$$\lambda + \mu < \lambda' + \mu.$$

Corollaire. — De l'inégalité

$$\lambda < \lambda'$$

on déduit, en ajoutant $-\lambda'$ aux deux membres :

$$\lambda - \lambda' < 0,$$

de celle-ci, en ajoutant $-\lambda$ aux deux membres, on tire :

$$-\lambda' < -\lambda$$

ou

$$-\lambda > -\lambda'.$$

2° *On peut ajouter membre à membre deux inégalités de même sens.*

En effet, en conservant les mêmes notations, et supposant de plus que μ' soit défini par les nombres z'_n, t'_n, soient :

$$\lambda < \lambda'$$
$$\mu < \mu'.$$

On peut déterminer n' tel que l'inégalité $n > n'$ entraine celles-ci :

$$y_n < x'_n,$$
$$t_n < z'_n,$$

d'où :

$$y_n + t_n < x'_n + z'_n,$$

ce qui exprime précisément que l'inégalité

$$\lambda + \mu < \lambda' + \mu'$$

est établie.

On démontrera d'une manière analogue les autres théorèmes concernant les inégalités et que l'on a démontrés pour les nombres commensurables. Nous établirons néanmoins encore une proposition qui a une grande importance pour notre objet.

Comme pour les nombres commensurables, nous représenterons par $|\lambda|$ la valeur *absolue de* λ; c'est-à-dire le nombre λ lui-même, si, à partir d'une valeur convenablement choisie de n, les variables x_n, y_n sont toujours positives; ou au contraire $-\lambda$, si, dans les mêmes conditions, x_n, y_n sont négatives. D'après cela, $|\lambda - \mu|$ représente $\lambda - \mu$ si λ est plus grand que μ, ou $\mu - \lambda$ si λ est plus petit que μ.

Voici la proposition dont il s'agit :

Les inégalités

$$|\lambda - \mu| < \alpha, \qquad |\lambda - \mu'| < \beta \qquad (1)$$

α et β étant supposés positifs, *entraînent celles-ci :*

$$|\mu - \mu'| < \alpha + \beta. \qquad (2)$$

En effet, supposons

$$\mu < \lambda < \mu'.$$

Les inégalités (1) peuvent être, dans ce cas, remplacées par les suivantes :

$$\lambda - \mu < \alpha$$
$$\mu' - \lambda < \beta.$$

En ajoutant celles-ci, membre à membre, il vient :

$$\mu' - \mu < \alpha + \beta.$$

Supposons en second lieu :

$$\lambda < \mu < \mu'.$$

On peut écrire :

$$-\mu < -\lambda$$

d'où :

$$\mu' - \mu < \mu' - \lambda.$$

Mais en vertu de (1), on a :

$$\mu' - \lambda < \beta < \alpha + \beta,$$

donc :

$$\mu' - \mu < \alpha + \beta.$$

Considérons enfin l'hypothèse

$$\mu < \mu' < \lambda.$$

On déduit alors de l'inégalité

$$\mu' < \lambda$$

en ajoutant $-\mu$ aux deux nombres, et remarquant que $\lambda - \mu$ est plus petit que α :

$$\mu' - \mu < \alpha < \alpha + \beta.$$

Si μ était plus grand que μ', on arriverait, par les mêmes procédés, à la même conclusion.

8. Nouvelle définition d'un nombre irrationnel. — Le nombre λ étant défini par les suites de nombres x_n, y_n dont il a été question jusqu'ici ; nous avons écrit, par définition,

$$x_n < \lambda < y_n.$$

De ces inégalités résulte la suivante :

$$\lambda - x_n < y_n - x_n$$

et par suite, si pour toutes les valeurs de n supérieures à n', on a :

$$y_n - x_n < \alpha$$

on aura aussi :

$$\lambda - x_n < \alpha$$

et on trouvera de même :

$$y_n - \lambda < \alpha.$$

D'après cela, en étendant le sens du mot *limite*, nous pouvons dire que λ est la limite commune des nombres x_n et y_n, quand n augmente indéfiniment ; car il résulte de ce qu'on vient de dire, qu'à tout nombre positif α correspond un nombre n' tel que l'inégalité

$$n > n'$$

entraîne les suivantes :

$$\lambda - x_n < \alpha, \qquad y_n - \lambda < \alpha.$$

9. Théorème. — *Si x_n a pour limite λ, et si $x_n - u_n$ a pour limite zéro, quand n augmente indéfiniment, u_n a aussi pour limite λ.*

En effet, à tout nombre α correspond un entier n' tel que en supposant $n > n'$ on ait à la fois :

$$| \lambda - x_n | < \frac{\alpha}{2} \qquad | x_n - u_n | < \frac{\alpha}{2}.$$

Or, on déduit de ces inégalités (7)

$$| \lambda - u_n | < \alpha,$$

donc u_n a pour limite λ quand n augmente indéfiniment.

10. Nouvelle définition des opérations. — Considérons, par exemple, le produit $\lambda\lambda'$; nous avons défini ce symbole par les deux suites... $x_n x'_n, y_n y'_n$ ... ; nous pouvons dire que λ et λ' sont les limites des variables x_n, x'_n respectivement et que le produit $x_n x'_n$ a une limite représentée par le symbole $\lambda\lambda'$; de plus, en supposant que les différences $x_n - u_n$ et $x'_n - u'_n$ aient chacune pour limite zéro quand n augmente indéfiniment, $u_n u'_n - x_n x'_n$ a pour limite zéro ; si l'on pose, en effet,

$$u_n = x_n + z_n$$
$$u'_n = x'_n + z'_n$$

on a :

$$u_n u'_n - x_n x'_n = x_n z'_n + x'_n z_n + z_n z'_n.$$

Or α étant donné et supposé moindre que l'unité, on peut déterminer n' tel que par toutes les valeurs de n supérieures à n, on ait :

$$| z'_n | < \alpha, \qquad | z_n | < \alpha$$

de sorte que si l'on suppose :

$$\alpha < \frac{\beta}{y_1 + y'_1 + 1}$$

on aura :

$$| u_n u'_n - x_n x'_n | < \beta.$$

Il résulte de là que $u_n u'_n$ et $x_n x'_n$ ont la même limite.

On traitera de la même façon les autres cas.

11. Généralisation du calcul algébrique. — Ce que nous avons dit relativement à l'addition et à la soustraction suffit pour qu'on puisse regarder les règles de l'addition et de la soustraction des polynomes comme applicables au cas où les termes de ces polynomes sont incommensurables. Pour la multiplication des polynomes, il suffit de généraliser la règle relative à la multiplication d'un polynome par un monome ; les autres règles se déduisent en effet de celle-là.

Or en supposant a, b, c définis par les nombres x_n, y_n ; z_n, t_n ; u_n, v_n ; et m défini par p_n, q_n, on a :

$$(x_n - t_n + u_n)\, p_n = x_n p_n - t_n p_n + u_n p_n$$

et

$$(y_n - z_n + v_n)\, q_n = y_n q_n - z_n q_n + v_n q_n.$$

On voit aisément que les premiers membres définissent le produit

$$(a - b + c)\, m$$

et que les seconds membres définissent la somme :

$$am - bm + cm$$

donc on a :

$$(a - b + c)\, m = am - bm + cm.$$

Les règles relatives aux autres opérations se généralisent ensuite sans difficulté.

12. Théorème. — 1° *Si le nombre x_n croît avec n, mais reste toujours inférieur à un nombre déterminé* A, *il a une limite inférieure ou égale à* A.

2° *Pareillement, si x_n décroît, quand n augmente, mais reste toujours supérieur à* A, *x_n a une limite supérieure ou égale à* A.

Soit B un nombre déterminé, inférieur ou égal x_1 ; si nous insérons entre B et A, $p - 1$ moyens arithmétiques, nous formerons la suite croissante :

$$B,\ B + \frac{A - B}{p},\qquad B + 2\frac{A - B}{p}, \ \ldots\ B + (p - 1)\frac{A - B}{p},\ A.$$

D'après nos hypothèses, x_n est toujours compris entre B et A ; il en résulte qu'il y a parmi les $p+1$ nombres précédents deux termes consécutifs

$$B + k\,\frac{A - B}{p} \quad \text{et} \quad B + (k+1)\,\frac{A - B}{p}$$

entre lesquels x_n sera toujours compris, dès que n dépassera un entier déterminé n_1; $B + k\,\dfrac{A - B}{p}$ est le plus grand des moyens que x_n puisse dépasser. Désignons $B + k\,\dfrac{A - B}{p}$ par B_1 et $B + (k+1)\,\dfrac{A - B}{p}$ par A_1. En raisonnant sur ces deux nombres, comme sur B et A, on trouvera deux autres nombres B_2 et A_2, tels que l'on ait :

$$B_1 \leqslant B_2 \quad A_2 \leqslant A_1$$

entre lesquels x_n se trouvera compris dès que n dépassera un certain entier $n_2 > n_1$. En continuant ainsi, nous formerons deux suites, la première non décroissante, formée des nombres

$$B, \quad B_1, \quad B_2, \dots\dots B_q \dots$$

la seconde, non croissante, formée des nombres

$$A, \quad A_1, \quad A_2, \dots\dots A_q \dots$$

D'ailleurs :

$$A_q - B_q = \frac{A - B}{p^q}.$$

On peut supposer, par exemple, $p = 10$; alors il est évident que p^q augmente indéfiniment avec q, et α étant un nombre positif arbitraire, on peut déterminer q de façon que l'inégalité

$$\frac{A - B}{p^q} < \alpha.$$

soit vérifiée, car il suffit que l'inégalité

$$p^q > \frac{A - B}{\alpha}$$

soit vérifiée.

D'après cela, dès que q dépassera un entier déterminé q', la différence $A_q - B_q$ sera moindre que α; en d'autres termes, quand q augmente indéfiniment

$$A_q - B_q$$

a pour limite zéro.

Les nombres A_q, B_q….. ont donc une limite déterminée λ.

Or, si l'on suppose $q > q'$, et $n > n'$, n' étant un entier déterminé, on aura

$$B_q < x_n < A_q$$
$$A_q - B_q < \alpha,$$

mais on aura aussi

$$| x_n - \lambda | < A_q - B_q,$$

par suite

$$| x_n - \lambda | < \alpha$$

pour toutes les valeurs de n supérieures à n'. Par conséquent x_n a pour limite λ.

Il est bien évident que λ est au plus égal à A. On aurait $\lambda = $ A, si, quel que soit q, A_q était toujours égal à A.

La deuxième partie de l'énoncé peut se démontrer d'une manière toute pareille.

13. Théorème. — *Pour que x_n ait une limite quand n augmente indéfiniment, il est nécessaire et suffisant qu'à tout nombre positif α corresponde un entier p, tel que l'inégalité*

$$| x_n - x_{n+q} | < \alpha$$

soit vérifiée, pour toutes les valeurs de n supérieures à p, et pour toutes les valeurs positives de q.

La condition est nécessaire. En effet, si x_n a pour limite λ, à tout nombre positif α correspond un entier p tel que l'inégalité $n > p$, entraîne la suivante :

$$| x_n - \lambda | < \frac{\alpha}{2}.$$

En supposant $n > p$, et $q > 0$, on aura aussi :

$$| x_{n+q} - \lambda | < \frac{\alpha}{2};$$

or, de ces deux inégalités, on déduit :

$$| x_n - x_{n+q} | < \alpha. \qquad\qquad (1)$$

Supposons cette condition remplie dès que n est supérieur à un entier que nous désignerons, pour plus de commodité, par $p - 1$: alors on aura :

$$x_p - \alpha < x_n < x_p + \alpha.$$

Soit $\alpha_1 < \alpha$: dès que n dépassera $p_1 - 1$, on aura de même :

$$x_{p_1} - \alpha_1 < x_n < x_{p_1} + \alpha_1,$$

On peut évidemment supposer $p_1 > p$.

Soit b_1 le plus grand des deux nombres $x_p - \alpha$, $x_{p_1} - \alpha_1$ et soit a_1 le plus petit des deux nombres $x_p + \alpha$, $x_{p_1} + \alpha_1$. Dès que n dépassera le nombre $p_1 - 1$, x_n sera compris entre a_1 et b_1; si l'on pose : $x_p - \alpha = b$, $x_p + \alpha = a$, on aura

$$b \leqslant b_1 \qquad a \geqslant a_1$$

On ne peut supposer

$$x_{p_1} - \alpha_1 < x_p - \alpha < x_p + \alpha < x_{p_1} + \alpha_1$$

ce qui est contraire à l'hypothèse $\alpha_1 < \alpha$. On ne peut pas non plus supposer

$$x_p + \alpha < x_{p_1} - \alpha_1 \qquad \text{ni} \qquad x_{p_1} + \alpha_1 < x_p - \alpha,$$

puisque pour $n > p_1 - 1 > p - 1$, x_n doit être compris entre $x_p - \alpha$ et $x_p + \alpha$ et aussi entre $x_{p_1} - \alpha_1$ et $x_{p_1} + \alpha_1$.

Les seules hypothèses possibles sont donc :

$$x_p - \alpha < x_{p_1} - \alpha_1 < x_{p_1} + \alpha_1 < x_p + \alpha$$

ou

$$x_p - \alpha < x_{p_1} - \alpha_1 < x_p + \alpha < x_{p_1} + \alpha_1$$

ou encore

$$x_{p_1} - \alpha_1 < x_p - \alpha < x_{p_1} + \alpha_1 < x_p + \alpha$$

quelqu'une de ces inégalités pouvant d'ailleurs être remplacée par une égalité.

D'où l'on conclut aisément :

$$a_1 - b_1 \leqslant 2\alpha_1.$$

De même, en supposant $\alpha_2 < \alpha_1$, on trouvera deux nombres a_2, b_2, tels que l'on ait :

$$b_1 \leqslant b_2, \qquad a_1 \geqslant a_2, \qquad b_2 < x_n < a_2$$

dès que n dépassera un entier déterminé $p_2 - 1$, que nous pourrons supposer supérieur à $p_1 - 1$. En continuant ainsi, on formera deux suites de nombres

$$b, b_1, b_2, \ldots b_r \ldots$$
$$a, a_1, a_2, \ldots a_r \ldots$$

la première non décroissante, la deuxième non croissante et telles que la différence $a_r - b_r$ ait pour limite zéro quand r grandit indéfiniment; il n'y a, en effet, qu'à supposer par exemple, $\alpha_r = \dfrac{\alpha_{r-1}}{10}$, quel que soit r.

Dès lors, les nombres a_r, b_r ..... définissent un nombre λ, et l'on peut écrire

$$b_r < \lambda < a_r.$$

Dès que n dépassera un entier déterminé, l'inégalité

$$b_r < x_n < a_r$$

sera vérifiée. Donc, en refaisant le même raisonnement que dans le numéro précédent, on voit que x_n a pour limite λ.

14. Théorème. — *Si une variable x ayant une limite λ, est toujours plus grande qu'un nombre déterminé a, sa limite est au moins égale à a.*

En effet, supposons $\lambda < a$; la différence $|x - \lambda|$ peut devenir et rester moindre qu'un nombre donné d'avance, quel qu'il soit; on aurait donc alors

$$|x - \lambda| < a - \lambda$$

et, par suite, $x < a$, ce qui est contraire à l'hypothèse.

En particulier, une variable toujours positive ne peut avoir une limite négative.

On verra de même qu'une variable qui ne prend que des valeurs inférieures à a, ne peut avoir une limite plus grande que a, et qu'une variable toujours négative ne saurait avoir une limite positive.

15. Théorème. — *Si x et y ont respectivement pour limites a et b; $x + y$, $x - y$, xy, $\dfrac{x}{y}$ ont respectivement pour limites : $a + b$, $a - b$, ab, $\dfrac{a}{b}$.*

Considérons, par exemple, le quotient $\dfrac{x}{y}$ *et supposons que b soit différent de zéro.* Si l'on pose

$$x = a + \alpha \qquad y = b + \beta$$

on a

$$\frac{x}{y} - \frac{a}{b} = \frac{b\alpha - a\beta}{b(b + \beta)}.$$

Soient a' et b' les valeurs absolues de a et b, α' et β' les valeurs absolues de α et β; α' et β' tendant vers zéro, on peut supposer vérifiées les inégalités

$$\alpha' < h \quad \beta' < h \quad \beta' < b',$$

h étant un nombre donné; par suite, l'inégalité suivante sera vérifiée :

$$\left| \frac{x}{y} - \frac{a}{b} \right| < \frac{(a' + b')\,h}{b'^2 - b'h}.$$

Donc, si l'on détermine h de manière que l'inégalité

$$\frac{(a' + b')\,h}{b'^2 - b'h} < k,$$

soit vérifiée, c'est-à-dire si l'on choisit h tel que

$$h < \frac{kb'^2}{a' + b' + b'k},$$

on aura

$$\left| \frac{x}{y} - \frac{a}{b} \right| < k.$$

on en conclut que

$$\lim. \frac{x}{y} = \frac{a}{b}.$$

Les théorèmes relatifs à la somme ou au produit s'étendent par un procédé connu à un nombre quelconque, *mais déterminé* de variables.

16. Nous établirons encore cette proposition :

La fraction $\frac{x}{y}$ dont le numérateur a une limite différente de zéro, ou reste compris entre deux nombres fixes de même signe, et dont le dénominateur tend vers zéro, augmente indéfiniment en valeur absolue.

Il suffit d'établir la proposition quand x et y sont positifs. D'après les hypothèses, on peut toujours trouver un nombre fixe A, tel que le numérateur x reste supérieur à A; de sorte que l'on ait :

$$\frac{x}{y} > \frac{A}{y}.$$

Soit B un nombre arbitraire, aussi grand qu'on veut; y ayant pour limite zéro, finira par devenir et rester moindre que $\frac{A}{B}$ et, par suite, la fraction $\frac{x}{y}$ deviendra et restera supérieure à B. La proposition est ainsi établie.

CHAPITRE X

RADICAUX ARITHMÉTIQUES

1. Définition du symbole $\sqrt[m]{a}$.

Étant donné un nombre commensurable positif a, proposons-nous de trouver un nombre dont la puissance m^e soit égale au nombre donné a, m étant un entier quelconque. Si ce nombre existe, on l'appelle la racine m^e de a; ainsi, p. ex., $2^3 = 8$; donc 2 est la racine cubique de 8. Mais, en général, le nombre donné n'est pas une puissance m^e exacte. Dans ce cas, l'arithmétique apprend à former deux suites de nombres fractionnaires, x_n, y_n..... vérifiant les inégalités :

$$x_n^m \leqslant a < y_n^m$$
$$x_1 \leqslant x_2 \leqslant x_3 ..... \leqslant x_n ..... \leqslant y_n \leqslant y_{n-1} ..... \leqslant y_2 \leqslant y_1$$

et tels que la différence $y_n - x_n$ ait pour limite zéro quand n augmente indéfiniment.

En désignant par q_1, q_2,.. q_n.... des entiers tels que chacun d'eux soit un multiple du précédent, en désignant x_n et y_n les racines m^{es} de a à $\dfrac{1}{q_n}$ près, la première par défaut, la seconde par excès, on obtient des nombres satisfaisant aux conditions précédentes.

La suite des nombres x_n, y_n... dépend évidemment de la suite des nombres q_1, q_2, ... q_n ou, comme on dit, de la loi suivant laquelle varie l'approximation. Supposons que l'on adopte une autre loi, entièrement arbitraire, en supposant néanmoins que l'approximation aille toujours en croissant; nous formerons deux nouvelles suites de nombres u_n, v_n définis par ces conditions :

$$u_n^m < a < v_n^m$$

et tels en outre que la différence $v_n - u_n$ puisse être rendue moindre qu'un nombre arbitraire, dès que n dépasse un entier déterminé n'. Nous aurons évidemment $u_n < y_n$ et $x_n < v_n$. Or pour $n > n'$, n' étant convenablement choisi, on a :

$$y_n - x_n < \frac{\alpha}{2} \qquad v_n - u_n < \frac{\alpha}{2}$$

donc :

$$y_n - x_n + v_n - u_n < \alpha.$$

Mais le premier membre peut s'écrire

$$(y_n - u_n) + (v_n - x_n),$$

donc chacune des différences positives $y_n - u_n$ et $v_n - x_n$ est inférieure à α. Or d'après ce qui précède x_n et y_n ont une limite commune, et comme la différence $y_n - u_n$ a pour limite zéro, ainsi que la différence $v_n - x_n$, on voit que u_n, v_n, x_n, y_n ont la même limite. C'est cette limite, indépendante de la loi suivant laquelle varie l'approximation, que nous représenterons par le symbole $\sqrt[m]{a}$.

Je dis maintenant que a est la limite de x_n^m. En effet, on a :

$$x_n^m < a < y_n^m,$$

donc :

$$a - x_n^m < y_n^m - x_n^m.$$

Or, on a identiquement :

$$y_n^m - x_n^m = (y_n - x_n)\left(y_n^{m-1} + y_n^{m-2} x_n + \ldots + x_n^{m-1}\right).$$

Mais chacun des termes du second facteur est moindre que y_1, par exemple, donc le second membre est inférieur au produit de $y_n - x_n$ par $m \cdot y_1^{m-1}$; or on peut trouver un entier n' tel que l'inégalité $n > n'$ entraîne la suivante :

$$y_n - x_n < \frac{\alpha}{m \cdot y_1^{m-1}}$$

et par suite :

$$y_n^m - x_n^m < \alpha.$$

et à plus forte raison

$$a - x_n^m < \alpha \quad \text{et} \quad y_n^m - a < \alpha.$$

Donc a est la limite commune de x_n^m et de y_n^m. On verrait d'une manière analogue que a est encore la limite de u_n^m et de v_n^m quand n augmente indéfiniment.

D'après cela, nous pouvons dire que $\sqrt[m]{a}$ est la limite des nombres variables dont la puissance m^e a pour limite a.

De là résulte que si l'on désigne par X le nombre représenté déjà par le symbole $\sqrt[m]{a}$, on a $X^m = a$; en effet X est la limite de x_n, donc x_n^m a pour limite X^m, etc.

Dans tout ce qui précède, a désigne un entier ou une fraction ;

mais on peut appliquer les mêmes raisonnements au cas où a désignerait un nombre irrationnel.

Le nombre positif rationnel ou irrationnel qui, élevé à la puissance m^e, reproduit un nombre positif donné a, se nomme la *racine m^e arithmétique* du nombre a.

2. Définition. — Dans le symbole $\sqrt[m]{a}$, m se nomme l'*indice* du radical. Généralement quand $m = 2$ on ne l'écrit pas ; $\sqrt{a}$ désigne la racine carrée de a.

3. Proposons-nous de trouver tous les nombres positifs ou négatifs vérifiant l'équation

$$x^m = a.$$

Il convient de distinguer plusieurs cas.

1° Supposons m pair, $m = 2\mu$ et $a > o$. Soit α la racine m^e arithmétique de a; posons

$$x = \pm \alpha y,$$

y sera déterminé par l'équation

$$(\pm \alpha)^{2\mu} y^{2\mu} = a,$$

mais

$$(\pm \alpha)^{2\mu} = \alpha^m = a,$$

donc on aura toutes les valeurs positives ou négatives (c'est-à-dire réelles) de x, en cherchant toutes les solutions positives de l'équation

$$y^{2\mu} = 1 ;$$

or on a :

$$y^{2\mu} - 1 = (y - 1)(y^{2\mu-1} + y^{2\mu-2} \ldots + y + 1).$$

Cette identité montre que l'équation considérée n'a pas d'autre racine *positive* que l'unité. Donc les seules solutions réelles de la question sont au nombre de deux, égales et de signes contraires et ayant pour valeur absolue la racine m^e arithmétique de a.

2° $m = 2\mu$, $a < o$. Tout nombre positif ou négatif élevé à une puissance paire donne un résultat positif, donc l'équation

$$x^{2\mu} = a$$

n'a dans ce cas aucune solution réelle.

3° $m = 2\mu + 1$, a étant positif ou négatif. Soit α la racine m^e arithmétique de $|a|$ et posons $x = \varepsilon \alpha y$; y étant supposé positif et ε désignant ± 1; on aura

$$x^m = \varepsilon^{2\mu+1} \alpha^{2\mu+1} y^{2\mu+1} = \varepsilon \alpha^{2\mu+1} y^{2\mu+1}$$

On a donc à résoudre l'équation

$$\varepsilon .\ \alpha^{2\varkappa+1}\, y^{2\varkappa+1} = a.$$

Les deux membres devant être de même signe, il faut prendre $\varepsilon = +1$ si a est positif et $\varepsilon = -1$, si a est négatif; on aura ainsi $\varepsilon .\ \alpha^{2\varkappa+1} = a$ et y devra être une solution positive de l'équation $y^{2\varkappa+1} = 1$. On voit comme plus haut que la seule solution positive est $y = 1$ et par suite $x = \varepsilon\,\alpha$, ε ayant la valeur $+1$ si a est positif, et la valeur -1 si a est négatif.

Exemples. — Les solutions réelles de l'équation $x^4 = 16$ sont $x = \pm 2$; celle de l'équation $x^3 = -8$ est $x = -2$. On voit, d'après cela, qu'il suffit de considérer le cas où a est positif; c'est ce que nous ferons dans la suite de ce chapitre.

PROPRIÉTÉS DES RADICAUX ARITHMÉTIQUES

4. Théorème. — *On peut multiplier ou diviser par un même nombre entier l'indice d'un radical et l'exposant du nombre placé sous le radical.*

Il s'agit de prouver que

$$\sqrt[m]{a^p} = \sqrt[mq]{a^{pq}} .$$

En effet, soit α la racine m^e arithmétique de a^p; on a :

$$\alpha^m = a^p$$

élevant les deux membres à la puissance q, on obtient :

$$\alpha^{mq} = a^{pq}$$

donc :

$$\alpha = \sqrt[mq]{a^{pq}} .$$

5. La proposition précédente permet de simplifier un radical arithmétique, lorsque le nombre placé sous le radical est une puissance dont l'exposant n'est pas premier avec l'indice.

Exemple :

$$\sqrt[6]{8} = \sqrt[6]{2^3} = \sqrt{2} .$$

6. Réduction de radicaux donnés au même indice. — Soient $\sqrt[m]{a}$, $\sqrt[n]{b}$, $\sqrt[q]{c}$, des radicaux arithmétiques donnés; il s'agit de les remplacer par des radicaux respectivement égaux aux premiers et affectés d'un même indice. La solution est la même que celle que l'on a donnée en arithmétique pour réduire des fractions données au même dénominateur. Il suffit, d'après le théorème précédent, de remplacer les radicaux donnés par ceux-ci :

$$\sqrt[mpq]{a^{pq}}, \quad \sqrt[mpq]{b^{mq}}, \quad \sqrt[mpq]{c^{mp}}.$$

On peut obtenir un indice commun, plus petit que le produit des indices en opérant ainsi : on commence par rendre les radicaux irréductibles en divisant dans chacun d'eux l'indice et l'exposant de la puissance qui lui est soumise par leur plus grand commun diviseur. Cela fait, on cherche le plus petit multiple commun des nouveaux indices; soit μ ce nombre : en appliquant le théorème précédent, on transforme les radicaux en radicaux respectivement égaux aux radicaux donnés et ayant pour indice commun le nombre μ.

Exemple. — Soient donnés les radicaux

$$\sqrt[9]{a^{4}}, \quad \sqrt[156]{b^{65}}, \quad \sqrt[120]{c^{56}},$$

en les simplifiant on obtient :

$$\sqrt[9]{a^{4}}, \quad \sqrt[12]{b^{5}}, \quad \sqrt[15]{c^{7}},$$

le plus petit multiple des nombres 9, 12, 15 étant égal à 180, nous obtenons facilement

$$\sqrt[180]{a^{80}}, \quad \sqrt[180]{b^{75}}, \quad \sqrt[180]{c^{84}}.$$

7. Comparaison de deux radicaux. — Soient données $\sqrt[m]{a}$ et $\sqrt[n]{b}$. On peut les remplacer respectivement par

$$\sqrt[mp]{a^{p}} \quad \text{et} \quad \sqrt[mp]{b^{m}}.$$

Si l'on suppose $a^{p} > b^{m}$ par exemple, on aura aussi

$$\sqrt[mp]{a^{p}} > \sqrt[mp]{b^{m}}.$$

En effet, si l'on pose

$$\alpha = \sqrt[mp]{a^{p}}, \quad \beta = \sqrt[mp]{b^{m}},$$

les deux différences $\alpha^{mp} - \beta^{mp}$ et $\alpha - \beta$ ont le même signe, puisque le quotient de la première par la seconde, étant égal à

$$\alpha^{mp-1} + \alpha^{mp-2} \cdot \beta + \ldots + \beta^{mp-1},$$

est positif. Donc

$$\sqrt[mp]{a^{p}} - \sqrt[mp]{b^{m}}$$

a le même signe que

$$a^{p} - b^{m}.$$

8. Multiplication des radicaux. — Pour multiplier entre eux des radicaux, on commence par les réduire au même indice. Cela fait, on applique ce théorème :

Théorème. — *La racine m^e d'un produit est égale au produit des racines m^{es} de chaque facteur.*

En effet, soient α, β, γ les racines m^{es} des nombres a, b, c, on a :

$$(\alpha.\beta.\gamma)^m = \alpha^m.\beta^m.\gamma^m = a\,b\,c,$$

d'où :

$$\alpha.\beta.\gamma = \sqrt[m]{a\,b\,c},$$

c'est-à-dire

$$\sqrt[m]{a} \times \sqrt[m]{b} \times \sqrt[m]{c} = \sqrt[m]{a\,b\,c}.$$

9. Application. — *Faire sortir un facteur d'un radical ou inversement, faire entrer un facteur sous un radical.*

On a :

$$\sqrt[m]{a^{mp}.b} = \sqrt[m]{a^{mp}} \times \sqrt[m]{b} = a^p.\sqrt[m]{b}.$$

Exemples :

$$\sqrt[3]{56} = \sqrt[3]{2^3 \times 7} = 2.\sqrt[3]{7}.$$

$$\sqrt[6]{2^6.5^3} = \sqrt[6]{(2^2.5)^3} = \sqrt[2]{2^2.5} = 2\sqrt{5}.$$

10. Division des radicaux. — Pour diviser un radical par un autre, on commence par réduire ces deux radicaux au même indice, puis on applique le théorème suivant :

Théorème. — *La racine m^e d'un quotient est égale au quotient de la racine m^e du dividende par la racine m^e du diviseur.*

On a, en effet,

$$\left(\frac{\alpha}{\beta}\right)^m = \frac{\alpha^m}{\beta^m} = \frac{a}{b}$$

α et β désignant les racines m^{es} de a et b; d'où :

$$\frac{\alpha}{\beta} = \sqrt[m]{\frac{a}{b}},$$

c'est-à-dire :

$$\frac{\sqrt[m]{a}}{\sqrt[m]{b}} = \sqrt[m]{\frac{a}{b}}.$$

11. Puissance d'un radical. — *On élève un radical arithmétique à une puissance, en élevant à cette même puissance le nombre soumis au radical.*

Ainsi :

$$\left(\sqrt[m]{a}\right)^p = \sqrt[m]{a^p}.$$

En effet, il suffit d'appliquer la règle de la multiplication. Le premier membre est le produit de p radicaux égaux à $\sqrt[m]{a}$, il est donc égal à la racine m^e du produit de p facteurs égaux à a.

12. Racine d'un radical. — *La racine p^e arithmétique de la racine n^e arithmétique d'un nombre positif, est égale à la racine d'indice np du même nombre.*

En d'autres termes on a l'identité :

$$\sqrt[p]{\sqrt[n]{a}} = \sqrt[np]{a}.$$

En effet, soit $\sqrt[p]{\sqrt[n]{a}} = \alpha$, on a successivement

$$\sqrt[n]{a} = \alpha^p,$$

puis

$$a = \alpha^{np},$$

donc :

$$\alpha = \sqrt[np]{a}.$$

On étend la règle à un nombre quelconque de radicaux *superposés*. Ainsi, par exemple :

$$\sqrt[r]{\sqrt[q]{\sqrt[p]{\sqrt[n]{a}}}} = \sqrt[npqr]{a},$$

on en conclut aisément qu'on peut intervertir à volonté l'ordre des radicaux.

Applications : $\sqrt[3]{\sqrt[5]{8\, a^{12}\, b^{18}}} = \sqrt[5]{\sqrt[3]{8\, a^{12}\, b^{18}}} = \sqrt[5]{2\, a^4\, b^6}$

$$\sqrt[6]{117649} = \sqrt[3]{\sqrt{117649}} = \sqrt[3]{343}.$$

Remarque. — Il importe de savoir que les transformations précédentes ne s'appliquent pas aux radicaux algébriques.

13. Nous établirons encore le théorème suivant :

Théorème. — *Si le nombre positif variable x a pour limite a, $\sqrt[m]{x}$ a pour limite $\sqrt[m]{a}$.*

En effet, on a :

$$\sqrt[m]{x} - \sqrt[m]{a} = \frac{x - a}{\sqrt[m]{x^{m-1}} + \sqrt[m]{x^{m-2}a} + \ldots + \sqrt[m]{a^{m-1}}}.$$

Puisque x a pour limite a, si b désigne un nombre positif déterminé inférieur à a, x finira par devenir et rester supérieur à b et pour toutes les valeurs de x satisfaisant à cette condition, on aura

$$\left| \sqrt[m]{x} - \sqrt[m]{a} \right| < \frac{|x - a|}{m \sqrt[m]{b^{m-1}}}.$$

Soit α un nombre positif arbitraire ; si l'on suppose :

$$|\,x - a\,| < m\,\alpha\,\sqrt[m]{b^{m-1}}$$

on aura

$$|\,\sqrt[m]{x} - \sqrt[m]{a}\,| < \alpha\,;$$

ce qui prouve que $\sqrt[m]{x}$ a pour limite $\sqrt[m]{a}$.

APPLICATIONS

14. Rendre rationnel le dénominateur d'une fraction de la forme :

$$f : \frac{P}{\sqrt[m]{a} - \sqrt[m]{b}}\cdot$$

L'identité

$$\alpha^m - \beta^m = (\alpha - \beta)\,(\alpha^{m-1} + \alpha^{m-2}\beta + \alpha^{m-3}\beta^2 + \dots + \alpha\beta^{m-2} + \beta^{m-1})$$

dans laquelle on suppose $\alpha = \sqrt[m]{a}$ et $\beta = \sqrt[m]{b}$, donne :

$$\sqrt[m]{a} - \sqrt[m]{b} = \frac{a - b}{\sqrt[m]{a^{m-1}} + \sqrt[m]{a^{m-2}b} + \sqrt[m]{a^{m-3}b^2} + \dots + \sqrt[m]{b^{m-1}}}$$

on a donc

$$f = \frac{P\left[\sqrt[m]{a^{m-1}} + \sqrt[m]{a^{m-2}b} + \dots + \sqrt[m]{b^{m-1}}\right]}{a - b}\cdot$$

Soit, par exemple,

$$f = \frac{P}{\sqrt{a} - \sqrt[3]{b}}$$

on ramène ce cas au précédent en réduisant les deux radicaux du dénominateur au même indice ; on a ainsi :

$$f = \frac{P}{\sqrt[6]{a^3} - \sqrt[6]{b^2}} = P\,\frac{\left[\sqrt[6]{a^{15}} + \sqrt[6]{a^{12}b^2} + \sqrt[6]{a^9 b^4} + \sqrt[6]{a^6 b^6} + \sqrt[6]{a^3 b^8} + \sqrt[6]{b^{10}}\right]}{a^3 - b^2}$$

ou

$$f = \frac{P\left[a^2\sqrt{a} + a^2\sqrt[3]{b} + \sqrt{a^3}\sqrt[3]{b^2} + ab + b\sqrt{a}\sqrt[3]{b} + b\sqrt[3]{b^2}\right]}{a^3 - b^2}$$

On procédera d'une façon analogue pour une fraction dont le dénominateur est de la forme

$$\sqrt[m]{a} + \sqrt[m]{b}$$

m étant impair.

15. Rendre rationnel le dénominateur d'une fraction de la forme.

$$f = \frac{P}{\pm \sqrt{a} \pm \sqrt{b} \pm \sqrt{c} \pm \ldots \pm \sqrt{l}}\,.$$

On peut écrire :

$$f = \frac{P}{\varepsilon \sqrt{a} + Q}, \quad (\varepsilon = \pm 1)$$

Q désignant la somme des radicaux différents de $\sqrt{a}$.

En multipliant les deux termes de la fraction par *l'expression conjuguée* du dénominateur : $\varepsilon \sqrt{a} - Q$, on obtient

$$f = \frac{P\,(\varepsilon \sqrt{a} - Q)}{a - Q^2}\,.$$

Le dénominateur ne renferme plus le radical $\sqrt{a}$; Q^2 contient une partie rationnelle composée de la somme des carrés des radicaux $\sqrt{b}$, $\sqrt{c}$, ... $\sqrt{l}$, et une partie généralement irrationnelle composée des doubles produits, tels que $2\sqrt{bc}$, $2\sqrt{bd}$, ... $2\sqrt{cd}$ ... Donc on peut mettre la fraction sous la forme

$$f = \frac{P'}{R \sqrt{b} + S}$$

R et S étant des sommes ne renfermant plus le radical $\sqrt{b}$, mais pouvant contenir les autres radicaux $\sqrt{c}$, $\sqrt{d}$, ... $\sqrt{l}$, chacun d'eux n'entrant *qu'au premier degré ;* si l'on multiplie les deux termes de f par $R \sqrt{b} - S$ on obtient :

$$f = \frac{P'\,(R \sqrt{b} - S)}{b\,R^2 - S^2}\,.$$

Le dénominateur ne contient plus ni $\sqrt{a}$ ni $\sqrt{b}$. On mettra de même ce nouveau dénominateur sous la forme

$$U \sqrt{c} + V,$$

U et V étant de la forme $C \sqrt{c} + D \sqrt{d} + \ldots + L \sqrt{l} \ldots$ On continuera de la même manière, chaque transformation faisant disparaître un radical, au moins ; on est sûr de débarrasser le dénominateur de tous les radicaux.

Remarque. — On peut faire disparaître tous les radicaux d'un seul coup, en employant la méthode dite des *polynomes associés.*

(Voir *Questions d'algèbre*, par M. Desboves, 2ᵉ édit., p. 217 et 320.) (*Delagrave*).

16. Cas particuliers. — Dans certains cas particuliers, le calcul peut être abrégé.

Exemple. — Rendre rationnel le dénominateur de la fraction :

$$f = \frac{1}{\sqrt{a} + \sqrt{b} + \sqrt{c} + \sqrt{d}}$$

sachant que $ab = cd$.

Multiplions les deux termes de la fraction donnée par :

$$\sqrt{a} + \sqrt{b} - (\sqrt{c} + \sqrt{d}) ;$$

on obtient :

$$f = \frac{\sqrt{a} + \sqrt{b} - (\sqrt{c} + \sqrt{d})}{(\sqrt{a} + \sqrt{b})^2 - (\sqrt{c} + \sqrt{d})^2} = \frac{\sqrt{a} + \sqrt{b} - \sqrt{c} - \sqrt{d}}{a + b - c - d}.$$

17. Remarque. — On peut, dans les mêmes conditions, rendre rationnelle une équation $A = 0$; on la remplacera par l'équation $AB = 0$, B étant choisi de façon que le produit AB soit rationnel. Mais il est évident que la nouvelle équation pourra être plus générale que la première.

Étant donnée l'égalité

$$\sqrt{a} - \sqrt{b} = 0,$$

on en déduit :

$$\left(\sqrt{a} - \sqrt{b}\right)\left(\sqrt{a} + \sqrt{b}\right) = 0,$$

ou

$$a - b = 0.$$

On voit qu'élever les deux membres de l'égalité

$$\sqrt{a} = \sqrt{b}$$

au carré, revient à multiplier par $\sqrt{a} + \sqrt{b}$ le premier membre de celle-ci :

$$\sqrt{a} - \sqrt{b} = 0.$$

Plus généralement on passe de $\sqrt[m]{a} = \sqrt[m]{b}$, par une élévation des deux membres à la puissance m, à l'égalité $a = b$; cette opération revient à remplacer l'égalité $\sqrt[m]{a} - \sqrt[m]{b} = 0$ par la suivante :

$$\left(\sqrt[m]{a} - \sqrt[m]{b}\right)\left[\sqrt[m]{a^{m-1}} + \sqrt[m]{a^{m-2}b} + \ldots + \sqrt[m]{b^{m-1}}\right] = 0,$$

de sorte que si a et b contiennent une inconnue x, l'équation $a - b = 0$ peut avoir, outre les solutions de l'équation

$$\sqrt[m]{a} - \sqrt[m]{b} = 0,$$

celles de l'équation :

$$\sqrt[m]{a^{m-1}} + \sqrt[m]{a^{m-2}b} + \ldots + \sqrt[m]{b^{m-1}} = 0.$$

18. Exemples. — I. Soit, par exemple, à résoudre l'équation

$$\sqrt{x} + \sqrt{x} - \sqrt{1-x} = 1. \tag{1}$$

Pour rendre cette équation rationnelle, nous l'écrirons ainsi :

$$\sqrt{x} - \sqrt{1-x} = 1 - \sqrt{x}$$

en élevant les deux membres au carré et simplifiant, nous obtenons

$$-\sqrt{1-x} = 1 - 2\sqrt{x}. \tag{2}$$

Élevant de nouveau au carré :

$$1 - x = 1 + 4x - 4\sqrt{x}$$

ou

$$4\sqrt{x} = 5x.$$

Une dernière élévation au carré donne

$$16 x = 25 x^2$$

ou

$$x (25 x - 16) = 0, \tag{3}$$

équation qui a évidemment pour solutions : $x = 0$, $x = \dfrac{16}{25}$.

Mais l'équation (3) peut être plus générale que la proposée; il faut donc vérifier les solutions trouvées. On voit facilement que la solution $x = 0$ ne convient pas; au contraire, $x = \dfrac{16}{25}$ vérifie l'équation proposée.

Si au lieu de l'équation (1) on proposait l'équation :

$$\sqrt{x} + \sqrt{x} + \sqrt{1-x} = 1, \tag{4}$$

on obtiendrait, par les mêmes calculs, la même équation (3), mais les deux solutions $x = 0$, $x = \dfrac{16}{25}$ conviennent toutes les deux à l'équation (4). Ce qui prouve que *l'élévation à une même puissance* des deux membres d'une équation *n'introduit pas nécessairement* des solutions étrangères.

L'équation

$$\sqrt{x} - \sqrt{x} - \sqrt{1-x} = 1 \tag{5}$$

traitée comme plus haut, conduirait encore à la même équation (3). Aucune des solutions de cette dernière ne convient à l'équation (5).

II. Soit encore l'équation

$$\sqrt[3]{a + x} - \sqrt[3]{a - x} = \sqrt[6]{a^2 - x^2}. \tag{1}$$

Élevons les deux membres au cube, en tenant compte de l'identité

$$(u + v)^3 = u^3 + v^3 + 3 uv (u + v),$$

il vient, u étant remplacé par $\sqrt[3]{a + x}$ et v par $-\sqrt[3]{a - x}$,

$$\sqrt{a^2 - x^2} = 2x - 3\sqrt[3]{a^2 - x^2} \left(\sqrt[3]{a + x} - \sqrt[3]{a - x} \right)$$

ou, en vertu de l'équation proposée :

$$\sqrt{a^2 - x^2} = 2x - 3\sqrt[6]{a^2 - x^2}\sqrt[6]{a^2 - x^2} = 2x - 3\sqrt[6]{(a^2 - x^2)^3}$$

d'où, en remplaçant $\sqrt[6]{(a^2 - x^2)^3}$ par $\sqrt{a^2 - x^2}$ et simplifiant :

$$2\sqrt{a^2 - x^2} = x;\qquad(2)$$

enfin, élevant les deux membres au carré :

$$4(a^2 - x^2) = x^2$$

ou

$$5x^2 - 4a^2 = 0,\qquad(3)$$

équation qui a pour solutions

$$x' = \frac{2a}{\sqrt5},\quad x'' = -\frac{2a}{\sqrt5}.$$

Il s'agit maintenant de vérifier si ces solutions conviennent à l'équation proposée.

Pour cela, substituons $\dfrac{2a}{\sqrt5}$ à x dans les deux membres de l'équation (1). Pour que $\dfrac{2a}{\sqrt5}$ soit solution, il faut que l'on ait :

$$\sqrt[3]{\frac{a\sqrt5 + 2a}{\sqrt5}} - \sqrt[3]{\frac{a\sqrt5 - 2a}{\sqrt5}} = \sqrt[3]{\frac{a^2}{5}}$$

ou, en divisant les deux membres par $\sqrt[3]{\dfrac{a}{\sqrt5}}$

$$\sqrt[3]{\sqrt5 + 2} - \sqrt[3]{\sqrt5 - 2} = 1.$$

Désignons par z la valeur du premier membre. On a

$$z^3 = (\sqrt5 + 2) - (\sqrt5 - 2) - 3\sqrt[3]{5 - 4}\,.\,z.$$

donc z vérifie l'équation

$$z^3 + 3z - 4 = 0$$

ou

$$(z - 1)(z^2 + z + 4) = 0;$$

or la valeur cherchée z est évidemment positive, on en conclut que $z = 1$.

La deuxième solution ne vérifie évidemment pas l'équation (2); donc elle ne peut vérifier l'équation proposée. On voit aisément qu'elle vérifie l'équation :

$$\sqrt[6]{a^2 - x^2} = \sqrt[3]{a - x} - \sqrt[3]{a + x}.$$

19. Transformation de l'expression : $\sqrt{a \pm \sqrt b}$.

a et b sont deux nombres commensurables, b n'étant pas un carré; on se propose de trouver deux nombres *commensurables* x et y tels que

$$\sqrt{a + \varepsilon\sqrt b} = \varepsilon'\sqrt x + \varepsilon''\sqrt y\qquad(1)$$

ε, ε', ε'' désignant l'unité positive ou négative.

Supposons le problème résolu; de l'équation (1), *on déduit*, en élevant les deux membres au carré :

$$a + \varepsilon \sqrt{b} = x + y + 2 \varepsilon' \varepsilon'' \sqrt{xy}. \tag{2}$$

Je dis que si x et y sont commensurables, cette équation se décompose en deux, savoir :

$$\left. \begin{aligned} x + y &= a \\ 2 \varepsilon' \varepsilon'' \sqrt{xy} &= \varepsilon \sqrt{b}. \end{aligned} \right\} \tag{3}$$

En effet, l'équation (2) peut s'écrire :

$$(a - x - y) + \varepsilon \sqrt{b} = 2 \varepsilon' \varepsilon'' \sqrt{xy},$$

d'où, en élevant les deux membres au carré

$$(a - x - y)^2 + b + 2 \varepsilon (a - x - y) \sqrt{b} = 4 xy.$$

Pour que cette équation soit vérifiée, il faut que le coefficient de $\sqrt{b}$ soit nul, sans quoi l'on aurait :

$$\sqrt{b} = \frac{4 xy - b - (a - x - y)^2}{2 \varepsilon (a - x - y)}$$

égalité impossible, puisque b n'est pas carré parfait. En tenant compte de la condition trouvée, savoir : $x + y = a$, l'équation (2) se réduit à la suivante :

$$2 \varepsilon' \varepsilon'' \sqrt{xy} = \varepsilon \sqrt{b}.$$

Cette dernière équation exige que l'on ait :

$$\varepsilon' \varepsilon'' = \varepsilon \text{ et } 2 \sqrt{xy} = \sqrt{b}.$$

Si $\varepsilon = + 1$, on devra avoir $\varepsilon' = \varepsilon''$ et par suite $\varepsilon' = \varepsilon'' = + 1$ puisque $\varepsilon' \sqrt{x} + \varepsilon'' \sqrt{y}$ doit avoir une valeur positive $+ \sqrt{a + \sqrt{b}}$.

Si au contraire $\varepsilon = - 1$, on doit prendre $\varepsilon' = - \varepsilon''$, on pourra évidemment supposer $\varepsilon' = + 1$, $\varepsilon'' = - 1$.

Cela posé si l'on a, x et y étant commensurables,

$$\sqrt{a + \sqrt{b}} = \sqrt{x} + \sqrt{y}$$

on aura d'après ce qui précède :

$$\begin{aligned} x + y &= a \\ 2 \sqrt{xy} &= \sqrt{b}. \end{aligned}$$

Donc, on aura en même temps :

$$x + y + 2\sqrt{xy} = a + \sqrt{b}$$
$$x + y - 2\sqrt{xy} = a - \sqrt{b}.$$

on en déduit

$$(x - y)^2 = a^2 - b.$$

Ce qui prouve que $a^2 - b$ doit être un carré parfait. Supposons cette condition nécessaire remplie et posons

$$a^2 - b = c^2.$$

L'équation $x + y = a$ montre que a doit aussi être > 0; je dis que les conditions

$$a^2 - b = c^2, \; a > 0$$

sont suffisantes pour que la transformation soit possible. En effet, déterminons x et y par les deux conditions

$$x + y = a$$
$$x - y = \sqrt{a^2 - b} = c.$$

Nous aurons

$$x = \frac{a + c}{2}; \; y = \frac{a - c}{2}$$

d'où

$$x + y + 2\sqrt{xy} = a + \sqrt{a^2 - c^2} = a + \sqrt{b}$$

et

$$x + y - 2\sqrt{xy} = a - \sqrt{b}$$

donc on aura bien :

$$\left(\sqrt{x} + \sqrt{y}\right)^2 = a + \sqrt{b}$$

c'est-à-dire

$$\sqrt{x} + \sqrt{y} = \sqrt{a + \sqrt{b}}$$

et

$$\left(\sqrt{x} - \sqrt{y}\right)^2 = a - \sqrt{b}$$

ou

$$\sqrt{x} - \sqrt{y} = \sqrt{a - \sqrt{b}}.$$

On a donc obtenu, en supposant $a > 0$, $a^2 - b = c^2$, l'identité suivante :

$$\sqrt{a + \varepsilon\sqrt{b}} = \sqrt{\frac{a + \sqrt{a^2 - b}}{2}} + \varepsilon\sqrt{\frac{a - \sqrt{a^2 - b}}{2}} \qquad (\varepsilon = \pm 1.)$$

Remarque. — Si $a^2 - b$ n'est pas un carré parfait, l'identité précédente subsiste; mais le second membre étant plus compliqué que le premier, elle doit être renversée, c'est-à-dire qu'elle peut alors servir à remplacer le second membre par le premier.

EXERCICES

1. Démontrer que

$$\pm \sqrt{a} \pm \sqrt{b} \pm \sqrt{c}$$

est irrationnel, en supposant que a, b, c soient des nombres rationnels, positifs, non carrés parfaits et que, en outre, le rapport de deux quelconques de ces nombres ne soit pas un carré parfait.

2. m, p, q, ... r désignant des nombres premiers entre eux deux à deux,
a, b, c, ... l des nombres entiers, prouver que le produit

$$\sqrt[m]{a}.\sqrt[p]{b}.\sqrt[q]{c} ..... \sqrt[r]{l}$$

ne peut être rationnel que si a est une puissance m^e, b une puissance p^e, etc.

3. Rendre rationnelle l'équation :

$$\sqrt[3]{a} + \sqrt{b} + c = o.$$

4. Rendre rationnelle l'équation :

$$\sqrt[3]{a} + \sqrt[3]{a^2} + b = o.$$

5. Rendre rationnelle l'équation :

$$\sqrt[m]{a} + \sqrt[3]{b} + c = o.$$

6. Rendre rationnelle l'équation :

$$\sqrt{a} + \sqrt{b} + \sqrt{c} + \sqrt{d} + \sqrt{e} = o. \qquad \text{(Descartes.)}$$

(Voir Desboves, *Questions d'algèbre*, 2ᵉ édit., p. 328.)

7. Rendre rationnelle l'équation :

$$\pm \sqrt{a+x} \pm \sqrt{b+x} \pm \sqrt{c+x} = o.$$

Déterminer c en fonction de a et b, de manière que $x = o$ soit une solution.

8. Rendre rationnel le dénominateur de la fraction.

$$\sqrt[3]{a} + \sqrt[3]{b} - \sqrt[3]{a+b}.$$

9. Résoudre l'équation :

$$\sqrt[m]{(1+x)^2} - \sqrt[m]{(1-x)^2} = \sqrt[m]{1-x^2}.$$

10. Résoudre l'équation :

$$\sqrt{(1+x)^2 - ax} - \sqrt{(1-x)^2 + ax} = x.$$

11. Résoudre l'équation :

$$\frac{ax - b^2}{\sqrt{ax} + b} + b = \frac{\sqrt{ax} + c}{2}. \qquad \text{Rép. } x = \frac{c^2}{a} \ (a,\ b,\ c \text{ sont positifs}).$$

12. Résoudre l'équation :

$$\frac{\sqrt{a+x}+\sqrt{a-x}}{\sqrt{a+x}-\sqrt{a-x}} = \sqrt{b}. \qquad\qquad \text{Rép. } x = \frac{2a\sqrt{b}}{b+1}. \qquad (b>1).$$

13. Résoudre l'équation :

$$2x + 2\sqrt{a^2+x^2} = \frac{5a^2}{\sqrt{a^2+x^2}}. \qquad\qquad \text{Rép. } x = \frac{3}{4}a.$$

14. Résoudre l'équation :

$$\frac{1-ax}{1+ax}\sqrt{\frac{1+bx}{1-bx}} + 1 = 0. \qquad\qquad \text{Rép. } x = \pm\frac{1}{a}\sqrt{\frac{2a}{b}} - 1.$$

15. Résoudre l'équation :

$$\frac{\sqrt[n]{a+x}}{a} + \frac{\sqrt[n]{a+x}}{x} = \frac{\sqrt[n]{x}}{b}. \qquad\qquad \text{Rép. } x = \frac{a}{\sqrt[n+1]{\dfrac{a^n}{b^n}} - 1}.$$

16. Résoudre l'équation :

$$\sqrt{1-a}\,\sqrt[4]{\frac{1+x}{1-x}} = \sqrt{1+a}\,\sqrt[4]{\frac{1-x}{1+x}}. \qquad \text{Rép. } x = a.$$

17. Résoudre l'équation :

$$\sqrt{x+\sqrt{x}} - \sqrt{x-\sqrt{x}} = \frac{3}{2}\sqrt{\frac{x}{x+\sqrt{x}}}. \qquad \text{Rép. } x = 0,\ x = \frac{25}{16}.$$

18. Résoudre l'équation :

$$\sqrt[3]{(a+x)^2} - \sqrt[3]{a^2-x^2} + \sqrt[3]{(a-x)^2} = b.$$

19. Résoudre l'équation :

$$\left(\sqrt[4]{x+a}+\sqrt[4]{x-a}\right)^3\left(\sqrt[4]{x+a}-\sqrt[4]{x-a}\right) = 2b.$$

20. Résoudre l'équation :

$$\sqrt{a-x} + 2\sqrt{a+x} = \sqrt{a-x} + \sqrt{ax+x^2}. \qquad \text{Rép. } x = -a.$$

21. Trouver dans quel cas l'expression $\sqrt[3]{a}+\sqrt{b}$ peut se ramener à la forme $x + \sqrt{y}$.

22. Simplifier l'expression :

$$\sqrt[3]{\frac{x^3-3x+(x^2-1)\sqrt{x^2-1}}{2}} + \sqrt[3]{\frac{x^3-3x-(x^2-1)\sqrt{x^2-1}}{2}}.$$

en supposant x^2 différent de 1.   Rép. : x.

Examiner le cas où l'on suppose $x^2 = 1$.

(E. CATALAN, *Manuel des candidats de l'École polytechnique.*)

23. Pour définir $\sqrt[m]{a}$, soit $a > 1$, par exemple, considérons un nombre $u > 1$ et formons les puissances

$$1,\, u,\, u^2 \ldots \qquad u^h,\, u^{h+1} \ldots$$

Si l'on suppose $u^h < a < u^{h+1}$, prouver que $\lim u^h = a$, quand u tend vers 1.

En outre, soit $h = mq + r$ et posons $v = u^q$, de sorte que $v^m = \dfrac{u^h}{u^r}$; alors $\lim u^h = a$, $\lim u^r = 1$, donc $\lim v^m = a$.   (Méray.)

CHAPITRE XI

EXPOSANTS FRACTIONNAIRES — EXPOSANTS NÉGATIFS
EXPOSANTS IRRATIONNELS

EXPOSANTS FRACTIONNAIRES

1. En supposant $a > 0$, on a :

$$\sqrt[p]{a^{pq}} = a^q\,;$$

donc, *si m est un multiple de p*, on peut écrire :

$$\sqrt[p]{a^m} = a^{\frac{m}{p}}.$$

Ce symbole n'a pas de sens, *a priori*, quand m n'est pas un multiple de p; on peut convenir de représenter le radical arithmétique $\sqrt[p]{a^m}$ par $a^{\frac{m}{p}}$. Il est nécessaire avant tout, de démontrer que si les deux fractions $\dfrac{m}{p}$ et $\dfrac{m'}{p'}$ sont égales, on a :

$$a^{\frac{m}{p}} = a^{\frac{m'}{p'}}\,;$$

ce qui revient à montrer que :

$$\sqrt[p]{a^m} = \sqrt[p']{a^{m'}}.$$

Pour comparer ces deux radicaux, nous les réduirons au même indice ; on a :

$$\sqrt[p]{a^m} = \sqrt[pp']{a^{mp'}} \qquad \text{et} \qquad \sqrt[p']{a^{m'}} = \sqrt[pp']{a^{m'p}}\,;$$

or, de l'égalité $\dfrac{m}{p} = \dfrac{m'}{p'}$, on tire $mp' = m'p$; les deux nombres $a^{mp'}$ et $a^{m'p}$ sont donc égaux et, par conséquent, il en est de même de leurs racines arithmétiques d'indice pp'.

D'après cela, on écrit $a^{\frac{1}{2}}$ au lieu de $\sqrt{a}$; $a^{\frac{1}{3}}$ au lieu de $\sqrt[3]{a}$, etc. Élever un nombre positif a à la puissance $\dfrac{1}{m}$ signifiera : extraire la racine m^e de ce nombre.

Extension au cas des puissances fractionnaires des règles de calcul relatives aux puissances entières.

2. Multiplication. — On a :

$$a^{\frac{m}{p}} \times a^{\frac{m'}{p'}} = a^{\frac{m}{p} + \frac{m'}{p'}}.$$

En effet :

$$a^{\frac{m}{p}} \times a^{\frac{m'}{p'}} = \sqrt[pp']{a^{mp'}} \times \sqrt[pp']{a^{m'p}} = \sqrt[pp']{a^{mp'+m'p}} = a^{\frac{mp'+m'p}{pp'}} = a^{\frac{m}{p} + \frac{m'}{p'}}.$$

La règle s'étend à un nombre quelconque de facteurs.

3. Division.

$$a^{\frac{m}{p}} : a^{\frac{m'}{p'}} = a^{\frac{m}{p} - \frac{m'}{p'}}$$

en supposant

$$\frac{m}{p} > \frac{m'}{p'}.$$

En effet :

$$a^{\frac{m}{p}} : a^{\frac{m'}{p'}} = \sqrt[pp']{a^{mp'}} : \sqrt[pp']{a^{m'p}} = \sqrt[pp']{\frac{a^{mp'}}{a^{m'p}}} = \sqrt[pp']{a^{mp'-m'p}} = a^{\frac{mp'-m'p}{pp'}}$$

$$= a^{\frac{m}{p} - \frac{m'}{p'}}.$$

4. Élévation aux puissances.

1° $$(a^m)^{\frac{p}{q}} = \sqrt[q]{(a^m)^p} = \sqrt[q]{a^{mp}} = a^{\frac{mp}{q}},$$

donc :

$$(a^m)^{\frac{p}{q}} = a^{m \times \frac{p}{q}}.$$

2° $$\left(a^{\frac{p}{q}}\right)^m = [\sqrt[q]{a^p}]^m = \sqrt[q]{a^{pm}} = a^{\frac{pm}{q}},$$

donc :

$$\left(a^{\frac{p}{q}}\right)^m = a^{\frac{p}{q} \times m}.$$

$$3° \qquad \left(a^{\frac{p}{q}}\right)^{\frac{m}{n}} = \sqrt[n]{\left(a^{\frac{p}{q}}\right)^m} = \sqrt[n]{a^{\frac{pm}{q}}} = a^{\frac{pm}{qn}},$$

donc :

$$\left(a^{\frac{p}{q}}\right)^{\frac{m}{n}} = a^{\frac{p}{q} \times \frac{m}{n}}.$$

Les formules précédentes généralisent le calcul des exposants entiers et l'étendent au cas des exposants fractionnaires ; ainsi, en supposant que α, β, γ, désignent des nombres positifs entiers ou fractionnaires, on a :

$$a^\alpha \times a^\beta \times a^\gamma = a^{\alpha+\beta+\gamma}; \qquad a^\alpha : a^\beta = a^{\alpha-\beta} \text{ (en supposant } \alpha > \beta) \dots$$
$$(a^\alpha)^\beta = a^{\alpha\beta} = (a^\beta)^\alpha \dots, \text{ etc.}$$

EXPOSANTS NÉGATIFS

5. Soient m et p deux nombres positifs, entiers ou fractionnaires et supposons $m > p$, on a (3) :

$$\frac{a^m}{a^p} = a^{m-p}.$$

Supposons au contraire $p > m$ et soit $p = m + h$; on a, dans ce cas :

$$\frac{a^m}{a^{m+h}} = \frac{a^m}{a^m \times a^h} = \frac{1}{a^h} = \frac{1}{a^{p-m}}.$$

Enfin, si $m = p$,

$$\frac{a^m}{a^p} = 1.$$

Ainsi, le quotient de a^m par a^p se présente sous trois formes, suivant que l'on a $m > p$, $m < p$, ou $m = p$.

Si l'on appliquait la règle de la division des puissances d'un même nombre dans le cas où m est inférieur à p, on serait conduit à écrire le symbole a^{m-p}, c'est-à-dire $a^{-(p-m)}$, symbole qui n'a aucun sens, *a priori*. Rien ne s'oppose à ce que l'on représente précisément par $a^{-(p-m)}$ le quotient : $\dfrac{a^m}{a^p}$ quand on a $m < p$; en d'autres termes, nous conviendrons de représenter par a^{-h} le nombre $\dfrac{1}{a^h}$, h étant positif. Ainsi,

$$a^{-2} = \frac{1}{a^2};$$

de même :

$$a^{-\frac{2}{3}} = \frac{1}{a^{\frac{2}{3}}} = \frac{1}{\sqrt[3]{a^2}}.$$

En appliquant la règle de la division dans le cas de $m = p$, on est conduit à écrire $\dfrac{a^m}{a^m} = a^{m-m} = a^0$. Nous conviendrons encore de poser $a^0 = 1$; alors on aura dans tous les cas, m et p étant positifs :

$$\frac{a^m}{a^p} = a^{m-p}.$$

Nous allons montrer maintenant que les règles du calcul des exposants positifs s'étendent aux exposants négatifs. Cette généralisation ne présentant aucune difficulté, nous nous bornerons à l'indiquer rapidement.

6. Multiplication. — On a successivement :

$$a^m \times a^{-p} = \frac{a^m}{a^p} = a^{m-p} = a^{m+(-p)};$$

$$a^{-m} \times a^p = \frac{1}{a^m} \times a^p = \frac{a^p}{a^m} = a^{p-m} = a^{-m+p};$$

$$a^{-m} \times a^{-p} = \frac{1}{a^m} \times \frac{1}{a^p} = \frac{1}{a^{m+p}} = a^{-m+(-p)}.$$

Dans les égalités précédentes m et p sont supposés positifs, de sorte que les signes des exposants sont mis en évidence; ces égalités subsistent, comme on s'en assure aisément, si m et p ont des signes quelconques. Dans tous les cas, m et p désignant des nombres entiers ou fractionnaires, positifs ou négatifs, et même pouvant prendre la valeur zéro, on a :

$$a^m \times a^p = a^{m+p}.$$

On étend la règle à un nombre quelconque de facteurs et l'on a ce théorème : *Le produit d'un nombre déterminé de puissances (rationnelles), positives ou négatives d'un même nombre positif donné est une puissance du même nombre ayant pour exposant la somme algébrique des exposants de tous les facteurs.*

7. Division. — On a $a^m : a^p = a^{m-p}$, quels que soient les signes de m et p. En effet, $a^{m-p} \times a^p = a^m$ ....., etc.

8. Élévation aux puissances.

$$(a^{-m})_p = \left(\frac{1}{a^m}\right)^p = \frac{1}{(a^m)^p} = \frac{1}{a^{mp}} = a^{-mp} = a^{(-m) \cdot p};$$

$$(a^m)^{-p} = \frac{1}{(a^m)^p} = a^{-mp} = a^{m \times (-p)},$$

$$(a^{-m})^{-p} = \frac{1}{(a^{-m})^p} = \frac{1}{a^{-mp}} = a^{mp} = a^{(-m) \cdot (-p)}.$$

On peut donc énoncer la *proposition* suivante : *Pour élever une puissance d'un nombre positif à une puissance donnée, il suffit de multiplier l'exposant de la première puissance par l'exposant de la seconde;* c'est-à-dire :

$$(a^m)^p = a^{mp}.$$

EXPOSANTS IRRATIONNELS

9. Nous allons d'abord établir quelques propriétés des puissances d'un nombre positif :

1° *Les puissances entières d'un nombre plus grand que l'unité, sont plus grandes que l'unité et vont en croissant sans limite, en même temps que l'exposant.*

Supposons $a > 1$ et soit m un entier positif; a^m étant le produit de m facteurs plus grands que l'unité, on a $a^m > 1$. Soit p un nombre positif; on a : $a^{m+p} = a^m \times a^p$, a^p est supérieur à 1 comme nous venons de le prouver; donc on a : $a^{m+p} > a^m$; par conséquent a^m croît quand m croît. Je dis maintenant que a^m augmente indéfiniment en même temps que m. Pour le prouver, posons $a = 1 + \alpha$, α étant > 0 : on a

$$(1 + \alpha)^m > 1 + m\alpha.$$

En effet, si dans l'identité :

$$a^m - b^m = (a - b)(a^{m-1} + a^{m-2}b + \ldots + b^{m-1})$$

on suppose $b = 1$, $a > 1$, on en déduit

$$a^m - 1 > m(a - 1)$$

on, en remplaçant a par $1 + \alpha$:

$$(1 + \alpha)^m > 1 + m\,\alpha. \qquad (1)$$

Cela posé, je dis qu'à tout nombre positif A correspond un entier μ, tel que l'inégalité

$$m > \mu.$$

entraine la suivante :

$$(1 + \alpha)^m > A. \qquad (2)$$

En effet, pour vérifier l'inégalité (2), il suffit de vérifier la suivante :

$$1 + m\,\alpha > A \qquad (3)$$

comme cela résulte de l'inégalité (1). Or l'inégalité (3) est équivalente à celle-ci :

$$m > \frac{A - 1}{\alpha};$$

il suffit donc de prendre pour μ la partie entière de $\dfrac{A - 1}{\alpha}$.

Il résulte de là que $(1 + \alpha)^m$ croît indéfiniment en même temps que m, α étant positif.

2° *Les puissances entières successives d'un nombre positif plus petit que l'unité sont plus petites que l'unité, vont en décroissant et ont pour limite zéro quand l'exposant augmente indéfiniment.*

En effet, si un nombre positif b est plus petit que l'unité, l'inverse de ce nombre est supérieur à l'unité ; on peut donc poser $b = \dfrac{1}{a}$, en supposant $a > 1$; par suite :

$$b^m = \frac{1}{a^m}$$

on a : $a^m > 1$, donc : $\dfrac{1}{a^m} < 1$. Si m augmente indéfiniment, a^m augmente aussi indéfiniment, donc son inverse b^m décroît et a pour limite zéro ; car, si A désigne un nombre arbitraire aussi petit qu'on veut, l'inégalité $b^m < A$, est équivalente à celle-ci : $a^m > \dfrac{1}{A}$.

Or, on peut trouver, comme on vient de le voir, un entier μ, tel que l'inégalité $m > \mu$, entraîne l'inégalité $a^m > \dfrac{1}{A}$.

3° *Les racines successives d'un nombre plus grand que l'unité sont plus grandes que l'unité, diminuent quand l'indice augmente et ont pour limite l'unité, quand l'indice augmente indéfiniment.*

Soit $a > 1$; on en déduit (X, 7)

$$\sqrt[m]{a} > 1;$$

en second lieu

$$\sqrt[m+1]{a} < \sqrt[m]{a}$$

car

$$\sqrt[m(m+1)]{a^m} < \sqrt[m(m+1)]{a^{m+1}}$$

puisque $a^m < a^{m+1}$ (X, 7).

Enfin, je dis que l'on a :

$$\sqrt[m]{a} - 1 < \alpha,$$

α étant arbitraire, dès que m dépasse un entier convenablement choisi μ. En effet, il s'agit de résoudre l'inégalité

$$\sqrt[m]{a} < 1 + \alpha,$$

ou, ce qui est la même chose,

$$a < (1 + \alpha)^m.$$

On retombe ainsi sur une question déjà résolue.

4° *Les racines successives d'un nombre plus petit que l'unité sont plus petites que l'unité, vont en croissant quand l'indice augmente et ont pour limite l'unité quand l'indice augmente indéfiniment.*

Soit $b < 1$ le nombre donné; on pose $b = \dfrac{1}{a}$ et l'on a $a > 1$.

Ensuite,

$$\sqrt[m]{b} : \frac{1}{\sqrt[m]{a}}.$$

La démonstration s'achève facilement.

5° *Les puissances fractionnaires positives d'un nombre plus grand que l'unité sont plus grandes que l'unité, vont en croissant si l'exposant augmente, et croissent indéfiniment quand l'exposant croît lui-même indéfiniment.*

Soit $a > 1$. On a :

$$a^{\frac{m}{p}} : \sqrt[p]{a^m},$$

or : $a^m > 1$, donc $\sqrt[p]{a^m} > 1$.

Si h est positif, $a^{\frac{m}{p}+h} = a^{\frac{m}{p}} \cdot a^h$. Or, d'après ce que nous venons de voir, si h est entier ou fractionnaire, on a $a^h > 1$, donc aussi :

$$a^{\frac{m}{p}+h} > a^{\frac{m}{p}}.$$

Enfin, si $\dfrac{m}{p}$ croît indéfiniment, si l'on nomme μ la partie entière de $\dfrac{m}{p}$, on a :

$$\mu < \frac{m}{p} < \mu + 1,$$

par suite $\mu + 1$ croît indéfiniment, il en est donc de même de μ; or, a^μ croît indéfiniment avec μ; donc, *a fortiori*, $a^{\frac{m}{p}}$ croît indéfiniment en même temps que $\dfrac{m}{p}$.

La proposition que nous venons d'établir est la généralisation de celle qui a été démontrée plus haut pour les exposants entiers (1°).

6° *Les puissances fractionnaires positives d'un nombre positif plus petit que l'unité sont plus petites que l'unité, décroissent quand l'exposant augmente et ont pour limite zéro quand l'exposant augmente indéfiniment.*

La démonstration est la même que celle qui a été donnée plus haut (2°).

7° *Si la fraction $\dfrac{m}{p}$ tend vers zéro, $a^{\frac{m}{p}}$ a pour limite l'unité.*

En effet, soit μ la partie entière de $\dfrac{p}{m}$; on a :

$$\frac{1}{\mu + 1} < \frac{m}{p} < \frac{1}{\mu};$$

a étant supposé positif, d'après ce qui précède, $a^{\frac{m}{p}}$ est compris entre $a^{\frac{1}{\mu}}$ et $a^{\frac{1}{\mu+1}}$; or, si $\dfrac{m}{p}$ tend vers zéro, μ augmente indéfiniment; donc, $a^{\frac{1}{\mu}}$ et $a^{\frac{1}{\mu+1}}$ ont tous deux pour limite l'unité; il en est de même de $a^{\frac{m}{p}}$ qui est compris entre eux.

10. Définition d'une puissance irrationnelle. d'un nombre positif. — Considérons un nombre irrationnel x et un nombre positif a. Supposons, pour fixer les idées, $a > 1$. Nous pouvons regarder x comme étant la limite de nombres rationnels croissants x_n.

Si b est une valeur approchée de x par excès, on a, quel que soit n, $x_n < b$. Le nombre a^{x_n} va en croissant avec n, mais reste toujours moindre que a^b; il a donc une limite. Soit L cette limite.

Soit y_n un nombre rationnel variable ayant pour limite le nombre x, je dis que quand n augmente indéfiniment, a^{y_n} a aussi pour limite L.

En effet, posons

$$y_n - x_n = h_n$$

d'où :

$$a^{y_n} - a^{x_n} = a^{x_n} \left(a^{h_n} - 1 \right).$$

Si n grandit indéfiniment, h_n tend vers zéro par hypothèse, donc a^{h_n} tend vers 1; donc, la différence

$$a^{h_n} - 1$$

a pour limite zéro, quand n grandit indéfiniment. D'autre part, a^{x_n} a pour limite L; donc le produit

$$a^{x_n} \left(a^{h_n} - 1 \right)$$

a pour limite zéro et par conséquent

$$a^{y_n} - a^{x_n}$$

a pour limite zéro; autrement dit a^{y_n} a même limite que a^{x_n}.

C'est cette limite, indépendante de la loi suivant laquelle on fait varier les nombres rationnels servant à définir x, qu'on représente par le symbole a^x.

On traitera de la même manière le cas où a serait plus petit que l'unité.

11. Il nous reste à étendre aux exposants irrationnels les règles de calcul des exposants rationnels.

Je dis d'abord que

$$a^x \times a^y = a^{x+y}.$$

En effet, supposons x et y définis par les nombres rationnels x_n, y_n. On a, quel que soit n,

$$a^{x_n} \times a^{y_n} = a^{x_n + y_n}.$$

Ces deux membres étant toujours égaux, leurs limites sont égales; or, $x_n + y_n$ a pour limite $x + y$, par suite, on a :

$$\lim. a^{x_n} \times a^{y_n} = a^x \times a^y = a^{x+y}.$$

On établira de la même manière la règle de la division et celle de l'élévation aux puissances.

EXERCICES

1. Rendre rationnelle l'équation :

$$(ax)^{\frac{2}{3}} + (by)^{\frac{2}{3}} = c^{\frac{4}{3}}.$$

2. Rendre rationnelle l'équation :

$$(xy)^{\frac{1}{3}}\left[x^{\frac{2}{3}} + y^{\frac{2}{3}}\right]^2 = a^2.$$

3. Rendre rationnelle l'équation :

$$(x^{\frac{2}{3}} + y^{\frac{2}{3}})\,x^{\frac{2}{3}}\,y^{\frac{2}{3}} = p^2.$$

4. Rendre rationnelle l'équation :

$$(x^2 + y^2)^2 = \left[(ax)^{\frac{2}{3}} + (by)^{\frac{2}{3}}\right]\left[(ax)^{\frac{2}{3}} - (by)^{\frac{2}{3}}\right].$$

5. On pose :

$$\sqrt{2} = x_1$$
$$\sqrt{2} - x_2 = x_3,$$

en général

$$\sqrt{2} - x_n = x_{n+1}.$$

prouver que x_n a pour limite 1 quand n augmente indéfiniment.

De même si l'on pose

$$\sqrt{2} = y_1$$
$$\sqrt{2} + y_1 = y_2,$$

en général

$$\sqrt{2} + y_n = y_{n+1},$$

prouver que y_n a pour limite 2 quand n augmente indéfiniment.

6. On pose :

$$x_1 = p^{\frac{1}{2}},\ x_2 = (p + \sqrt{p^2 + qx_1})^{\frac{1}{2}} \ldots x_n = (p + \sqrt{p^2 + qx_{n-1}})^{\frac{1}{2}}$$

démontrer, en supposant p et q positifs,

1° que $x_1, x_2, \ldots x_n$ vont en croissant;

2° que l'on a :

$$x_n^2 + x_{n-1}^2 - 2p > o;$$

3°
$$x_1 x_2 \ldots x_{n-2} \geqslant \frac{1}{\sqrt{2}} (2p)^{\frac{n-2}{2}};$$

4°
$$x_n - x_{n-1} < \frac{1}{2^{\frac{n-1}{2}}} \left(\frac{p^2 + q\sqrt{p}}{2p} \right)^{\frac{1}{2}} \left(\frac{q^2}{8p^3} \right)^{\frac{n-2}{4}}.$$

(Grünert.)

CHAPITRE XII

RACINE m^e D'UN POLYNOME

1. Étant donné un polynome A, entier en x, on se propose de trouver un second polynome B, entier en x, et dont la puissance m^e reproduise A. Si un pareil polynome existe, on l'appelle *racine m^e de A*, et l'on dit que le polynome A est une *puissance m^e exacte*. L'opération que l'on doit faire pour reconnaître si B existe et pour le déterminer, se nomme *l'extraction de la racine m^e du polynome A*. Comme la division, l'extraction des racines peut être ordonnée suivant les puissances décroissantes ou suivant les puissances croissantes de x. Nous distinguerons donc deux cas.

2. PREMIER CAS. — Extraction de la racine m^e ordonnée suivant les puissances décroissantes. — Soit :

$$A = A_0 x^n + A_1 x^{n-1} + \ldots + A_\lambda$$

le polynome donné et soit B un polynome entier tel que l'on ait :

$$B^m = A. \qquad\qquad (1.$$

Ordonnons B suivant les puissances décroissantes de x, et pour abréger l'écriture, posons :

$$B = a + b + c + \ldots + k + l.$$

a, b, c, ... l représentant les termes successifs de B, c'est-à-dire des termes dont les degrés vont en diminuant. Par hypothèse, on doit avoir :

$$(a + b + c + \ldots + l)^m \quad \mathrm{A}.$$

Je dis d'abord que le terme du plus haut degré en x, dans le premier membre, est a^m. En effet, si nous posons

$$b + c + \ldots + l \quad y,$$

le degré du polynome y sera le même que celui de b, et sera par suite inférieur au degré de a; or :

$$(a + b + c + \ldots + l)^m \quad (a + y)^m = a^m + m a^{m-1} y + \frac{m(m-1)}{1 \cdot 2} a^{m-2} y^2 + \ldots$$
$$\ldots + y^m. \tag{2}$$

On voit que le degré d'un terme quelconque, tel que $a^{m-p} y^p$, est égal à $(m - p)\alpha + p\beta$, α désignant le degré de a et β celui de y; or on a $\beta < \alpha$, donc $(m - p)\alpha + p\beta < m\alpha$; par suite a^m est bien le terme du plus haut degré dans B^m. Cela posé, les polynomes B^m et A étant supposés identiques, leurs termes de mêmes degrés doivent être les mêmes, par suite :

$$a^m = \mathrm{A}_0 x^\lambda.$$

ou, si l'on pose $a = a_0 x^p$:

$$a_0^m x^{mp} = \mathrm{A}_0 x^\lambda,$$

par conséquent :

$$a_0^m = \mathrm{A}_0. \quad mp = \lambda.$$

On voit d'abord que le degré de A doit être un multiple de m; si cette condition est remplie on aura $p = \frac{\mu}{m}$. Pour déterminer a_0 il convient de distinguer deux cas.

1° m *est impair*. Dans ce cas si $\mathrm{A}_0 > 0$, on a : $a_0 = \sqrt[m]{\mathrm{A}_0}$; si $\mathrm{A}_0 < 0$, $a_0 = -\sqrt[m]{(-\mathrm{A}_0)}$, le symbole $\sqrt[m]{\ }$ désignant une racine arithmétique. Si par exemple $m = 3, \mathrm{A}_0 = -8$, on aurait $a_0 = \sqrt[3]{-8} = -2$.

2° m *est pair*. Si A_0 est négatif le problème est impossible (du moins avec des coefficients réels. Supposons $\mathrm{A}_0 > 0$; alors on peut prendre pour a_0 deux valeurs égales et de signes contraires : $a_0 = \pm\sqrt[m]{\mathrm{A}_0}$, $\sqrt[m]{\mathrm{A}_0}$ désignant la racine m^e arithmétique de A_0. La suite des opérations nous apprendra qu'aux deux déterminations de a_0, quand m est pair, correspondent deux polynomes égaux et de signes contraires; d'ailleurs dans ce cas, on a : $(-\mathrm{B})^m = \mathrm{B}^m$, par suite si B est une racine m^e de A, il en est de même de $-\mathrm{B}$.

Nous désignerons par a la racine m^e de $A_0 x^{mp}$, si m est impair, ou l'une quelconque des deux déterminations que nous venons d'obtenir si m est pair : a sera le premier terme de la racine. Retranchons de A la puissance m^e du premier terme de la racine; on obtient un premier reste R_1 déterminé par l'identité

$$A - a^m \qquad R_1 \tag{3}$$

il résulte de ce qui précède que le degré de R_1 est inférieur à celui de A, puisque a^m est précisément égal au premier terme de A.

Je dis qu'on aura le second terme de la racine en divisant le premier terme de R_1 par ma^{m-1}, c'est-à-dire par m *fois la puissance* $(m - 1)^{ième}$ *du premier terme de la racine.*

En effet, en remplaçant A par $(a + y)^m$, on a :

$$R_1 = (a + y)^m - a^m = ma^{m-1} y + \frac{m(m-1)}{1.2} a^{m-2} y^2 + \ldots + y^m. \tag{4}$$

. Le terme du plus haut degré dans le second membre s'obtiendra, d'après ce qui a été dit plus haut, en multipliant ma^{m-1} par le terme du plus haut degré de y. On trouve ainsi $ma^{m-1}b$, qui doit être identique, en vertu de l'égalité (4), au terme du plus haut degré de R_1; on obtiendra donc b en divisant le premier terme de R_1 par ma^{m-1}.

Supposons qu'on ait trouvé un nombre quelconque de termes de la racine, et soit u l'ensemble de tous ces termes, soit de même v l'ensemble des termes qui restent à déterminer : de sorte que l'on ait :

$$A = (u + v)^m.$$

Retranchons de A la puissance m^e de la partie déjà connue, nous obtiendrons un reste R_h de sorte que :

$$A - u^m = R_h$$

il s'agit de prouver que l'on trouvera le terme suivant de la racine, c'est-à-dire le premier terme de la partie inconnue v, en appliquant la même règle que pour le second terme de la racine, je veux dire en divisant le premier terme de R_h par ma^{m-1}. On a en effet :

$$R_h = (u + v)^m - u^m = mu^{m-1} v + \frac{m(m-1)}{1.2} u^{m-2} v^2 + \ldots + v^m. \tag{5}$$

Le degré de v étant inférieur à celui de u, on obtiendra le terme du second nombre qui contient la plus haute puissance de x, en

multipliant le premier terme mu^{m-1} par le premier terme de v;
on obtient ainsi $ma^{m-1}g$, g désignant le premier terme de v; en
vertu de l'identité (5), $ma^{m-1}g$ est égal au premier terme de R_h;
donc on obtiendra le premier terme inconnu de la racine en divisant le premier terme du reste R_h par ma^{m-1}. La règle est donc
générale.

Cela fait, on retranche de A la puissance m^e de $u + g$ et l'on
obtient un nouveau reste R_k

$$A - (u + g)^m = R_k.$$

On a donc :

$$R_k = R_h - \left(mu^{m-1}g + \frac{m(m-1)}{1.2} u^{m-2}g^2 + \ldots + g^m \right).$$

Mais, dans l'expression mise entre parenthèses, le terme de
degré le plus élevé est égal à $ma^{m-1}g$; ce terme détruira le terme
de degré le plus élevé de R_h; donc le degré de R_k sera inférieur à
celui de R_h; on voit ainsi que les degrés des restes successifs vont
en diminuant. Il résulte de ce qui précède que si B existe, on
obtiendra successivement tous ses termes en opérant d'après la
règle suivante.

*On extrait la racine m^e du premier terme de A, supposé ordonné
suivant les puissances décroissantes de x; on retranche de A la puissance m^e du terme obtenu et l'on divise le premier terme du reste par
m fois la $(m-1)^{ième}$ puissance du premier terme trouvé; le quotient obtenu est le deuxième terme de la racine. Ensuite, on calcule la
puissance $m^{ième}$ de la somme des deux premiers termes de la racine,
on retranche le résultat obtenu du polynome donné, ce qui donne
le troisième reste et ainsi de suite; quand on a trouvé un nombre
quelconque de termes de la racine, on retranche du polynome donné
la puissance $m^{ième}$ de la partie trouvée, et l'on divise le premier terme
du reste ainsi obtenu, par m fois la $(m-1)^{ième}$ puissance du premier
terme, etc.*

Il est clair que si l'on arrive à un reste nul, ce reste étant obtenu
en retranchant de A la puissance m^e du polynome trouvé B, ce
polynome B est la racine m^e cherchée et A est une puissance m^e
exacte.

On a supposé, comme on l'a dit plus haut, que le degré de A est
un multiple de m.

3. L'opération n'est pas toujours possible; nous avons vu que
les degrés des restes vont en diminuant; si le degré de A est égal
à mp, lorsqu'on arrivera à un reste dont le degré sera inférieur à

$p(m-1)$ ou $\dfrac{y}{m}(m-1)$, si ce reste n'est pas nul, l'opération est impossible; cela résulte évidemment de ce qui précède. En désignant par B le polynome obtenu, on a dans ce cas :

$$A - B^m = R$$

le degré de R étant inférieur à $p - \dfrac{y}{m}$.

On peut définir, d'une manière générale, l'extraction de la racine m^e d'un polynome A de la manière suivante.

Étant donné un polynome A de degré mp, trouver un polynome entier B de degré p tel que la différence $A - B^m$ soit un polynome de degré inférieur à $mp - p$.

Il est facile de faire voir directement que l'on obtiendra les différents termes de B par la règle donnée plus haut; en effet, si l'on pose :

$$A = (a + b + c + \dots + k + l)^m + R,$$

le terme de degré le plus élevé du second membre sera a^m, car ce terme est de degré mp tandis que le degré de R est plus petit que $mp - p$; donc on aura a de la même manière que si R était nul. Plus généralement si $B = u + v$, le degré de u étant supérieur au degré de v, de sorte que :

$$A = (u + v)^m + R$$

on aura :

$$A - u^m = mu^{m-1}v + \frac{m(m-1)}{1\cdot 2}u^{m-2}v^2 + \dots + v^m + R;$$

le degré $mu^{m-1}v$ sera *au moins égal* à celui de a^{m-1}, c'est-à-dire au moins égal à $(m-1)p$ ou $mp - p$; il sera donc, quel que soit le nombre des termes calculés, supérieur au degré de R; donc on aura bien le premier terme de v en divisant le premier terme du reste $A - u^m$ par ma^{m-1}; enfin, les degrés des restes successifs vont en diminuant; on le voit absolument de la même manière que plus haut.

Cela posé, si m est impair, nous n'avons trouvé pour v qu'une seule détermination, il en résulte évidemment une détermination unique pour les termes suivants b, c, $\dots$ l. Si m est pair et si A_0 est positif, nous aurons pour a deux déterminations égales et de signes contraires; nous pourrons donc poser $a = \varepsilon \sqrt[m]{A_0} \cdot x^p = \varepsilon a_1$, ε désignant ± 1. Le premier reste $A - a^m$ a la même valeur, quel que soit le signe de ε car $a^m = \varepsilon^m a_1^m = a_1^m$ puisque m est pair. Soit $A' x^{mp-1}$ le premier terme du reste; on doit, pour trouver b, diviser $A' x^{mp-1}$ par $ma^{m-1} = m \varepsilon^{m-1} a_1^{m-1}$; mais $\varepsilon^{m-1} = \varepsilon$ puisque $m - 1$ est impair, donc le second terme est égal à $\dfrac{\varepsilon A' x^{mp-1}}{ma_1^{m-1}} = \dfrac{\varepsilon A'}{m \sqrt[m]{A_0^{m-1}}} x^{p-1}$. Nous pouvons donc poser $b = \varepsilon b_1$, de sorte que b aura deux déterminations; l'ensemble des deux premiers termes de la racine peut donc être représenté par $\varepsilon(a_1 + b_1)$. Le second reste sera $A - \varepsilon^m (a + b)^m = A - (a_1 + b_1)^m$, puisque $\varepsilon^m = 1$; on verra de même que le troisième terme a deux déterminations égales et de signes contraires, et ainsi de suite. On obtient ainsi deux polynomes B et $- B$, égaux et de signes contraires; mais dans tous les cas, la différence $A - B^m$ est complètement déterminée, et le reste R est unique.

Donc, on peut énoncer ce théorème.

Étant donné un polynome A entier en x, de degré mp, si m est impair, on ne peut trouver qu'un seul polynome B, de degré p, tel que la différence $A - B^m$ soit un polynome R de degré inférieur à $mp - p$, et si m est pair on peut trouver deux polynomes B et $- B$, égaux et de signes contraires satisfaisant à la condition donnée.

4. Démonstration directe. — On peut établir la proposition directement. En effet, supposons que l'on puisse avoir en même temps :

$$A = B^m + R$$

et

$$A = C^m + S$$

B et C étant deux polynomes de degré p, R et S deux polynomes qui soient chacun de degré inférieur à $mp - p$, et A un polynome de degré mp; on déduit des deux identités précédentes :

$$B^m - C^m = S - R$$

ou

$$(B - C)(B^{m-1} + B^{m-2}C + \ldots + C^{m-1}) = S - R.$$

Soient a et a' les premiers termes des polynomes B et C, en supposant ces polynomes ordonnés suivant les puissances décroissantes; on a nécessairement $a'^m = a^m$, puisque les termes du degré le plus élevé de B^m et de C^m doivent être identiques au premier terme de A; si m est impair, on a donc $a' = a$, et si m est pair, $a' = \pm a$; mais si $a' = - a$, le premier terme du polynome $- C$, sera égal à a; or, on peut évidemment, dans ce cas, changer C en $- C$; nous pouvons donc supposer dans tous les cas, que les premiers termes de B et de C, soient les mêmes. Cela étant, quel que soit le degré de B — C, le terme du plus haut degré du second facteur du premier membre de l'identité précédente étant alors égal à ma^{m-1}, le degré de ce premier membre sera au moins égal à $p(m-1)$ ou $mp - p$; et par suite l'identité est impossible, puisque S — R est de degré inférieur à $mp - p$. La proposition est donc établie.

Remarque. — Supposons que l'on ait déterminé les h premiers termes de B, on aura :

$$A = (b_0 x^p + b_1 x^{p-1} + \ldots + b_{h-1} x^{p-h+1})^m + R_h.$$

R_h étant un polynome de degré $mp - h$ au plus. On vérifiera comme plus haut, que cette transformation n'est possible que d'une seule manière, si m est impair et avec deux polynomes égaux et de signes contraires si m est pair. Si $h = p$, le reste R_p sera au plus de degré $mp - p - 1$; c'est conforme à ce que nous avons trouvé.

5. Exemple. — Soit à calculer la racine cubique du polynome :

$$x^6 - 3x^5 + 1.$$

Le premier terme de la racine est x^2, le premier terme du reste sera donc $-3x^5$. Donc le second terme de la racine est :

$$-3x^5 : 3x^4 = -x;$$

on retranche du polynome donné le cube de $x^2 - x$, c'est-à-dire $x^6 - 3x^5 + 3x^4 - x^3$; mais comme on a déjà retranché x^6, il suffit de retrancher $-3x^5 + 3x^4 - x^3$ du reste; on obtient ainsi $-3x^4 + x^3 + 1$; le troisième terme de la racine est donc égal à -1; il n'y a plus qu'à retrancher du polynome donné le cube de $x^2 - x - 1$ pour savoir si ce polynome est un cube parfait. On peut abréger l'opération en remarquant qu'on a déjà retranché $(x^2 - x)^3$; il reste donc à retrancher de $-3x^4 + x^3 + 1$, la somme :

$$-3(x^2 - x)^2 + 3(x^2 - x) - 1 = -3x^4 + 6x^3 - 3x - 1,$$

le reste est : $-5x^3 + 3x + 2$; on a donc :

$$x^6 - 3x^5 + 1 = (x^2 - x - 1)^3 - 5x^3 + 3x + 2.$$

Voici comment on dispose l'opération :

$$
\begin{array}{l|l}
x^6 - 3x^5 + 1 & x^2 - x - 1 \\
x^6 & \\
\hline
-3x^5 + 1 & (x^2-x)^3 = x^6 - 3x^5 + 3x^4 - x^3 \\
-3x^5 + 3x^4 - x^3 & 3(x^2-x)^2 = 3x^4 - 6x^3 + 3x^2 \\
\hline
-3x^4 + x^3 + 1 & -3(x^2-x) = -3x^2 + 3x \\
-3x^4 + 6x^3 - 3x - 1 & -3(x^2-x)^2 + 3(x^2-x) = -3x^4 + 6x^3 - 3x - 1 \\
\hline
-5x^3 + 3x + 2 &
\end{array}
$$

Remarque. — Il convient de remarquer que le premier terme du premier reste partiel est toujours égal au terme de degré $mp - 1$ du polynome donné; donc on peut écrire les deux premiers termes de la racine dès que l'on connaît les deux premiers termes du polynome donné.

6. Autre exemple. — *Extraire la racine carrée du polynome*

$$x^4 + 4\,n\,x^3 + 6\,p\,x^2 + 4\,q\,x + r.$$

Voici l'opération :

$$
\begin{array}{ll}
\begin{array}{l}
x^4 + 4\,n\,x^3 + 6\,p\,x^2 + 4\,q\,x + r \\
\quad\; 4\,n\,x^3 + 4\,n^2\,x^2 \\
\hline
\quad (6\,p - 4\,n^2)\,x^2 + 4\,q\,x + r \\[4pt]
\quad (6\,p - 4\,n^2)\,x^2 + 4\,n\,(3\,p - 2\,n^2)\,x + (3\,p - 2\,n^2)^2 \\
\hline
4\,[q - n\,(3\,p - 2\,n^2)]\,x + r - (3\,p - 2\,n^2)^2
\end{array}
&
\begin{array}{|l}
x^2 + 2\,n\,x + 3\,p - 2\,n^2 \\
\hline
2\,x^2 + 2\,n\,x \\
\quad\; 2\,n\,x \\
\hline
2\,x^2 + 4\,n\,x + 3\,p - 2\,n^2 \\
\qquad\qquad\quad 3\,p - 2\,n^2 \\
\hline
\end{array}
\end{array}
$$

On avait à retrancher du polynome le carré de $x^2 + 2\,n\,x$, après avoir déjà retranché x^4; pour cela, on procède comme en arithmétique, on double x^2 et on ajoute $2\,n\,x$, on multiplie ensuite la somme $x^2 + 2\,n\,x$ par $2\,n\,x$; ensuite, pour retrancher du second reste le carré de $x^2 + 2\,n\,x + 3\,p - 2\,n^2$, on multiplie par $3\,p - 2\,n^2$ la somme $2\,x^2 + 4\,n\,x + 3\,p - 2\,n^2$, ... etc.

Le reste est

$$4\,[q - n\,(3\,p - 2\,n^2)]\,x + r - (3\,p - 2\,n^2)^2$$

pour que le polynome soit carré parfait on doit avoir :

$$q - n\,(3\,p - 2\,n^2) = 0$$
$$r - (3\,p - 2\,n^2)^2 = 0.$$

7. Deuxième cas. — Extraction de la racine m^e d'un polynome ordonné suivant les puissances croissantes de x. — Supposons d'abord que le polynome donné A ne soit pas divisible par x, et soit :

$$A = a_0 + a_1 x + a_2 x^2 + \ldots\,.$$

Supposons que A soit la puissance m^e d'un polynome entier :

$$B = b_0 + b_1 x + b_2 x^2 + \ldots\,.$$

de sorte que

$$A = (b_0 + b_1 x + b_2 x^2 + \ldots\,.)^m.$$

En raisonnant comme dans le premier cas, on voit que l'on doit avoir $b_0^m = a_0$. Si m est impair, on a $b_0 = \sqrt[m]{a_0}$; si m est pair, il faut supposer $a_0 > 0$ et alors $b_0 = \pm\sqrt[m]{a_0}$; choisissons l'une de ces déterminations et désignons-la par b_0. Retranchons b_0^m de A; nous obtiendrons un premier reste partiel R_1 de sorte que :

$$A - b_0^m = R_1,$$

comme $b_0^m = a_0$, R_1 est divisible par x et l'on peut poser

$$R_1 = x \cdot S_1,$$

S_1 désignant un polynome entier en x.

Si nous désignons par y la partie inconnue de la racine, nous aurons :

$$R_1 = (b_0 + y)^m - b_0^m = m b_0^{m-1} y + \frac{m(m-1)}{1 \cdot 2} b_0^{m-2} y^2 + \ldots$$

Dans le second membre, le terme de degré le moins élevé est évidemment égal à $m b_0^{m-1}$ multiplié par le premier terme $b_1 x$ de y ; donc, on aura le second terme de la racine en divisant le premier terme de R_1 par $m b_0^{m-1}$; si l'on retranche $(b_0 + b_1 x)^m$ de A, on obtiendra un second reste égal à

$$R_1 - \left(m b_0^{m-1} b_1 x + \frac{m(m-1)}{1 \cdot 2} b_0^{m-2} (b_1 x)^2 + \ldots \right)$$

ce nouveau reste aura donc x^2 en facteur, et l'on peut poser

$$R_2 = x^2 S_2.$$

En raisonnant comme dans le cas des puissances décroissantes, on prouvera que, quel que soit le nombre de termes trouvés, on obtient le suivant en retranchant du polynome donné la puissance m^e de la partie trouvée à la racine, et en divisant le premier terme du reste ainsi obtenu par m fois la $(m-1)^e$ puissance du premier terme de la racine et l'on aura :

$$A = (b_0 + b_1 x + b_2 x^2 + \ldots + b_h x^h)^m + x^{h+1} S_{h+1},$$

S_{h+1} étant un polynome entier en x.

Si le polynome A est une puissance m^e exacte, on arrivera nécessairement à un reste nul ; si, quelque loin qu'on pousse l'opération, le reste R_{h+1} n'est jamais nul, il est clair que A n'est pas une puissance m^e. Si le degré de A est mp, le reste R_{p+1} doit être nul ; sinon l'opération est impossible et pourra être continuée indéfiniment.

On peut écrire *a priori* l'identité précédente, et il n'y aura rien à changer pour déterminer successivement les différents termes du polynome

$$b_0 + b_1 x + b_2 x^2 + b_h x^h$$

que l'on appelle la racine m^e approchée ou exacte, suivant que R_{h+1} est différent de zéro ou nul.

Si m est impair il n'y a qu'une seule racine de degré donné h ; si m est pair on peut en trouver deux, égales et de signes contraires.

On peut donc énoncer cette proposition :

Étant donné un polynome entier en x,

$$A = a_0 + a_1 x + a_2 x^2 + \ldots$$

on peut trouver un seul polynome entier

$$B = b_0 + b_1 x + \ldots + b_h x^h$$

de degré h, si m est impair ou deux polynomes égaux et de signes contraires si m est pair, tels que la différence

$$A - B^m,$$

soit divisible par x^{h+1}.

Il est facile de démontrer *directement* cette proposition.

Supposons, en effet, qu'on ait en même temps :

$$A \equiv B^m + x^{h+1} S$$
$$A \equiv C^m + x^{h+1} T,$$

B et C étant tous les deux de degré h. On voit aisément qu'on peut supposer dans tous les cas que les premiers termes de B et de C sont égaux ; cela posé, on déduit des deux identités précédentes supposées vraies,

$$(B - C) (B^{m-1} + B^{m-2} C + B^{m-3} C^2 + \ldots + C^{m-1}) \equiv x^{h+1} (T - S),$$

B — C peut contenir x en facteur, mais évidemment au plus à la puissance h; or, pour $x = 0$, le second facteur du premier membre se réduit à $m\, b_0^{m-1}$; donc le premier membre n'est pas divisible par x^{h+1}, il ne peut donc être identique au second.

8. Exemple. — Soit à extraire la racine cubique du polynome

$$1 - 3\, x,$$

on trouve immédiatement les deux premiers termes : $1 - x$.

Le cube de $1 - x$ est $1 - 3\, x + 3\, x^2 - x^3$; donc le second reste est

$$- 3\, x^2 + x^3,$$

le troisième terme de la racine est donc $- x^2$.

Retranchons de $- 3\, x^2 + x^3$ le cube de $1 - x - x^2$ diminué de $(1 - x)^3$, c'est-à-dire $- 3 (1 - x) x^2 + 3 (1 - x) x^4 - x^6$; le nouveau reste aura x^3 en facteur. On obtient :

$$1 - 3\, x = (1 - x - x^2)^3 - 5\, x^3 + 3\, x^5 + x^6.$$

9. Supposons maintenant qu'il s'agisse d'un polynome contenant en facteur une puissance de x dont l'exposant soit un multiple de m; si cette dernière condition n'est pas remplie, on reconnait immédiatement que l'opération est impossible et ne peut même pas être commencée. Soit donc $A' = A\, x^{mp}$, A désignant un polynome entier en x; nous pourrons mettre A sous la forme

$$A = (b_0 + b_1 x + b_2 x^2 + \ldots + b_h x^h)^m + x^{h+1}\, S_{h+1},$$

on aura ainsi :

$$A' = (b_0 x^p + b_1 x^{p+1} + b_2 x^{p+2} + \ldots + b_h x^{p+h})^m + x^{mp+h+1}\, S_{h+1}.$$

Ce cas se ramène donc au précédent. Il est d'ailleurs facile de le traiter directement, la règle à suivre est la même que dans le cas précédent.

10. Développement de $\sqrt[m]{A}$ suivant les puissances entières de x. — Nous supposons que l'on donne à x une valeur positive ou négative, le polynome A prend alors une valeur numérique déterminée. $\sqrt[m]{A}$ désigne la racine $m^{ième}$ arithmétique de ce nombre que nous supposerons positif si m est pair.

Soit d'abord un polynome entier A non divisible par x; je dis que l'on peut poser

$$\sqrt[m]{A} = B_h + \lambda x^{h+1},$$

B_h désignant un polynome entier en x de degré h, et λ une expression ayant une limite finie quand x tend vers 0.

En effet, extrayons la racine $m^{ième}$ de A ordonnée suivant les puissances croissantes de x, de manière à obtenir à la racine un polynome de degré h; nous aurons d'après ce qui précède :

$$A = (b_0 + b_1 x + b x^2 + \ldots + b_h x^h)^m + x^{h+1}\, S$$

S étant un polynome entier.

Désignons par B le polynome

$$b_0 + b_1 x + b_2 x^2 + \ldots + b_h x^h$$

et représentons $\sqrt[m]{A}$ par U.

On peut écrire :

$$U^m - B^m = x^{h+1}\, S;$$

d'où

$$U - B = x^{h+1}\, \frac{S}{U^{m-1} + U^{m-2}B + \ldots + B^{m-1}}.$$

Si x tend vers zéro, U tend vers $b_0 = \sqrt[m]{a_0}$.

Si

$$S = \sigma_0 + \sigma_1 x + \ldots$$

la fraction

$$\frac{S}{U^{m-1} + U^{m-2}B + \ldots + B^{m-1}}$$

a pour valeur : $\dfrac{\sigma_0}{m\,b_0^{\,m-1}}$, quand $x = 0$.

Si l'on pose :

$$\lambda = \frac{S}{U^{m-1} + U^{m-2}\,B + \dots + B^{m-1}},$$

on aura :

$$\sqrt[m]{A} = b_0 + b_1\,x + b_2\,x^2 + \dots + b_h\,x^h + \lambda\,x^{h+1},$$

λ ayant pour limite $-\dfrac{\sigma_0}{m\,b_0^{\,m-1}}$, c'est-à-dire une limite finie, quand x tend vers zéro.

On peut remarquer que $-\dfrac{\sigma_0}{m\,b_0^{\,m-1}}$ est précisément le coefficient du terme en x^{h+1} que l'on trouverait à la racine, si l'on cherchait un terme de plus. On peut écrire aussi :

$$\sqrt[m]{A} = b_0 + b_1\,x + b_2\,x^2 + \dots + (b_h + \alpha)\,x^h,$$

α tendant vers zéro en même temps que x, puisque $\alpha = \lambda x$.

La transformation précédente n'est possible que d'une seule manière.

En d'autres termes, si l'on a :

$$b_0 + b_1\,x + b_2\,x^2 + \dots + b_h\,x^h + \lambda\,x^{h+1} = c_0 + c_1\,x + \dots c_h\,x^h + \mu\,x^{h+1}$$

λ et μ ayant des limites finies pour $x = 0$, on a :

$$b_0 = c_0 \qquad b_1 = c_1 \dots b_h = c_h \qquad \lambda = \mu.$$

Il suffit de reproduire la démonstration du n° (13), chap. III.)

Supposons maintenant qu'il s'agisse d'un polynome entier A, divisible par x^{mp}.

Posons $A' = A\,x^{mp}$, A étant un polynome entier non divisible par x.

Supposons que x soit positif, alors $\sqrt[m]{A\,x^{mp}} = x^p\sqrt[m]{A}$, et l'on aura :

$$\sqrt[m]{A'} = b_0\,x^p + b_1\,x^{p+1} + \dots + b_h\,x^{p+h} + \lambda\,x^{p+h+1}.$$

Soit $x < 0$; posons $x = -x'$; si mp est pair, $\sqrt[m]{x^{mp}} = x^p = (-1)^p\,x'^p$; on aura alors

$$\sqrt[m]{A'} = (-1)^p\,(b_0\,x'^p + b_1\,x'^{p+1} + \dots + A_h\,x'^{p+h}) + \lambda\,(-1)^p\,x'^{p+h+1}.$$

Si mp est impair, on a dans tous les cas $\sqrt[m]{A\,x^{mp}} = x^p\sqrt[m]{A}$; c'est la première identité qui convient.

Soit maintenant

$$A = a_0\,x^{mp} + a_1\,x^{mp-1} + \dots + a_{mp},$$

en posant

$$x = \frac{1}{z},$$

on a :

$$A = x^{mp}\,(a_0 + a_1\,z + a_2\,z^2 + \dots + a_{mp}\,z^{mp}).$$

Donc, en remarquant que $\sqrt[m]{x^{mp}} = \varepsilon\,x^p$, ε étant égal à $+1$ quand x est positif, et aussi quand x est négatif, et que p est pair; ε étant égal à -1, si p est impair et $x < 0$; on aura

$$\sqrt[m]{A} = \varepsilon\,x^p \left(b_0 + b_1 z + b_2 z^2 + \ldots\ldots + b_h z\right) + x^p . \lambda\, z^{h+1}).$$

ou

$$\sqrt[m]{A} = \varepsilon\left(b_0 x^p + b_1 x^{p-1} + b_2 x^{p-2} + \ldots\ldots + b_h x^{p-h}\right) + \varepsilon . \lambda\, x^{p-h-1}.$$

λ ayant une limite finie quand z tend vers zéro, c'est-à-dire quand x augmente indéfiniment en valeur absolue, le polynome

$$b_0 + b_1 z + b_2 z_2 + \ldots\ldots + b_h z^h$$

étant la racine m^e approchée du polynome

$$a_0 + a_1 z + \ldots\ldots + a_{mp} z^{mp}.$$

Remarque. — La transformation précédente n'est possible que d'une seule manière.

11. Soit A un polynome entier en x :

$$A = a_0 + a_1 x + a_2 x^2 + \ldots\ldots + a_m x$$

et $f(x)$ une fonction de x définie par l'équation

$$f(x) = A + \alpha\, x^h$$

α étant une limite finie quand x tend vers zéro. En raisonnant comme au n° 10, on a, en posant $A = U^m$ et $f(x) = V^m$

$$\sqrt[m]{f(x)} - \sqrt[m]{A} = \frac{\alpha .\, x^h}{U^{m-1} + U^{m-2} V \ldots\ldots + V^{m-1}}$$

c'est-à-dire

$$\sqrt[m]{f(x)} - \sqrt[m]{A} = \lambda\, x^h$$

λ ayant une limite finie quand x tend vers zéro.

On en conclut que l'on pourra faire le développement de $f(x)$ de la même manière que s'il s'agissait d'un polynome entier, pourvu que l'on s'arrête au terme de degré $h-1$.

Remarque analogue par les puissances décroissantes.

APPLICATIONS

12. *Trouver la condition pour que le trinome*

$$ax^2 + 2bxy + cy^2$$

soit un carré parfait (à un facteur numérique près).

Supposons que a soit différent de zéro, et considérons le trinome

$$a^2 x^2 + 2abxy + acy^2.$$

Extrayons sa racine carrée, en supposant que y ait une valeur déterminée; nous trouverons

$$a^2 x^2 + 2abxy + cy^2 = (ax + by)^2 + (ac - b^2)y^2,$$

le reste est égal à

$$(ac - b^2)\, y^2 ;$$

il faut que ce reste soit nul quel que soit y, donc, on doit avoir

$$ac - b^2 = 0.$$

On arriverait à la même conclusion si l'on savait seulement que c est différent de zéro. Enfin si $a = 0$, $c = 0$, le trinome se réduit à $2\,bxy$; il ne peut évidemment être le carré d'aucun polynome entier en x ou y ; on peut donc dire que la condition cherchée est :

$$ac - b^2 = 0,$$

en supposant toutefois que a et c ne soient pas nuls en même temps, car alors b devrait être également nul et le trinome s'évanouirait identiquement.

Supposons la condition trouvée remplie et soit d'abord $a > 0$, on aura

$$ax^2 + 2\,bxy + cy^2 = \frac{1}{a}\,(ax + by)^2 = \left(x \sqrt{a} + \frac{b}{\sqrt{a}}\,y \right)^2 .$$

Si au contraire a est négatif, on aura :

$$ax^2 + 2\,bxy + cy^2 = - \left(x \sqrt{-a} - \frac{b}{\sqrt{-a}}\,y \right)^2 .$$

Remarque. — Nous dirons dans les deux cas que le polynome donné est carré parfait.

13. Problème. — *Déterminer S de manière que*

$$ax^2 + 2\,bxy + cy^2 - S\,(x^2 + y^2)$$

soit un carré parfait.

Ordonnons l'expression donnée :

$$(a - S)\,x^2 + 2\,bxy + (c - S)\,y^2 .$$

Pour que cette expression soit carré parfait, il faut et il suffit que S soit racine de l'équation

$$(a - S)\,(c - S) - b^2 = 0.$$

Si $b = 0$, on doit prendre $S = a$ ou $S = c$.

On vérifie facilement que l'équation du second degré en S a ses racines réelles et inégales tant que b est différent de zéro ; en effet, le coefficient de S^2 est positif et si l'on substitue a ou c à S, le premier membre devient égal à $- b^2$; donc l'équation a une racine inférieure à a et à c, et une racine supérieure à chacun de ces deux nombres.

14. Problème. — *Déterminer S de manière que le polynome*

$$ax^2 + a'y^2 + a''z^2 + 2\,byz + 2\,b'zx + 2\,b''xy - S\,(x^2 + y^2 + z^2)$$

soit un carré parfait.

Si le polynome précédent est carré parfait, sa racine sera un polynome homogène du premier degré ; le coefficient de x^2 est $(a - S)$. Supposons d'abord $a - S$ différent de zéro ; alors, en regardant y et z comme des nombres donnés, le polynome

$$(a - S)\,x^2 + 2\,(b''y + b'z)\,x + (a' - S)\,y^2 + 2\,byz + (a'' - S)\,z^2$$

considéré comme un polynome entier en x, sera carré parfait ou, plus exactement, égal à *plus* ou *moins* un carré parfait. Il faut et il suffit pour cela que l'on ait :

$$(b''y + b'z)^2 - (a - S)\left[(a' - S)\,y^2 + 2\,byz + (a'' - S)\,z^2 \right] = 0 .$$

ou :

$$[b''^2 - (a - S)(a' - S)]\, y^2 - 2\,[b'b'' - b\,(a - S)]\, xy + [b'^2 - (a - S)(a'' - S)] = 0.$$

Cette identité devant avoir lieu quelles que soient les valeurs attribuées à y et à z, elle se décompose en :

$$(a - S)(a' - S) - b''^2 = 0$$
$$(a - S)(a'' - S) - b'^2 = 0$$
$$(a - S)\, b - b'b'' = 0.$$

Supposons d'abord b, b', b'' tous trois différents de zéro ; la dernière équation donne

$$a - S = \frac{b'b''}{b}.$$

Substituant dans les deux autres, et simplifiant, on obtient :

$$a' - S = \frac{bb''}{b'}, \quad a'' - S = \frac{bb'}{b''}.$$

Par suite, pour que le problème soit possible, il faut et il suffit qu'on ait :

$$a - \frac{b'b''}{b} = a' - \frac{bb''}{b'} = a'' - \frac{bb'}{b''}$$

et l'on devra prendre pour S, la valeur commune de ces trois expressions,

$$S = a - \frac{b'b''}{b} = a' - \frac{bb''}{b'} = a'' - \frac{bb'}{b''}.$$

Il est d'ailleurs facile de trouver la racine carrée, en supposant les conditions précédentes remplies. En effet, on a alors

$$a = S + \frac{b'b''}{b}, \quad a' = S + \frac{bb''}{b'}, \quad a'' = S + \frac{bb'}{b''}$$

le polynome donné est donc égal à :

$$\frac{b'b''}{b}\, x^2 + \frac{bb''}{b'}\, y^2 + \frac{bb'}{b''}\, z^2 + 2\, b\, yz + 2\, b'\, zx + 2\, b''\, xy$$

ou

$$b\, b'\, b'' \left(\frac{x}{b} + \frac{y}{b'} + \frac{z}{b''} \right)^2.$$

Supposons maintenant que l'un des coefficients b, b', b'' soit nul ; soit par exemple $b' = 0$; nous supposons toujours $a - S$ différent de zéro ; l'équation

$$(a - S)\, b - b'b'' = 0 \quad \text{se réduit à} \quad (a - S)\, b = 0$$

et donne $b = 0$; on aura alors $S = a''$ et l'équation de condition :

$$(a - a'')(a' - a'') = b''^2.$$

On voit de même que si l'on suppose $b = 0$, il faudra supposer b' ou b'' nul. Soient $b = 0$ et $b'' = 0$, il faudra prendre $S = a'$ et les coefficients devront vérifier la condition :

$$(a - a')(a'' - a') = b'^2.$$

Si $b' = 0$ et $b'' = 0$, il faudra que l'on ait $b = 0$ puisque $a - S$ est supposé différent de zéro ; dans ce cas, il faudra prendre $S = a'$ et $S = a''$, ce qui exige que $a' = a''$.

Considérons par exemple le cas de $b = 0$, $b' = 0$.
Le polynome se réduit, en prenant $S = a''$, à :

$$a\,x^2 + a'\,y^2 + a''\,z^2 + 2\,b''\,x\,y - a''\,(x^2 + y^2 + z^2)$$

ou

$$(a - a'')\,x^2 + (a' - a'')\,y^2 + 2\,b''\,x\,y$$

et il est bien carré parfait, si

$$(a - a'')\,(a' - a'') - b''^2 = 0.$$

Supposons maintenant $S = a$; le polynome donné se réduit à

$$(a' - a)\,y^2 + (a'' - a)\,z^2 + 2\,b\,y\,z + 2\,b'\,z\,x + 2\,b''\,x\,y$$

il est évident que le carré d'un polynome de la forme

$$\alpha\,x + \beta\,y + \gamma\,z$$

contient un terme en x^2; donc, si le polynome proposé est carré parfait, sa racine
ne doit pas contenir x, elle sera de la forme

$$\beta\,y + \gamma\,z$$

dont le carré ne contient plus aucun terme en $x\,y$ ou $x\,z$; donc on doit avoir

$$b'' = 0 \quad \text{et} \quad b' = 0$$

et ensuite

$$(a' - a)\,(a'' - a) - b^2 = 0.$$

Il est évident que ce cas ne diffère pas, au fond, de ceux que nous avons déjà
considérés.

EXERCICES

1. Trouver les conditions pour que $x^3 + 3\,p\,x^2 + 3\,q\,x + r$ soit un cube parfait.
2. Condition pour que $x^3 + 3\,p\,x^2 + 3\,q\,x + r$ soit divisible par un carré parfait.
3. Extraire la racine carrée de

$$(x^2 - y\,z)^3 + (y^2 - z\,x)^3 + (z^2 - x\,y)^3 - 3\,(x^2 - y\,z)\,(y^2 - z\,x)\,(z^2 - x\,y).$$

Réponse : $x^3 + y^3 + z^3 - 3\,x\,y\,z.$

4. Résoudre l'équation

$$x^4 - 2\,a\,x^3 - (m^2 - 2\,a^2)\,x^2 + 2\,a\,m^2\,x - a^2\,m^2 = 0.$$

— On extrait la racine carrée, en ordonnant suivant les *puissances croissantes:*
l'équation prend la forme

$$\left(a\,m - m\,x - \frac{a}{m}\,x^2\right)^2 - \left(\frac{a^2}{m^2} + 1\right)x^4 = 0.$$

(Cette équation se présente dans la résolution du problème de Pappus.)
5. Étant donné le polynome

$$f(x) = A\,x^4 + B\,x^3 + C\,x^2 + D\,x + E$$

on peut, d'une infinité de manières, trouver deux trinomes du second degré P, Q,
vérifiant l'identité :

$$P^2 + \alpha\,Q = f(x)$$

α étant une constante. Montrer que, parmi ces systèmes, il y en a trois pour
lesquels le trinome Q est un carré parfait.

CHAPITRE XIII

LIMITES DE QUELQUES EXPRESSIONS IRRATIONNELLES

Expressions se présentant sous la forme $\dfrac{0}{0}$.

1. *Trouver la limite de la fraction*

$$\frac{\sqrt[n]{x} - \sqrt[n]{a}}{x - a}$$

quand x tend vers a (en supposant a positif quand n est pair).

Désignons par y la racine n^e de x, et par b la racine n^e de a, de sorte que : $x = y^n$, $a = b^n$. Quand x tend vers a, y tend vers b. Nous sommes ainsi ramenés à trouver la limite de :

$$\frac{y - b}{y^n - b^n}$$

quand y tend vers b.

Or,

$$\frac{y - b}{y^n - b^n} = \frac{1}{y^{n-1} + y^{n-2}b + \ldots + b^{n-1}}$$

donc, si y tend vers b, la fraction donnée a pour limite

$$\frac{1}{nb^{n-1}} .$$

ou :

$$\frac{1}{n\sqrt[n]{a^{n-1}}} .$$

En particulier,

$$\lim . \frac{\sqrt{x} - \sqrt{a}}{x - a} = \frac{1}{2\sqrt{a}} .$$

2. *Trouver la limite de la fraction :*

$$f = \frac{\sqrt[n]{x} - \sqrt[n]{a}}{\sqrt[n]{x} - \sqrt[n]{a}}$$

quand x tend vers a.

On a :

$$f = \frac{\left(\dfrac{\sqrt[n]{x} - \sqrt[n]{a}}{x - a}\right)}{\left(\dfrac{\sqrt[p]{x} - \sqrt[p]{a}}{x - a}\right)}$$

donc :

$$\lim. \, f = \frac{\left(\dfrac{1}{n\sqrt[n]{a^{n-1}}}\right)}{\left(\dfrac{1}{p\sqrt[p]{a^{p-1}}}\right)} = \frac{p\sqrt[p]{a^{p-1}}}{n\sqrt[n]{a^{n-1}}}.$$

Autre méthode. — Posons $x = y^{np}$, $a = b^{np}$; on a :

$$f = \frac{y^p - b^p}{y^n - b^n}$$

ou, en divisant les deux termes par $y - b$,

$$f = \frac{y^{p-1} + y^{p-2} b + \ldots + b^{p-1}}{y^{n-1} + y^{n-2} b + \ldots + b^{n-1}}$$

donc, si x tend vers a, y tendant vers b, on a :

$$\lim. \, f = \frac{p \cdot \sqrt[p]{a^{p-1}}}{n \cdot \sqrt[n]{a^{n-1}}}.$$

3. $f(x), \ldots \varphi(x) \ldots$ *désignant des polynomes entiers, trouver la limite d'une fraction*

$$f = \frac{\sum \sqrt[n]{f(x)}}{\sum \sqrt[p]{\varphi(x)}}$$

quand x tend vers a, en supposant que l'on ait :

$$\sum \sqrt[n]{f(a)} = 0 \qquad \sum \sqrt[p]{\varphi(a)} = 0.$$

On a :

$$f = \frac{\sum [\sqrt[n]{f(x)} - \sqrt[n]{f(a)}]}{\sum [\sqrt[p]{\varphi(x)} - \sqrt[p]{\varphi(a)}]}$$

puisque l'on a retranché de chacun des termes une somme nulle par hypothèse. Si l'on divise les deux termes de cette dernière fraction par $x - a$, on est ramené à trouver les limites de fractions telles que :

$$\frac{\sqrt[n]{f(x)} - \sqrt[n]{f(a)}}{x - a}$$

or :

$$\frac{\sqrt[n]{f(x)} - \sqrt[n]{f(a)}}{x - a} = \frac{\sqrt[n]{f(x)} - \sqrt[n]{f(a)}}{f(x) - f(a)} \times \frac{f(x) - f(a)}{x - a}.$$

$\dfrac{f(x) - f(a)}{x - a}$ est un polynome entier dont on aura la limite pour $x = a$ en remplaçant simplement x par a; quant à la fraction

$$\frac{\sqrt[n]{f(x)} - \sqrt[n]{f(a)}}{f(x) - f(a)}$$

elle a pour limite

$$\frac{1}{n\sqrt[n]{f(a)^{n-1}}}.$$

Exemple. — *Trouver la limite de*

$$f = \frac{\sqrt[3]{x + 7} - \sqrt{5 - x^2}}{x^2 - \sqrt[5]{4\,x^5 - 3}}$$

quand x tend vers 1.

On a :

$$\lim. \frac{\sqrt[3]{x + 7} - \sqrt[3]{8}}{(x + 7) - 8} = \frac{1}{3\sqrt[3]{8^2}} = \frac{1}{12}$$

$$\lim. \frac{\sqrt{5 - x^2} - \sqrt{4}}{(5 - x^2) - 4} \times \frac{1 - x^2}{x - 1} = \frac{1}{4} \times (-2) = -\frac{1}{2}.$$

$$\lim. \frac{x^2 - 1}{x - 1} = \lim. (x + 1) = 2$$

$$\lim. \frac{\sqrt[5]{4\,x^5 - 3} - \sqrt[5]{1}}{4\,x^5 - 3 - 1} \times \frac{4\,(x^5 - 1)}{x - 1} = \frac{1}{5} \times 20 = 4$$

donc :

$$\lim. f = \frac{\dfrac{1}{12} + \dfrac{1}{2}}{2 - 4} = -\frac{7}{24}.$$

4. Limite de fractions dont le numérateur et le dénominateur sont des sommes de radicaux portant sur des polynomes entiers en x, **en supposant que** x **augmente indéfiniment.**

Soit :

$$f = \frac{\sum \sqrt[n]{f(x)}}{\sum \sqrt[n]{\varphi(x)}}.$$

Si x augmente indéfiniment, chacun des polynomes augmente indéfiniment. Par suite, la fraction se présentera généralement sous la forme $\dfrac{\infty}{\infty}$; mais il peut aussi arriver que la fraction se présente sous une forme plus compliquée encore, telle que $\dfrac{\infty \cdots \infty}{\infty - \infty}$. On divisera les deux termes de la fraction par une puissance de x, x^α, choisie de manière que chacune des fractions telle que $\dfrac{\sqrt[n]{f(x)}}{x^\alpha}$, par exemple, ait une limite finie quand x augmente indéfiniment. Il convient, dans les questions de ce genre, de distinguer deux cas suivant que x est infini positif ou infini négatif. On ramène le second cas au premier, en changeant dans l'expression donnée x en $-x$. Si tous les radicaux sont d'indice impair il n'est pas utile de faire cette transformation.

Exemple :

$$f = \frac{\sqrt[3]{x^4 + 4x^2 + 1} + \sqrt[5]{x^4 + x^2}}{\sqrt[6]{2x^8 + 1} + \sqrt[3]{x - 1}}.$$

Si x augmente indéfiniment par valeurs positives, la fraction se présente sous la forme $\dfrac{\infty}{\infty}$; si x est négatif, le dénominateur prend lui-même une forme indéterminée.

Supposons d'abord $x > 0$, et divisons les deux termes par x^α.

$$f = \frac{\sqrt[3]{x^{4-3\alpha} + 4x^{2-3\alpha} + x^{-3\alpha}} + \sqrt[5]{x^{4-5\alpha} + x^{2-5\alpha}}}{\sqrt[6]{2x^{8-6\alpha} + x^{-6\alpha}} + \sqrt[3]{x^{1-3\alpha} - x^{-3\alpha}}}.$$

Il suffit que α vérifie les inégalités

$$4 - 3\alpha \leqslant 0 \quad 4 - 5\alpha \leqslant 0 \quad 8 - 6\alpha \leqslant 0 \quad 1 - 3\alpha \leqslant 0$$

ou $\qquad \alpha \geqslant \dfrac{4}{3} \qquad \alpha \geqslant \dfrac{4}{5} \qquad\qquad \alpha \geqslant \dfrac{1}{3},$

il suffit de prendre $\alpha = \dfrac{4}{3}$; on a :

$$\lim. f = \frac{\sqrt[3]{1}}{\sqrt[6]{2}} = \frac{1}{\sqrt[6]{2}}.$$

On trouvera la même limite pour $x = -\infty$.

5. *Trouver la limite de*

$$f = \frac{\sqrt{A x^2 + 2B x + C}}{x}$$

quand x augmente indéfiniment, A étant supposé > 0.

Si x est positif, on a $x = \sqrt{x^2}$, et, par suite :

$$f = \sqrt{A + \frac{2B}{x} + \frac{C}{x^2}}$$

f a pour limite $\sqrt{A}$.

Si x est négatif, $x = -\sqrt{x^2}$, donc :

$$f = -\sqrt{A + \frac{2B}{x} + \frac{C}{x^2}}$$

f a alors pour limite $-\sqrt{A}$.

Autre méthode :

$$\sqrt{A x^2 + 2B x + C} = \varepsilon \left(x \sqrt{A} + \frac{B}{\sqrt{A}} + \frac{\lambda}{x} \right)$$

λ ayant une limite finie quand x augmente indéfiniment.

Si $x > 0$, il faut prendre $\varepsilon = +1$, et, par suite :

$$f = \sqrt{A} + \frac{1}{x} \left(\frac{B}{\sqrt{A}} + \frac{\lambda}{x} \right)$$

donc,

$$\lim. f = \sqrt{A} ;$$

on voit de plus que si x est suffisamment grand

$$\frac{B}{\sqrt{A}} + \frac{\lambda}{x}$$

aura le signe de B ; donc la différence

$$f - \sqrt{A}$$

aura aussi le signe de B en tendant vers zéro.

Pour $x < 0$, il faut prendre :

$$\sqrt{A\, x^2 + B\, x + C} = - x \sqrt{A} - \frac{B}{\sqrt{A}} - \frac{\lambda}{x},$$

on en conclut,

$$\lim. f = - \sqrt{A},$$

et, de plus, $f + \sqrt{A}$ tend vers zéro par des valeurs de même signe que B.

Expressions se présentant sous la forme $\infty - \infty$.

6. *Soient $f(x)$ et $\varphi(x)$ deux polynomes entiers en x; on demande la limite de*

$$\sqrt[n]{f(x)} - \sqrt[n]{\varphi(x)}$$

quand x augmente indéfiniment.

On a identiquement :

$$\sqrt[n]{f(x)} - \sqrt[n]{\varphi(x)} = \frac{f(x) - \varphi(x)}{\left[\dfrac{f(x) - \varphi(x)}{\sqrt[n]{f(x)} - \sqrt[n]{\varphi(x)}}\right]}$$

$f(x) - \varphi(x)$ est un polynome entier en x; la fraction

$$\frac{f(x) - \varphi(x)}{\sqrt[n]{f(x)} - \sqrt[n]{\varphi(x)}}$$

est égale à

$$\sqrt[n]{(f(x))^{n-1}} + \sqrt[n]{(f(x))^{n-1}\,\varphi(x)} + \dots + \sqrt[n]{(\varphi(x))^{n-1}},$$

il en résulte que l'expression se présentera, en général, après cette transformation sous la forme $\dfrac{\infty}{\infty}$, pour x infini.

Exemples :

1° *Trouver la limite de*

$$y = \sqrt{x^2 + 1} - x$$

x étant infini.

Si x est < 0, il n'y a aucune difficulté; l'expression est infinie en même temps que x. Supposons $x > 0$, dans ce cas, nous écrirons :

$$y = \frac{x^2 + 1 - x^2}{\sqrt{x^2 + 1} + x} = \frac{1}{\sqrt{x^2 + 1} + x};$$

donc,

$$\lim. y = 0.$$

$2°$ *Trouver la limite de*

$$y = \sqrt[3]{x^3 - 5x^2 + 1} - x$$

x étant infini.

Quel que soit le signe de x, quand x est infini, les deux parties dont la différence représente y sont infinies et de signes contraires. On peut écrire :

$$y = \frac{x^3 - 5x^2 + 1 - x^3}{\sqrt[3]{(x^3 - 5x^2 + 1)^2} + x\sqrt[3]{x^3 - 5x^2 + 1} + x^2}.$$

Le numérateur est égal à $-5x^2 + 1$. Divisons les deux termes de la fraction par x^2, il vient :

$$y = \frac{-5 + \dfrac{1}{x^2}}{\sqrt[3]{\left(1 + \dfrac{5}{x} + \dfrac{1}{x^3}\right)^2} + \sqrt[3]{1 - \dfrac{5}{x} + \dfrac{1}{x^3}} + 1}$$

donc

$$\lim. \; y = -\frac{5}{3}.$$

7. Autre méthode.— On peut développer les radicaux par la méthode donnée au numéro (XII, 10). Reprenons l'exemple précédent.

On a :

$$\sqrt[3]{x^3 - 5x^2 + 1} = x - \frac{5}{3} - \frac{25}{9} \cdot \frac{1}{x} + \frac{\lambda}{x^2}$$

λ ayant une limite finie quand x augmente indéfiniment. Donc :

$$y = -\frac{5}{3} - \frac{1}{x}\left(\frac{25}{9} - \frac{\lambda}{x}\right).$$

On a donc bien : $\lim. \; y = -\dfrac{5}{3}$. Mais nous avons poussé le développement assez loin pour savoir quel est le signe de $y + \dfrac{5}{3}$ quand x augmente indéfiniment. On peut supposer x assez grand en valeur absolue pour que $\dfrac{25}{9} - \dfrac{\lambda}{x}$ ait le signe $+$, puisque $\dfrac{\lambda}{x}$ a pour limite zéro ; donc pour des valeurs de x suffisamment grandes en valeur absolue, la différence $y + \dfrac{5}{3}$ aura le signe de $-\dfrac{1}{x}$, c'est-à-dire sera négative si x est positif et positive si x est négatif.

Autre exemple. — *Trouver la limite de l'expression :*

$$y = \sqrt{Ax^2 + 2Bx + C} - \left(x\sqrt{A} + \frac{B}{\sqrt{A}}\right)$$

quand x augmente indéfiniment en valeur absolue.

Le trinome

$$A x^2 + 2B x + C,$$

est infini, et a le signe de A, quand x est infini; il faut donc supposer $A > 0$ pour que le radical soit réel. Si x est infini négatif, y est infini positif. Supposons que x soit positif et augmente indéfiniment. On a, dans ce cas :

$$\sqrt{A x^2 + 2B x + C} = x \sqrt{A} + \frac{B}{\sqrt{A}} + \frac{AC - B^2}{A} \cdot \frac{1}{2x \sqrt{A}} + \frac{\lambda}{x^2} \cdot$$

λ ayant une limite finie quand x augmente indéfiniment. Donc :

$$y = \frac{1}{x} \left[\frac{AC - B^2}{2A \sqrt{A}} + \frac{\lambda}{x} \right]$$

donc y tend vers zéro par valeurs positives, si $AC - B^2$ est positif; par valeurs négatives, si $AC - B^2$ est négatif.

Soit encore :

$$y = \sqrt{A x^2 + 2B x + C} + x \sqrt{A} + \frac{B}{\sqrt{A}}$$

x recevant des valeurs négatives et croissant indéfiniment en valeur absolue. Dans ce cas, on doit prendre :

$$\sqrt{A x^2 + 2B x + C} = - \left(x \sqrt{A} + \frac{B}{\sqrt{A}} + \frac{AC - B^2}{A} \frac{1}{2x \sqrt{A}} + \frac{\lambda}{x^2} \right)$$

et par suite :

$$y = - \frac{1}{x} \left[\frac{AC - B^2}{2A \sqrt{A}} + \frac{\lambda}{x} \right]$$

on arrive aux mêmes conclusions que dans le premier cas.

8. Remarque. — Si P et Q deviennent infinis et de même signe en même temps, la différence P — Q ne peut avoir une limite finie que si $\frac{P}{Q}$ a pour limite 1. En effet

$$P - Q = Q \left(\frac{P}{Q} - 1 \right);$$

le premier facteur Q augmente indéfiniment par hypothèse, il faut donc que le second facteur $\frac{P}{Q} - 1$ ait pour limite zéro, pour que leur produit puisse avoir une limite finie. D'après cela, si l'on écrit :

$$P - Q = \frac{\left(\frac{P}{Q} - 1 \right)}{\left(\frac{1}{Q} \right)}$$

on est ramené à trouver la limite d'une fraction dont les deux termes tendent vers zéro.

EXERCICES

1. Trouver la limite de l'expression

$$\sqrt[3]{\frac{x^5 - x^4 - 3x^2 + x + 2}{x^2 - x + 1}} - x + 1 - \frac{1}{3x}$$

quand x augmente indéfiniment.   Rép. : 1.

On effectue d'abord la division sous le radical, et on applique la proposition établie n° 11, Ch. XII.

2. Trouver la limite de la fraction

$$\frac{\sqrt{x + 8} - \sqrt[3]{2x + 6} - \sqrt[4]{5x - 1}}{x^2 + \sqrt{3x + 1} - \sqrt[3]{5x + 22}}$$

quand x tend vers 1.

$$\text{Rép.} : -\frac{135}{277}.$$

3. Trouver la limite de l'expression

$$\frac{\left[19x + \sqrt{29x + 35}\right]^{\frac{1}{3}} - \left[5x^2 + 69 + \sqrt{48x + 1}\right]^{\frac{1}{4}}}{(5x + 3)^{\frac{1}{3}} - (x^2 - x + 1)^{\frac{1}{2}}}$$

quand x tend vers 1.

$$\text{Rép.} : \frac{1955}{501}.$$

CHAPITRE XIV

DÉTERMINANTS

1. Définitions. — Considérons l'une quelconque des permutations formées par n nombres inégaux. On dit que deux termes, consécutifs ou non, de cette permutation, forment une *inversion* quand celui des deux qui occupe le rang le plus élevé est le plus petit. Lorsque le nombre total des inversions est pair, on dit que la permutation est de la première classe; si, au contraire, le nombre

des inversions est impair, on dit que la permutation est de la
seconde classe. Par exemple, soit la permutation :

$$2.\ 5.\ 1.\ 3.\ 4.$$

elle présente les inversions suivantes : $(2, 1)$; $(5, 1)$; $(5, 3)$; $(5, 4)$;
en tout quatre inversions; la permutation est de la première classe.
Il en est de même de la permutation :

$$1.\ 2.\ 3.\ 4.\ 5.$$

qui ne représente aucune inversion.

Au contraire,

$$2.\ 5.\ 3.\ 1.\ 4.$$

présente les inversions $(2, 1)$; $(5, 3)$; $(5, 1)$; $(5, 4)$; $(3, 1)$: elle est
donc de la seconde classe, puisque le nombre d'inversions est
impair.

2. Théorème. — *Une permutation change de classe quand on
échange entre eux deux éléments quelconques.*

En effet, supposons d'abord que les deux éléments échangés
entre eux a, b soient consécutifs; nous pouvons représenter les
deux permutations de cette manière :

$$M\, ab\, P \quad \text{et} \quad M\, ba\, P,$$

M désignant l'ensemble des éléments qui précèdent a et b, P l'ensemble de ceux qui suivent. Il est évident que les inversions
formées par a et b avec les éléments contenus dans M et dans P,
ainsi que les inversions formées par les éléments de M avec ceux
de P ne sont pas modifiées, puisque les places relatives de ces
éléments ne sont pas changées. Reste à considérer a ou b; or, il est
clair qu'une seule des deux permutations ab et ba présente une
inversion; donc, l'échange des éléments a et b entre eux introduit
ou supprime une inversion et, par suite, dans les deux cas, la classe
de la permutation est changée.

Supposons, maintenant, que les deux éléments a et b ne soient
pas consécutifs; nous pouvons représenter la permutation donnée
par

$$M\, a\, P\, b\, Q,$$

M, P, Q désignant les éléments autres que a et b; si P est formé
de p éléments, en permutant b successivement avec chacun de
ces p éléments, la classe changera p fois, et l'on obtiendra :

$$M\, ab\, P\, Q,$$

une nouvelle permutation donnera :

$$M\ b\ a\ P\ Q$$

et produira un nouveau changement de classe; enfin en permutant successivement a avec chacun des éléments de P, il se produira p nouveaux changements de classe; la classe aura donc changé $2p + 1$ fois, et par suite aura finalement changé, et l'on obtiendra :

$$M\ b\ P\ a\ Q,$$

permutation qui n'est plus de la même classe que la proposée.

La proposition est donc entièrement établie.

Corollaire. — A toute permutation de la première classe on peut faire correspondre une permutation de la seconde classe, en échangeant entre eux deux éléments déterminés a, b, et réciproquement. On en conclut qu'il y a autant de permutations dans chaque classe.

3. Éléments avec indices. — On peut désigner n nombres croissants, par une seule lettre pourvue des indices 1, 2, 3, ... n :

$$a_1,\ a_2,\ a_3,\ \ldots\ a_n.$$

Si l'on considère une permutation quelconque

$$a_\alpha\ a_\beta\ a_\gamma\ \ldots\ a_\lambda,$$

dans laquelle les indices α, β, γ ..... λ ne sont autres que tous les nombres 1, 2, ... n rangés dans un ordre quelconque, on peut considérer les inversions formées par les indices : la permutation est de la première ou de la seconde classe, selon que le nombre des inversions formées par les indices est pair ou impair. Échanger deux éléments revient à échanger deux indices, une permutation d'indices ou d'éléments produit donc un changement de classe. Il convient de remarquer qu'au lieu de prendre pour indices les nombres 1, 2, 3, ... n, on peut prendre n nombres croissants quelconques, cela ne changera rien au nombre d'inversions; si par exemple au lieu de 1, 2, 3, 4, 5 on prend 4, 6, 9, 10, 12, il est évident que les permutations :

$$a_3.\ a_1.\ a_4.\ a_2.\ a_5\ \text{et}\ a_9.\ a_4.\ a_{10}.\ a_6.\ a_{12}$$

présenteront le même nombre d'inversions.

Nous aurons à considérer dans la suite, des tableaux formés par des éléments rangés à la fois en *lignes* et en *colonnes*, de telle sorte qu'il y ait un élément et un seul à l'intersection de chaque ligne avec chaque colonne (les *lignes* étant tracées dans le sens de l'écriture et les *colonnes* n'étant autres que des lignes perpendiculaires aux premières). Supposons qu'il y ait n lignes et n colonnes; le nombre des éléments sera égal à n^2; nous représenterons ces éléments à l'aide d'une seule lettre affectée de deux indices : a_p^q représentera l'élément qui est à l'intersection de la ligne de rang p et de la colonne de rang q. Nous aurons donc le tableau suivant :

$$
\begin{array}{llllll}
a_1^1, & a_1^2 & \ldots\ldots\ldots & a_1^q & \ldots\ldots\ldots & a_1^n \\
a_2^1, & a_2^2 & \ldots\ldots\ldots & a_2^q & \ldots\ldots\ldots & a_2^n \\
 & & & & & \\
 & & & & & \\
 & & & & & \\
a_p^1, & a_p^2 & \ldots\ldots\ldots & a_p^q & \ldots\ldots\ldots & a_p^n \\
 & & & & & \\
a_n^1, & a_n^2 & \ldots\ldots\ldots & a_n^q & \ldots\ldots\ldots & a_n^n
\end{array}
$$

Nous appellerons *diagonale principale* du tableau l'ensemble des éléments a_1^1, a_2^2 ..... a_n^n dont les deux indices sont égaux; les éléments a_1^n, a_2^{n-1}, a_3^{n-2}, ... a_n^1 (dans lesquels la somme des indices fait $n+1$) forment la *seconde diagonale*; deux éléments, tels que a_p^q et a_q^p sont *symétriques* par rapport à la diagonale principale; si, quels que soient p et q, on a $a_p^q = a_q^p$, on dit que le tableau considéré est symétrique.

Soit :

$$
a_\alpha^{\alpha'} a_\beta^{\beta'} \ldots\ldots a_\lambda^{\lambda'}
$$

une permutation formée avec n éléments, un seul étant pris dans chaque ligne et dans chaque colonne, de sorte que les indices α, β, ... λ forment une permutation quelconque des nombres $1, 2, 3, \ldots\ldots n$, ainsi que les indices α', β', ... λ'.

On dit que la permutation considérée appartient à la *première classe* si le nombre des inversions formées par les indices inférieurs et le nombre des inversions formées par les indices supérieurs sont de même parité et à la *seconde classe* dans le cas contraire. Ainsi, en désignant ces nombres par I et I′, lorsque I + I′ est un nombre pair, la permutation est de *première classe*; si I + I′ est impair elle est de *seconde classe*.

4. Théorème. — *Si l'on écrit dans un ordre quelconque les éléments d'une permutation à deux indices, la classe de cette permutation reste la même.*

En effet, permuter entre eux deux éléments quelconques revient à permuter entre eux et, en même temps, leurs indices inférieurs et leurs indices supérieurs ; la première permutation change la parité du nombre des inversions formées par les indices inférieurs, la deuxième change la parité du nombre d'inversions des indices supérieurs ; donc la parité de la somme $I + I'$ demeure la même et, par suite, la classe de la permutation considérée ne change pas.

5. Définition d'un déterminant. — On nomme *déterminant* de n^2 nombres rangés par lignes et colonnes en tableau carré :

$$a_1^1 \; a_1^2 \ldots \ldots \ldots a_1^n$$
$$a_2^1 \; a_2^2 \ldots \ldots \ldots a_2^n$$
$$\ldots \ldots \ldots \ldots \ldots$$
$$\ldots \ldots \ldots \ldots \ldots$$
$$\ldots \ldots \ldots \ldots \ldots$$
$$\ldots \ldots \ldots \ldots \ldots$$
$$a_n^1 \; a_n^2 \ldots \ldots \ldots a_n^n$$

la somme algébrique de tous les produits de n facteurs obtenus en prenant un élément et un seul dans chaque ligne et dans chaque colonne, et en multipliant chaque produit par $+ 1$ ou par $- 1$ suivant que le nombre des inversions formées par les numéros des lignes et le nombre des inversions formées par les numéros des colonnes auxquelles appartiennent ces éléments sont de même parité ou de parités différentes. On représente ce déterminant en écrivant le tableau précédent entre deux traits parallèles aux colonnes ; on a ainsi :

$$\begin{vmatrix} a_1^1 & a_1^2 \ldots \ldots \ldots a_1^n \\ a_2^1 & a_2^2 \ldots \ldots \ldots a_2^n \\ \ldots & \ldots \ldots \ldots \ldots \\ \ldots & \ldots \ldots \ldots \ldots \\ \ldots & \ldots \ldots \ldots \ldots \\ \ldots & \ldots \ldots \ldots \ldots \\ a_n^1 & a_n^2 \ldots \ldots \ldots a_n^n \end{vmatrix} = \Sigma \, (-1)^{I + I'} a_\alpha^{\alpha'} \, a_\beta^{\beta'} \ldots a_\lambda^{\lambda'},$$

le signe Σ représente la somme de tous les termes différents obtenus en prenant pour indices inférieurs toutes les permutations des nombres 1, 2, 3, ... n, et pour indices supérieurs toutes les permutations des mêmes nombres, en ayant soin de ne prendre qu'une seule fois les produits composés des mêmes facteurs ; I et I' désignant pour chaque terme de la somme, les nombres d'inversions des indices inférieurs et ceux des indices supérieurs.

L'ordre des éléments d'un terme quelconque étant indifférent, on peut écrire en désignant le déterminant précédent par Δ,

$$\Delta = \sum (-1)^{\mathrm{I}} \, a_\alpha^1 \, a_\beta^2 \, \ldots \, a_\lambda^n$$

ou

$$\Delta = \sum (-1)^{\mathrm{I}} \, a_1^\alpha \, a_2^\beta \, \ldots \, a_n^\lambda$$

le signe Σ s'étendant dans les deux cas à tous les termes obtenus en prenant pour indices α, β, $\ldots$ λ toutes les permutations des nombres 1, 2, $\ldots$ n et I désignant le nombre des inversions de ces indices; en effet, dans chacun des deux cas, les indices rangés dans l'ordre naturel 1, 2, 3, $\ldots$ n ne présentent aucune inversion.

En d'autres termes, on peut prendre de toutes les manières possibles un élément successivement dans chacune des colonnes depuis la première jusqu'à la dernière, et faire le produit de ces éléments en conservant le signe du résultat ou en le changeant, suivant que le nombre des inversions formées par les numéros des lignes auxquels ces éléments appartiennent est pair ou impair et faire la somme algébrique, ou inversement : prendre le premier facteur dans la première ligne, le deuxième dans la deuxième ligne et ainsi de suite jusqu'à la dernière, effectuer le produit de ces n facteurs, conserver le signe obtenu ou le changer (en d'autres termes écrire $+$ P ou $-$ P, P étant ce produit), suivant que les numéros des colonnes auxquels ils appartiennent respectivement, présentent un nombre pair ou un nombre impair d'inversions et faire la somme algébrique de tous ces produits; on obtiendra, d'une manière ou de l'autre, la même somme, qui est le déterminant Δ.

Exemple :

$$\begin{vmatrix} a_1^1 & a_1^2 & a_1^3 \\ a_2^1 & a_2^2 & a_2^3 \\ a_3^1 & a_3^2 & a_3^3 \end{vmatrix} = a_1^1 a_2^2 a_3^3 - a_1^1 a_2^3 a_3^2 + a_1^2 a_2^3 a_3^1 - a_1^2 a_2^1 a_3^3 + a_1^3 a_2^1 a_3^2 - a_1^3 a_2^2 a_3^1,$$

on en conclut

$$\begin{vmatrix} a & b & c \\ a' & b' & c' \\ a'' & b'' & c'' \end{vmatrix} = a\,b'\,c'' - a\,b''\,c' + b\,c'\,a'' - b\,a'\,c'' + c\,a'\,b'' - c\,b'\,a''$$

en remplaçant a_1^1 par a, a_2^2 par b, etc.

6. Le terme $a_1^1 a_2^2 a_3^3 \ldots a_n^n$ est précédé du signe $+$, on le nomme *terme principal*; on peut en déduire tous les autres en permutant de toutes les manières possibles, soit les indices inférieurs, soit les indices supérieurs et en mettant le signe $+$ ou le signe $-$ devant le résultat obtenu, suivant que le nombre de permutations de deux indices est pair ou impair. On reconnaît aisément que cette règle, donnée par Cramer, coïncide avec celle que nous avons donnée plus haut.

Il résulte de ce qui précède que le nombre des termes d'un déterminant à n lignes et à n colonnes, est égal à : $1 . 2 . 3 . \ldots n$.

On représente souvent un déterminant par son terme principal écrit entre parenthèses :

$$\left(a_1^1 a_2^2 \ldots a_n^n \right)$$

ainsi :

$$\begin{vmatrix} a & b & c \\ a' & b' & c' \\ a'' & b'' & c'' \end{vmatrix} = (a\, b'\, c'').$$

PROPRIÉTÉS ÉLÉMENTAIRES DES DÉTERMINANTS

7. Théorème. — *Un déterminant ne change pas quand on y permute chaque ligne avec la colonne de même numéro.*

Considérons les deux déterminants,

$$\begin{vmatrix} a_1^1 & a_1^2 & \ldots & a_1^n \\ a_2^1 & a_2^2 & \ldots & a_2^n \\ \ldots & \ldots & \ldots & \ldots \\ \ldots & \ldots & \ldots & \ldots \\ a_n^1 & a_n^2 & \ldots & a_n^n \end{vmatrix} \quad \text{et} \quad \begin{vmatrix} b_1^1 & b_1^2 & \ldots & b_1^n \\ b_2^1 & b_2^2 & \ldots & b_2^n \\ \ldots & \ldots & \ldots & \ldots \\ \ldots & \ldots & \ldots & \ldots \\ b_n^1 & b_n^2 & \ldots & b_n^n \end{vmatrix}$$

Les lignes du second seront bien les colonnes du premier et inversement si l'on a $b_q^p = a_p^q$ lorsque p et q sont égaux à l'un quelconque des nombres $1, 2, \ldots n$.

Or à tout terme

$$(-1)^{1+\nu} a_p^q a_r^s \ldots a_u^v$$

du premier déterminant on peut faire correspondre le terme :

$$(-1)^{I + I'} \, b_q^p \, b_s^r \, \ldots\ldots b_v^u$$

du second ; I désignant le nombre des inversions des indices $p, r, \ldots\ldots u$ et I' celui des indices $q, s, \ldots\ldots v$; mais par hypothèse

$$b_q^p = a_p^q \quad b_s^r \ldots a_r^s \ldots\ldots b_v^u \ldots a_u^v$$

donc ces deux termes sont égaux et de même signe. Les deux déterminants sont composés des mêmes termes affectés des mêmes signes, donc ils sont égaux.

8. Théorème. — *Un déterminant change de signe quand on y permute deux rangées parallèles.*

Supposons, par exemple, que l'on permute les colonnes de rang p et q du déterminant :

$$\Delta = \begin{vmatrix}
a_1^1 & a_1^2 & \ldots & a_1^p & \ldots & a_1^q & \ldots & a_1^n \\
a_2^1 & a_2^2 & \ldots & a_2^p & \ldots & a_2^q & \ldots & a_2^n \\
\cdot & \cdot & & \cdot & & \cdot & & \cdot \\
\cdot & \cdot & & \cdot & & \cdot & & \cdot \\
\cdot & \cdot & & \cdot & & \cdot & & \cdot \\
\cdot & \cdot & & \cdot & & \cdot & & \cdot \\
a_n^1 & a_n^2 & \ldots & a_n^p & \ldots & a_n^q & \ldots & a_n^n
\end{vmatrix}$$

on obtient un nouveau déterminant Δ' que nous représenterons par la notation

$$\Delta' = \begin{vmatrix}
b_1^1 & b_1^2 & \ldots & b_1^p & \ldots & b_1^q & \ldots & b_1^n \\
b_2^1 & b_2^2 & \ldots & b_2^p & \ldots & b_2^q & \ldots & b_2^n \\
\cdot & \cdot & & \cdot & & \cdot & & \cdot \\
\cdot & \cdot & & \cdot & & \cdot & & \cdot \\
\cdot & \cdot & & \cdot & & \cdot & & \cdot \\
b_n^1 & b_n^2 & \ldots & b_n^p & \ldots & b_n^q & \ldots & b_n^n
\end{vmatrix}$$

Dans le second déterminant, les éléments de la colonne de rang p sont égaux aux éléments de la colonne de rang q du premier et inversement ; de sorte que

$$b_\alpha^p = a_\alpha^q \quad \text{et } b_\alpha^q = a_\alpha^p$$

pour toutes valeurs de α égales à $1, 2, \ldots\ldots n$, et de plus $b_\alpha^r = a_\alpha^r$ pour toutes les valeurs de α égales à 1, 2, ... n et pour r égal à tous les nombres 1, 2, ... n exceptés p et q.

Un terme quelconque de Δ est de la forme :

$$\varepsilon \, a_\alpha^p \, a_\beta^q \, A,$$

A désignant un produit de $n - 2$ éléments dont les indices supérieurs sont différents de p et de q, et ε étant égal à ± 1 ; à ce terme correspond dans Δ' le terme :

$$\varepsilon' \, b_\alpha^q \, b_\beta^p \, B.$$

ε' étant égal à ± 1 et B désignant ce que devient A quand on y remplace chaque élément de Δ par l'élément placé de la même manière dans Δ' ; de sorte que d'après ce que nous avons supposé, on a $B = A$. On a en outre : $b_\alpha^q = a_\alpha^p$, $b_\beta^p = a_\beta^q$; donc les produits $a_\alpha^p \, a_\beta^q \, A$ et $b_\alpha^q \, b_\beta^p \, B$ sont égaux. Pour déterminer ε et ε' il reste à compter dans chaque terme les inversions formées par les indices ; or, dans les deux termes, les indices inférieurs sont les mêmes ; quant aux indices supérieurs, on passe des indices du premier terme à ceux du second en permutant p et q ; donc on a $\varepsilon' = - \varepsilon$; les deux termes considérés sont donc égaux et de signes contraires. Ainsi à tout terme de Δ correspond un terme égal et de signe contraire dans Δ' et inversement ; donc :

$$\Delta' = - \Delta.$$

On ferait une démonstration analogue pour les lignes.

9. Théorème. — *Un déterminant qui a deux rangées parallèles identiques, est nul.*

En effet, si l'on permute deux rangées parallèles, le déterminant change seulement de signe ; mais si les deux rangées sont composées des mêmes nombres, il est évident que le déterminant ne change pas ; on a donc, en désignant le déterminant par Δ

$$\Delta = - \Delta$$

ou

$$\Delta = 0.$$

Remarque. — Il convient de remarquer que, dans ce cas, le déterminant est la somme de termes deux à deux égaux et de signes contraires.

En effet, supposons que l'on ait $a_\alpha^p = a_\alpha^q$, α étant l'un quelconque des nombres 1, 2, ... n. Considérons un terme quelconque du déterminant; on peut l'écrire ainsi :

$$T = \varepsilon \, a_\alpha^p \, a_\beta^q \, A$$

il lui correspond évidemment un terme de la forme

$$T' = \varepsilon' \, a_\alpha^q \, a_\beta^p \, A.$$

Mais $\varepsilon' = -\varepsilon$ puisque les indices inférieurs sont les mêmes et qu'on obtient les indices supérieurs du second en permutant les indices p et q du premier; on a ensuite par hypothèse :

$$a_\alpha^q = a_\alpha^p \quad \text{et} \quad a_\beta^p = a_\beta^q, \quad \text{donc } T' = -T.$$

10. Il résulte des théorèmes précédents, que si l'on permute de toutes les manières possibles les lignes entre elles et les colonnes entre elles, et que l'on échange ensuite les lignes et les colonnes si l'on veut, le déterminant obtenu sera égal au premier ou égal à ce déterminant changé de signe suivant que le terme principal du nouveau déterminant aura conservé son signe primitif ou en aura changé.

Par exemple, le déterminant :

$$\begin{vmatrix} a_1^p & a_1^q & . & . & . & . & . & a_1^t \\ a_2^p & a_2^q & . & . & . & . & . & a_2^t \\ . & . & . & . & . & . & . & . \\ . & . & . & . & . & . & . & . \\ . & . & . & . & . & . & . & . \\ a_n^p & a_n^q & . & . & . & . & . & a_n^t \end{vmatrix} = (-1)^l \begin{vmatrix} a_1^1 & a_1^2 & . & . & . & . & . & a_1^n \\ a_2^1 & a_2^2 & . & . & . & . & . & a_2^n \\ . & . & . & . & . & . & . & . \\ . & . & . & . & . & . & . & . \\ . & . & . & . & . & . & . & . \\ a_n^1 & a_n^2 & . & . & . & . & . & a_n^n \end{vmatrix}$$

l étant le nombre des inversions des nombres p, q ..... t; en effet, dans le premier déterminant le terme $a_1^p \, a_2^q \, ... \, a_n^t$ est pris avec son signe propre, tandis que dans le second déterminant, ce terme doit être multiplié par $(-1)^l$.

11. Définitions. — Nous appellerons *degré* d'un déterminant le nombre de ses lignes et de ses colonnes. On appelle déterminants mineurs d'ordre p, d'un déterminant de degré n, tous les déterminants obtenus en supprimant p lignes et p colonnes quelconques. Ces déterminants mineurs sont des déterminants de degré $n - p$; si l'on supprime $n - 1$ lignes et $n - 1$ colonnes, on obtient *un élément*.

Nous représenterons par Δ_p^q le mineur obtenu en supprimant dans le déterminant Δ la ligne de rang p et la colonne de rang q; de même $\Delta_{p,p'}^{q,q'}$ est le mineur du second ordre obtenu en supprimant les lignes de rangs p et p' et les colonnes de rangs q et q'. Enfin, on peut avoir, au contraire, à mettre en évidence les lignes et les colonnes du déterminant Δ avec lesquels on forme un mineur; nous représe terons par la notation :

$$\Delta \begin{pmatrix} p', q', r', \dots t' \\ p, q, r, \dots t \end{pmatrix}$$

le mineur formé avec les éléments de Δ appartenant à la fois aux lignes de rangs p, q, r, ... t, et aux colonnes de rangs p', q', r', ... t'. Les déterminants mineurs :

$$\Delta_{p, q, \dots t}^{p', q', \dots t'} \text{ et } \Delta \begin{pmatrix} p', q', r', \dots t' \\ p, q, r, \dots t \end{pmatrix}$$

obtenus, le premier en supprimant les lignes de rangs p, q, ... t et les colonnes de rangs p' q', ... t' et le second en supprimant les autres rangées, sont appelés *mineurs complémentaires*.

12. Développement d'un déterminant. — Tout terme d'un déterminant contient un élément et un seul appartenant à une rangée déterminée; il en résulte que le déterminant considéré est une fonction homogène et du premier degré de tous les éléments de cette rangée.

Si l'on considère, en effet, tous les termes contenant a_p^1, en mettant a_p^1 en facteur, la somme de tous ces termes peut être représentée par $a_p^1 A_p^1$, A_p^1 étant indépendant des éléments de la ligne de rang p et de la 1re colonne; de même l'ensemble des termes contenant a_p^2 sera $a_p^2 A_p^2$, A_p^2 ne contenant aucun élément de la ligne de rang p ni de la 2e colonne; et ainsi de suite. Un terme quelconque a_p^q de la ligne de rang p, figure nécessairement dans un certain nombre de termes du déterminant. On a donc :

$$\Delta = a_p^1 A_p^1 + a_p^2 A_p^2 + \dots + a_p^q A_p^q + \dots + a_p^n A_p^n.$$

Il s'agit de déterminer A_p^q.

Supposons d'abord $p = 1$; on aura ainsi :

$$\Delta = a_1^1 A_1^1 + a_1^2 A_1^2 + \dots + a_1^n A_1^n.$$

Pour déterminer A_1^1, considérons tous les termes contenant a_1^1 en facteur, leur somme peut être représentée par

$$\Sigma\,(-1)^{\mathrm{I}}\,a_1^1\,a_2^p\,a_3^q\,\ldots\,a_n^t$$

p, q, ... t ayant toutes les valeurs obtenues en permutant de toutes les manières possibles les nombres $2, 3, \ldots n$, et I désignant le nombre des inversions présentées par la suite $1, p, q \ldots t$; ou plus simplement par la suite p, q, ... t. On peut donc écrire ainsi la somme précédente :

$$a_1^1\,\Sigma\,(-1)^{\mathrm{I}}\,a_2^p\,a_3^q\,\ldots\,a_n^t$$

de sorte que

$$A_1^1 = \Sigma\,(-1)^{\mathrm{I}}\,a_2^p\,a_3^q\,\ldots\,a_n^t.$$

Il est presque évident que le second membre représente le déterminant mineur Δ_1^1 obtenu en supprimant la première ligne et la première colonne de Δ. Pour le prouver, il suffit de remarquer qu'un élément tel que a_u^v, est dans ce mineur, dans la ligne de rang $u-1$ et dans la colonne de rang $v-1$, et, par suite, devrait être représenté par b_{u-1}^{v-1}; donc on peut écrire :

$$A_1^1 = \Sigma\,(-1)^{\mathrm{I}}\,b_1^{p-1}\,b_2^{q-1}\,\ldots\,b_{n-1}^{t-1} = \Sigma\,(-1)^{\mathrm{I}}\,b_1^{p'}\,b_2^{q'}\,\ldots\,b_{n-1}^{t'}$$

p', q', ... t' représentant dans tous les ordres possibles les nombres $1, 2, \ldots n-1$. Or le nombre d'inversions formées par les nombres p, q, ... t étant évidemment le même que celui de ces mêmes nombres diminués d'une unité, on a

$$\Delta_1^1 = \Sigma\,(-1)^{\mathrm{I}}\,b_1^{p'}\,b_2^{q'}\,\ldots\,b_{n-1}^{t'};$$

donc :

$$A_1^1 = \Delta_1^1.$$

Cela posé, pour calculer A_p^q, amenons la ligne de rang p au premier rang en la permutant successivement avec chacune des $p-1$ lignes précédentes, ce qui change le déterminant Δ en $(-1)^{p-1}\Delta$; puis de la même manière amenons la colonne de rang q au premier rang par $q-1$ permutations successives avec les $q-1$ premières colonnes; le déterminant sera finalement multiplié par

$$(-1)^{p-1+q-1} = (-1)^{p+q}$$

et l'on aura

$$\Delta = (-1)^{p+q}
\begin{vmatrix}
a_p^q & a_p^1 & \ldots\ldots & a_p^{q-1} & a_p^{q+1} & \ldots\ldots & a_p^n \\
a_1^q & a_1^1 & \ldots\ldots & a_1^{q-1} & a_1^{q+1} & \ldots\ldots & a_1^n \\
\cdot & \cdot & & \cdot & \cdot & & \cdot \\
\cdot & \cdot & & \cdot & \cdot & & \cdot \\
\cdot & \cdot & & \cdot & \cdot & & \cdot \\
a_{p-1}^q & a_{p-1}^1 & \ldots & a_{p-1}^{q-1} & a_{p-1}^{q+1} & \ldots & a_{p-1}^n \\
a_{p+1}^q & a_{p+1}^1 & \ldots & a_{p+1}^{q-1} & a_{p+1}^{q+1} & \ldots & a_{p+1}^n \\
\cdot & \cdot & & \cdot & \cdot & & \cdot \\
\cdot & \cdot & & \cdot & \cdot & & \cdot \\
\cdot & \cdot & & \cdot & \cdot & & \cdot \\
a_n^q & a_n^1 & \ldots\ldots & a_n^{q-1} & a_n^{q+1} & \ldots\ldots & a_n^n
\end{vmatrix}$$

Dans le déterminant précédent, le coefficient de a_p^q est le mineur obtenu en supprimant la première ligne et la première colonne, c'est-à-dire précisément Δ_p^q. On en conclut que

$$A_p^q = (-1)^{p+q}\,\Delta_p^q.$$

On a donc :

$$\Delta = (-1)^{p+1}\,a_p^1\,\Delta_p^1 + (-1)^{p+2}\,a_p^2\,\Delta_p^2 + \ldots + (-1)^{p+q}\,a_p^q\,\Delta_p^q +$$
$$\ldots + (-1)^{p+n}\,a_p^n\,\Delta_p^n.$$

On a de même

$$\Delta = (-1)^{q+1}\,a_1^q\,\Delta_1^q + (-1)^{q+2}\,a_2^q\,\Delta_2^q + \ldots + (-1)^{q+p}\,a_p^q\,\Delta_p^q +$$
$$\ldots + (-1)^{q+n}\,a_n^q\,\Delta_n^q.$$

On voit ainsi que le coefficient de a_p^q est le même, quand on développe le déterminant suivant les éléments de l'une quelconque des rangées contenant a_p^q. Nous appellerons $(-1)^{p+q}\,\Delta_p^q$, le *coefficient de* a_p^q.

13. Corollaires. — Le coefficient A_p^q est indépendant des éléments de la p^e ligne et des éléments de la q^e colonne. Il résulte de là que l'on a, si p et q *sont différents*,

$$a_q^1\,A_p^1 + a_q^2\,A_p^2 + \ldots + a_q^n\,A_p^n = 0.$$

En effet, l'expression précédente représente ce que devient Δ quand on y remplace les éléments de la p^e ligne par ceux de la q^e, sans faire le changement inverse ; c'est, en d'autres termes, le développement d'un déterminant ayant deux rangées parallèles identiques.

On a de même, en supposant toujours p différent de q :

$$a_1^p A_1^q + a_2^p A_2^q + \ldots + a_n^p A_n^q = 0.$$

14. Application. — On peut, par ce qui précède, ramener le développement d'un déterminant de degré n au développement de n déterminants de degré $n - 1$; chacun de ces derniers se calcule au moyen de $n - 1$ déterminants de degré $n - 2$, et ainsi de suite, jusqu'à ce qu'on arrive à des déterminants du second degré dont le développement n'offre plus aucune difficulté.

On a ainsi :

$$\begin{vmatrix} a & b & c \\ a' & b' & c' \\ a'' & b'' & c'' \end{vmatrix} = a \begin{vmatrix} b' & c' \\ b'' & c'' \end{vmatrix} - b \begin{vmatrix} a' & c' \\ a'' & c'' \end{vmatrix} + c \begin{vmatrix} a' & b' \\ a'' & b'' \end{vmatrix}$$

$$= a (b' c'' - c' b'') - b (a' c'' - c' a'') + c (a' b'' - b' a'')$$

$$\begin{vmatrix} a & b & c & d \\ a' & b' & c' & d' \\ a'' & b'' & c'' & d'' \\ a''' & b''' & c''' & d''' \end{vmatrix} = a \begin{vmatrix} b' & c' & d' \\ b'' & c'' & d'' \\ b''' & c''' & d''' \end{vmatrix} - b \begin{vmatrix} a' & c' & d' \\ a'' & c'' & d'' \\ a''' & c''' & d''' \end{vmatrix} + c \begin{vmatrix} a' & b' & d' \\ a'' & b'' & d'' \\ a''' & b''' & d''' \end{vmatrix}$$

$$- d \begin{vmatrix} a' & b' & c' \\ a'' & b'' & c'' \\ a''' & b''' & c''' \end{vmatrix}$$

Il n'y a plus qu'à développer les quatre déterminants du 3e degré.

15. Règle de Sarrus pour développer un déterminant du 3e degré. — On écrit au-dessous du déterminant une seconde fois la première ligne, puis la deuxième ; on peut alors mener trois lignes telles que $a b' c''$, $a' b'' c$, $a'' b c'$, qui sont parallèles à la diagonale principale, ce qui donne les trois produits $a b' c''$, $a' b'' c$, $a'' b c'$ que l'on affecte du signe $+$; puis on a trois lignes $a'' b' c$, $a b'' c'$, $a' b c''$ parallèles à la seconde diagonale ; on affecte les produits correspondants du signe $-$; on a ainsi :

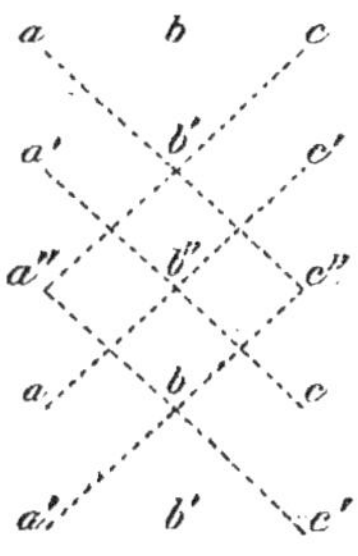

$$\Delta = a b' c'' + a' b'' c + a'' b c' - a'' b' c - a b'' c' - a' b c''.$$

16. Généralisation. — Considérons dans un déterminant tous les termes qui appartiennent à la fois aux p premières lignes et aux p premières colonnes; la somme S de tous ces termes sera :

$$S = \Sigma (-1)^{I+I'} a_1^q \, a_2^r \,\ldots\ldots a_p^s \, a_{p+1}^t \, a_{p+2}^u \ldots\ldots a_n^v$$

$q, r, \ldots s$ prenant les valeurs $1, 2, \ldots p$, et $t, u \ldots v$ les valeurs $p+1, p+2 \ldots n$, I désigne le nombre des inversions des indices $q, r \ldots s$ et I' celui des indices $t, u, \ldots v$; il est évident que les premiers étant tous plus petits que les seconds, $I + I'$ est le nombre total des inversions que présentent tous les indices supérieurs.

Or, on peut évidemment écrire :

$$S = \Sigma (-1)^{I} a_1^q \, a_2^r \,\ldots\ldots a_p^s . \; \Sigma (-1)^{I'} a_{p+1}^t \, a_{p+2}^u \ldots\ldots a_n^v.$$

On voit, en raisonnant comme plus haut que :

$$S = \Delta \begin{pmatrix} 1, 2, \ldots p \\ 1, 2, \ldots p \end{pmatrix} \times \Delta \begin{pmatrix} p+1, p+2, \ldots n \\ p+1, p+2, \ldots n \end{pmatrix} \quad \text{ou} \quad S = \Delta \begin{pmatrix} 1, 2, \ldots p \\ 1, 2, \ldots p \end{pmatrix} \times \Delta_{1, 2, \ldots p}^{1, 2, \ldots p}.$$

Ainsi, dans le développement de Δ, le coefficient du mineur formé avec les p premières lignes et les p premières colonnes est le mineur complémentaire obtenu en supprimant ces mêmes rangées.

Cela posé, considérons p lignes quelconques de rangs $\alpha, \beta, \ldots \lambda$ et p colonnes de rangs $\alpha', \beta', \ldots \lambda'$. On amènera la ligne de rang α à occuper la première place à l'aide de $\alpha - 1$, permutations successives avec chacune des $\alpha - 1$ précédentes; puis la ligne de rang β à occuper le deuxième rang à l'aide de $\beta - 2$ permutations, et ainsi de suite; quand les lignes de rangs $\alpha, \beta, \ldots \lambda$ auront été amenées à occuper les places de rangs $1, 2, \ldots p$; et quand, ayant procédé de la même manière à l'égard des colonnes, celles de rangs $\alpha', \beta', \ldots \lambda'$ occuperont les rangs $1, 2, \ldots p$, le déterminant aura été multiplié par

$$(-1)^{\alpha + \beta + \ldots + \lambda + \alpha' + \beta' + \ldots + \lambda' - 2(1 + 2 + \ldots + p)}$$

ou plus simplement par

$$(-1)^{\alpha + \beta + \ldots + \lambda + \alpha' + \beta' + \ldots + \lambda'},$$

on en conclut que dans le développement de Δ, le coefficient du mineur $\Delta \begin{pmatrix} \alpha', \beta', \ldots \lambda' \\ \alpha, \beta, \ldots \lambda \end{pmatrix}$ est égal à

$$(-1)^{\alpha + \beta + \ldots + \lambda + \alpha' + \beta' + \ldots + \lambda'} \Delta_{\alpha, \beta, \ldots \lambda}^{\alpha', \beta', \ldots \lambda'}.$$

Si l'on suppose que les lignes $\alpha, \beta, \ldots \lambda$ restent invariables, on aura, comme on le voit facilement,

$$\Delta = (-1)^{\alpha + \beta + \ldots + \lambda} \Sigma (-1)^{\alpha' + \beta' + \ldots + \lambda'} \Delta \begin{pmatrix} \alpha', \beta', \ldots \lambda' \\ \alpha, \beta, \ldots \lambda \end{pmatrix} \Delta_{\alpha, \beta, \ldots \lambda}^{\alpha', \beta', \ldots \lambda'}$$

en donnant dans le second membre à $\alpha', \beta', \ldots \lambda'$ toutes les valeurs obtenues en choisissant p nombres distincts parmi les nombres $1, 2, 3, \ldots n$.

On aurait une formule analogue en laissant $\alpha', \beta', \ldots \lambda'$ fixes et faisant varier $\alpha, \beta, \ldots \lambda$.

La règle précédente est due à Laplace.

Exemple :

$$(a\,b'\,c''\,d''') = (a\,b')\,(c''\,d''') - (a\,c')\,(b''\,d'') + (a\,d')\,(b''\,c''')$$
$$+ (b\,c')\,(a''\,d''') - (b\,d')\,(a''\,c''') + (c\,d')\,(a''\,b'''),$$

Remarque. — On vérifie sans peine que la *dérivée* du déterminant Δ par rapport à a_p^q est A_p^q, de même sa dérivée seconde par rapport à a_p^q puis $a_{p'}^{q'}$ est le coefficient de $a_p^q \, a_{p'}^{q'}$ dans le développement de Δ, et ainsi de suite.

17. Théorème. — *Pour multiplier un déterminant par un nombre, il suffit de multiplier par ce nombre tous les éléments d'une même rangée.*

En effet, chaque terme du déterminant sera multiplié par le nombre donné.

Ainsi par exemple :

$$\begin{vmatrix} ka & b & c \\ ka' & b' & c' \\ ka'' & b'' & c'' \end{vmatrix} = k \begin{vmatrix} a & b & c \\ a' & b' & c' \\ a'' & b'' & c'' \end{vmatrix}$$

Corollaire. — *Un déterminant Δ qui a deux rangées parallèles formées d'éléments proportionnels, est nul.*

Ainsi :

$$\begin{vmatrix} a & ka & c \\ a' & ka' & c' \\ a'' & ka'' & c'' \end{vmatrix} = k \begin{vmatrix} a & a & c \\ a' & a' & c' \\ a'' & a'' & c'' \end{vmatrix} = 0.$$

18. Théorème. — *Un déterminant dans lequel chaque élément d'une rangée est la somme d'un même nombre de termes, est la somme d'autant de déterminants qu'on obtient en remplaçant chacun de ces éléments par les termes dont il est la somme.*

Supposons, en effet, que les éléments de la ligne de rang p, par exemple, soient les sommes suivantes :

$$a_p^1 = b_p^1 + c_p^1 + \ldots + l_p^1$$
$$a_p^2 = b_p^2 + c_p^2 + \ldots + l_p^2$$
$$\ldots \ldots \ldots \ldots \ldots$$
$$\ldots \ldots \ldots \ldots \ldots$$
$$a_p^n = b_p^n + c_p^n + \ldots + l_p^n$$

on aura :

$$\Delta = \sum_{k=1}^{k=n} a_p^k A_p^k = \sum_{k=1}^{k=n} b_p^k A_p^k + \sum_{k=1}^{k=n} c_p^k A_p^k + \ldots + \sum_{k=1}^{k=n} l_p^k A_p^k.$$

Même raisonnement s'il s'agit d'une colonne.

Exemple :

$$\begin{vmatrix} \alpha + \beta + \gamma & b & c \\ \alpha' + \beta' + \gamma' & b' & c' \\ \alpha'' + \beta'' + \gamma'' & b'' & c'' \end{vmatrix} = \begin{vmatrix} \alpha & b & c \\ \alpha' & b' & c' \\ \alpha'' & b'' & c'' \end{vmatrix} + \begin{vmatrix} \beta & b & c \\ \beta' & b' & c' \\ \beta'' & b'' & c'' \end{vmatrix} + \begin{vmatrix} \gamma & b & c \\ \gamma' & b' & c' \\ \gamma'' & b'' & c'' \end{vmatrix}.$$

Plus généralement, si les éléments de la première colonne sont des sommes de h_1 termes, ceux de la seconde des sommes de h_2 termes, ... ceux de la n^e des sommes de h_n termes, on pourra, en appliquant successivement le théorème, décomposer le déterminant donné en une somme de $h_1 h_2 \ldots h_n$ déterminants dont tous les éléments seront les termes de ces différentes sommes.

Si les sommes relatives à une colonne n'ont pas le même nombre de termes, on complétera par des zéros les termes manquants.

Application. — *Résoudre l'équation :*

$$\begin{vmatrix} a & b & c \\ a' & b' & c' \\ a'' & b'' & c'' + x \end{vmatrix} = 0$$

en supposant $ab' - ba' \neq 0$.

On peut écrire l'équation proposée sous cette forme :

$$\begin{vmatrix} a & b & c + o \\ a' & b' & c' + o \\ a'' & b'' & c'' + x \end{vmatrix} = 0$$

ou :

$$\begin{vmatrix} a & b & c \\ a' & b' & c' \\ a'' & b'' & c'' \end{vmatrix} + \begin{vmatrix} a & b & o \\ a' & b' & o \\ a'' & b'' & x \end{vmatrix} = 0$$

d'où :

$$x = - \frac{\begin{vmatrix} a & b & c \\ a' & b' & c' \\ a'' & b'' & c'' \end{vmatrix}}{\begin{vmatrix} a & b \\ a' & b' \end{vmatrix}}$$

19. Corollaire. — *On peut ajouter aux éléments d'une rangée, ceux des rangées parallèles multipliés respectivement par des nombres quelconques.*

En effet, cela revient à ajouter au déterminant donné des déterminants qui sont nuls comme ayant deux rangées parallèles proportionnelles. Exemple :

$$\begin{vmatrix} a & b & c \\ a' & b' & c' \\ a'' & b'' & c'' \end{vmatrix} = \begin{vmatrix} a + \lambda b + \mu c & b & c \\ a' + \lambda b' + \mu c' & b' & c'' \\ a'' + \lambda b'' + \mu c'' & b'' & c'' \end{vmatrix}$$

Remarque :

$$\begin{vmatrix} \lambda a + \mu b + \nu c & b & c \\ \lambda a' + \mu b' + \nu c' & b' & c' \\ \lambda a'' + \mu b'' + \nu c'' & b'' & c'' \end{vmatrix} = \begin{vmatrix} a & b & c \\ a' & b' & c' \\ a'' & b'' & c'' \end{vmatrix} \lambda.$$

20. Les théorèmes précédents permettent souvent de simplifier le calcul des déterminants. En voici des exemples :

1° Soit :

$$\Delta = \begin{vmatrix} a & b & c \\ b & c & a \\ c & a & b \end{vmatrix}$$

on a :

$$\Delta = \begin{vmatrix} a+b+c & b & c \\ b+c+a & c & a \\ c+a+b & a & b \end{vmatrix} = (a+b+c) \begin{vmatrix} 1 & b & c \\ 1 & c & a \\ 1 & a & b \end{vmatrix}$$
$$= (a+b+c)(ab+bc+ca-a^2-b^2-c^2).$$

En développant directement le déterminant, on obtient :

$$\Delta = -a^3 - b^3 - c^3 + 3abc,$$

donc :

$$a^3 + b^3 + c^3 - 3abc = (a+b+c)(a^2+b^2+c^2-ab-bc-ca)$$
$$= \frac{1}{2}(a+b+c)\left[(a-b)^2 + (b-c)^2 + (c-a)^2\right].$$

2° Soit encore le déterminant

$$D = \begin{vmatrix} a & b & c & o \\ o & a & b & c \\ a' & b' & c' & o \\ o & a' & b' & c' \end{vmatrix}$$

On a :

$$D = \frac{1}{aa'} \begin{vmatrix} aa' & ba' & ca' & o \\ o & a & b & c \\ aa' & ab' & ac' & o \\ o & a' & b' & c' \end{vmatrix} = \frac{1}{aa'} \begin{vmatrix} aa' & ba' & ca' & o \\ o & a & b & c \\ o & (ab') & (ac') & o \\ o & a' & b' & c' \end{vmatrix} = \begin{vmatrix} a & b & c \\ (ab') & (ac') & o \\ a' & b' & c' \end{vmatrix}$$

où l'on a représenté par (ab') (ac') les déterminants $ab' - ba'$, $ac' - ca'$.

On aura de même :

$$D = \frac{1}{cc'} \begin{vmatrix} ac' & bc' & cc' \\ (ab') & (ac') & o \\ a'c & b'c & cc' \end{vmatrix} = \frac{1}{cc'} \begin{vmatrix} (ac') & (bc') & o \\ (ab') & (ac') & o \\ a'c & b'c & cc' \end{vmatrix} = \begin{vmatrix} (ac') & (bc') \\ (ab') & (ac') \end{vmatrix}$$

par suite :

$$D = (ac' - ca')^2 - (ab' - ba')(bc' - cb').$$

3° Considérons encore le déterminant :

$$V = \begin{vmatrix} 1 & 1 & 1 & \ldots & 1 \\ a & b & c & \ldots & l \\ a^2 & b^2 & c^2 & \ldots & l^2 \\ \cdot & \cdot & \cdot & \ldots & \cdot \\ \cdot & \cdot & \cdot & \ldots & \cdot \\ \cdot & \cdot & \cdot & \ldots & \cdot \\ \cdot & \cdot & \cdot & \ldots & \cdot \\ a^{n-1} & b^{n-1} & c^{n-1} & \ldots & l^{n-1} \end{vmatrix}$$

$a, b, c, \ldots l$ étant n nombres donnés.

Si $b = a$, le déterminant, a deux colonnes identiques et par suite est nul, donc V est divisible par $b - a$; on voit de même qu'il est divisible par $c - a$, ... $l - a$ par $c - b$, ... $l - b$, ... etc. Or, c'est évidemment un polynome entier formé avec les lettres a, b, ... l; donc :

$$V = (b - a)\,(c - a)\,.....\,(l - a)\,(c - b)\,.....\,(l - b)\,.....\,(l - k)\,A.$$

On voit aisément que le terme principal $bc^2 ..... k^{n-2}\, l^{n-1}$ ne se réduit avec aucun autre; on en conclut que $A = 1$, et par suite :

$$V = (b - a)\,(c - a)\,.....\,(l - a)\,(c - b)\,.....\,(l - b)\,.....\,(l - k).$$

Ce déterminant a reçu le nom de déterminant de Vandermonde.

4° Considérons enfin le déterminant

$$D = \begin{vmatrix} a & b & c \\ a' & b' & c' \\ a'' & b'' & c'' \end{vmatrix}$$

désignons par α, β, γ, α' ..... γ'' les *coefficients* des éléments de D, de sorte que :

$$\alpha = b'c'' - c'b'', \quad \beta = c'a'' - a'c'', \quad ..... \text{ etc.....}$$

Soit enfin

$$\Delta = \begin{vmatrix} \alpha & \beta & \gamma \\ \alpha' & \beta' & \gamma' \\ \alpha'' & \beta'' & \gamma'' \end{vmatrix}$$

le déterminant formé avec ces coefficients. Δ se nomme le déterminant *adjoint* de D.

Cela posé, on a

$$D.a = \begin{vmatrix} a & b & c \\ o & \gamma'' - \beta'' \\ a'' & b'' & c'' \end{vmatrix}$$

On obtient, en effet, le déterminant précédent en retranchant des éléments de la seconde ligne de D, multipliés par a, ceux de la première ligne multipliés par a'.

En opérant d'une manière analogue sur le déterminant obtenu, on trouve :

$$D.a^2 = \begin{vmatrix} a & o & o \\ o & \gamma'' - \beta'' \\ o & \gamma' & \beta' \end{vmatrix}$$

on a, par conséquent :

$$\beta'\gamma'' - \gamma'\beta'' = a.D.$$

On trouverait de la même manière

$$\alpha\beta' - \beta\alpha' = c''.D$$
$$\gamma\alpha' - \alpha\gamma' = b''.D \quad \text{etc.}$$

En d'autres termes, un mineur de Δ est égal au produit de D par l'élément de D qui occupe le même rang que l'élément de Δ qui a pour coefficient le mineur considéré.

EXERCICES

1. Calculer le déterminant suivant :

$$\begin{vmatrix} o & a & b \\ -a & o & c \\ -b & -c & o \end{vmatrix}$$

$$\text{Rép. : } o.$$

2. Tout déterminant, dans lequel les éléments de la diagonale principale sont des zéros, les éléments symétriques par rapport à cette diagonale étant égaux et de signes contraires, se nomme déterminant symétrique gauche. Prouver que tout déterminant symétrique gauche, d'ordre impair, est égal à zéro.

3. Calculer le déterminant :

$$\begin{vmatrix} o & a & b \\ a & o & c \\ b & c & o \end{vmatrix}$$

Rép. : $2\,abc$.

4. Démontrer qu'un déterminant est nul, quand les éléments de trois rangées parallèles appartiennent à une même progression arithmétique, ou quand les éléments de deux rangées parallèles appartiennent à une même progression géométrique.

5. Développer le déterminant :

$$\begin{vmatrix} a^3 & b^3 & c^3 \\ (a+x)^3 & (b+x)^3 & (c+x)^3 \\ (2a+x)^3 & (2b+x)^3 & (2c+x)^3 \end{vmatrix}$$

Rép. : $3x^3 (a-b)(b-c)(c-a)\left[(a+b+c)x^2 + 3(ab+bc+ca)x + 6\,abc\right]$

6. Vérifier les identités :

$$\begin{vmatrix} o & 1 & 1 & 1 \\ 1 & o & c^2 & b^2 \\ 1 & c^2 & o & a^2 \\ 1 & b^2 & a^2 & o \end{vmatrix} = \frac{1}{a^2 b^2 c^2} \begin{vmatrix} o & a & b & c \\ a & o & abc^2 & ab^2c \\ b & abc^2 & o & a^2bc \\ c & ab^2c & a^2bc & o \end{vmatrix} = \begin{vmatrix} o & a & b & c \\ a & o & c & b \\ b & c & o & a \\ c & b & a & o \end{vmatrix}$$

$$= -(a+b+c)(b+c-a)(c+a-b)(a+b-c).$$

7. Si l'on pose

$$f(x) = a_0 x^m + a_1 x^{m-1} + a_2 x^{m-2} + \ldots\ldots a_{m-1} x + a_m$$

on a

$$f(x) = \begin{vmatrix} a_0 & -1 & o & o & \ldots & o & o \\ a_1 & x & -1 & o & \ldots & & o \\ a_2 & o & x & -1 & \ldots & & o \\ \cdot & \cdot & \cdot & \cdot & \cdot & \cdot & \cdot \\ \cdot & \cdot & \cdot & \cdot & \cdot & \cdot & \cdot \\ \cdot & \cdot & \cdot & \cdot & \cdot & \cdot & \cdot \\ a_{m-1} & o & o & o & \ldots & x & -1 \\ a_m & o & o & o & \ldots & o & x \end{vmatrix}$$

8. Calculer le déterminant :

$$\begin{vmatrix} \cos\frac{1}{2}(a-b) & \cos\frac{1}{2}(b-c) & \cos\frac{1}{2}(c-a) \\ \cos\frac{1}{2}(a+b) & \cos\frac{1}{2}(b+c) & \cos\frac{1}{2}(c+a) \\ \sin\frac{1}{2}(a+b) & \sin\frac{1}{2}(b+c) & \sin\frac{1}{2}(c+a) \end{vmatrix}$$

Rép. : $-2 \sin\frac{1}{2}(a-b) \sin\frac{1}{2}(b-c) \sin\frac{1}{2}(c-a)$.

9. Calculer le déterminant :

$$\begin{vmatrix} \sin a & \cos a & \sin 2a \\ \sin b & \cos b & \sin 2b \\ \sin c & \cos c & \sin 2c \end{vmatrix}$$

$$\text{Rép.} : -4 \sin \frac{1}{2}(a-b) . \sin \frac{1}{2}(b-c) . \sin \frac{1}{2}(c-a)$$

$$\times \left[\sin(a+b) + \sin(b+c) + \sin(c+a) \right].$$

CHAPITRE XV

ÉQUATIONS DU PREMIER DEGRÉ

1. Système de n équations du premier degré à n inconnues. — Considérons, en premier lieu, le système suivant, formé d'autant d'équations qu'il y a d'inconnues $x_1, x_2, \ldots x_n$:

$$\left.\begin{array}{l} a_1^1 x_1 + a_1^2 x_2 + \ldots + a_1^n x_n - b_1 = 0 \\ a_2^1 x_1 + a_2^2 x_2 + \ldots + a_2^n x_n - b_2 = 0 \\ \cdot \cdot \cdot \cdot \cdot \cdot \cdot \cdot \cdot \cdot \cdot \cdot \cdot \cdot \cdot \cdot \\ \cdot \cdot \cdot \cdot \cdot \cdot \cdot \cdot \cdot \cdot \cdot \cdot \cdot \cdot \cdot \cdot \\ \cdot \cdot \cdot \cdot \cdot \cdot \cdot \cdot \cdot \cdot \cdot \cdot \cdot \cdot \cdot \cdot \\ a_n^1 x_1 + a_n^2 x_2 + \ldots + a_n^n x_n - b_n = 0 \end{array}\right\} \quad (1)$$

et soit Δ le déterminant des coefficients des inconnues

$$\Delta = \begin{vmatrix} a_1^1 & a_1^2 & \ldots & \ldots & a_1^n \\ a_2^1 & a_2^2 & \ldots & \ldots & a_2^n \\ \cdot & \cdot & \cdot & \cdot & \cdot \\ \cdot & \cdot & \cdot & \cdot & \cdot \\ \cdot & \cdot & \cdot & \cdot & \cdot \\ \cdot & \cdot & \cdot & \cdot & \cdot \\ a_n^1 & a_n^2 & \ldots & \ldots & a_n^n \end{vmatrix}$$

Nous appellerons Δ, *le déterminant du système proposé.*

Nous démontrerons d'abord la proposition suivante, due à Cramer.

Théorème. — *Un système de n équations du premier degré à n inconnues dont le déterminant est différent de zéro admet une solution et n'en admet qu'une seule.*

Représentons par E_1, E_2, ... E_n les premiers membres des équations proposées et posons :

$$
\left.
\begin{aligned}
F_1 &\equiv A_1^1\, E_1 + A_2^1\, E_2 + \ldots + A_n^1\, E_n \\
F_2 &\equiv A_1^2\, E_1 + A_2^2\, E_2 + \ldots + A_n^2\, E_n \\
&\; \cdots \cdots \cdots \cdots \cdots \\
&\; \cdots \cdots \cdots \cdots \cdots \\
F_p &\equiv A_1^p\, E_1 + A_2^p\, E_2 + \ldots + A_n^p\, E_n \\
&\; \cdots \cdots \cdots \cdots \cdots \\
&\; \cdots \cdots \cdots \cdots \cdots \\
F_n &\equiv A_1^n\, E_1 + A_2^n\, E_2 + \ldots + A_n^n\, E_n
\end{aligned}
\right\} \qquad (2)
$$

A_p^q étant le coefficient de a_p^q dans le développement de Δ.

Le polynome F_p est du premier degré par rapport à chacune des lettres x_1, x_2, ... x_n. Le coefficient de x_q est égal à

$$A_1^p\, a_1^q + A_2^p\, a_2^q + \ldots + A_n^p\, a_n^q.$$

Si $q = p$, cette expression est égale à Δ ; si q est différent de p, elle est nulle ; enfin le terme indépendant des inconnues est égal à :

$$- (A_1^p\, b_1 + A_2^p\, b_2 + \ldots + A_n^p\, b_n),$$

on a donc identiquement :

$$
\left.
\begin{aligned}
F_1 &\equiv \Delta x_1 - \Delta_1 \\
F_2 &\equiv \Delta x_2 - \Delta_2 \\
&\; \cdots \cdots \cdots \cdots \\
&\; \cdots \cdots \cdots \cdots \\
&\; \cdots \cdots \cdots \cdots \\
F_p &\equiv \Delta x_p - \Delta_p \\
&\; \cdots \cdots \cdots \cdots \\
&\; \cdots \cdots \cdots \cdots \\
&\; \cdots \cdots \cdots \cdots \\
F_n &\equiv \Delta x_n - \Delta_n
\end{aligned}
\right\} \qquad (3)
$$

en désignant par Δ_p le déterminant obtenu en remplaçant dans Δ les éléments de la colonne de rang p par les termes tous connus correspondants : b_1, b_2, ... b_n.

D'autre part, on déduit immédiatement des identités (2) les
suivantes :

$$
\begin{aligned}
a_1^1\, F_1 + a_1^2\, F_2 + \ldots + a_1^n\, F_n &= \Delta\, E_1 \\
a_2^1\, F_1 + a_2^2\, F_2 + \ldots + a_2^n\, F_n &= \Delta\, E_2 \\
\cdots\cdots\cdots\cdots\cdots\cdots\cdots & \\
\cdots\cdots\cdots\cdots\cdots\cdots\cdots & \\
\cdots\cdots\cdots\cdots\cdots\cdots\cdots & \\
a_n^1\, F_1 + a_n^2\, F_2 + \ldots + a_n^n\, F_n &= \Delta\, E_n
\end{aligned}
\qquad (4)
$$

En effet, considérons par exemple le polynome

$$
a_p^1\, F_1 + a_p^2\, F_2 + \ldots + a_p^n\, F_n
$$

qui est homogène et du premier degré par rapport à E_1, E_2, ... E_n ;
le coefficient de E_p est égal à :

$$
a_p^1\, A_p^1 + a_p^2\, A_p^2 + \ldots + a_p^n\, A_p^n
$$

il est donc égal à Δ, tandis que le coefficient de E_q, q étant supposé
différent de p, est égal à :

$$
a_p^1\, A_q^1 + a_p^2\, A_q^2 + \ldots + a_p^n\, A_q^n
$$

et par suite est égal à zéro.

Cela posé, résoudre le système donné, c'est trouver les nombres
par lesquels on doit remplacer simultanément les inconnues
x_1, x_2, ... x_n pour que les polynomes E_1, E_2, ... E_n prennent chacun la valeur zéro. En vertu des identités (2) si pour des valeurs
particulières attribuées à x_1, x_2, ... x_n, soient :

$$
x_1 = x'_1,\ x_2 = x'_2 \ldots\ldots x_n = x'_n.
$$

E_1, E_2, ... E_n sont nuls, il en sera de même des polynomes
F_1, F_2, ... F_n ; et réciproquement si pour ces valeurs F_1, F_2, ... F_n
sont nuls, il en sera de même des polynomes E_1, E_2, ... E_n, en
vertu des identités (4), puisque l'on suppose que Δ est différent
de zéro.

Par conséquent, le système proposé admet les mêmes solutions
que le système

$$
F_1 = 0,\ F_2 = 0,\ \ldots\ldots F_n = 0 ;
$$

donc, en ayant égard aux identités (3), on peut affirmer que le
système proposé est équivalent au système

$$
\Delta x_1 - \Delta_1 = 0,\ \Delta x_2 - \Delta_2 = 0,\ \ldots\ldots \Delta x_n - \Delta_n = 0,
$$

que l'on peut écrire ainsi, puisque Δ est différent de zéro :

$$x_1 = \frac{\Delta_1}{\Delta}, \ x_2 = \frac{\Delta_2}{\Delta}, \ \ldots \ x_n = \frac{\Delta_n}{\Delta}.$$

Le système proposé est donc résolu et n'a qu'une seule solution, déterminée par les formules précédentes.

Donc, quand le déterminant Δ est différent de zéro, le système proposé *a une solution, mais n'en a qu'une seule*, et la valeur d'une inconnue est égale à une fraction ayant pour dénominateur le déterminant Δ, et pour numérateur le déterminant qu'on obtient en remplaçant dans Δ les coefficients de cette inconnue par les termes tout connus correspondants, en supposant ces termes connus écrits dans les seconds membres des équations données.

2. Cas particulier. — Avant de traiter le cas général, nous considérerons encore un système de p équations du premier degré à $p + q$ inconnues :

$$\left.\begin{array}{l}
a_1^1 x_1 + a_1^2 x_2 + \ldots + a_1^p x_p + a_1^{p+1} x_{p+1} + \ldots + a_1^{p+q} x_{p+q} - b_1 = 0 \\
a_2^1 x_1 + a_2^2 x_2 + \ldots + a_2^p x_p + a_2^{p+1} x_{p+1} + \ldots + a_2^{p+q} x_{p+q} - b_2 = 0 \\
\cdot \ \cdot \ \cdot \ \cdot \ \cdot \ \cdot \ \cdot \ \cdot \ \cdot \ \cdot \ \cdot \ \cdot \ \cdot \ \cdot \ \cdot \ \cdot \ \cdot \\
\cdot \ \cdot \ \cdot \ \cdot \ \cdot \ \cdot \ \cdot \ \cdot \ \cdot \ \cdot \ \cdot \ \cdot \ \cdot \ \cdot \ \cdot \ \cdot \ \cdot \\
a_p^1 x_1 + a_p^2 x_2 + \ldots + a_p^p x_p + a_p^{p+1} x_{p+1} + \ldots + a_p^{p+q} x_{p+q} - b_p = 0
\end{array}\right\} (5)$$

et nous supposerons que l'un au moins des déterminants de degré p que l'on peut former avec les coefficients de p inconnues soit différent de zéro. En disposant convenablement les notations, on peut alors évidemment supposer que le déterminant des coefficients de $x_1, x_2, \ldots x_p$ soit différent de zéro.

Soit :

$$\delta = \begin{vmatrix}
a_1^1 & a_1^2 & \cdot \ \cdot \ \cdot \ \cdot \ \cdot \ \cdot \ \cdot & a_1^p \\
a_2^1 & a_2^2 & \cdot \ \cdot \ \cdot \ \cdot \ \cdot \ \cdot \ \cdot & a_2^p \\
& & \cdot \ \cdot \ \cdot \ \cdot \ \cdot \ \cdot \ \cdot & \\
& & \cdot \ \cdot \ \cdot \ \cdot \ \cdot \ \cdot \ \cdot & \\
& & \cdot \ \cdot \ \cdot \ \cdot \ \cdot \ \cdot \ \cdot & \\
& & \cdot \ \cdot \ \cdot \ \cdot \ \cdot \ \cdot \ \cdot & \\
a_p^1 & a_p^2 & \cdot \ \cdot \ \cdot \ \cdot \ \cdot \ \cdot \ \cdot & a_p^p
\end{vmatrix}$$

Nous supposerons, d'après ce que nous venons de dire, que δ soit différent de zéro.

Je dis que, dans cette hypothèse, le système proposé a une infinité de solutions dans lesquelles les inconnues

$$x_{p+1},\ x_{p+2},\ \ldots\ x_{p+q},$$

peuvent prendre des valeurs arbitraires.

En effet, si nous supposons ces inconnues $x_{p+1},\ x_{p+2},\ \ldots\ x_{p+q}$ remplacées par des nombres donnés arbitrairement, le système (5) devient un système de p équations du premier degré à p inconnues :

$$x_1,\ x_2,\ \ldots\ x_p,$$

dont le déterminant δ est différent de zéro. Les termes tout connus sont alors :

$$b_1 - a_1^{p+1}\, x_{p+1} - a_1^{p+2}\, x_{p+2} - \ldots - a_1^{p+q}\, x_{p+q}$$
$$b_2 - a_2^{p+1}\, x_{p+1} - a_2^{p+2}\, x_{p+2} - \ldots - a_2^{p+q}\, x_{p+q}$$
$$\cdots\cdots\cdots\cdots\cdots\cdots\cdots\cdots\cdots$$
$$b_p - a_p^{p+1}\, x_{p+1} - a_p^{p+2}\, x_{p+2} - \ldots - a_p^{p+q}\, x_{p+q}.$$

Le nouveau système admet une solution et une seule, donnée par les formules :

$$
\left.
\begin{aligned}
\delta\, . x_1 &= \delta_1 - \delta_{1,\,p+1}\, x_{p+1} - \delta_{1,\,p+2}\, x_{p+2} - \ldots - \delta_{1,\,p+q}\, x_{p+q}\\
\delta\, . x_2 &= \delta_2 - \delta_{2,\,p+1}\, x_{p+1} - \delta_{2,\,p+2}\, x_{p+2} - \ldots - \delta_{2,\,p+q}\, x_{p+q}\\
&\cdots\cdots\cdots\cdots\cdots\cdots\cdots\cdots\cdots\\
&\cdots\cdots\cdots\cdots\cdots\cdots\cdots\cdots\cdots\\
\delta\, . x_p &= \delta_p - \delta_{p,\,p+1}\, x_{p+1} - \delta_{p,\,p+2}\, x_{p+2} - \ldots - \delta_{p,\,p+q}\, x_{p+q}
\end{aligned}
\right\} (6)
$$

δ_h étant le déterminant obtenu en remplaçant dans δ les éléments de la colonne de rang h par les termes tout connus correspondants $b_1,\ b_2,\ \ldots\ b_p$; et en outre, $\delta_{h,\,p+k}$ étant le déterminant obtenu en remplaçant dans δ les éléments de la colonne de rang h, par les coefficients correspondants de x_{p+k}.

Remarquons, en outre, que si l'on connaît une solution quelconque du système (6) :

$$x_1 = x'_1,\ x_2 = x'_2,\ \ldots\ x_p = x'_p,\ x_{p+1} = x'_{p+1},\ \ldots\ x_{p+q} = x'_{p+q}$$

en remplaçant dans les formules (6) :

$$x_{p+1},\ x_{p+2},\ \ldots\ x_{p+q},$$

respectivement par

$$x'_{p+1}, \; x'_{p+2}, \; \ldots \; x'_{p+q},$$

on en tirera nécessairement :

$$x_1 = x'_1, \; x_2 = x'_2, \; \ldots \; x_p = x'_p$$

puisque le système (5) dans lequel les inconnues x_{p+1}, x_{p+2}, ... x_{p+q} sont remplacées par des nombres déterminés, n'a qu'une seule solution.

Les formules (6) dans lesquelles x_{p+1}, x_{p+2} ..... x_{p+q} sont arbitraires, donnent donc toutes les solutions du système proposé. Dans ce cas, le système a une infinité de solutions, q des inconnues pouvant recevoir des valeurs entièrement arbitraires, les p autres inconnues étant des fonctions linéaires et déterminées des q arbitraires.

3. Cas général. — Soit :

$$\left. \begin{aligned}
&a_1^1 \, x_1 + a_1^2 \, x_2 + \ldots + a_1^m \, x_m - b_1 = 0 \\
&a_2^1 \, x_1 + a_2^2 \, x_2 + \ldots + a_2^m \, x_m - b_2 = 0 \\
&\cdots\cdots\cdots\cdots\cdots\cdots\cdots\cdots\cdots \\
&\cdots\cdots\cdots\cdots\cdots\cdots\cdots\cdots\cdots \\
&\cdots\cdots\cdots\cdots\cdots\cdots\cdots\cdots\cdots \\
&\cdots\cdots\cdots\cdots\cdots\cdots\cdots\cdots\cdots \\
&a_n^1 \, x_1 + a_n^2 \, x_2 + \ldots + a_n^m \, x_m - b_n = 0
\end{aligned} \right\} \quad (7)$$

un système quelconque de n équations du premier degré à m inconnues.

Du tableau rectangulaire :

$$\begin{matrix}
a_1^1 & a_1^2 & \ldots & a_1^m \\
a_2^1 & a_2^2 & \ldots & a_2^m \\
\cdot & \cdot & \ldots & \cdot \\
\cdot & \cdot & \ldots & \cdot \\
\cdot & \cdot & \ldots & \cdot \\
\cdot & \cdot & \ldots & \cdot \\
a_n^1 & a_n^2 & \ldots & a_n^m
\end{matrix} \qquad (T)$$

formé avec les coefficients des inconnues on peut déduire divers déterminants en prenant les éléments communs à un certain nombre de lignes et à un nombre égal de colonnes.

Nous supposerons d'abord que l'un au moins des éléments du tableau (T) soit différent de zéro. Dans cette hypothèse, il existera toujours, parmi les déterminants déduits du tableau (T), au moins un déterminant qui soit différent de zéro, et tel que si l'on désigne son degré par p, tout déterminant déduit du tableau (T) et de degré $p + 1$ soit nul. S'il existe plusieurs déterminants jouissant de cette double propriété, on choisira l'un d'eux à volonté.

Nous donnerons, avec M. E. Rouché ([1]), au déterminant δ ainsi choisi, le nom de *déterminant principal* du système (1). Il convient de remarquer que le degré p de ce déterminant est au plus égal au plus petit des deux nombres m et n. On peut d'ailleurs disposer les notations, c'est-à-dire ranger les inconnues et les équations dans un ordre tel que δ soit le déterminant :

$$\delta = \begin{vmatrix} a_1^1 & a_1^2 & \cdots & a_1^p \\ a_2^1 & a_2^2 & \cdots & a_2^p \\ \cdot & \cdot & \cdots & \cdot \\ \cdot & \cdot & \cdots & \cdot \\ \cdot & \cdot & \cdots & \cdot \\ a_p^1 & a_p^2 & \cdots & a_p^p \end{vmatrix}$$

formé avec les éléments communs aux p premières lignes et aux p premières colonnes du tableau (T).

En ajoutant au déterminant principal δ une $(p+1)^e$ ligne formée par les éléments

$$a_{p+\alpha}^1 \quad a_{p+\alpha}^2 \quad \cdots \quad a_{p+\alpha}^p$$

d'une ligne non employée du tableau (T), et une $(p+1)^e$ colonne formée par les termes tout connus correspondants

$$b_1, b_2, \cdots b_p, b_{p+\alpha}$$

ou comme on dit, en *bordant* δ avec ces éléments, nous obtiendrons un déterminant :

$$\delta_{p+\alpha} = \begin{vmatrix} a_1^1 & a_1^2 & \cdots a_1^p & b_1 \\ \cdot & \cdot & \cdots & \cdot \\ \cdot & \cdot & \cdots & \cdot \\ \cdot & \cdot & \cdots & \cdot \\ a_p^1 & a_p^2 & \cdots a_p^p & b_p \\ a_{p+\alpha}^1 & a_{p+\alpha}^2 & \cdots a_{p+\alpha}^p & b_{p+\alpha} \end{vmatrix} = \begin{array}{|c|c|} \hline & b_1 \\ & b_2 \\ \delta & \cdot \\ & \cdot \\ & \cdot \\ & b_p \\ \hline a_{p+\alpha}^1 \cdots a_{p+\alpha}^p & b_{p+\alpha} \\ \hline \end{array}$$

que nous nommerons *déterminant caractéristique* du système (7).

<hr>

1. Voir *Journal de l'École polytechnique*, XLVIIIe cahier (1880). Note sur les *équations linéaires*, par M. E. Rouché.

En donnant à α les valeurs $1, 2, \ldots n - p$ on obtiendra donc $n - p$ déterminants caractéristiques du système proposé.

Il convient de remarquer que cette définition est en défaut lorsque $p = n$, m étant alors nécessairement supérieur ou égal à n; nous conviendrons de dire, dans ce cas, que le système a un déterminant caractéristique nul.

4. Théorème fondamental [1]. — *Pour que n équations linéaires à m inconnues soient compatibles, il faut et il suffit que les déterminants caractéristiques du système soient tous nuls.*

Dans cette hypothèse, le système a une solution unique ou est indéterminé suivant que le nombre des inconnues est égal au degré du déterminant principal ou lui est supérieur.

Désignons par E_1, E_2, $\ldots E_n$ les premiers membres des équations proposées, et en supposant $p < n$, considérons le déterminant

$$\begin{vmatrix} a_1^1 & a_1^2 & \ldots & a_1^p & E_1 \\ a_2^1 & a_2^2 & \ldots & a_2^p & E_2 \\ \cdot & \cdot & \ldots & \cdot & \cdot \\ \cdot & \cdot & \ldots & \cdot & \cdot \\ \cdot & \cdot & \ldots & \cdot & \cdot \\ a_p^1 & a_p^2 & \ldots & a_p^p & E_p \\ a_{p+\alpha}^1 & a_{p+\alpha}^2 & \ldots & a_{p+\alpha}^p & E_{p+\alpha} \end{vmatrix}$$

Ce déterminant est la somme de $m + 1$ déterminants obtenus en remplaçant chacun des polynômes de la $(p + 1)^e$ colonne par les termes qui le composent; en désignant par x_r une quelconque des inconnues, on obtiendra ainsi m déterminants tels que :

$$\begin{vmatrix} a_1^1 & a_1^2 & \ldots & a_1^p & a_1^r\, x_r \\ a_2^1 & a_2^2 & \ldots & a_2^p & a_2^r\, x_r \\ \cdot & \cdot & \ldots & \cdot & \cdot \\ \cdot & \cdot & \ldots & \cdot & \cdot \\ \cdot & \cdot & \ldots & \cdot & \cdot \\ a_p^1 & a_p^2 & \ldots & a_p^p & a_p^r\, x_r \\ a_{p+\alpha}^1 & a_{p+\alpha}^2 & \ldots & a_{p+\alpha}^p & a_{p+\alpha}^r\, x_r \end{vmatrix}$$

Si l'on suppose $r \leqslant p$, ce déterminant est nul comme ayant deux colonnes proportionnelles, et si l'on a $r > p$, ce déterminant est égal à x_r multiplié par un déterminant de degré $p + 1$, déduit du tableau (T), déterminant nul par hypothèse; les m déterminants

---

1. Ce théorème a été énoncé, sous des formes différentes, par plusieurs auteurs : MM. Darboux, Fontené, Méray, Rouché, Ventéjol, etc.

ainsi formés sont donc tous nuls, et il ne reste que le déterminant obtenu en remplaçant E_1, E_2, ... E_p, $E_{p+\alpha}$ par

$$- b_1, \; - b_2, \; ..... \; - b_p, \; - b_{p+\alpha}$$

ce qui conduit à l'identité :

$$\begin{vmatrix} a_1^1 & a_1^2 & . \; . \; . \; . & a_1^p & E_1 \\ . \; . \; . \; . \; . \; . \; . \; . \; . \; . \; . \; . \; . \; . \; . \; . \\ . \; . \; . \; . \; . \; . \; . \; . \; . \; . \; . \; . \; . \; . \; . \; . \\ . \; . \; . \; . \; . \; . \; . \; . \; . \; . \; . \; . \; . \; . \; . \; . \\ a_p^1 & a_p^2 & . \; . \; . \; . & a_p^p & E_p \\ a_{p+\alpha}^1 & a_{p+\alpha}^2 & . \; . & a_{p+\alpha}^p & E_{p+\alpha} \end{vmatrix} = - \delta_{p+\alpha} \qquad (8)$$

Cela posé, considérons une solution quelconque du système formé par les p premières équations du système (1), soit :

$$x_1 = x_1' \quad x_2 = x_2' \; ..... \; x_m = x_m',$$

et remplaçons les inconnues par ces valeurs dans l'identité précédente. Les polynomes E_1, E_2, ... E_p s'annuleront ; quant à $E_{p+\alpha}$, il prendra une valeur déterminée $E_{p+\alpha}'$; l'identité ayant lieu pour toutes les valeurs des inconnues, elle subsistera pour ces valeurs particulières : on obtient ainsi :

$$\delta . E_{p+\alpha}' = - \delta_{p+\alpha}$$

comme δ est différent de zéro, la condition *nécessaire et suffisante* pour que l'on ait : $E_{p+\alpha}' = 0$ est que $\delta_{p+\alpha}$ soit nul.

Donc, si $\delta_{p+\alpha}$ est différent de zéro, l'équation

$$E_{p+\alpha} = 0$$

est incompatible avec les p premières. Si au contraire $\delta_{p+\alpha}$ est nul, l'équation $E_{p+\alpha} = 0$ est une conséquence des p premières.

Il résulte de ce qui précède que si l'un au moins des déterminants caractéristiques est différent de zéro, le système proposé est impossible ; si tous les déterminants caractéristiques sont nuls, le système peut être réduit aux p premières équations que l'on peut nommer les *équations principales* du système.

Dès lors, si $m = p$, on est dans le premier cas, le système n'a qu'une seule solution, donnée par les formules de Cramer ;

Si $m > p$, on peut donner aux inconnues

$$x_{p+1}, x_{p+2}, ... \; x_m,$$

des valeurs arbitraires, les p autres inconnues sont des fonctions du premier degré de ces $m - p$ arbitraires; la solution la plus générale est représentée par les formules (6) dans lesquelles on supposera $p + q = m$.

Il nous reste à considérer le cas tout particulier où les coefficients des inconnues sont tous nuls. Le système est alors évidemment impossible si l'un des termes tout connus est différent de zéro, et entièrement indéterminé si ces termes connus sont tous nuls. Si l'on convient de dire que les déterminants caractéristiques sont, dans ce cas, les termes tout connus $b_1, b_2, \ldots b_n$, il est évident que ce cas particulier rentre dans le cas général; il en est de même d'ailleurs des deux premiers cas que nous avons considérés; donc le théorème est démontré.

Corollaire. — Un système d'équations linéaires peut être *impossible*, avoir une solution *unique* ou une *infinité de solutions*.

5. Remarques. — 1° Il résulte évidemment de ce qui précède que la condition nécessaire et suffisante pour qu'un système de n équations linéaires à n inconnues ait une solution et une seule, est que le déterminant Δ de ce système soit différent de zéro.

2° Il convient de remarquer que le déterminant δ étant supposé différent de zéro, pour que ce déterminant soit un déterminant principal, il suffit de supposer que les déterminants d'ordre $p + 1$ déduits du tableau (T) et obtenus en *bordant* δ avec des éléments appartenant à chacune des lignes et à chacune des colonnes de rang supérieur à p soient nuls, pour que la démonstration soit valable : et l'on conclut de là que si ces déterminants sont tous nuls, tous les déterminants de degré $p + 1$ seront aussi nuls; ce que l'on peut d'ailleurs vérifier directement.

3° Remarquons encore que si une équation $E_{p+\alpha} = 0$, par exemple, est incompatible avec les équations principales, il y a entre les premiers membres de ces équations et $E_{p+\alpha}$, une relation linéaire non homogène, comme cela résulte de l'identité (8).

4° Remarquons enfin que dans les formules (6) quelques-uns des seconds membres peuvent se réduire à des constantes, de sorte que quelques-unes des inconnues $x_1, x_2, \ldots x_p$ peuvent avoir des valeurs déterminées, mais dans tous les cas $m - p$ des inconnues ont des valeurs arbitraires.

6. Applications.

1° Système de deux équations à deux inconnues. — Soit à résoudre le système.

$$a\,x + b\,y = c$$
$$a'x + b'y = c'.$$

Premier cas. $a\,b' - b\,a' \neq 0$. Le système a une solution et une seule, donnée par les formules bien connues :

$$x = \frac{c\,b' - b\,c'}{a\,b' - b\,a'}, \quad y = \frac{a\,c' - c\,a'}{a\,b' - b\,a'}.$$

Deuxième cas. $a\,b' - b\,a' = 0$, un des coefficients des inconnues étant différent de zéro, soit par exemple $a \neq 0$.

Les formules précédentes n'ont plus de sens. Le déterminant caractéristique est, dans ce cas, égal à $a\,c' - c\,a'$. Par suite :

Si $a\,c' - c\,a' \neq 0$, le système est impossible.

Si $a\,c' - c\,a' = 0$, le système se réduit à la première équation; on peut donner à y une valeur arbitraire, x est déterminé par la première équation.

Enfin si $a = a' = b = b' = 0$, le système est impossible si c et c' ne sont pas nuls tous les deux; il est complètement indéterminé si l'on a : $c = 0$, $c' = 0$.

3° **Système de trois équations à trois inconnues.**

Les équations sont les suivantes :

$$\begin{aligned}
a\,x + b\,y + c\,z &= d \\
a'\,x + b'\,y + c'\,z &= d' \\
a''\,x + b''\,y + c''\,z &= d''.
\end{aligned}$$

Désignons le déterminant du système par Δ

$$\begin{vmatrix} a & b & c \\ a' & b' & c' \\ a'' & b'' & c'' \end{vmatrix} = \Delta$$

et représentons par A, B, C, A', ... C'' les coefficients de a, b, c, a' ..... c'' dans le développement de Δ.

Premier cas. $\Delta \neq 0$. Le système a une solution unique, déterminée par les formules :

$$x = \frac{d\,A + d'\,A' + d''\,A''}{\Delta}, \quad y = \frac{d\,B + d'\,B' + d''\,B''}{\Delta}, \quad z = \frac{d\,C + d'\,C' + d''\,C''}{\Delta}.$$

Deuxième cas. $\Delta = 0$, l'un au moins des mineurs du premier ordre de Δ différent de zéro, par exemple $C'' \neq 0$. Le déterminant caractéristique correspondant est égal à

$$\begin{vmatrix} a & b & d \\ a' & b' & d' \\ a'' & b'' & d'' \end{vmatrix} = d\,C + d'\,C' + d''\,C''.$$

1° $d\,C + d'\,C' + d''\,C'' \neq 0$. Le système est impossible.

2° $d\,C + d'\,C' + d''\,C'' = 0$. Le système se réduit aux deux premières équations, la troisième est alors une conséquence des deux premières. Il y a une infinité de solutions déterminées par les équations :

$$\begin{aligned}
a\,x + b\,y &= d - c\,z \\
a'\,x + b'\,y &= d' - c'\,z
\end{aligned}$$

et par suite, données par les formules

$$x = \frac{d\,b' - b\,d'}{a\,b' - b\,a'} - \frac{c\,b' - b\,c'}{a\,b' - b\,a'}\,z$$

$$y = \frac{a\,d' - d\,a'}{a\,b' - b\,a'} - \frac{a\,c' - c\,a'}{a\,b' - b\,a'}\,z$$

$$z = z'$$

z' étant complètement arbitraire.

Troisième cas. Tous les mineurs du premier ordre de Δ sont nuls et par suite $\Delta = 0$, l'un au moins des coefficients des inconnues étant différent de zéro, soit par exemple $a \neq 0$.

Il y a, dans ce cas, deux déterminants caractéristiques correspondants : $a\,d' - d\,a'$ et $a\,d'' - d\,a''$.

1° Si l'une des quantités $a\,d' - d\,a'$, $a\,d'' - d\,a''$, est différente de zéro, le système est impossible.

2° Si $a\,d' - d\,a' = 0$ et $a\,d'' - d\,a'' = 0$, le système se réduit à la première équation et toutes les solutions sont fournies par les formules :

$$x = \frac{d}{a} - \frac{b}{a}\,y' - \frac{c}{a}\,z'$$
$$y = y'$$
$$z = z'$$

y' et z' étant arbitraires.

Quatrième cas. Les coefficients des inconnues sont tous nuls. Si l'un quelconque des termes tout connus est différent de zéro, le système est impossible ; s'ils sont tous nuls, il est complètement indéterminé.

3° **Trouver les conditions nécessaires et suffisantes pour que le système**

$$a\,x + b\,y + c = o$$
$$a'\,x + b'\,y + c' = o$$
$$a''x + b''y + c'' = o$$

ait une solution unique.

Le nombre des inconnues étant égal à 2, pour que le système soit déterminé, il est *nécessaire* que le degré du déterminant principal soit égal à 2. Par suite, l'un au moins des trois déterminants

$$ab' - ba', \qquad a'b'' - b'a'', \qquad ab'' - ba''$$

doit être différent de zéro.

Supposons, pour fixer les idées :

$$ab' - ba' \neq o.$$

Le déterminant caractéristique correspondant doit être nul ; donc

$$\begin{vmatrix} a & b & c \\ a' & b' & c' \\ a'' & b'' & c'' \end{vmatrix} = o$$

est la condition nécessaire pour que le système proposé admette une solution unique. Cette condition est suffisante, pourvu que l'un des déterminants du second degré formé avec les coefficients des inconnues soit différent de zéro. Dans ce cas, le système proposé se réduit à deux équations.

Si tous ces déterminants sont nuls, et si l'on suppose, par exemple, $a \neq o$, le système proposé ne sera possible que si l'on a en même temps

$$ac' - ca' = o \qquad \text{et} \qquad ac'' - ca'' = o,$$

et alors le système se réduit à une seule équation.

On traitera de la même façon un système $n + 1$ équations du premier degré à n inconnues. *Pour que le système ait une solution unique, il faut et il suffit que le déterminant Δ, formé avec les coefficients des inconnues et les termes tout connus, soit nul, pourvu que l'un au moins des déterminants de degré n formés avec les coefficients des inconnues soit différent de zéro.*

Le déterminant Δ se nomme souvent le déterminant *complet* du système.

ÉQUATIONS HOMOGÈNES

7. Lorsqu'on suppose : $b_1 = b_2 = \ldots = b_n = 0$ les équations proposées sont homogènes ; dans ce cas tous les déterminants caractéristiques sont toujours nuls, de sorte que le système n'est jamais impossible. Il admet, en effet, toujours la solution :

$$x_1 = 0,\ x_2 = 0 \ldots x_m = 0$$

que nous nommerons *la solution zéro*.

Il n'y a donc que deux cas à distinguer :

1° Un système linéaire homogène dans lequel le degré du déterminant principal est égal au nombre des inconnues est déterminé, c'est-à-dire n'a pas d'autre solution que zéro ; 2° un système linéaire homogène dans lequel le degré p du déterminant principal est inférieur au nombre n des inconnues est indéterminé, $m - p$ inconnues pouvant recevoir des valeurs arbitraires et, par suite, *différentes de zéro*.

Donc nous pouvons énoncer la proposition suivante :

Pour qu'un système linéaire et homogène admette des solutions dans lesquelles les inconnues ne soient pas toutes nulles, il faut et il suffit que le degré du déterminant principal du système soit inférieur au nombre des inconnues.

Corollaire. — *Un système de n équations linéaires et homogènes à $n + q$ inconnues a toujours des solutions différentes de zéro, car le degré du déterminant principal est au plus égal à n, et, par suite, inférieur à $n + q$.*

8. Applications. — Considérons un système homogène de n équations à n inconnues :

$$\left.\begin{aligned}
a_1^1\, x_1 + a_1^2\, x_2 + \ldots + a_1^n\, x_n &= 0 \\
a_2^1\, x_1 + a_2^2\, x_2 + \ldots + a_2^n\, x_n &= 0 \\
\vphantom{x} \ldots \ldots \ldots \ldots \ldots \ldots \ldots \\
\vphantom{x} \ldots \ldots \ldots \ldots \ldots \ldots \ldots \\
\vphantom{x} \ldots \ldots \ldots \ldots \ldots \ldots \ldots \\
a_n^1\, x_1 + a_n^2\, x_2 + \ldots + a_n^n\, x_n &= 0
\end{aligned}\right\} \quad (9)$$

et supposons le déterminant des coefficients égal à zéro, mais supposons qu'un des déterminants mineurs du premier ordre soit différent de zéro. Supposons par exemple $A_n'' \neq 0$; dans ce cas, on aura la solution la plus générale en donnant à x_n une valeur arbitraire; les autres inconnues seront déterminées, et en appliquant les formules (6), on aura :

$$A_n'' x_1 = A_n^1 x_n, \; A_n'' x_2 = A_n^2 x_n \ldots A_n'' x_{n-1} = A_n^{n-1} x_n,$$

ou, si l'on pose $x_n = \lambda A_n''$, λ étant arbitraire :

$$x_1 = \lambda A_n^1, \; x_2 = \lambda A_n^2 \ldots x_n = \lambda A_n'', \qquad (10)$$

on a ainsi la solution la plus générale.

De là résulte le théorème suivant.

9. Théorème. — *Dans un déterminant égal à zéro, les coefficients des éléments de deux rangées parallèles sont proportionnels.*

Et réciproquement.

Il suffit évidemment d'établir le théorème pour deux lignes.

Soit :

$$\Delta = \begin{vmatrix} a_1^1 & a_1^2 & \ldots & a_1^n \\ \cdot & \cdot & \cdot & \cdot \\ \cdot & \cdot & \cdot & \cdot \\ \cdot & \cdot & \cdot & \cdot \\ \cdot & \cdot & \cdot & \cdot \\ a_n^1 & a_n^2 & \ldots & a_n^n \end{vmatrix} = 0$$

un déterminant nul.

Le système homogène (9) admet des solutions différentes de zéro. Supposons que les coefficients des éléments de la $p^{ième}$ ligne ne soient pas tous nuls, et qu'il en soit de même des coefficients des éléments de la $q^{ième}$ ligne. D'après ce qui précède la solution générale du système est donnée par les formules :

$$x_1 = \lambda A_p^1, \; x_2 = \lambda A_p^2 \ldots x_n = \lambda A_p''$$

λ étant arbitraire; mais ce système est vérifié en posant :

$$x_1 = A_q^1, \; x_2 = A_q^2, \ldots x_n = A_q''.$$

Donc on peut trouver λ tel que l'on ait :

$$A_q^1 = \lambda A_p^1, \; A_q^2 = \lambda A_p^2, \ldots A_q'' = \lambda A_p''.$$

Réciproquement, s'il en est ainsi, on a :

$$\Delta = \sum_{h=1}^{h=n} a_q^h A_q^h = \lambda \sum_{h=1}^{h=n} a_q^h A_p^h = 0.$$

10. Considérons maintenant le système :

$$
\left.
\begin{array}{l}
a_1^1\, x_1 + a_1^2\, x_2 + \ldots + a_1^n\, x_n = 0 \\
a_2^1\, x_1 + a_2^2\, x_2 + \ldots + a_2^n\, x_n = 0 \\
\cdots \cdots \cdots \cdots \cdots \cdots \cdots \cdots \\
\cdots \cdots \cdots \cdots \cdots \cdots \cdots \cdots \\
\cdots \cdots \cdots \cdots \cdots \cdots \cdots \cdots \\
\cdots \cdots \cdots \cdots \cdots \cdots \cdots \cdots \\
a_{n-1}^1\, x_1 + a_{n-1}^2\, x_2 + \ldots + a_{n-1}^n\, x_n = 0
\end{array}
\right\} \qquad (11)
$$

qui ne renferme que $n-1$ équations, et supposons que l'un des déterminants obtenus en supprimant une colonne du tableau des coefficients des inconnues soit différent de zéro et que ce soit, par exemple, le déterminant

$$
\begin{vmatrix}
a_1^1 & a_1^2 & \ldots\ldots & a_1^{n-1} \\
\cdots & \cdots & \cdots & \cdots \\
\cdots & \cdots & \cdots & \cdots \\
\cdots & \cdots & \cdots & \cdots \\
\cdots & \cdots & \cdots & \cdots \\
a_{n-1}^1 & a_{n-1}^2 & \ldots & a_{n-1}^{n-1}
\end{vmatrix}
$$

Nous pouvons alors considérer ce système comme un cas particulier du précédent, dans lequel on supposerait

$$
a_n^1 = a_n^2 = \ldots = a_n^n = 0,
$$

on aura donc encore la solution la plus générale du système par les formules (10). Il est d'ailleurs facile d'en faire la vérification directe.

Exemple. — Si l'un des trois déterminants

$$
ab' - ba', \quad bc' - cb', \quad ca' - ac'
$$

est différent de zéro, la solution la plus générale du système

$$
ax + by + cz = 0 \\
a'x + b'y + c'z = 0
$$

est la suivante :

$$
x = \lambda\,(bc' - cb') \quad y = \lambda\,(ca' - ac') \quad z = \lambda\,(ab' - ba')
$$

λ étant arbitraire.

Si l'on suppose $ab' - ba' \neq 0$, on peut prendre $z = 1$, ce qui conduit à écrire les formules de résolution du système

$$ax + by + c = 0,$$
$$a'x + b'y + c' = 0,$$

sous cette forme commode :

$$\frac{x}{bc' - cb'} = \frac{y}{ca' - ac'} = \frac{1}{ab' - ba'}$$

en faisant cette convention que l'hypothèse $bc' - cb' = 0$, par exemple, donne $x = 0$.

11. Théorème. — *Pour qu'un déterminant soit nul, il faut et il suffit qu'il y ait entre les éléments des lignes ou des colonnes une même relation linéaire et homogène.*

Pour fixer les idées, considérons le déterminant

$$\Delta = \begin{vmatrix} a & b & c \\ a' & b' & c' \\ a'' & b'' & c'' \end{vmatrix}$$

D'après la théorie des équations homogènes, si $\Delta = 0$, on peut trouver trois nombres x, y, z *non tous nuls*, vérifiant les équations :

$$ax + by + cz = 0$$
$$a'x + b'y + c'z = 0$$
$$a''x + b''y + c''z = 0.$$

Réciproquement, s'il y a des nombres x, y, z non tous nuls, vérifiant ces équations, on a : $\Delta = 0$. La proposition est donc démontrée pour les lignes ; elle se démontre de la même manière pour les colonnes, puisqu'on a aussi :

$$\Delta = \begin{vmatrix} a & a' & a'' \\ b & b' & b'' \\ c & c' & c'' \end{vmatrix}$$

On peut remarquer que s'il y a une même relation linéaire et homogène entre les éléments des lignes, il en sera de même pour les colonnes et *vice versa*.

En d'autres termes, si trois nombres x, y, z non tous nuls vérifient le système

$$ax + by + cz = 0$$
$$a'x + b'y + c'z = 0$$
$$a''x + b''y + c''z = 0$$

il existe aussi des nombres non tous nuls vérifiant le système

$$ax + a'y + a''z = 0$$
$$bx + b'y + b''z = 0$$
$$cx + c'y + c''z = 0.$$

Plus généralement, pour que le déterminant principal déduit des éléments d'un déterminant Δ d'ordre n, soit d'ordre p, il faut et il suffit qu'il y ait entre les rangées parallèles de Δ une même relation linéaire et homogène

$$\lambda_1 a_p^1 + \lambda_2 a_p^2 + \ldots + \lambda_n a_p^n = 0 \quad (p = 1, 2, \ldots n),$$

dans laquelle on puisse prendre arbitrairement $n - p$ des nombres $\lambda_1, \lambda_2 \ldots \lambda_n$.

EXERCICES

1. Montrer que si A et B sont deux polynomes de degrés m et p en x, et U et V des polynomes à coefficients inconnus, de degrés $p - 1$ et $m - 1$, on peut identifier $AU + BV$ et 1; si A et B sont premiers entre eux, le déterminant sera différent de zéro, sans quoi on pourrait identifier $AU + BV$ à zéro.

2. Étudier les systèmes

$$
\begin{array}{lcl}
bz - cy = \alpha & & b'z - c'y = \alpha' \\
cx - az = \beta & \text{et} & c'x - a'z = \beta' \\
ay - bx = \gamma & & a'y - b'x = \gamma'
\end{array}
$$

et trouver la condition pour que ces deux systèmes aient une solution commune, en supposant que chacun d'eux soit formé d'équations compatibles. En outre, a, b, c ne doivent pas être proportionnels à a', b', c'.

$$\text{Rép. : } a'\alpha + b'\beta + c'\gamma + a\alpha' + b\beta' + c\gamma' = 0.$$

3. On suppose que le degré du déterminant principal d'un système d'équations linéaires soit égal à p, le nombre des inconnues étant $p + q$ et que tous les déterminants caractéristiques soient nuls. D'après le théorème fondamental, q inconnues sont arbitraires; montrer qu'il peut arriver que quelques-unes des p inconnues, fonctions des q arbitraires, soient déterminées; trouver la condition nécessaire et suffisante pour que x_k soit déterminée.

Rép. : Il faut et il suffit que tous les déterminants principaux du système contiennent une colonne dont les éléments soient des coefficients de x_k.

4. Prouver que si, dans un système d'équations linéaires homogènes à m inconnues, le déterminant principal est d'ordre p, on peut donner à $m - p - 1$ inconnues, choisies arbitrairement, la valeur de zéro, sans que les $p + 1$, autres inconnues, soient toutes nulles.

5. Résoudre le système

$$a_1 = a_0 + x_1$$
$$a_2 = a_0 + 2x_1 + x_2$$
$$a_3 = a_0 + 3x_1 + 3x_2 + x_3$$
$$\cdots\cdots\cdots\cdots\cdots\cdots\cdots\cdots$$
$$\cdots\cdots\cdots\cdots\cdots\cdots\cdots\cdots$$
$$a_n = a_0 + n x_1 + \frac{n(n-1)}{1.2} x_2 + \ldots + x_n.$$

6. Résoudre le système

$$\begin{aligned}
x_1 + x_2 + x_3 + \ldots\ldots + x_n &= 1 \\
a x_1 + b x_2 + c x_3 + \ldots\ldots + l x_n &= 0 \\
a^2 x_1 + b^2 x_2 + c^2 x_3 + \ldots\ldots + l^2 x_n &= 0 \\
\ldots\ldots\ldots\ldots\ldots\ldots\ldots\ldots\ldots \\
a^{n-1} x_1 + b^{n-1} x_2 + c^{n-1} x_3 + \ldots\ldots + l^{n-1} x_n &= 0.
\end{aligned}$$

7. Résoudre le système

$$\begin{aligned}
x_1 + x_2 + \ldots\ldots x_p &= a_1 \\
x_2 + x_3 + \ldots\ldots x_{p+1} &= a_2 \\
\ldots\ldots\ldots\ldots\ldots\ldots\ldots \\
\ldots\ldots\ldots\ldots\ldots\ldots\ldots \\
x_n + x_1 + \ldots\ldots x_{p-1} &= a_n.
\end{aligned}$$

Montrer que le déterminant du système est égal à p si n et p sont premiers entre eux et à zéro dans les autres cas.

8. On pose

$$\begin{aligned}
a_0 c_0 &= 1 \\
a_0 c_1 + a_1 c_0 &= 0 \\
a_0 c_2 + a_1 c_1 + a_2 c_0 &= 0 \\
a_0 c_3 + a_1 c_2 + a_2 c_1 + a_3 c_0 &= 0 \\
\ldots\ldots\ldots\ldots\ldots\ldots\ldots\ldots\ldots \\
\ldots\ldots\ldots\ldots\ldots\ldots\ldots\ldots\ldots
\end{aligned}$$

Calculer le déterminant

$$\begin{vmatrix}
a_n & a_{n+1} & \ldots\ldots & a_{n+p} \\
a_{n+1} & a_{n+2} & \ldots\ldots & a_{n+p+1} \\
\ldots & \ldots & \ldots & \ldots \\
\ldots & \ldots & \ldots & \ldots \\
a_{n+p} & a_{n+p+1} & \ldots\ldots & a_{n+2p}
\end{vmatrix}$$

en fonction de $c_0, c_1, c_2 \ldots\ldots$

9. Trouver un polynome de degré m qui prenne $m+1$ valeurs données quelconques :

$$b_0, b_1, b_2, \ldots\ldots b_m$$

pour $m+1$ valeurs distinctes de x :

$$x_0, x_1, x_2, \ldots\ldots x_m.$$

En désignant le polynome cherché par $f(x)$, on trouve

$$\begin{vmatrix}
f(x) & 1 & x & x^2 & \ldots\ldots & x^m \\
b_0 & 1 & x_0 & x_0^2 & \ldots\ldots & x_0^m \\
b_1 & 1 & x_1 & x_1^2 & \ldots\ldots & x_1^m \\
\ldots & \ldots & \ldots & \ldots & \ldots & \ldots \\
\ldots & \ldots & \ldots & \ldots & \ldots & \ldots \\
b_m & 1 & x_m & x_m^2 & \ldots\ldots & x_m^m
\end{vmatrix} = 0.$$

En développant ce déterminant on obtient :

$$f(x) = b_0 f_0(x) + b_1 f_1(x) + \ldots\ldots + b_p f_p(x) + \ldots\ldots b_m f_m(x)$$

où

$$f_p(x) = \frac{(x - x_0)(x - x_1)\ldots\ldots(x - x_{p-1})(x - x_{p+1})\ldots\ldots(x - x_m)}{(x_p - x_0)(x_p - x_1)\ldots\ldots(x_p - x_{p-1})(x_p - x_{p+1})\ldots\ldots(x_p - x_m)}.$$

En conclure qu'un polynome ne peut être nul pour toutes les valeurs de x sans que tous ses coefficients ne soient nuls.

10. En posant

$$D^p x^n = n(n-1)\ldots\ldots(n-p+1) x^{n-p}$$
$$D^p a^n = n(n-1)\ldots\ldots(n-p+1) a^{n-p}$$

montrer que le déterminant suivant :

$$\begin{vmatrix}
1 & a & a^2 & \ldots\ldots & a^m \\
D1 & Da & Da^2 & \ldots\ldots & Da^m \\
D^2 1 & D^2 a & D^2 a^2 & \ldots\ldots & D^2 a^m \\
\cdot & \cdot & \cdot & & \cdot \\
D^{\alpha-1} 1 & D^{\alpha-1} a & D^{\alpha-1} a^2 & \ldots\ldots & D^{\alpha-1} a^m \\
1 & b & b^2 & \ldots\ldots & b^m \\
\cdot & \cdot & \cdot & & \cdot \\
D^{\beta-1} 1 & D^{\beta-1} b & D^{\beta-1} b^2 & \ldots\ldots & D^{\beta-1} b^m \\
\cdot & \cdot & \cdot & & \cdot \\
\cdot & \cdot & \cdot & & \cdot \\
D^{\lambda-1} 1 & D^{\lambda-1} l & D^{\lambda-1} l^2 & \ldots\ldots & D^{\lambda-1} l^m
\end{vmatrix}$$

où

$$\alpha + \beta \ldots\ldots + \lambda = m + 1$$

se réduit à un monome entier par rapport aux différences $a - b$, $a - c$, $\ldots\ldots$ $b - c$, $\ldots\ldots$ dont on demande le coefficient et les exposants.

(Ch. Méray.)

11. En conclure qu'il existe un seul polynome entier de degré m prenant pour $x = a$, lui et ses $\alpha - 1$ premières dérivées ; pour $x = b$, lui et ses $\beta - 1$ premières dérivées..... pour $x = l$, lui et ses $\lambda - 1$ premières dérivées, en tout $m + 1$ valeurs données, pourvu que a, b, c, $\ldots\ldots l$ aient des valeurs distinctes.

(Ch. Méray.)

CHAPITRE XVI

FORMES LINÉAIRES

1. Définition. — On nomme *forme linéaire* tout polynome homogène du premier degré à un nombre quelconque de variables, tel que

$$a_1 x_1 + a_2 x_2 + \ldots + a_n x_n.$$

Pour qu'une forme linéaire soit nulle quelles que soient les valeurs attribuées aux variables dont elle dépend, il faut et il suffit que tous ses coefficients soient nuls.

En effet, soit

$$f = a_1 x_1 + a_2 x_2 + \ldots + a_n x_n.$$

Si $f = 0$ quelles que soient les valeurs attribuées à $x_1, x_2 \ldots x_n$, il en sera ainsi pour $x_1 = 1, x_2 = x_3 = \ldots = x_n = 0$, ce qui donne $a_1 = 0$, on aura de même : $a_2 = 0, \ldots a_n = 0$. Les conditions

$$a_1 = 0, a_2 = 0, \ldots a_n = 0,$$

sont nécessaires; elles sont évidemment suffisantes.

2. Formes linéaires distinctes.

On dit que des polynomes sont distincts quand on peut attribuer aux variables dont ils dépendent des valeurs telles que ces polynomes prennent des valeurs données d'avance arbitrairement.

Quand les polynomes sont tous du premier degré par rapport aux variables, on peut énoncer le théorème suivant :

1° *Pour que n polynomes du premier degré à $n + p$ variables soient distincts, il faut et il suffit qu'un déterminant de degré n formé avec les coefficients de n de ces variables soit différent de zéro ;*

2° *Avec n variables indépendantes on ne peut pas composer plus de n polynomes du premier degré distincts.*

Ce théorème ne diffère pas, au fond, du théorème général relatif aux équations du premier degré.

En effet, en égalant les polynomes donnés à des quantités arbitraires on obtient autant d'équations du premier degré qu'il y a de polynomes. Un pareil système d'équations n'est possible que si le degré du déterminant principal du système est égal au nombre des polynomes, car tout déterminant caractéristique contient dans sa dernière colonne les quantités arbitraires, le coefficient de l'une de ces quantités étant le déterminant principal; donc en égalant ce caractéristique à zéro on aurait une relation entre les arbitraires, ce qui est contradictoire.

La proposition s'applique aux formes linéaires qui ne sont que des polynomes du premier degré à termes indépendants égaux à zéro.

Ainsi, par exemple, pour que les trois formes

$$a\,x + b\,y + c\,z$$
$$a'\,x + b'\,y + c'\,z$$
$$a''\,x + b''\,y + c''\,z$$

soient distinctes, il faut et il suffit que le déterminant

$$(a\ b'\ c'')$$

soit différent de zéro.

Pareillement pour que

$$a\,x + b\,y + c\,z + d\,t + e\,u$$
$$a'\,x + b'\,y + c'\,z + d'\,t + e'\,u$$
$$a''\,x + b''\,y + c''\,z + d''\,t + e''\,u,$$

soient distinctes, il est nécessaire et suffisant que le déterminant principal déduit du tableau des coefficients des variables x, y, z, t, u soit du 3ᵉ degré. La condition est évidemment suffisante, car si par exemple on suppose le déterminant $(a\,b'\,c'') \neq 0$, en égalant les formes considérées à trois nombres $\alpha, \alpha', \alpha''$ on aura un système d'équations possible quels que soient $\alpha, \alpha', \alpha''$. Au contraire, si le déterminant principal est d'ordre inférieur à 3, et si par exemple on suppose $a\,b' - b\,a' \neq 0$, le système proposé ne sera formé d'équations compatibles que si

$$\begin{vmatrix} a & b & \alpha \\ a' & b' & \alpha' \\ a'' & b'' & \alpha'' \end{vmatrix} = 0$$

équation qui déterminerait α'' en fonction linéaire et homogène de α et α'.

Enfin si les deux polynomes

$$P \equiv a\,x + b\,y + c$$
$$P' \equiv a'\,x + b'\,y + c'$$

sont distincts, tout autre polynome

$$P'' \equiv a'' x + b'' y + c''$$

formé avec les mêmes variables est lié linéairement aux polynomes distincts donnés.

Il suffit, en effet, de recommencer la démonstration donnée plus haut (XV, 4) en considérant le déterminant

$$\begin{vmatrix} a & b & P \\ a' & b' & P' \\ a'' & b'' & P'' \end{vmatrix}$$

Si des éléments de la dernière colonne on retranche ceux des deux premières multipliés par x et y respectivement on obtient

$$\begin{vmatrix} a & b & c \\ a' & b' & c' \\ a'' & b'' & c'' \end{vmatrix}$$

donc, en désignant ce déterminant par δ on a

$$P\,(a'\,b'') - P'(a\,b'') + P''(a\,b') = \delta$$

et si $c = c' = c'' = 0$, on aura $\delta = 0$ et la relation sera linéaire et homogène. — On peut donc énoncer le théorème suivant :

3. Théorème. — *Quand des formes linéaires f_1, f_2, ... f_n ne sont pas distinctes, elles sont liées linéairement, c'est-à-dire qu'on peut trouver des quantités λ_1, λ_2, ... λ_n non toutes nulles et telles que*

$$\lambda_1 f_1 + \lambda_2 f_2 + ... + \lambda_n f_n \equiv 0.$$

Cette proposition est très importante; pour la vérifier directement il suffit d'égaler à zéro les coefficients de chaque variable dans la forme

$$\lambda_1 f_1 + \lambda_2 f_2 + ... + \lambda_n f_n,$$

en regardant λ_1, λ_2, ... λ_n comme inconnues; on obtient ainsi autant d'équations homogènes et du premier degré qu'il y a de variables dans les formes données et l'on voit immédiatement que ce système d'équations n'est déterminé et, par suite, n'admet que la solution zéro, qu'autant que le degré de son déterminant principal est égal au nombre des formes, ce qui exprime précisément que les formes sont distinctes. S'il n'en est pas ainsi, il y a des valeurs de λ_1, λ_2, ... λ_n non toutes nulles, qui vérifient le système.

Exemple : si l'on pose

$$\lambda\,(a\,x + b\,y) + \lambda'\,(a'x + b'y) + \lambda''\,(a''x + b''y) = 0$$

on doit déterminer λ, λ', λ'' de façon que

$$a\lambda + a'\lambda' + a''\lambda'' = 0$$
$$b\lambda + b'\lambda' + b''\lambda'' = 0 ;$$

or si l'on suppose $ab' - ba' \neq 0$, on peut donner à λ et à λ' des valeurs arbitraires et en déduire λ''.

4. Théorème. — *Si des formes linéaires*

$$f_1, f_2, \ldots f_n$$

sont des fonctions linéaires et homogènes d'un moindre nombre de formes linéaires

$$\varphi_1, \varphi_2, \ldots \varphi_p$$

elles ne sont pas distinctes.

On peut évidemment supposer les formes φ distinctes sans quoi un certain nombre d'entre elles étant des fonctions linéaires et homogènes des autres, les formes f seraient elles-mêmes des fonctions linéaires d'un nombre encore moindre de formes.

Cela étant si p des formes f sont des fonctions distinctes des formes φ, celles-ci sont, à leur tour, des fonctions des p formes f considérées et par suite en remplaçant dans les $n - p$ autres formes f les formes φ par leurs expressions en fonctions des f, on voit que ces $n - p$ formes sont des fonctions des p premières.

D'ailleurs si p formes f n'étaient pas distinctes quand on les regarde comme dépendant des variables φ, ces p formes seraient liées linéairement. La proposition est donc vraie dans tous les cas.

Ainsi, par exemple, soient :

$$f_1 = a_1\varphi_1 + b_1\varphi_2 + c_1\varphi_3$$
$$f_2 = a_2\varphi_1 + b_2\varphi_2 + c_2\varphi_3$$
$$f_3 = a_3\varphi_1 + b_3\varphi_2 + c_3\varphi_3$$
$$f_4 = a_4\varphi_1 + b_4\varphi_2 + c_4\varphi_3$$

si $(a_1 b_2 c_3) = 0$, il y a au moins une relation linéaire et homogène autre f_1, f_2 et f_3.

Si les mineurs A_1, A_2, A_3 du déterminant précédent ne sont pas tous nuls, on a en effet

$$A_1 f_1 + A_2 f_2 + A_3 f_3 = 0.$$

Si tous les mineurs du premier ordre sont nuls, mais qu'on suppose par exemple $a_1 \neq 0$, alors f_2 et f_3 ne diffèrent de f_1 que par des facteurs constants.

Enfin si $(a_1 b_2 c_3) \neq 0$, φ_1, φ_2 et φ_3 sont des fonctions linéaires et homogènes de f_1, f_2, f_3 et par suite il en est de même de f_4.

Le théorème s'étend à des polynomes du premier degré non homogènes.

5. Lorsque deux systèmes de formes linéaires, dépendant des mêmes variables, sont tels que chaque forme de l'un des systèmes soit une fonction linéaire homogène des formes du second système et *vice versa*, on dit que les deux systèmes sont équivalents. Il est évident que l'on peut se borner à considérer dans chacun des deux systèmes les formes qui sont indépendantes; il y en aura nécessairement le même nombre des deux parts, comme cela résulte du théorème précédent. Si les formes du premier système sont :

$$f_1, f_2, \ldots f_p,$$

et celles du second

$$\varphi_1, \varphi_2, \ldots \varphi_p$$

les deux systèmes d'équations :

$$f_1 = 0 \; f_2 = 0 \ldots f_p = 0$$

et

$$\varphi_1 = 0 \; \varphi_2 = 0 \ldots \varphi_p = 0$$

sont équivalents.

6. *Soient*

$$\varphi_1, \varphi_2, \ldots \varphi_p$$

p formes linéaires distinctes, fonctions de n variables $x_1, x_2 \ldots x_n$, p étant inférieur à n ; et soient $f_1, f_2 \ldots f_q$, un nombre quelconque de formes linéaires distinctes ou non. Si toutes les solutions du système

$$\varphi_1 = 0, \; \varphi_2 = 0 \ldots \varphi_p = 0 \tag{1}$$

vérifient les équations :

$$f_1 = 0, \; f_2 = 0 \ldots f_q = 0, \tag{2}$$

les formes $f_1, f_2 \ldots f_q$ sont des fonctions linéaires et homogènes des formes $\varphi_1, \varphi_2 \ldots \varphi_p$.

En effet, supposons :

$$\left.\begin{aligned}
\varphi_1 &= a_1^1 x_1 + a_1^2 x_2 + \ldots + a_1^p x_p + a_1^{p+1} x_{p+1} + \ldots + a_1^n x_n \\
\varphi_2 &= a_2^1 x_1 + a_2^2 x_2 + \ldots + a_2^p x_p + a_2^{p+1} x_{p+1} + \ldots + a_2^n x_n \\
&\;\;\cdots \\
&\;\;\cdots \\
&\;\;\cdots \\
\varphi_p &= a_p^1 x_1 + a_p^2 x_2 + \ldots + a_p^p x_p + a_p^{p+1} x_{p+1} + \ldots + a_p^n x_n
\end{aligned}\right\} \tag{3}$$

et supposons le déterminant :

$$\begin{vmatrix}
a_1^1 & a_1^2 & \ldots & a_1^p \\
a_2^1 & a_2^2 & \ldots & a_2^p \\
\cdots & \cdots & \cdots & \cdots \\
\cdots & \cdots & \cdots & \cdots \\
\cdots & \cdots & \cdots & \cdots \\
a_p^1 & a_p^2 & \ldots & a_p^p
\end{vmatrix} \neq 0.$$

Si nous prenons $\varphi_1, \varphi_2 \ldots \varphi_p$ pour variables indépendantes, nous pourrons tirer des équations (3), $x_1, x_2, \ldots x_p$ en fonctions linéaires et homogènes de $\varphi_1, \varphi_2, \ldots \varphi_p, x_{p+1} \ldots x_n$, et en substituant à $x_1, x_2 \ldots x_p$ ces fonctions dans $f_1, f_2, \ldots f_q$ on obtiendra :

$$f_1 = \alpha_1^1 \varphi_1 + \alpha_1^2 \varphi_2 + \ldots + \alpha_1^p \varphi_p + \alpha_1^{p+1} x_{p+1} + \ldots + \alpha_1^n x_n,$$
$$f_2 = \alpha_2^1 \varphi_1 + \alpha_2^2 \varphi_2 + \ldots + \alpha_2^p \varphi_p + \alpha_2^{p+1} x_{p+1} + \ldots + \alpha_2^n x_n,$$
$$\cdots\cdots\cdots\cdots\cdots\cdots\cdots\cdots\cdots\cdots\cdots$$
$$f_q = \alpha_q^1 \varphi_1 + \alpha_q^2 \varphi_2 + \ldots + \alpha_q^p \varphi_p + \alpha_q^{p+1} x_{p+1} + \ldots + \alpha_q^n x_n.$$

Or, on peut résoudre le système (1) en donnant à $x_{p+1}, \ldots x_n$ des valeurs arbitraires; par hypothèse, $f_1, f_2 \ldots f_q$ seront nulles. Il en résulte que les coefficients des variables $x_{p+1}, \ldots x_n$ dans les expressions précédentes sont nuls; donc les fonctions $f_1, f_2 \ldots f_q$, sont exprimées linéairement en fonction de $\varphi_1, \varphi_2 \ldots \varphi_p$.

Remarque. — Nous avons supposé $p < n$; il n'y a pas lieu d'établir la proposition quand $p = n$, car alors une forme quelconque f est exprimable en fonction linéaire et homogène de n formes linéaires indépendantes données arbitrairement.

7. Théorème. — *Si l'on donne un nombre quelconque q de formes linéaires*

$$f_1, f_2 \ldots f_q$$

distinctes, et un nombre moindre p, de formes linéaires

$$\varphi_1, \varphi_2, \ldots \varphi_p$$

distinctes ou non, on peut trouver des valeurs des variables $x_1, x_2 \ldots x_n$, non toutes nulles, pour lesquelles toutes les fonctions φ soient nulles sans que toutes les fonctions f soient également nulles.

En effet, supposons d'abord les fonctions φ distinctes. Si tous les systèmes de valeurs des variables $x_1, x_2, \ldots x_n$, annulaient les formes données, celles-ci s'exprimeraient linéairement au moyen d'un moindre nombre de formes linéaires et, par suite, ne seraient pas distinctes, ce qui est contraire à notre hypothèse.

Si les p formes φ ne sont pas distinctes, elles se ramènent à un nombre plus petit p' de formes distinctes ψ, auxquelles il suffit d'appliquer le raisonnement précédent.

8. Remarque. — La proposition précédente, due à Jacobi, peut encore être établie de cette façon :

Soient :

$$f_1 = a_1^1 x_1 + a_1^2 x_2 + \ldots + a_1^n x_n$$
$$f_2 = a_2^1 x_1 + a_2^2 x_2 + \ldots + a_2^n x_n$$
$$\cdots\cdots\cdots\cdots\cdots\cdots\cdots\cdots\cdots$$
$$f_q = a_q^1 x_1 + a_q^2 x_2 + \ldots + a_q^n x_n$$

les q formes distinctes données, et supposons que le déterminant formé avec les éléments des q premières colonnes soit différent de zéro. On peut alors exprimer $x_1, x_2 \ldots x_q$ en fonctions de $f_1, f_2, \ldots f_q, x_{q+1} \ldots x_n$; de sorte que $\varphi_1, \varphi_2, \ldots \varphi_p$ deviendront des fonctions linéaires et homogènes des n variables nouvelles. Pour résoudre le système

$$\varphi_1 = 0, \varphi_2 = 0, \ldots \varphi_p = 0,$$

on pourra choisir *au moins* $n - p$ variables arbitrairement. Mais l'hypothèse $p < q$ entraine l'inégalité

$$n - p > n - q;$$

donc il y aura au moins une des variables $f_1, f_2 \ldots f_q$ parmi les $n - p$ variables arbitraires. Or, quand on donne des valeurs déterminées à $f_1, f_2, \ldots f_q, x_{q+1} \ldots x_n$ on en déduit $x_1, x_2, \ldots x_q$; il y a donc un système de valeurs de $x_1, x_2, \ldots x_n$ qui annulent les fonctions sans annuler toutes les fonctions f.

SUBSTITUTIONS LINÉAIRES

9. Soient

$$x_1, x_2 \ldots x_n,$$

n variables indépendantes; on peut les exprimer au moyen d'autant de nouvelles variables indépendantes :

$$X_1, X_2, \ldots X_n,$$

au moyen des formules :

$$
\left.
\begin{aligned}
x_1 &= b_1^1 X_1 + b_2^1 X_2 + \ldots + b_n^1 X_n \\
x_2 &= b_1^2 X_1 + b_2^2 X_2 + \ldots + b_n^2 X_n \\
&\cdots\cdots\cdots\cdots\cdots\cdots \\
&\cdots\cdots\cdots\cdots\cdots\cdots \\
&\cdots\cdots\cdots\cdots\cdots\cdots \\
x_n &= b_1^n X_1 + b_2^n X_2 + \ldots + b_n^n X_n
\end{aligned}
\right\} \qquad (1)
$$

pourvu que l'on suppose le déterminant :

$$
B = \begin{vmatrix}
b_1^1 & b_1^2 & \ldots & b_1^n \\
b_2^1 & b_2^2 & \ldots & b_2^n \\
\cdot & \cdot & \cdot & \cdot \\
\cdot & \cdot & \cdot & \cdot \\
\cdot & \cdot & \cdot & \cdot \\
b_n^1 & b_n^2 & \ldots & b_n^n
\end{vmatrix}
$$

différent de zéro. En effet, si le déterminant B était nul, il y aurait au moins une relation linéaire et homogène entre les polynomes composant les seconds membres des formules (1), c'est-à-dire entre les variables $x_1, x_2, \ldots x_n$, qui sont supposées indépendantes. Au contraire, si le déterminant B est différent de zéro, on peut toujours attribuer aux variables $X_1, X_2, \ldots X_n$ des valeurs telles que les anciennes variables $x_1, x_2, \ldots x_n$ prennent des valeurs données arbitrairement.

Le changement de variables défini par les équations (1) se nomme *une substitution linéaire*; le déterminant B, qu'on suppose différent de zéro est appelé le *module de la substitution*.

10. Considérons un système de n formes linéaires distinctes :

$$
\begin{aligned}
f_1 &= a_1^1 x_1 + a_1^2 x_2 + \ldots + a_1^n x_n \\
f_2 &= a_2^1 x_1 + a_2^2 x_2 + \ldots + a_2^n x_n \\
&\cdots\cdots\cdots\cdots\cdots\cdots\cdots\cdots \\
&\cdots\cdots\cdots\cdots\cdots\cdots\cdots\cdots \\
&\cdots\cdots\cdots\cdots\cdots\cdots\cdots\cdots \\
f_n &= a_n^1 x_1 + a_n^2 x_2 + \ldots + a_n^n x_n
\end{aligned}
\tag{2}
$$

Le déterminant de ces formes :

$$
A = \begin{vmatrix}
a_1^1 & a_1^2 & \ldots & a_1^n \\
a_2^1 & a_2^2 & \ldots & a_2^n \\
\cdot & \cdot & \cdot & \cdot \\
\cdot & \cdot & \cdot & \cdot \\
\cdot & \cdot & \cdot & \cdot \\
a_n^1 & a_n^2 & \ldots & a_n^n
\end{vmatrix}
$$

est différent de zéro.

Effectuons sur ces formes la substitution linéaire (1) de module B; les formes données deviendront de nouvelles formes linéaires $F_1, F_2, \ldots F_n$, exprimées au moyen de nouvelles variables par des équations telles que :

$$
\begin{aligned}
F_1 &= c_1^1 X_1 + c_1^2 X_2 + \ldots + c_1^n X_n \\
F_2 &= c_2^1 X_1 + c_2^2 X_2 + \ldots + c_2^n X_n \\
&\cdots\cdots\cdots\cdots\cdots\cdots\cdots\cdots \\
&\cdots\cdots\cdots\cdots\cdots\cdots\cdots\cdots \\
&\cdots\cdots\cdots\cdots\cdots\cdots\cdots\cdots \\
F_n &= c_n^1 X_1 + c_n^2 X_2 + \ldots + c_n^n X_n
\end{aligned}
$$

Nous désignerons par C le nouveau déterminant

$$
C = \begin{vmatrix}
c_1^1 & c_1^2 & \ldots & c_1^n \\
c_2^1 & c_2^2 & \ldots & c_2^n \\
\cdot & \cdot & \cdot & \cdot \\
\cdot & \cdot & \cdot & \cdot \\
\cdot & \cdot & \cdot & \cdot \\
c_n^1 & c_n^2 & \ldots & c_n^n
\end{vmatrix}
$$

On peut regarder F_1, F_2, ... F_n comme obtenues en faisant sur les variables f_1, f_2, ... f_n la substitution (2) et sur les nouvelles variables x_1, x_2, ... x_n la substitution (1); de sorte qu'on a en définitive *le produit* de ces deux substitutions.

Nous allons maintenant étudier la composition du déterminant C.

Pour obtenir F_p, par exemple, il suffit d'ajouter membre à membre les équations (1) après avoir multiplié les deux membres de la première par a_p^1, les deux membres de la seconde par a_p^2, etc..., les deux membres de la dernière par a_p^n; on obtient ainsi :

$$F_p \quad (a_p^1 b_1^1 + a_p^2 b_1^2 + \ldots + a_p^n b_1^n) X_1 + \ldots$$
$$\ldots + (a_p^1 b_q^1 + a_p^2 b_q^2 + \ldots + a_p^n b_q^n) X_q + \ldots + (a_p^1 b_n^1 + \ldots + a_p^n b_n^n) X_n$$

de sorte que le coefficient de X_q qui est précisément c_p^q, est donné par l'équation :

$$c_p^q = a_p^1 b_q^1 + a_p^2 b_q^2 + \ldots + a_p^n b_q^n = \sum_{h=1}^{h=n} a_p^h b_q^h. \qquad (3)$$

Il s'agit de prouver maintenant que l'on a :

$$C = A.\,B.$$

Les éléments du déterminant C sont des sommes composées chacune de n termes que nous supposerons écrits dans l'ordre croissant des indices supérieurs. On peut remplacer ce déterminant par la somme de n^n déterminants qu'on obtiendra en n'écrivant dans chacune des colonnes qu'un seul terme et en supposant que les termes conservés dans une même colonne aient tous les mêmes indices supérieurs; d'ailleurs ces indices devront différer d'une colonne à une autre, car autrement le déterminant obtenu aurait deux colonnes composées d'éléments proportionnels et par suite serait nul; il n'y a donc à considérer que des déterminants tels que :

$$\begin{vmatrix} a_1^p b_1^p & a_1^q b_2^q & \ldots & a_1^t b_n^t \\ a_2^p b_1^p & a_2^q b_2^q & \ldots & a_2^t b_n^t \\ \cdot & \cdot & \cdot & \cdot \\ \cdot & \cdot & \cdot & \cdot \\ \cdot & \cdot & \cdot & \cdot \\ a_n^p b_1^p & a_n^q b_2^q & \ldots & a_n^t b_n^t \end{vmatrix} = b_1^p b_2^q \ldots b_n^t \begin{vmatrix} a_1^p & a_1^q & \ldots & a_1^t \\ a_2^p & a_2^q & \ldots & a_2^t \\ \cdot & \cdot & \cdot & \cdot \\ \cdot & \cdot & \cdot & \cdot \\ \cdot & \cdot & \cdot & \cdot \\ a_n^p & a_n^q & \ldots & a_n^t \end{vmatrix}$$

p, q, ... t étant, dans un ordre quelconque, chacun des nombres $1, 2, ... n$.

Si l'on nomme l le nombre d'inversions des indices p, q, ... t, le déterminant qui figure dans le second membre est égal à $(-1)^l$. A, de sorte que :

$$C = A \sum (-1)^l \, b_1^p \, b_2^q \ldots\ldots b_n^t.$$

Le signe $\sum$ s'étendant à toutes les permutations des nombres 1, 2, ... n mis à la place des indices p, q, ... t; donc :

$$C = A . B.$$

Remarque. — On peut encore dire que le déterminant

$$\begin{vmatrix} a_1^p & a_1^q & \ldots\ldots & a_1^t \\ \cdot & \cdot & \cdot\cdot\cdot\cdot\cdot & \cdot \\ \cdot & \cdot & \cdot\cdot\cdot\cdot\cdot & \cdot \\ a_n^p & a_n^q & \ldots\ldots & a_n^t \end{vmatrix}$$

étant égal à A au signe près, C est égal à A multiplié par une expression qui ne dépend que des éléments du déterminant B, de sorte que

$$C = A . H.$$

Or, si l'on suppose $a_p^p = 1$ et $a_p^q = 0$ quand $p = 1$, 2, ... n et lorsque q, supposé différent de p, prend aussi les valeurs 1, 2, ... n, on voit aisément que C se réduit à B et A à 1; donc $H = B$.

Nous avons donc obtenu le théorème suivant :

Étant donné n formes linéaires distinctes, le déterminant des formes déduites des premières par une substitution linéaire de module différent de zéro est égal au déterminant des formes primitives multiplié par le module de la substitution.

11. Produit de deux déterminants. — Les déterminants A et B que nous avons considérés ne sont assujettis qu'à la condition d'être différents de zéro, par conséquent, il résulte de ce qui précède que *le produit de deux déterminants de même degré peut se mettre sous la forme d'un déterminant du même degré que les premiers et dont les éléments sont déterminés par les équations* (3).

Ainsi l'on a, par exemple :

$$\begin{vmatrix} a & b & c \\ a' & b' & c' \\ a'' & b'' & c'' \end{vmatrix} \times \begin{vmatrix} \alpha & \beta & \gamma \\ \alpha' & \beta' & \gamma' \\ \alpha'' & \beta'' & \gamma'' \end{vmatrix} = \begin{vmatrix} a\alpha + b\beta + c\gamma & a\alpha' + b\beta' + c\gamma' & a\alpha'' + b\beta'' + c\gamma'' \\ a'\alpha + b'\beta + c'\gamma & a'\alpha' + b'\beta' + c'\gamma' & a'\alpha'' + b'\beta'' + c'\gamma'' \\ a''\alpha + b''\beta + c''\gamma & a''\alpha' + b''\beta' + c''\gamma' & a''\alpha'' + b''\beta'' + c''\gamma'' \end{vmatrix}$$

En changeant entre elles les lignes et les colonnes de l'un des deux déterminants on peut obtenir leur produit sous une autre forme; ainsi, par exemple, on peut représenter encore le produit des deux déterminants précédents sous la forme :

$$\begin{vmatrix} a\alpha + b\alpha' + c\alpha'' & a\beta + b\beta' + c\beta'' & a\gamma + b\gamma' + c\gamma'' \\ a'\alpha + b'\alpha' + c'\alpha'' & a'\beta + b'\beta' + c'\beta'' & a'\gamma + b'\gamma' + c'\gamma'' \\ a''\alpha + b''\alpha' + c''\alpha'' & a''\beta + b''\beta' + c'\beta'' & a''\gamma + b''\gamma' + c''\gamma'' \end{vmatrix}$$

Si les déterminants donnés n'étaient pas du même degré, on pourrait facilement remplacer celui qui est du degré le moins élevé par un déterminant égal et de même degré que l'autre ; ainsi par exemple on peut écrire :

$$\begin{vmatrix} a & b \\ a' & b' \end{vmatrix} = \begin{vmatrix} 1 & 0 & 0 \\ 0 & a & b \\ 0 & a' & b' \end{vmatrix} = \begin{vmatrix} 1 & 0 & 0 & 0 \\ 0 & 1 & 0 & 0 \\ 0 & 0 & a & b \\ 0 & 0 & a' & b' \end{vmatrix}$$

Si l'un des facteurs du produit devient nul, il est évident que le produit obtenu deviendra nul et, par suite, il ne subsiste aucune restriction à la démonstration que nous avons donnée.

Ayant obtenu le produit de deux déterminants sous forme de déterminant, on obtiendra de la même manière, de proche en proche, le produit d'un nombre quelconque de déterminants.

On aura de même le *carré* d'un déterminant, sous la forme d'un déterminant, en multipliant le déterminant proposé par lui-même : ainsi :

$$\begin{vmatrix} a & b & c \\ a' & b' & c' \\ a'' & b'' & c'' \end{vmatrix}^2 = \begin{vmatrix} a^2+b^2+c^2 & aa'+bb'+cc' & aa''+bb''+cc'' \\ aa'+bb'+cc' & a'^2+b'^2+c'^2 & a'a''+b'b''+c'c'' \\ aa''+bb''+cc'' & a'a''+b'b''+c'c'' & a''^2+b''^2+c''^2 \end{vmatrix}$$

On a obtenu un déterminant symétrique ; on voit aisément qu'il en est de même dans le cas général.

Remarque. — Considérons deux déterminants de degré n ; ce sont des polynômes contenant chacun $1.2.3 \ldots n$ termes ; leur produit est donc la somme de $(1.2.3 \ldots n)^2$ termes ; la notation des déterminants permet néanmoins de le représenter par un déterminant du même degré que les deux déterminants donnés. Si $n = 4$, le produit est un polynôme de $24 \times 24 = 576$ termes ; on peut le représenter par un déterminant du quatrième degré. Cet exemple suffit pour faire comprendre tout l'avantage que le calcul algébrique peut retirer de l'emploi des déterminants.

12. Généralisation de la multiplication des déterminants. — Considérons au lieu de deux déterminants, deux tableaux rectangulaires de mêmes dimensions.

$$\begin{Vmatrix} a_1^1 & a_1^2 & \ldots & a_1^m \\ a_2^1 & a_2^2 & \ldots & a_2^m \\ \cdot & \cdot & \cdot & \cdot \\ \cdot & \cdot & \cdot & \cdot \\ a_n^1 & a_n^2 & \ldots & a_n^m \end{Vmatrix} \quad \text{et} \quad \begin{Vmatrix} b_1^1 & b_1^2 & \ldots & b_1^m \\ b_2^1 & b_2^2 & \ldots & b_2^m \\ \cdot & \cdot & \cdot & \cdot \\ \cdot & \cdot & \cdot & \cdot \\ b_n^1 & b_n^2 & \ldots & b_n^m \end{Vmatrix}$$

et considérons le déterminant :

$$C = \begin{vmatrix} c_1^1 & c_1^2 & \ldots & c_1^n \\ \cdot & \cdot & \cdot & \cdot \\ \cdot & \cdot & \cdot & \cdot \\ \cdot & \cdot & \cdot & \cdot \\ c_n^1 & c_n^2 & \ldots & c_n^n \end{vmatrix}$$

dans lequel :

$$c_h^k = a_h^1 b_k^1 + a_h^2 b_k^2 + \ldots + a_h^n b_k^n.$$

En raisonnant comme plus haut, nous décomposerons C en une somme de déterminants tels que :

$$\begin{vmatrix} a_1^p b_1^p & a_1^q b_2^q & \ldots & a_1^t b_n^t \\ a_2^p b_2^p & a_2^q b_2^q & \ldots & a_2^t b_n^t \\ \cdot & \cdot & \cdot & \cdot \\ \cdot & \cdot & \cdot & \cdot \\ \cdot & \cdot & \cdot & \cdot \\ a_n^p b_1^p & a_n^q b_n^q & \ldots & a_n^t b_n^t \end{vmatrix}$$

$p, q \ldots t$ devant être, pour que ce déterminant soit différent de zéro, n nombres différents pris parmi les nombres $1, 2, \ldots m$. Or si m est plus petit que n plusieurs des nombres $p, q \ldots t$ seront nécessairement égaux entre eux, et par suite tous les déterminants ainsi obtenus seront nuls, donc dans ce cas $C = 0$. Soit maintenant $m > n$; nous pourrons choisir parmi les nombres $1, 2, \ldots m$; n nombres inégaux $\alpha, \beta, \gamma, \ldots \lambda$ que nous supposerons rangés par ordre de grandeur croissante. Considérons toutes les permutations qu'on peut former avec ces nombres et prenons pour indices supérieurs successivement les nombres appartenant à chacune de ces permutations dans l'ordre où ils s'y trouvent ; soit $p, q, \ldots t$ l'une de ces permutations ; il lui correspond le déterminant

$$b_1^p b_2^q \ldots b_n^t \begin{vmatrix} a_1^p & a_1^q & \ldots & a_1^t \\ a_2^p & a_2^q & \ldots & a_2^t \\ \cdot & \cdot & \cdot & \cdot \\ \cdot & \cdot & \cdot & \cdot \\ \cdot & \cdot & \cdot & \cdot \\ a_n^p & a_n^q & \ldots & a_n^t \end{vmatrix}$$

Or, si nous considérons le déterminant

$$\begin{vmatrix} a_1^\alpha & a_1^\beta & \ldots & a_1^\lambda \\ a_2^\alpha & a_2^\beta & \ldots & a_2^\lambda \\ \cdot & \cdot & \cdot & \cdot \\ \cdot & \cdot & \cdot & \cdot \\ \cdot & \cdot & \cdot & \cdot \\ a_n^\alpha & a_n^\beta & \ldots & a_n^\lambda \end{vmatrix}$$

pour évaluer le signe d'un terme il faudrait remplacer l'indice supérieur α par 1, β par 2, et ainsi de suite; mais les nombres α, $\beta \ldots \lambda$ allant en croissant, si l'on conserve ces nombres, le nombre d'inversions ne sera pas changé, car si l'on compare les deux suites

$$1 < 2 < 3 < \ldots < n,$$
$$\alpha < \beta < \gamma < \ldots < \lambda,$$

la différence de deux termes de la première aura évidemment même signe que la différence des termes correspondants de la seconde. Il résulte de là que

$$\begin{vmatrix} a_1^p & a_1^q & \ldots & a_1^t \\ \cdot & \cdot & \cdot & \cdot \\ \cdot & \cdot & \cdot & \cdot \\ \cdot & \cdot & \cdot & \cdot \\ a_n^p & a_n^q & \ldots & a_n^t \end{vmatrix} = (-1)^I \begin{vmatrix} a_1^\alpha & a_1^\beta & \ldots & a_1^\lambda \\ \cdot & \cdot & \cdot & \cdot \\ \cdot & \cdot & \cdot & \cdot \\ \cdot & \cdot & \cdot & \cdot \\ a_n^\alpha & a_n^\beta & \ldots & a_n^\lambda \end{vmatrix}$$

I désignant le nombre d'inversions formées par les indices $p, q \ldots t$. On a donc pour la somme des déterminants correspondants aux nombres α, $\beta \ldots \lambda$.

$$\Sigma (-1)^I b_1^p b_2^q \ldots b_n^t \begin{vmatrix} a_1^\alpha & a_1^\beta & \ldots & a_1^\lambda \\ \cdot & \cdot & \cdot & \cdot \\ \cdot & \cdot & \cdot & \cdot \\ \cdot & \cdot & \cdot & \cdot \\ a_n^\alpha & a_n^\beta & \ldots & a_n^\lambda \end{vmatrix}$$

c'est-à-dire

$$\begin{vmatrix} a_1^\alpha & a_1^\beta & \ldots & a_1^\lambda \\ \cdot & \cdot & \cdot & \cdot \\ \cdot & \cdot & \cdot & \cdot \\ \cdot & \cdot & \cdot & \cdot \\ a_n^\alpha & a_n^\beta & \ldots & a_n^\lambda \end{vmatrix} \times \begin{vmatrix} b_1^\alpha & b_1^\beta & \ldots & b_1^\lambda \\ \cdot & \cdot & \cdot & \cdot \\ \cdot & \cdot & \cdot & \cdot \\ \cdot & \cdot & \cdot & \cdot \\ b_n^\alpha & b_n^\beta & \ldots & b_n^\lambda \end{vmatrix}$$

et par conséquent

$$C = \sum \left[\left(a_1^{\alpha} a_2^{\beta} \ldots\ldots a_n^{\lambda} \right) \left(b_1^{\alpha} b_2^{\beta} \ldots\ldots b_n^{\lambda} \right) \right].$$

Le signe Σ s'étendant à toutes les combinaisons que l'on peut faire en prenant n nombres α, β, $\ldots\ldots$ λ parmi les m nombres $1, 2, \ldots\ldots n$.

13. Exemples. — 1° Les deux tableaux :

$$\left\| \begin{matrix} a & b \\ a' & b' \\ a'' & b'' \end{matrix} \right\| \quad \text{et} \quad \left\| \begin{matrix} \alpha & \beta \\ \alpha' & \beta' \\ \alpha'' & \beta'' \end{matrix} \right\|$$

donnent, par la multiplication, le déterminant

$$\left| \begin{matrix} a\alpha + b\beta & a\alpha' + b\beta' & a\alpha'' + b\beta'' \\ a'\alpha + b'\beta & a'\alpha' + b'\beta' & a'\alpha'' + b'\beta'' \\ a''\alpha + b''\beta & a''\alpha' + b''\beta' & a''\alpha'' + b''\beta'' \end{matrix} \right|$$

qui est nul, d'après ce qui précède.

Vérification. — On obtiendrait ce dernier déterminant si l'on faisait le produit

$$\left| \begin{matrix} a & b & 0 \\ a' & b' & 0 \\ a'' & b'' & 0 \end{matrix} \right| \times \left| \begin{matrix} \alpha & \beta & 0 \\ \alpha' & \beta' & 0 \\ \alpha'' & \beta'' & 0 \end{matrix} \right|$$

2° Soient au contraire les deux tableaux

$$\left\| \begin{matrix} a & b & c \\ a' & b' & c' \end{matrix} \right\| \quad \text{et} \quad \left\| \begin{matrix} \alpha & \beta & \gamma \\ \alpha' & \beta' & \gamma' \end{matrix} \right\|$$

On a

$$\left| \begin{matrix} a\alpha+b\beta+c\gamma & a\alpha'+b\beta'+c\gamma' \\ a'\alpha+b'\beta+c'\gamma & a'\alpha'+b'\beta'+c'\gamma' \end{matrix} \right| = \left| \begin{matrix} a & b \\ a' & b' \end{matrix} \right| \times \left| \begin{matrix} \alpha & \beta \\ \alpha' & \beta' \end{matrix} \right| + \left| \begin{matrix} b & c \\ b' & c' \end{matrix} \right| \times \left| \begin{matrix} \beta & \gamma \\ \beta' & \gamma' \end{matrix} \right|$$
$$+ \left| \begin{matrix} a & c \\ a' & c' \end{matrix} \right| \times \left| \begin{matrix} \alpha & \gamma \\ \alpha' & \gamma' \end{matrix} \right|$$

On peut remarquer que le premier membre de cette identité est un mineur du produit des deux déterminants (a, b', c'') et $(\alpha, \beta', \gamma'')$, et le second membre, la somme de produits de mineurs correspondants des deux mêmes déterminants.

3° En faisant le carré du tableau suivant :

$$\left\| \begin{matrix} a & b & c & d \\ a' & b' & c' & d' \end{matrix} \right\|$$

et en représentant, pour abréger, par (ab'), (bc') ..... les déterminants $ab' - ba'$, $bc' - cb'$, etc... on obtient l'identité :

$$\begin{vmatrix} a^2 + b^2 + c^2 + d^2 & aa' + bb' + cc' + dd' \\ aa' + bb' + cc' + dd' & a'^2 + b'^2 + c'^2 + d'^2 \end{vmatrix} = \begin{aligned} &(ab')^2 + (ac')^2 + (ad')^2 \\ &+ (bc')^2 + (bd')^2 + (cd')^2. \end{aligned}$$

Si l'on remarque en outre que

$$(ad')(bc') + (bd')(ca') + (cd')(ab') = \begin{vmatrix} (ad') & a & a' \\ (bd') & b & b' \\ (cd') & c & c' \end{vmatrix} = 0$$

on en déduit ce théorème, dû à Euler :

$$[(ab') + (cd')]^2 + [(bc') + (ad')]^2 + [(ca') + (bd')]^2 + (aa' + bb' + cc' + dd')^2$$
$$= (a^2 + b^2 + c^2 + d^2)(a'^2 + b'^2 + c'^2 + d'^2)$$

ce qui exprime que *le produit d'une somme de quatre carrés par une somme de quatre carrés est encore la somme de quatre carrés.*

14. Application. — Si l'on désigne par α_p^q le coefficient de a_p^q dans le développement du déterminant

$$D = \begin{vmatrix} a_1^1 & a_1^2 & \cdots & a_1^n \\ a_2^1 & a_2^2 & \cdots & a_2^n \\ \cdot & \cdot & & \cdot \\ \cdot & \cdot & & \cdot \\ \cdot & \cdot & & \cdot \\ a_n^1 & a_n^2 & \cdots & a_n^n \end{vmatrix}$$

le déterminant

$$\Delta = \begin{vmatrix} \alpha_1^1 & \alpha_1^2 & \cdots & \alpha_1^n \\ \alpha_2^1 & \alpha_2^2 & \cdots & \alpha_2^n \\ \cdot & \cdot & & \cdot \\ \cdot & \cdot & & \cdot \\ \cdot & \cdot & & \cdot \\ \alpha_n^1 & \alpha_n^2 & \cdots & \alpha_n^n \end{vmatrix}$$

se nomme, comme nous l'avons déjà dit, le déterminant adjoint de D.

En appliquant la règle de la multiplication des déterminants, on trouve immédiatement

$$D \cdot \Delta = \begin{vmatrix} D & 0 & 0 & \cdots & 0 \\ 0 & D & 0 & \cdots & 0 \\ 0 & 0 & D & \cdots & 0 \\ \cdot & \cdot & \cdot & \cdots & \cdot \\ 0 & \cdot & \cdot & \cdots & \cdot \\ 0 & 0 & 0 & \cdots & 0 & D \end{vmatrix} = D^n.$$

Donc :

$$\Delta = D^{n-1}.$$

Ainsi : *le déterminant adjoint d'un déterminant de degré n est égal à la puissance $n-1$ de ce déterminant.*

EXERCICES

1. Résoudre le système.

$$
\begin{aligned}
(b'c'' - c'b'')\,x + (c'a'' - a'c'')\,y + (a'b'' - b'a'')\,z &= X\\
(b''c - c''b)\,x + (c''a - a''c)\,y + (a''b - b''a)\,z &= Y\\
(bc' - cb')\,x + (ca' - ac')\,y + (ab' - ba')\,z &= Z.
\end{aligned}
$$

2. Faire le produit des deux déterminants.

$$
\varphi(S) = \begin{vmatrix} A-S & B'' & B' \\ B'' & A'-S & B \\ B' & B & A''-S \end{vmatrix}
\qquad \text{et} \qquad
\varphi(-S) = \begin{vmatrix} A+S & B'' & B' \\ B'' & A'+S & B \\ B' & B & A''+S \end{vmatrix}
$$

et montrer que le produit est de la forme :

$$-S^6 + LS^4 - MS^2 + P$$

L, M, P étant positifs.

En conclure que l'équation $\varphi(S) = 0$ n'a que des racines réelles.

On fait voir d'abord qu'elle ne peut avoir aucune racine de la forme βi, puis on en conclura qu'elle ne peut pas avoir de racines de la forme $\alpha + \beta i$ en remplaçant A, A', A'' par $A-\alpha$, $A'-\alpha$, $A''-\alpha$.

3. Faire le carré du déterminant.

$$
\begin{vmatrix}
1 & a & a^2 & \ldots & a^{m-1} \\
1 & b & b^2 & \ldots & b^{m-1} \\
\hdotsfor{5} \\
\hdotsfor{5} \\
1 & l & l^2 & \ldots & l^{m-1}
\end{vmatrix}
$$

On trouve :

$$
\begin{vmatrix}
s_0 & s_1 & s_2 & \ldots & s_{m-1} \\
s_1 & s_2 & s_3 & \ldots & s_m \\
\hdotsfor{5} \\
\hdotsfor{5} \\
s_{m-1} & s_m & s_{m+1} & \ldots & s_{2m-2}
\end{vmatrix}
= (a-a)^2\,(a-c)^2 \ldots (a-l)^2\,(b-c)^2 \ldots (c-l)^2,
$$

où $\quad s_p = a^p + b^p + \ldots + l^p$.

4. Faire le carré du tableau :

$$
\left\| \begin{matrix} 1 & 1 & \ldots & 1 \\ a & b & \ldots & l \end{matrix} \right\|
$$

on en déduit :

$$
\begin{vmatrix} s_0 & s_1 \\ s_1 & s_2 \end{vmatrix} = \Sigma(a-b)^2.
$$

5. Faire le carré du tableau :

$$\left\| \begin{array}{cccccc} 1 & 1 & . & . & . & . & . & 1 \\ a & b & . & . & . & . & . & l \\ a^2 & b^2 & . & . & . & . & . & l^2 \end{array} \right\|$$

En déduire

$$\left| \begin{array}{ccc} s_0 & s_1 & s_2 \\ s_1 & s_2 & s_3 \\ s_2 & s_3 & s_4 \end{array} \right| = \Sigma\, (a - b)^2\, (b - c)^2\, (c - a)^2.$$

6. Faire le carré du tableau :

$$\left\| \begin{array}{cccccc} 1 & 1 & . & . & . & . & . & 1 \\ a & b & . & . & . & . & . & l \\ a^2 & b^2 & . & . & . & . & . & l^2 \\ . & . & . & . & . & . & . & . \\ . & . & . & . & . & . & . & . \\ a^{p-1} & b^{p-1} & . & . & . & . & . & l^{p-1} \end{array} \right\|$$

Le nombre des lettres a, b, ... l étant égal à m.

Si $p = m$, on retrouve le résultat du n° 3. Si p surpasse m, le déterminant obtenu est nul.

7. Montrer que les deux systèmes de relations :

$$
\begin{array}{ll}
a^2 + b^2 + c^2 = 1 & aa' + bb' + cc' = o \\
a'^2 + b'^2 + c'^2 = 1 & a'a'' + b'b'' + c'c'' = o \\
a''^2 + b''^2 + c''^2 = 1 & a''a + b''b + c''c = o
\end{array} \qquad (1)
$$

et :

$$
\begin{array}{ll}
a^2 + a'^2 + a''^2 = 1 & ab + a'b' + a''b'' = o \\
b^2 + b'^2 + b''^2 = 1 & bc + b'c' + b''c'' = o \\
c^2 + c'^2 + c''^2 = 1 & ca + c'a' + a''c'' = o
\end{array} \qquad (2)
$$

sont équivalents.

— On considérera le déterminant :

$$D = \left| \begin{array}{ccc} a & b & c \\ a' & b' & c' \\ a'' & b'' & c'' \end{array} \right|$$

en tenant compte des relations (1) on trouve

$$D^2 = 1$$

et par suite

$$D = \varepsilon\, . \quad (\varepsilon = \pm 1).$$

Cela étant, les équations

$$
\begin{array}{l}
aa' + bb' + cc' = o \\
aa'' + bb'' + cc'' = o
\end{array}
$$

donnent

$$
\begin{array}{l}
a = \lambda\, (b'c'' - c'b'') \\
b = \lambda\, (c'a'' - a'c'') \\
c = \lambda\, (a'b'' - b'a'').
\end{array}
$$

Portant ces valeurs dans la relation

$$D = a(b'c'' - c'b'') + b(c'a'' - a'c'') + c(a'b'' - b'a'')$$

on en tire

$$\lambda = \varepsilon \ldots, \text{etc.}$$

Alors

$$a^2 + a'^2 + a''^2 = \varepsilon \left[a(b'c'' - c'b'') + a'(b''c - cb'') + a''(bc' - cb') \right] = \varepsilon . D. = 1 ;$$

puis

$$ab + a'b' + a''b'' = \varepsilon \left[b(b'c'' - c'b'') + \ldots \right] = o.$$

La démonstration est applicable à n^2 quantités $a_1^1, a_1^2, \ldots a_n^n$.

8. Un mineur formé avec p lignes et p colonnes du déterminant adjoint Δ d'un déterminant D, est égal à D^{p-1} multiplié par le *coefficient* du mineur correspondant dans le déterminatif primitif.

— Si l'on suppose qu'il s'agisse des p premières lignes et des p premières colonnes, on multiplie le déterminant.

$$\begin{vmatrix} \alpha_1^1 & \alpha_1^2 & \ldots & \alpha_1^p & \alpha_1^{p+1} & \ldots & \alpha_1^n \\ \alpha_2^1 & \alpha_2^1 & \ldots & \alpha_2^p & \alpha_2^{p+1} & \ldots & \alpha_2^n \\ \cdot & \cdot & \cdot & \cdot & \cdot & \cdot & \cdot \\ \cdot & \cdot & \cdot & \cdot & \cdot & \cdot & \cdot \\ \alpha_p^1 & \alpha_p^2 & \ldots & \alpha_p^p & x_p^{p+1} & \ldots & \alpha_p^n \\ 0 & 0 & \ldots & 0 & 1. & 0 & \ldots & 0 \\ 0 & 0 & \ldots & 0 & 0 & 1.0 & \ldots & 0 \\ \cdot & \cdot & \cdot & \cdot & \cdot & \cdot & \cdot \\ \cdot & \cdot & \cdot & \cdot & \cdot & \cdot & \cdot \\ 0 & 0 & \ldots & 0 & 0 & 0 & \ldots 0 1 \end{vmatrix}$$

par le déterminant proposé, α_p^q désignant le coefficient de a_p^q.

La démonstration est la même, quelles que soient les lignes et les colonnes qui servent à former le mineur de Δ.

En supposant $p = 2$, ce théorème peut être représenté par l'identité suivante :

$$R . \frac{d^2 R}{da_m^r \, da_q^s} = \frac{dR}{da_m^r} . \frac{dR}{da_q^s} - \frac{dR}{da_m^s} . \frac{dR}{da_q^r}$$

R désignant le déterminant considéré, $\dfrac{d^2 R}{da_m^r \, da_q^s}$ représentant la dérivée seconde de R par rapport aux éléments a_m^r, a_q^s et $\dfrac{dR}{da_m^r}$ sa dérivée par rapport à a_m^r, etc.

9. Si l'on considère tous les mineurs d'ordre k d'un déterminant δ, on peut former avec ces mineurs un déterminant Δ en écrivant dans une même ligne tous les mineurs composés d'éléments appartenant aux mêmes lignes de δ. Prouver que Δ ne change pas quand on affecte tous ses éléments du signe que leur donne la règle de Laplace lorsqu'on les regarde comme mineurs de δ.

10. Si Δ est le déterminant aux mineurs d'ordre k de δ, et Δ' le déterminant aux mineurs d'ordre $n - k$, on a :

$$\Delta \Delta' = \delta^{C_n^k}.$$

11. On a :

$$\Delta = \delta^{C_{n-1}^{k}} \quad \text{et} \quad \Delta' = \delta^{C_{n-1}^{k-1}}.$$

12. Si l'on forme le déterminant Δ_1, aux mineurs d'ordre $n - k - 1$ de δ, on a :

$$\Delta_1 = \Delta.$$

Par exemple : Le déterminant adjoint de δ est égal au déterminant formé avec tous les mineurs à quatre éléments de δ.

Les numéros 9, 10, 11, 12 sont empruntés à un mémoire de M. Picquet : *Mémoire sur l'application du calcul des combinaisons à la théorie des déterminants* (*Journal de l'École polytechnique*, XLVe cahier.)

13. Résoudre le système :

$$\begin{aligned}
x^2 + y^2 + z^2 &= \alpha \\
ax + by + cz &= \beta \\
a'x + b'y + c'z &= \gamma.
\end{aligned}$$

— (On considère le déterminant

$$\begin{vmatrix} x & y & z \\ a & b & c \\ a' & b' & c' \end{vmatrix}$$

son carré étant constant, en vertu des équations précédentes, on a :

$$x\,(bc' - cb') + y\,(ca' - ac') + z\,(ab' - ba') = \delta$$

δ étant une constante.)

Montrer que la solution du système est de la forme :

$$\begin{aligned}
x &= ha + h'a' + h''\,(bc' - cb') \\
y &= hb + h'b' + h''\,(ca' - ac') \\
z &= hc + h'c' + h''\,(ab' - ba')
\end{aligned}$$

h, h', h'' étant des constantes.

14. On pose :

$$\begin{aligned}
bc - p^2 &= A, & ac - q^2 &= B, & ab - r^2 &= C \\
qr - ap &= P, & pr - bq &= Q, & pq - cr &= R
\end{aligned}$$

prouver que :

$$(abc + 2pqr - ap^2 - bq^2 - cr^2)^2 = ABC + 2PQR - AP^2 - BQ^2 - CR^2$$

(Appliquer le théorème relatif au déterminant adjoint d'un déterminant.)

15. On pose :

$$\begin{aligned}
A &= bc' + cb' + aa' \\
B &= ac' + ac' + bb' \\
C &= ab' + ba' + cc'.
\end{aligned}$$

Prouver que

$$(a^2 + b^2 + c^2 - bc - ca - ab)(a'^2 + b'^2 + c'^2 - b'c' - c'a' - a'b') = A^2 + B^2 + C^2 - BC - CA - AB.$$

16. Les données étant les mêmes, prouver que :

$$(a^3 + b^3 + c^3 - 3abc)(a'^3 + b'^3 + c'^3 - 3a'b'c') = A^3 + B^3 + C^3 - 3ABC.$$

17. On considère un déterminant formé de la manière suivante :

On écrit d'abord un tableau composé de p lignes et de n colonnes, suivi d'un carré composé avec p^2 zéros. Au-dessous du tableau (T) on écrit un déterminant de degré n dont les éléments sont des zéros, excepté ceux de la diagonale principale, formée avec des éléments égaux à -1 et, à la suite de ce déterminant, on écrit un tableau formé avec p colonnes et n lignes. On obtient ainsi :

$$
\begin{vmatrix}
a_1^1 & a_1^2 & \ldots\ldots & a_1^n & 0 & 0 & \ldots & 0 \\
\cdot & \cdot & \cdot\cdot\cdot\cdot & \cdot & \cdot & \cdot & \ldots & 0 \\
\cdot & \cdot & \cdot\cdot\cdot\cdot & \cdot & \cdot & \cdot & \cdot\cdot & \cdot \\
a_p^1 & a_p^2 & \ldots\ldots & a_p^n & 0 & 0 & \ldots & 0 \\
\hline
-1 & 0 & \ldots\ldots & 0 & b_1^1 & b_2^1 & \ldots & b_p^1 \\
0 & -1 & 0\ldots\ldots & 0 & \cdot & \cdot & \ldots & \cdot \\
\cdot & \cdot & \cdot\cdot\cdot\cdot & \cdot & \cdot & \cdot & \cdot\cdot & \cdot \\
\cdot & \cdot & \cdot\cdot\cdot\cdot & \cdot & \cdot & \cdot & \cdot\cdot & \cdot \\
\cdot & \cdot & \ldots & -1 \ 0 & \cdot & \cdot & \ldots & \cdot \\
0 & \cdot 0 & \ldots 0 & -1 & b_1^n & b_2^n & \ldots & b_p^n
\end{vmatrix}
$$

Montrer que ce déterminant est égal au suivant :

$$
\begin{vmatrix}
a_1^1 & a_1^2 & \ldots\ldots & a_1^n & c_1^1 & c_1^2 & \ldots & c_1^p \\
\cdot & \cdot & \cdot\cdot\cdot\cdot & \cdot & \cdot & \cdot & \cdot\cdot & \cdot \\
\cdot & \cdot & \cdot\cdot\cdot\cdot & \cdot & \cdot & \cdot & \cdot\cdot & \cdot \\
a_p^1 & a_p^2 & \ldots\ldots & a_p^n & c_p^1 & c_p^2 & \ldots & c_p^p \\
\hline
-1 & 0 & \ldots & 0 & 0 & 0 & \ldots & 0 \\
0 & -1 & \ldots & 0 & 0 & 0 & \ldots & 0 \\
\cdot & \cdot & \cdot\cdot\cdot & \cdot & \cdot & \cdot & \cdot\cdot & \cdot \\
\cdot & \cdot & \cdot\cdot\cdot & \cdot & \cdot & \cdot & \cdot\cdot & \cdot \\
\cdot & \cdot & \ldots & -1 \ 0 & \cdot & \cdot & \cdot\cdot & \cdot \\
\cdot & \cdot & \ldots & 0 \ -1 & 0 & 0 & \ldots & 0
\end{vmatrix}
$$

où

$$
c_h^k = a_h^1\, b_k^1 + a_h^2\, b_k^2 + \ldots\ldots + a_h^n\, b_k^n.
$$

En conclure la règle de multiplication des déterminants et celle des tableaux rectangulaires.

18. Étant données n quantités inégales, on forme le tableau rectangulaire suivant :

$$
\left\|\,
\begin{matrix}
a^n & a^{n-1} & \ldots\ldots & a & 1 \\
b^n & b^{n-1} & \ldots\ldots & b & 1 \\
\cdot & \cdot & \cdot\cdot\cdot\cdot\cdot & \cdot & \cdot \\
\cdot & \cdot & \cdot\cdot\cdot\cdot\cdot & \cdot & \cdot \\
k^n & k^{n-1} & \ldots\ldots & k & 1 \\
l^n & l^{n-1} & \ldots\ldots & l & 1
\end{matrix}
\,\right\|
$$

qui contient n lignes et $n+1$ colonnes. Le déterminant V obtenu en supprimant la première colonne est le déterminant de Vandermonde.

Calculer le déterminant V_{p-1} obtenu en supprimant la colonne de rang p et prouver que

$$
V_1 = \sum a^n\,(b-c)\,(b-d)\ldots\ldots(k-l).
$$

$$
V_2 = \sum a^{n-1}\,b^{n-1}\,(a-b)\,(c-d)\ldots\ldots(k-l).
$$

19. Soit $f(x)$ un polynome entier en x; si l'on y remplace x par $\dfrac{ax + b}{cx + d}$ on dit qu'on fait une substitution que l'on peut représenter par la notation

$$\left(x \;\middle|\; \frac{ax + b}{cx + d} \right).$$

Si l'on fait dans le résultat obtenu une nouvelle substitution

$$\left(x \;\middle|\; \frac{a'x + b'}{c'x + d'} \right),$$

le nouveau résultat peut être obtenu par une seule substitution opérée sur $f(x)$, et de même forme

$$\left(x \;\middle|\; \frac{\alpha x + \beta}{\gamma x + \delta} \right).$$

On dit que cette substitution est le produit des deux premières.

Montrer : 1° qu'en général, on ne peut intervertir l'ordre de deux substitutions; 2° que si a, b, c, d sont quatre entiers tels que $ad - bc = 1$ et a', b' c', d' quatre entiers tels que $a'd' - b'c' = 1$, on peut supposer α, β, γ, δ entiers, et l'on aura $\alpha\delta - \beta\gamma = 1$. On dit alors que les substitutions de cette espèce forment un groupe, parce que le produit de deux de ces substitutions est une substitution de même nature. En outre la substitution *inverse* d'une substitution de l'espèce considérée est encore de la même espèce. Si $ad - bc = -1$ et $a'd' - b'c' = -1$ les substitutions de cette espèce ne forment pas des groupes, car on aura $\alpha\delta - \beta\gamma = +1$ et non -1.

20. On considère les quantités

$$\omega_0, \; \omega_1, \; \omega_2, \; \omega_3$$
$$u_0, \; u_1, \; u_2, \; u_3.$$

et l'on pose

$$\alpha_{hk} = \omega_h u_k - \omega_k u_h$$

les indices h, k pouvant prendre toutes les valeurs entières $0, 1, 2, 3$. On suppose

$$\alpha_{03} + \alpha_{12} = 0$$

et l'on pose :

$$G = \frac{\alpha_{31}}{\alpha_{01}}, \quad H = \frac{\alpha_{01}}{\alpha_{01}}, \quad G' = \frac{\alpha_{02}}{\alpha_{01}};$$

prouver que

$$H^2 - GG' = \frac{\alpha_{23}}{\alpha_{01}}.$$

Déterminer les coefficients a_0, a_1, a_2, a_3; b_0, b_1, b_2, b_3; c_0, c_1, c_2, c_3 et d_0, d_1, d_2, d_3 de façon qu'en faisant sur ω_0, ω_1, ω_2, ω_3, les substitutions

$$(\omega_0 \mid a_0\omega_0 + a_1\omega_1 + a_2\omega_2 + a_3\omega_3)$$
$$(\omega_1 \mid b_0\omega_0 + b_1\omega_1 + b_2\omega_2 + b_3\omega_3)$$
$$(\omega_2 \mid c_0\omega_0 + c_1\omega_1 + c_2\omega_2 + c_3\omega_3)$$
$$(\omega_3 \mid d_0\omega_0 + d_1\omega_1 + d_2\omega_2 + d_3\omega_3),$$

et en faisant sur u_0, u_1, u_2, u_3 les mêmes substitutions, l'expression $\alpha_{03} + \alpha_{12}$ reste invariable.

— En posant :

$$(ab)_{hk} = a_h b_k - a_k b_h \ldots$$

on trouve les conditions suivantes :

$$(ad)_{03} + (bc)_{03} = 1 ; \quad (ad)_{12} + (bc)_{12} = 1$$
$$(ad)_{01} + (bc)_{01} = 0 ; \quad (ad)_{02} + (bc)_{02} = 0 ; \quad (ad)_{13} + (bc)_{13} = 0 ; \quad (ad)_{23} + (bc)_{23} = 0.$$

Calculer le déterminant (a_0, b_1, c_2, d_3).

Calculer ce que deviennent G, H, G', $H^2 - GG'$.

— En appelant G_1, H_1, G'_1 les nouvelles valeurs de G, H, G', prouver qu'on a pour ces quantités et pour $H_1^2 - G_1 G'_1$ les formules suivantes :

$$G_1 = \frac{(db)_{01} + (db)_{31} G + 2(db)_{03} H + (db)_{02} G' + (db)_{23} (H^2 - GG')}{(ab)_{01} + (ab)_{31} G + 2(ab)_{03} H + (ab)_{02} G' + (ab)_{23} (H^2 - GG')}$$

$$H_1 = \frac{(ab)_{01} + (ab)_{31} G + [(ab)_{13} + (ad)_{21}] H + (ab)_{02} G' + (ad)_{23} (H^2 - GG')}{\cdots \cdots \cdots \cdots}$$

$$G'_1 = \frac{(ac)_{01} + (ac)_{31} G + \cdots \cdots}{\cdots \cdots \cdots}$$

$$H_1^2 - G_1 G'_1 = \frac{(cd)_{01} + (cd)_{31} G + 2(cd)_{03} H + (cd)_{02} H' + (cd)_{23} (H^2 - GG')}{\cdots \cdots \cdots \cdots}$$

le dénominateur étant le même. Ces formules sont réversibles. Quelles nouvelles relations faut-il établir entre les coefficients des substitutions pour que $H^2 - GG' = D$ et $H_1^2 - G_1 G'_1 = D$, D étant un nombre donné.

CHAPITRE XVII

IMAGINAIRES

1. Nous avons donné la règle pour calculer le reste de la division d'un polynome entier $f(x)$ par $x^2 + 1$. En écrivant $f(x)$ sous la forme :

$$f(x) = \varphi(x^2) + x \psi(x^2)$$

ce reste est égal à $\varphi(-1) + x \psi(-1)$. On l'obtient en remplaçant x^2 par -1 dans $\varphi(x^2)$ et dans $\psi(x^2)$, ou ce qui revient au même, en remplaçant dans $f(x)$

$$x^{4p} \quad \text{par} \quad 1$$
$$x^{4p+2} \quad \text{par} \quad -1$$
$$x^{4p+1} \quad \text{par} \quad x$$
$$x^{4p+3} \quad \text{par} \quad -x.$$

On a été conduit à introduire dans le calcul algébrique un symbole i que l'on soumet aux conventions suivantes :

Tout polynome entier de degré supérieur à 1, formé avec la lettre i est réduit au reste de la division de ce polynome par $i^2 + 1$; de sorte que si

$$f(x) = \varphi(x^2) + x\,\psi(x^2)$$

on convient de poser

$$f(i) = \varphi(-1) + i\,\psi(-1),$$

ce qui revient à dire que l'on calcule $f(i)$ en remplaçant i^2 par -1 ou encore :

$$i^{4p} \quad \text{par} \quad 1$$
$$i^{4p+2} \quad \text{par} \quad -1$$
$$i^{4p+1} \quad \text{par} \quad i$$
$$i^{4p+3} \quad \text{par} \quad -i.$$

De cette façon, tout polynome entier par rapport à i est ramené à un binome du premier degré, de la forme

$$a + bi,$$

a et b étant des nombres positifs ou négatifs.

2. Définitions. — Nous nommerons toute expression de la forme $a + bi$, *expression imaginaire*, ou simplement *imaginaire*, ou encore *nombre imaginaire*. Par opposition, les nombres positifs ou négatifs ont été appelés des *nombres réels*.

Dans l'expression $a + bi$, a se nomme la partie réelle et b le coefficient de i; bi est *la partie imaginaire*. Lorsque $b = 0$, $a + bi$ se réduit à sa partie réelle. Si $a = 0$ l'imaginaire se réduit à bi; on dit alors qu'on a une *imaginaire pure*. Enfin, si $a = 0$ et $b = 0$ en même temps, on dit que l'imaginaire est nulle et l'on écrit :

$$a + bi = 0.$$

On dit que deux imaginaires $a + bi$ et $a' + b'i$ sont égales et l'on écrit :

$$a + bi = a' + b'i,$$

si l'on a en même temps :

$$a = a' \quad \text{et} \quad b = b'.$$

On appelle *imaginaires conjuguées*, deux imaginaires qui ont même partie réelle et dont les coefficients de i sont égaux et de signes contraires; ainsi

$$a + bi \quad \text{et} \quad a - bi$$

sont deux imaginaires conjuguées.

Si deux imaginaires sont égales, il en est de même de leurs conjuguées.

On nomme module de l'imaginaire $a + bi$, le nombre positif

$$\sqrt{a^2 + b^2}.$$

On écrit :

mod. $(a + bi) = \sqrt{a^2 + b^2}$ ou encore $| a + bi | = \sqrt{a^2 + b^2}$.

On voit, d'après cela, que les imaginaires

$$a + bi, \quad a - bi, \quad -a + bi, \quad -a - bi$$

ont même module.

Par exemple, $2 + 3i$ a pour module $\sqrt{4 + 9}$: $\sqrt{13}$,

$3 - 4i$ a pour module $\sqrt{9 + 16}$ ou 5.

Le nombre $\sqrt{a^2 + b^2}$ ne peut être nul que si a et b sont nuls et réciproquement; d'après cela, on voit que si le module d'une imaginaire est nul, cette imaginaire est nulle et réciproquement. En d'autres termes, *pour qu'une imaginaire soit nulle, il faut et il suffit que son module soit nul.*

Si $b = 0$, le module se réduit à $\sqrt{a^2}$, c'est-à-dire à la valeur absolue de a.

OPÉRATIONS SUR LES IMAGINAIRES

3. Addition. — *Par définition, la somme de plusieurs imaginaires est une imaginaire ayant pour partie réelle la somme des parties réelles et pour coefficient de i la somme des coefficients de i dans les imaginaires données.*

L'addition est donc *définie* par l'équation

$$(a_1 + b_1 i) + (a_2 + b_2 i) + \ldots + (a_n + b_n i) = a_1 + a_2 + \ldots + a_n + (b_1 + b_2 + \ldots + b_n)i.$$

Si $b_1 + b_2 + \ldots + b_n = 0$, la somme obtenue est réelle.

Lorsque la somme de deux imaginaires est nulle, on dit que ces imaginaires sont égales et de signes contraires.

4. Théorème. — *Le module de la somme de deux imaginaires est plus petit que la somme de leurs modules et plus grand que la différence de leurs modules.*

Soient $a + bi$ et $c + di$ deux imaginaires données. Il s'agit de prouver que l'on a :

$$\sqrt{(a + c)^2 + (b + d)^2} < \sqrt{a^2 + b^2} + \sqrt{c^2 + d^2}.$$

Les deux membres étant positifs, il suffit de prouver que l'on a :

$$(a + c)^2 + (b + d)^2 < a^2 + b^2 + c^2 + d^2 + 2\sqrt{a^2 + b^2} . \sqrt{c^2 + d^2}$$

ou en simplifiant

$$ac + bd < \sqrt{a^2 + b^2} . \sqrt{c^2 + d^2}.$$

Si le premier membre est négatif ou nul, l'inégalité est vérifiée; s'il est positif, on peut élever les deux membres au carré et il suffit alors de prouver que :

$$(ac + bd)^2 < (a^2 + b^2)(c^2 + d^2),$$

ou en simplifiant

$$0 < (ad - bc)^2.$$

Donc, 1° si $ad - bc$ est différent de zéro, la première inégalité est vérifiée.

2° Si $ad - bc = 0$, on a :

$$(ac + bd)^2 = (a^2 + b^2)(c^2 + d^2),$$

et, par suite,

$$| ac + bd | = \sqrt{a^2 + b^2} . \sqrt{c^2 + d^2} ;$$

donc, si

$$ac + bd > 0,$$

l'inégalité proposée est changée en égalité; ainsi lorsque :

$$ad - bc = 0 \qquad \text{et} \qquad ac + bd > 0,$$

le module de la somme est égal à la somme des modules. Si, au contraire,

$$ac + bd < 0,$$

on a :

$$ac + bd < \sqrt{a^2 + b^2} . \sqrt{c^2 + d^2},$$

et, par conséquent, le module de la somme est plus petit que la somme des modules; nous verrons plus loin qu'il est alors égal à leur différence.

Je dis maintenant qu'on a, en général,

$$\sqrt{(a+c)^2 + (b+d)^2} > \left| \sqrt{a^2 + b^2} - \sqrt{c^2 + d^2} \right|$$

ou

$$(a+c)^2 + (b+d)^2 > a^2 + b^2 + c^2 + d^2 - 2\sqrt{a^2 + b^2} \cdot \sqrt{c^2 + d^2}$$

et en simplifiant

$$ac + bd > - \sqrt{a^2 + b^2} \cdot \sqrt{c^2 + d^2}.$$

Si $ac + bd$ est positif, l'inégalité est vérifiée. Soit $ac + bd < 0$, alors on peut écrire :

$$\sqrt{a^2 + b^2} \cdot \sqrt{c^2 + d^2} > - (ac + bd)$$

et en élevant au carré les deux membres qui sont tous deux positifs, on obtient comme plus haut :

$$(ad - bc)^2 > 0.$$

Donc, si $ad - bc \neq 0$ le module de la somme est plus grand que la différence des modules.

Si $ad - bc = 0$ et en même temps $ac + bd > 0$, l'inégalité est encore vérifiée ; enfin, si $ac + bd < 0$ elle se transforme en égalité.

En résumé, si $ad - bc \neq 0$ le module de la somme est compris entre la somme des modules et leur différence.

Si $ad - bc = 0$ et $ac + bd > 0$ le module de la somme est égal à la somme des modules ;

Si $ad - bc = 0$ et $ac + bd < 0$ le module de la somme est égal à la différence des modules.

Corollaire. — Le module de la somme d'un nombre quelconque d'imaginaires est au plus égal à la somme de leurs modules.

5. Soustraction. — *Par définition, soustraire* $c + di$ *de* $a + bi$ *c'est trouver une imaginaire* $x + yi$, *qui, ajoutée à* $c + di$, *reproduise* $a + bi$.

Pour calculer les nombres réels x et y on doit donc résoudre l'équation :

$$c + di + x + yi = a + bi$$

qui se décompose en deux :

$$c + x = a$$
$$d + y = b$$

d'où l'on tire :

$$x = a - c, \quad y = b - d,$$

et, par suite,

$$a + bi - (c + di) = a - c + (b - d)i.$$

Il résulte de là, que retrancher $c + di$ est la même chose qu'ajouter $(- c + (- d)i)$.

6. Théorème. — *Le module de la différence de deux imaginaires est compris entre la somme et la différence des modules de ces imaginaires.*

En effet, on a :

$$\text{mod.}\,[(- c) + (- d)i] = \text{mod.}\,(c + di).$$

et nous venons de voir que la différence $a + bi - (c + di)$ n'est pas autre chose que la somme

$$a + bi + [(- c) + (- d)i].$$

La proposition est donc établie.

7. Multiplication. — *Le produit de $a + bi$ par $c + di$ s'obtient, par définition, en remplaçant dans le produit des deux binomes du premier degré en i effectué d'après la règle de la multiplication algébrique, i^2 par $- 1$.*

On trouve d'abord :

$$(a + bi)(c + di) = ac + (ad + bc)i + bd\,i^2,$$

par suite on a, *par définition,*

$$(a + bi)(c + di) = ac - bd + (ad + bc)i.$$

Donc, le produit d'une imaginaire par une autre, est une imaginaire qui peut d'ailleurs se réduire à sa partie réelle.

8. *Les produits de deux imaginaires égales par une troisième imaginaire sont égaux.*

On peut regarder cette proposition comme évidente. D'ailleurs,

$$(a + bi)(h + ki) = ah - bk + (ak + bh)i$$
$$(c + di)(h + ki) = ch - dk + (ck + dh)i,$$

on a, par hypothèse :

$$a = c, \quad b = d;$$

donc,

$$ah - bk = ch - dk \quad \text{et } ak + bh = ck + dh.$$

On voit de même que l'on *peut multiplier membre à membre des égalités dont les membres sont imaginaires.*

9. Définition. — *On appelle produit de plusieurs facteurs imaginaires le nombre réel ou imaginaire qu'on obtient en multipliant le premier facteur par le second, le produit obtenu par le troisième, et ainsi de suite, jusqu'au dernier facteur.*

Il s'agit de prouver que les produits de facteurs imaginaires jouissent des mêmes propriétés que les produits de facteurs réels.

10. Nous allons démontrer d'abord que le *produit de plusieurs imaginaires est indépendant de l'ordre dans lequel on effectue les multiplications successives.* Pour le prouver, considérons deux polynomes entiers $f(x)$ et $f_1(x)$ et soient $r + sx$ et $r_1 + s_1x$ les restes de leurs divisions par $x^2 + 1$, de sorte que :

$$f(x) = r + s x + (x^2 + 1) \varphi(x)$$
$$f_1(x) = r_1 + s_1 x + (x^2 + 1) \varphi_1(x)$$

$\varphi(x)$ et $\varphi_1(x)$ étant des polynomes entiers.

On en conclut :

$$f(x) . f_1(x) = r r_1 - s s_1 + (r s_1 + s r_1) x + (x^2 + 1) \psi(x)$$

$\psi(x)$ désignant un polynome entier.

Or, on a :

$$f(i) = r + s i$$
$$f_1(i) = r_1 + s_1 i$$

et

$$f(i) . f_1(i) = r r_1 - s s_1 + (r s_1 + s r_1) i.$$

Donc, si l'on désigne par $F(x)$ le produit des deux polynomes entiers $f(x)$ et $f_1(x)$, on a :

$$f(i) . f_1(i) = F(i),$$

puisque nous représentons par $F(i)$ le résultat obtenu en remplaçant x par i dans le reste de la division de $F(x)$ par $x^2 + 1$.

Cela posé, soit :

$$(a_1 + b_1 x)(a_2 + b_2 x) \ldots (a_n + b_n x) = F_n(x),$$

$F_n(x)$ désignant un polynome entier. Je dis que :

$$(a_1 + b_1 i)(a_2 + b_2 i) \ldots (a_n + b_n i) = F_n(i).$$

En effet, la proposition est vérifiée pour $n = 2$. Supposons-la vraie pour $n = p$, je dis qu'elle sera vraie encore pour $n = p + 1$. En effet, soit :

$$(a_1 + b_1 x)(a_2 + b_2 x) \ldots (a_p + b_p x) = F_p(x),$$

d'où :

$$(a_1 + b_1 i)(a_2 + b_2 i) \ldots (a_p + b_p i) = F_p(i),$$

par suite :

$$(a_1 + b_1 i)(a_2 + b_2 i) \ldots (a_p + b_p i)(a_{p+1} + b_{p+1} i) = F_p(i)(a_{p+1} + b_{p+1} i);$$

mais

$$F_p(x)(a_{p+1} + b_{p+1} x) = F_{p+1}(x)$$

donc,

$$F_p(i)(a_{p+1} + b_{p+1} i) = F_{p+1}(i),$$

et, par conséquent :

$$(a_1 + b_1 i)(a_2 + b_2 i) \ldots (a_{p+1} + b_{p+1} i) = F_{p+1}(i).$$

Cela posé, quel que soit l'ordre dans lequel on fait les multiplications, le polynome $F_n(x)$ ne change pas, le reste de la division de ce polynome par $x^2 + 1$ reste donc invariable; il en sera donc de même de $F_n(i)$.

Il résulte encore de ce qui précède que l'on peut multiplier le premier facteur par le second, réduire le résultat à la forme $p + qi$, multiplier ensuite cette imaginaire par $a_3 + b_3 i$, puis réduire à la forme $p_1 + q_1 i$, etc..... On peut aussi faire le produit comme si i désignait une variable réelle, ce qui donnera le polynome $F(i)$ que l'on ramène à la forme $\alpha + \beta i$. On peut encore grouper les facteurs comme on veut, effectuer les produits indiqués dans chaque groupe et faire ensuite le produit des imaginaires obtenues. Quel que soit l'ordre adopté, le résultat sera toujours le même.

11. Théorème. — *Le produit de deux imaginaires conjuguées est égal au carré de leur module.*

En effet, soient $a + bi$ et $a - bi$ deux imaginaires conjuguées : la règle de la multiplication donne immédiatement :

$$(a + bi)(a - bi) = a^2 + b^2,$$

ce qui démontre le théorème.

12. Théorème. — *Deux produits de facteurs imaginaires respectivement conjugués sont imaginaires conjugués.*

En effet, soit

$$(a_1 + b_1 i)(a_2 + b_2 i) \ldots (a_n + b_n i) = p + qi.$$

On a :

$$(a_1 + b_1 x) (a_2 + b_2 x) \ldots (a_n + b_n x) = p + q x + (x^2 + 1) f(x),$$

$f(x)$ désignant un polynome entier en x; donc :

$$(a_1 - b_1 x) (a_2 - b_2 x) \ldots (a_n - b_n x) = p - q x + (x^2 + 1) f(-x)$$

et, par suite :

$$(a_1 - b_1 i) (a_2 - b_2 i) \ldots (a_n - b_n i) = p - q i.$$

On peut encore établir cette proposition en remarquant d'abord qu'elle est vraie pour deux facteurs, car, si dans l'égalité :

$$(a_1 + b_1 i) (a_2 + b_2 i) = a_1 a_2 - b_1 b_2 + (a_1 b_2 + b_1 a_2) i,$$

on change b_1 en $- b_1$ et b_2 en $- b_2$, on obtient :

$$(a_1 - b_1 i) (a_2 - b_2 i) = a_1 a_2 - b_1 b_2 - (a_1 b_2 + b_1 a_2) i,$$

et l'on fait voir ensuite que si le théorème est vrai pour n facteurs il est vrai pour $n + 1$ facteurs.

13. Problème. — *Trouver la condition pour que le produit de deux imaginaires soit réel.*

Soient $a + b i$ et $x + y i$ deux imaginaires; le coefficient de i dans leur produit est égal à :

$$b x + a y,$$

la condition demandée est donc

$$b x + a y = 0.$$

La solution la plus générale est donnée par les formules

$$x = \lambda a, \quad y = - \lambda b,$$

par suite :

$$x + y i = \lambda a - \lambda b i = \lambda (a - b i).$$

λ étant un nombre réel arbitraire.

14. Théorème. — *Le module d'un produit de facteurs imaginaires est égal au produit des modules des facteurs.*

Soit :

$$(a_1 + b_1 i) (a_2 + b_2 i) \ldots (a_n + b_n i) = p + q i,$$

on a :

$$(a_1 - b_1 i) (a_2 - b_2 i) \ldots (a_n - b_n i) = p - q i,$$

d'où en multipliant membre à membre, et groupant les facteurs respectivement conjugués,

$$(a_1^2 + b_1^2)(a_2^2 + b_2^2) \ldots (a_n^2 + b_n^2) = p^2 + q^2.$$

Ce qui démontre la proposition, car en appelant r_1, r_2 ..... r_n les modules des facteurs et ρ le module du produit, on a :

$$r_1^2 r_2^2 \ldots r_n^2 = \rho^2,$$

c'est-à-dire, puisqu'il s'agit de nombres positifs

$$r_1 r_2 \ldots r_n = \rho.$$

Autre démonstration. — En appliquant ce théorème au cas de deux facteurs $(a_1 + b_1 i)$ et $(a_2 + b_2 i)$, on obtient l'identité :

$$(a_1 a_2 - b_1 b_2)^2 + (a_1 b_2 + b_2 a_1)^2 = (a_1^2 + b_1^2)(a_2^2 + b_2^2).$$

En démontrant directement cette identité, le théorème est démontré pour le cas de deux facteurs; on l'étend à un nombre quelconque de facteurs par un procédé bien connu.

15. Corollaire. — *Pour qu'un produit de facteurs imaginaires soit nul, il faut et il suffit que l'un des facteurs soit nul.*

En effet, le module du produit devant être nul, le module de l'un au moins des facteurs doit être nul. La condition est donc nécessaire; elle est évidemment suffisante.

16. Puissances. — *On appelle puissance n^e d'une imaginaire, n étant un entier, le produit de n facteurs égaux à cette imaginaire.*

D'après cela $(a + bi)^n$ est le produit de n facteurs égaux à $a + bi$. Pour obtenir cette puissance, nous pouvons appliquer la formule du binome et remplacer les puissances de i comme il est convenu; on aura ainsi :

$$(a + bi)^n = a^n - \frac{n(n-1)}{1.2} a^{n-2} b^2 + \ldots$$
$$+ \left(n a^{n-1} b - \frac{n(n-1)(n-2)}{1.2.3} a^{n-3} b^3 + \ldots \right) i.$$

On obtiendra $(a - bi)^n$ en changeant b en $-b$; donc

$$(a - bi)^n = a^n - \frac{n(n-1)}{1.2} a^{n-2} b^2 + \ldots$$
$$- \left(n a^{n-1} b - \frac{n(n-1)(n-2)}{1.2.3} a^{n-3} b^2 + \ldots \right) i.$$

On obtient donc, comme on devait s'y attendre, des imaginaires conjuguées.

Remarque. — Jusqu'ici nous nous sommes bornés à dire qu'on remplace dans les polynomes formés avec i, i^2 par -1, i^3 par $-i$, etc. Nous dirons dans la suite que $i^2 = -1$, $i^3 = -i$, ...; $i^{4p} = 1$, $i^{4p+1} = i$, $i^{4p+2} = -1$, $i^{4p+3} = -i$.

17. Nous appellerons polynome entier en x, l'expression

$$A_0 x^n + A_1 x^{n-1} + A_2 x^{n-2} + \ldots + A_{n-1} x + A_n$$

A_0, A_1, ... A_n étant des nombres réels ou imaginaires.

Il résulte de ce qui précède que si l'on substitue à x un nombre réel ou imaginaire $a + bi$, on obtiendra, toutes réductions faites, une expression de forme

$$P + Qi.$$

En effet, un terme quelconque $A_p x^{n-p}$, en supposant $A_p = \alpha + \beta i$, devient quand on remplace x par $a + bi$:

$$(\alpha + \beta i)(a + bi)^{n-p},$$

c'est-à-dire le produit de deux imaginaires; en ajoutant les résultats fournis par tous les termes, on obtiendra finalement un nombre imaginaire. Si le coefficient de i est nul, le résultat sera réel. Si l'on a à la fois $P = 0$ et $Q = 0$, on dit que $a + bi$ *est racine* de l'équation $f(x) = 0$, $f(x)$ désignant le polynome considéré.

Ainsi, nous écrirons

$$f(a + bi) = P + Qi.$$

Supposons les coefficients réels; dans la formule

$$f(a + h) = f(a) + \frac{h}{1} f'(a) + \frac{h^2}{1 \cdot 2} f''(a) + \ldots + \frac{h^n}{n!} f^n(a) \quad (1)$$

posons $h = bi$, il vient

$$f(a + bi) = f(a) - \frac{b^2}{2!} f''(a) + \frac{b^4}{4!} f^{(4)}(a) - \ldots$$

$$+ ib \left[f'(a) - \frac{b^2}{3!} f'''(a) + \frac{b^4}{5!} f^{(5)}(a) + \ldots \right]$$

d'où l'on déduit les expressions de P et de Q.

La formule (1) subsiste dans le cas où les coefficients A_0, A_1, ... A_n

sont imaginaires, pourvu que l'on convienne d'appeler dérivée de $f(x)$, ou $f'(x)$, le polynome

$$n\, A_0\, x^{n-1} + n\,(n-1)\, A_1\, x^{n-2} + \ldots + A_{n-1}$$

puis $f''(x)$ la dérivée de $f'(x)$, et ainsi de suite, car en développant $f(a + h)$ suivant les puissances de h, les coefficients des différentes puissances de h auront évidemment la même forme que si A_0, $A_1 \ldots A_n$ étaient réels.

En posant $h = x - a$, on aura

$$f(x) = f(a) + \frac{x-a}{1}\, f'(a) + \frac{(x-a)^2}{1\cdot 2}\, f''(a) + \ldots + \frac{(x-a)^n}{n!}\, f^n(a).$$

Cette formule subsiste encore si a désigne un nombre imaginaire, pourvu que $f'(a)$ désigne ce que devient $f'(x)$ quand on y remplace x par a; et de même pour les autres dérivées.

Il résulte de ce qui précède que si $f(x)$ désigne un polynome entier à *coefficients réels*, les imaginaires

$$f(a + bi) \quad \text{et} \quad f(a - bi)$$

sont conjuguées.

18. Division. — *Diviser $a + bi$ par $c + di$, c'est trouver une imaginaire : $x + yi$, telle que*

$$(c + di)(x + yi) = a + bi.$$

Il s'agit de trouver deux nombres réels x, y vérifiant les deux équations :

$$cx - dy = a,$$
$$dx + cy = b.$$

Le déterminant de ce système est égal à $c^2 + d^2$; il est différent de zéro, si l'on suppose que l'imaginaire $c + di$ ne soit pas nulle; donc, dans cette hypothèse, le système précédent a une solution unique :

$$x = \frac{ac + bd}{c^2 + d^2}$$
$$y = \frac{bc - ad}{c^2 + d^2}.$$

Nous dirons d'après cela que l'expression

$$\frac{ac + bd}{c^2 + d^2} + \frac{bc - ad}{c^2 + d^2}\, i,$$

est le quotient de $a + bi$ par $c + di$, et nous représenterons ce quotient par la notation employée dans le cas des nombres réels, en écrivant :

$$\frac{a+bi}{c+di} = \frac{ac+bd}{c^2+d^2} + \frac{bc-ad}{c^2+d^2}\, i.$$

En particulier on trouve

$$\frac{1}{i} = -\,i.$$

19. Théorème. — *On peut multiplier ou diviser les deux termes d'un quotient par un même nombre réel ou imaginaire sans changer sa valeur.*

En effet, soit $p+qi$ le quotient de $a+bi$ divisé par $c+di$ de sorte que :

$$a+bi = (c+di)(p+qi)$$

multiplions les deux membres par $r+si$; nous obtenons ainsi :

$$(a+bi)(r+si) = [(c+di)(r+si)](p+qi)$$

ce qui prouve que le quotient de

$$(a+bi)(r+si) \text{ par } (c+di)(r+si)$$

est encore égal à $p+qi$.

On ferait une démonstration analogue pour la division.

Application. — Le théorème précédent permet de réduire une fraction à termes imaginaires à la forme normale.

Soit en effet :

$$\frac{a+bi}{c+di}$$

la fraction proposée; en multipliant les deux termes par l'imaginaire $c-di$ qui est la conjuguée du dénominateur, nous aurons :

$$\frac{a+bi}{c+di} = \frac{(a+bi)(c-di)}{c^2+d^2} = \frac{ac+bd+(bc-ad)i}{c^2+d^2}$$

c'est-à-dire :

$$\frac{a+bi}{c+di} = \frac{ac+bd}{c^2+d^2} + \frac{bc-ad}{c^2+d^2}\, i.$$

Par exemple :

$$\frac{1}{i} = \frac{-i}{-i^2} = -\,i.$$

20. Racine carrée. — *On nomme racine n^e de $a + bi$, n étant entier, une imaginaire $x + yi$ telle que :*

$$(x + yi)^n = a + bi.$$

Dans le cas où n est un entier quelconque, on ne peut pas toujours déterminer x et y par le secours seul de l'algèbre. Nous nous bornerons au cas de $n = 2$.

On nomme *racine carrée* de $a + bi$ toute imaginaire $x + yi$ dont le carré reproduit $a + bi$, de sorte que :

$$(x + yi)^2 = a + bi.$$

Nous avons donc à trouver deux nombres réels x et y vérifiant les deux équations :

$$x^2 - y^2 = a$$
$$2\,xy = b.$$

On tire de la deuxième équation

$$y = \frac{b}{2\,x}$$

d'où, en substituant dans la première :

$$x^2 - \frac{b^2}{4\,x^2} = a$$

ou :

$$x^4 - a x^2 - \frac{b^2}{4} = 0,$$

x^2 doit être positif, donc une seule racine de cette équation convient à la question, c'est celle qui est donnée par la formule :

$$x^2 = \frac{a + \sqrt{a^2 + b^2}}{2}$$

et par suite :

$$x = \varepsilon \sqrt{\frac{a + \sqrt{a^2 + b^2}}{2}}$$

ε étant égal à ± 1; on a ensuite :

$$y = \frac{b}{2\,\varepsilon \sqrt{\dfrac{a + \sqrt{a^2 + b^2}}{2}}}$$

donc :

$$x + yi = \varepsilon \left[\sqrt{\frac{a + \sqrt{a^2 + b^2}}{2}} + \frac{bi}{2\sqrt{\dfrac{a + \sqrt{a^2 + b^2}}{2}}} \right]$$

Il résulte de là qu'une imaginaire $a + bi$ a deux racines carrées qui sont deux imaginaires égales et de signes contraires.

Remarque. — On peut déterminer autrement x et y. En effet, on déduit des deux équations

$$x^2 - y^2 = a$$
$$2xy = b,$$

la suivante :

$$(x^2 + y^2)^2 = a^2 + b^2$$

d'où :

$$x^2 + y^2 = \sqrt{a^2 + b^2}$$

qu'on aurait pu écrire immédiatement, car le carré du module de $x + yi$ doit être égal au module de $a + bi$.

On a ensuite :

$$x^2 = \frac{a + \sqrt{a^2 + b^2}}{2} \qquad y^2 = \frac{\sqrt{a^2 + b^2} - a}{2}$$

d'où :

$$x = \varepsilon \sqrt{\frac{a + \sqrt{a^2 + b^2}}{2}} \qquad y = \varepsilon' \sqrt{\frac{\sqrt{a^2 + b^2} - a}{2}}$$

le produit $2xy$ devant être égal à b, on prendra $\varepsilon' = \varepsilon$ si b est positif, $\varepsilon' = -\varepsilon$ si b est négatif.

21. Application. — L'équation du second degré à coefficients réels peut être ramenée à l'une des deux formes suivantes :

$$(x - a)^2 - b^2 = 0$$

ou :

$$(x - a)^2 + b^2 = 0$$

dans le premier cas on trouve pour solutions :

$$x = a + \varepsilon b$$

ε étant égal à ± 1.

La seconde équation n'a aucune solution réelle. Proposons-nous de déterminer deux nombres réels y et z, tels que :

$$(y + zi - a)^2 + b^2 = 0$$

ou en développant :

$$(y - a)^2 + b^2 - z^2 + 2z(y - a)i = 0$$

y et z doivent être réels, donc on doit avoir :

$$(y - a)^2 + b^2 - z^2 = 0$$

et

$$z (y - a) = 0.$$

On ne peut prendre $z = 0$, car on devrait avoir

$$(y - a)^2 + b^2 = 0,$$

ce qui est impossible y étant supposé réel ; donc il faut prendre

$$y = a,$$

et par suite

$$b^2 - z^2 = 0,$$

c'est-à-dire :

$$z = \varepsilon b ;$$

on a ainsi deux solutions :

$$x = a + b i$$
$$x = a - b i.$$

On dit alors que l'équation proposée a deux *racines imaginaires*.

Si l'on cherchait des solutions de la forme $y + zi$ dans le cas de l'équation

$$(x - a)^2 - b^2 = 0$$

on retrouverait les solutions réelles déjà connues ; en effet :

$$(y + zi - a)^2 - b^2 = 0$$

ou :

$$(y - a)^2 - b^2 - z^2 + 2z (y - a)i = 0,$$

donne :

$$z (y - a) = 0$$
$$(y - a)^2 - b^2 - z^2 = 0$$

on ne peut prendre z différent de zéro, car on aurait alors

$$y = a, \quad b^2 + z^2 = 0 ;$$

donc il faut prendre $z = 0$, et par suite :

$$(y - a)^2 = b^2$$

d'où :

$$y = a + \varepsilon b \ (\varepsilon = \pm 1).$$

Remarque. — Si l'on cherche la racine carrée de $-b^2$, on aura à résoudre le système d'équations :

$$x^2 - y^2 = -b^2$$
$$2xy = 0$$

Ce qui donne 1° $y = 0$ et $x^2 = -b^2$ solution inadmissible.

2° $x = 0$, $y^2 = b^2$ et par suite $y = \pm b$;

Donc $-b^2$ a deux racines carrées qui sont $+bi$ et $-bi$.

Si l'on convient de représenter par $\sqrt{a+bi}$ l'une quelconque des racines carrées de $a+bi$, on voit que l'on peut donner pour résoudre l'équation du second degré

$$(x-a)^2 + b^2 = 0$$

la formule

$$x = a \pm \sqrt{-b^2}$$

et par suite, la formule de résolution de l'équation

$$ax^2 + bx + c = 0$$

sera dans tous les cas, a, b, c étant supposés réels.

$$x = \frac{-b \pm \sqrt{b^2 - 4ac}}{2a}$$

Plus exactement, dans le cas où $b^2 - 4ac$ est négatif, on doit écrire :

$$x = \frac{a \pm i\sqrt{4ac - b^2}}{2a}.$$

22. *Résolution de l'équation*

$$ax^2 + bx + c = 0,$$

les coefficients a, b, c étant supposés imaginaires.

Nous pouvons ramener l'équation proposée à la forme

$$x^2 + (p + p'i)x + q + q'i = 0.$$

Nous cherchons une solution de la forme : $y + zi$, y et z étant réels. On doit donc avoir :

$$y^2 - z^2 + 2yzi + (p + p'i)(y + zi) + q + q'i = 0,$$

équation qui se décompose en deux équations qu'on obtient en égalant à zéro la partie réelle et le coefficient de i :

$$y^2 - z^2 + py - p'z + q = 0$$
$$2yz + p'y + pz + q' = 0.$$

Pour résoudre ce système d'équations, remarquons qu'on peut le mettre sous la forme :

$$\left(y + \frac{p}{2}\right)^2 - \left(z + \frac{p'}{2}\right)^2 = \frac{p^2 - p'^2}{4} - q$$
$$2\left(y + \frac{p}{2}\right)\left(z + \frac{p'}{2}\right) = \frac{pp'}{2} - q'$$

on tire aisément de ces équations les valeurs de $y + \dfrac{p}{2}$ et de $z + \dfrac{p'}{2}$. On peut remarquer que ces équations sont celles qui donnent la racine carrée de

$$\frac{p^2 - p'^2}{4} - q + \left(\frac{pp'}{2} - q'\right)i,$$

de sorte que l'on peut résoudre l'équation en posant :

$$x = -\frac{p + p'i}{2} \pm \sqrt{\left(\frac{p + p'i}{2}\right)^2 - (q + q'i)},$$

car l'imaginaire placée sous le radical n'est autre chose que :

$$\frac{p^2 - p'^2}{4} - q + \left(\frac{pp'}{2} - q'\right)i.$$

23. Extension des règles du calcul algébrique aux polynomes entiers à coefficients imaginaires. — Les théorèmes relatifs aux polynomes entiers, que nous avons démontrés (dans le chapitre II), s'étendent aux polynomes à coefficients quelconques, la variable x prenant d'ailleurs des valeurs réelles ou imaginaires ; il suffit de remplacer partout le mot *valeur absolue* par le mot *module*.

Ainsi, par exemple, étant donné un polynome sans terme indépendant :

$$f(x) = a_1 x + a_2 x^2 + \ldots + a_n x^n$$

à coefficients réels ou imaginaires : *A tout nombre positif α correspond un nombre positif β tel que pour toutes les valeurs de x satisfaisant à la condition :*

$$\text{mod. } x < \beta$$

on ait :

$$\text{mod. } f(x) < \alpha.$$

On conclut de ce théorème que : *si un polynome est nul pour toutes les valeurs réelles ou imaginaires de x, tous ses coefficients sont nuls, et, par suite, que deux polynomes égaux pour toutes les valeurs réelles ou imaginaires de x sont de même degré et que les coefficients des mêmes puissances de x sont les mêmes.*

On s'assure aisément que les règles de la multiplication ou de la division des polynomes ordonnés subsistent entièrement. En particulier, le reste de la division d'un polynome entier $f(x)$ par $x - (a + b\,i)$ s'obtiendra en substituant $a + b\,i$ à x dans ce polynome; la démonstration se fait de la même manière que pour les polynomes à coefficients réels, quand le diviseur est : $x - a$.

On verra encore, comme dans le cas des polynomes réels, que les conditions nécessaires et suffisantes pour que $f(x)$ soit divisible par $(x - a)^p$ sont :

$$f(a) = 0 \quad f'(a) = 0 \dots f^{(p-1)}(a) = 0 \quad f^{(p)}(a) \neq 0.$$

Il n'y a rien à changer à la théorie du plus grand commun diviseur, ni à celle du plus petit commun multiple de plusieurs polynomes, quand les coefficients deviennent imaginaires. En particulier les théorèmes de Bezout et d'Euler subsistent entièrement.

REPRÉSENTATION GÉOMÉTRIQUE DES IMAGINAIRES

24. Considérons deux axes de coordonnées rectangulaires :

$$x'x, y'y \quad (fig. 1).$$

A toute imaginaire

$$a + b\,i$$

correspond un point M ayant pour coordonnées

$$x = a, y = b.$$

La longueur $\mathrm{OM} = \sqrt{a^2 + b^2}$ est égale au module.

Réciproquement, au point M, ayant pour abscisse a, et pour ordonnée b, correspond l'imaginaire $a + b\,i$.

On appelle le point M, *l'affixe* de l'imaginaire $a + bi$.

Il ne suffit pas de connaître le module OM pour déterminer le point M, ou, ce qui revient au même, pour déterminer l'imaginaire correspondant au point M ; mais cette détermination sera complète si l'on connaît, en outre, l'angle que OM fait avec Ox. En désignant la longueur absolue de OM, c'est-à-dire le module par ρ et l'angle de OM avec Ox par ω ; si a et b sont les coordonnées de M, on a :

$$a = \rho \cos \omega \qquad b = \rho \sin \omega,$$

et par suite :

$$a + bi = \rho \cos \omega + \rho \sin \omega\, i$$

ou, ce qui est la même chose :

$$a + bi = \rho (\cos \omega + i \sin \omega).$$

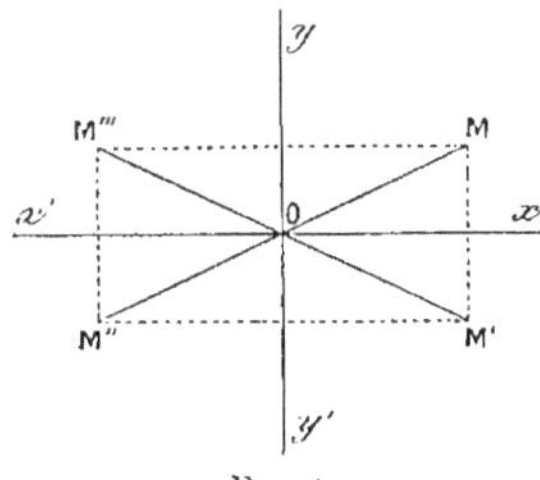

Fig. 1.

L'angle ω qui est déterminé à un multiple de 2π près, se nomme l'argument de $a + bi$.

On peut d'ailleurs montrer directement que l'on peut déterminer un nombre positif ρ et un angle ω tels que l'on ait :

$$\rho (\cos \omega + i \sin \omega) = a + bi.$$

En effet, cette équation se décompose en deux autres :

$$\rho \cos \omega = a$$
$$\rho \sin \omega = b,$$

d'où l'on tire :

$$\rho = \sqrt{a^2 + b^2}$$

$$\cos \omega = \frac{a}{\sqrt{a^2 + b^2}}, \qquad \sin \omega = \frac{b}{\sqrt{a^2 + b^2}},$$

d'où il résulte qu'on peut toujours trouver un arc compris entre 0 et 2π qui réponde à la question. On peut d'ailleurs ajouter à cet arc, ou en retrancher, un nombre quelconque de circonférences.

Si $a + bi$ est représentée par M (fig. 1), $a - bi$ sera représentée par le point M' symétrique de M par rapport à $x'x$; $-a - bi$ par M''' symétrique de M par rapport à O et enfin $-a + bi$, par le point M'' symétrique de M par rapport à $y'y$.

Les affixes des imaginaires pures sont les points de $y'y$; les nombres positifs ont pour affixes les points de Ox, et enfin les nombres négatifs ont pour affixes les points de Ox'.

D'après cela, on dit que le *champ* de l'imaginaire est le plan tout entier, moins l'axe $x'x$ qui correspond aux nombres réels.

On reconnaît aisément que : *si deux imaginaires sont égales, elles ont même module et leurs arguments diffèrent d'un multiple de 2π; et réciproquement.*

INTERPRÉTATION GÉOMÉTRIQUE DES OPÉRATIONS SUR LES IMAGINAIRES

25. Addition. — Soient :

$$\rho (\cos \omega + i \sin \omega) \quad \text{et} \quad \rho' (\cos \omega' + i \sin \omega')$$

deux imaginaires données.

Leur somme :

$$\rho \cos \omega + \rho' \cos \omega' + i (\rho \sin \omega + \rho' \sin \omega')$$

a pour module un nombre dont le carré est égal à

$$(\rho \cos \omega + \rho' \cos \omega')^2 + (\rho \sin \omega + \rho' \sin \omega')^2,$$

ou :

$$\rho^2 + \rho'^2 + 2\rho\rho' \cos (\omega - \omega')$$

ce dernier nombre est compris entre $(\rho + \rho')^2$ et $(\rho - \rho')^2$. On retrouve ainsi le théorème relatif au module de la somme. On voit que le module de la somme est égal à la somme des modules des deux parties lorsque $\cos (\omega - \omega') = 1$, c'est-à-dire lorsque $\omega' - \omega = 2k\pi$, et par suite, quand les demi-droites OM, OM' joignant l'origine aux affixes des deux imaginaires ont la même direction ; il est égal à la différence des modules quand $\omega' - \omega = 2k\pi + \pi$, c'est-à-dire quand les demi-droites OM et OM' ont des directions opposées.

26. Soustraction. — On a de même :

$$\rho(\cos\omega + i\sin \omega) - \rho'(\cos\omega' + i\sin\omega') = \rho\cos\omega - \rho'\cos\omega' + i(\rho\sin\omega - \rho'\sin\omega')$$

on voit que retrancher

$$\rho' (\cos \omega' + i \sin \omega')$$

revient à ajouter

$$\rho' [\cos (\omega' + \pi) + i \sin (\omega + \pi)].$$

27. Représentation géométrique de la somme de plusieurs imaginaires. — Soient, par exemple,

$$a + bi, \quad a' + b'i, \quad a'' + b''i,$$

trois imaginaires ayant respectivement pour affixes les points A, B, C (fig. 2). Menons la droite A D égale et parallèle à O B et de même sens que OB, puis DE égale et parallèle à O C et de même sens que O C, et joignons O E; je dis que O E est le module, et que l'angle de O E avec O.x est l'argument de la somme des imaginaires données.

En effet, la projection de O E sur l'un quelconque des axes est égale, comme on sait, à la somme des projections sur le même axe des côtés O A, AD, DE de la brisée O A DE fermée par OE, ou ce qui

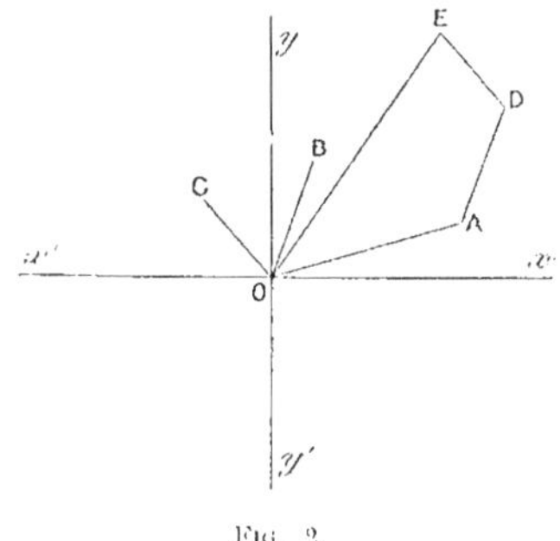

Fig. 2.

revient au même, égale à la somme des projections de O A, OB, OC. Donc, en appelant x et y les coordonnées du point E, on a :

$$x = a + a' + a'', \quad y = b + b' + b''$$

et, par suite, E est bien l'affixe de l'imaginaire

$$a + a' + a'' + (b + b' + b'')i.$$

D'après cela, à l'addition des imaginaires correspond la construction connue sous le nom de *composition des vitesses* ou *des forces concourantes*.

Les lignes O A, O B, O C dont on connaît la longueur et la direction sont appelées des *vecteurs*, la résultante O E se nomme la *somme géométrique* des composantes O A, O B, O C. On peut donc dire encore que l'addition des imaginaires correspond à l'addition des vecteurs. On convient d'écrire :

$$\overline{OE} = \overline{OA} + \overline{OB} + \overline{OC}.$$

Dans le cas particulier où il n'y a que deux imaginaires à ajouter, la somme est représentée par la diagonale du parallélogramme construit sur O A et O B; ainsi O C représente la somme des imaginaires représentées par O A et O B (fig. 3).

Au moyen de ces constructions on retrouve facilement le théorème relatif aux modules, que nous avons déjà démontré. Ainsi dans la figure 2 on a :

$$OE < OA + OB + OC,$$

donc le module de la somme est plus petit que la somme des modules des différentes parties de la somme. Si les points A, B, C sont en ligne droite, le module de la somme sera égal à la somme algébrique des modules des parties.

S'il arrive que la brisée OADE se ferme, c'est-à-dire que le

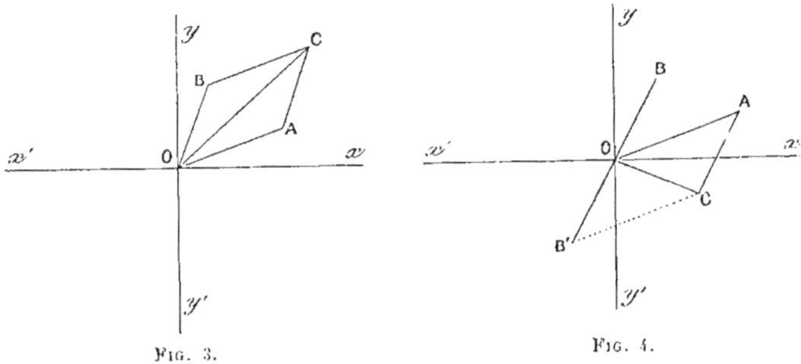

Fig. 3.

Fig. 4.

point E soit confondu avec O, la somme des imaginaires est nulle, c'est ce qui arrive, par exemple, pour deux imaginaires représentées par des points symétriques par rapport à l'origine.

28. Représentation géométrique de la différence de deux imaginaires. — Soient deux imaginaires $a + bi$, $c + di$ ayant pour affixes les points A et B (fig. 4). Pour trouver l'affixe correspondant à la différence

$$a + bi - (c + di)$$

il suffit de mener AC égale et parallèle à OB, mais de sens contraire; le point C est l'affixe de la différence. Cela revient à dire que

$$\overline{OC} = \overline{OA} - \overline{OB}.$$

En résumé, on a ajouté à $\overline{OA}$, le vecteur $\overline{OB'}$ qui est égal à $-\overline{OB}$.

29. Multiplication. — Soit à multiplier :

$$\rho (\cos \omega + i \sin \omega) \quad \text{par} \quad \rho' (\cos \omega' + i \sin \omega')$$

on trouve immédiatement pour *produit*

$$\rho\rho' [\cos \omega \cos \omega' - \sin \omega \sin \omega' + i (\sin \omega \cos \omega' + \cos \omega \sin \omega')],$$

c'est-à-dire :

$$\rho\rho' [\cos (\omega + \omega') + i \sin (\omega + \omega')]$$

Donc, *le module du produit de deux imaginaires est égal au produit de leurs modules, et l'argument du même produit est égal à la somme des arguments des deux facteurs.*

Il s'agit de prouver que le théorème est vrai pour un nombre quelconque de facteurs. Supposons-le vrai pour $n - 1$ facteurs, ayant pour modules $\rho_1, \rho_2, \ldots \rho_{n-1}$, et pour arguments $\omega_1, \omega_2 \ldots \omega_{n-1}$; si l'on introduit un facteur de plus, ayant ρ_n pour module et ω_n pour argument, le produit de ces n facteurs sera égal à

$$\rho_1 \rho_2 \cdots \rho_{n-1} [\cos (\omega_1 + \omega_2 + \ldots + \omega_{n-1}) + i \sin (\omega_1 + \omega_2 + \ldots + \omega_{n-1})]$$
$$\times \rho_n (\cos \omega_n + i \sin \omega_n),$$

et, par suite, aura pour module le produit

$$\rho_1 \rho_2 \cdots \rho_n$$

et pour argument la somme

$$\omega_1 + \omega_2 + \ldots + \omega_n.$$

Le théorème est donc général.

Il convient de remarquer que l'on peut ajouter ou retrancher à chacun des arguments un nombre quelconque de fois 2π; par suite, il est plus exact de dire que l'argument d'un produit est égal à la somme des arguments de ses facteurs à un multiple près de 2π.

Il résulte de la démonstration précédente que les propriétés des produits de facteurs réels s'étendent aux facteurs imaginaires, comme nous l'avions déjà vu.

Remarque. — Les nombres positifs peuvent être considérés comme des imaginaires dont l'argument serait égal à 0, et les nombres négatifs comme des imaginaires dont l'argument serait égal à π.

D'après cela :

$$2 \times (-3) = 2(\cos 0 + i \sin 0) \times 3(\cos \pi + i \sin \pi) = 6(\cos \pi + i \sin \pi) = -6,$$
$$(-2) \times (-3) = 2(\cos \pi + i \sin \pi) \times 3(\cos \pi + i \sin \pi) = 6(\cos 2\pi + i \sin 2\pi) = +6,$$

. . . .

On retrouve ainsi les règles du calcul des nombres négatifs.

30. Représentation géométrique du produit de deux imaginaires. — Soient (fig. 5) A et B les affixes des deux imaginaires

$$\rho(\cos\omega + i\sin\omega) \quad \text{et} \quad \rho'(\cos\omega' + i\sin\omega');$$

pour avoir l'affixe du produit, menons une demi-droite faisant avec OB un angle égal à ω, et, par suite, faisant avec Ox un angle égal à $\omega+\omega'$, et prenons sur cette demi-droite une longueur OC dont la mesure soit égale au produit des mesures de OA et OB. Le point C ainsi obtenu est l'affixe du produit. Or, si OD est la ligne prise pour unité de longueur, on a :

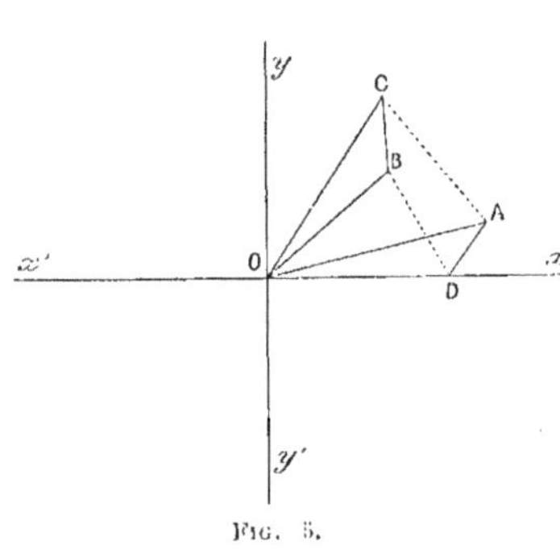

$$\left(\frac{OC}{OD}\right) = \left(\frac{OA}{OD}\right) \times \left(\frac{OB}{OD}\right)$$

d'où l'on tire :

$$\frac{OC}{OB} = \frac{OA}{OD}$$

Fig. 5.

par suite, les deux triangles ODA et OBC sont directement semblables : ainsi, le point C est le troisième sommet du triangle directement semblable au triangle ODA, construit sur OB. On peut remarquer d'ailleurs que les triangles ODB et OAC sont aussi directement semblables.

Ainsi, la multiplication des imaginaires correspond à la similitude des figures planes.

31. Division. — Soit à diviser

$$\rho(\cos\omega + i\sin\omega) \quad \text{par} \quad \rho'(\cos\omega' + i\sin\omega'),$$

en désignant le quotient cherché par

$$r(\cos\alpha + i\sin\alpha),$$

on doit avoir

$$r\rho' = \rho \quad \text{et} \quad \omega' + \alpha = \omega + 2k\pi,$$

donc

$$r = \frac{\rho}{\rho'} \qquad \alpha = \omega - \omega' + 2k\pi,$$

k étant un entier arbitraire, positif ou négatif.

Par suite :

Le module du quotient de deux imaginaires est égal au quotient du module du dividende par le module du diviseur et l'argument de ce quotient est égal à l'argument du dividende diminué de l'argument du diviseur (à un multiple entier près de 2π).

Remarque. — On a

$$\frac{1}{\cos a - i \sin a} = \cos a + i \sin a.$$

32. Représentation géométrique d'un quotient. — Soient (fig. 6) A l'affixe du dividende, B l'affixe du diviseur et soit OD la longueur prise pour unité ; on construit sur OA un triangle OAC directement semblable au triangle OBD, C est l'affixe du quotient. La démonstration n'offre aucune difficulté.

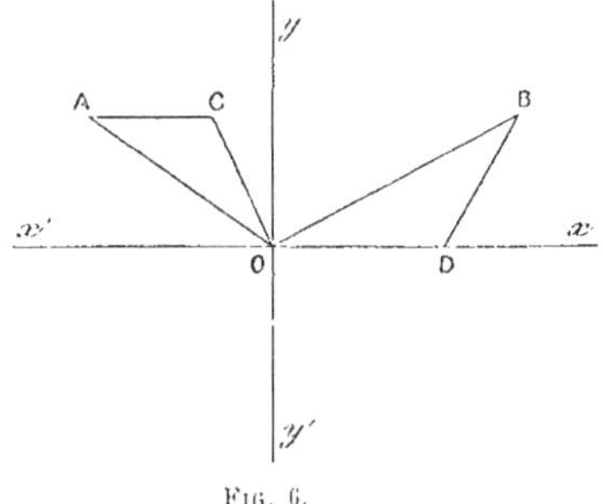

Fig. 6.

33. Puissances entières. Formule de Moivre. — Si n désigne un entier quelconque, on a, en appliquant le théorème relatif à la multiplication au cas de n facteurs égaux entre eux

$$[\rho(\cos\omega + i\sin\omega)]^n = \rho^n.(\cos n\omega + i\sin n\omega).$$

En particulier, si $\rho = 1$:

$$(\cos\omega + i\sin\omega)^n = \cos n\omega + i\sin n\omega.$$

Cette formule est due à Moivre.

34. Représentation géométrique de la puissance n d'une imaginaire. — Si l'on mène une demi-droite OA_1 de longueur égale à l'unité et faisant avec Ox un angle ω, on obtiendra toutes les puissances entières de l'imaginaire ayant le point A_1 pour affixe (fig. 7), en prenant sur la circonférence décrite du point O comme centre avec OA_1 pour rayon, des arcs A_1A_2, A_2A_3, ... $A_{n-1}A_n$ égaux à l'arc A_0A_1 qui mesure l'argument ω.

Si $\omega = \dfrac{2k\pi}{n}$, on voit qu'après avoir fait k fois le tour de la circonférence, on reviendra au point de départ, si k est premier avec n, ce que l'on peut toujours supposer; donc en élevant l'imaginaire

$$\cos \frac{2k\pi}{n} + i \sin \frac{2k\pi}{n}$$

aux puissances $1, 2, 3, \ldots n - 1$ on obtiendra n imaginaires différentes; les autres puissances reproduiront ces n imaginaires périodiquement.

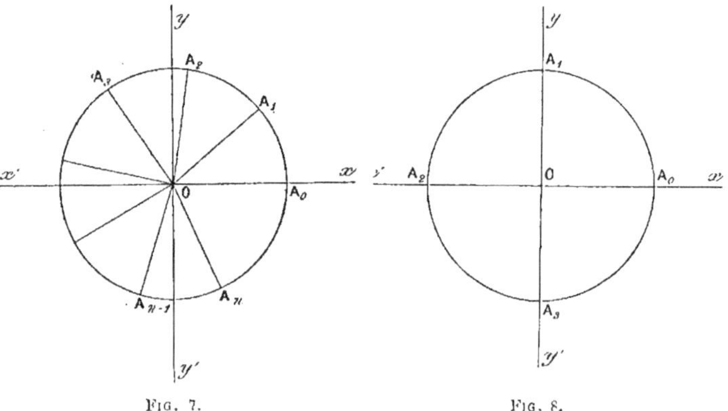

Fig. 7.   Fig. 8.

Si ω n'est pas une partie aliquote de 2π, deux puissances entières de l'imaginaire $\cos \omega + i \sin \omega$ seront toujours distinctes.

En particulier, les puissances successives de i correspondent aux quatre sommets du carré $A_1 A_2 A_3 A_0$, obtenu en supposant $OA_0 = 1$ (fig. 8).

35. Racine $n^{\text{ième}}$ d'une imaginaire. — Soit $\rho (\cos \omega + i \sin \omega)$ une imaginaire donnée, on appelle, comme nous l'avons déjà dit, racine $n^{\text{ième}}$ de cette expression, une imaginaire dont la puissance $n^{\text{ième}}$ reproduise la proposée. Désignons par

$$r(\cos \alpha + i \sin \alpha)$$

l'imaginaire cherchée, de sorte que

$$r^n(\cos n\alpha + i \sin n\alpha) = \rho(\cos \omega + i \sin \omega).$$

Par suite, on doit avoir

$$r^n = \rho \quad \text{et} \quad n\alpha = \omega + 2k\pi,$$

et comme r est un nombre positif :

$$r = \sqrt[n]{\rho}.$$

on a ensuite :

$$\alpha = \frac{\omega}{n} + \frac{2\,k\,\pi}{n}.$$

k désignant un nombre entier positif ou négatif. Si l'on donne à k les n valeurs consécutives

$$0,\ 1,\ 2,\ \ldots\ n - 1,$$

on obtiendra pour α, n valeurs correspondantes, en progression arithmétique

$$\frac{\omega}{n},\ \frac{\omega}{n} + \frac{2\,\pi}{n},\ \frac{\omega}{n} + 2\cdot\frac{2\,\pi}{n},\ \ldots\ \frac{\omega}{n} + (n - 1)\frac{2\,\pi}{n}.$$

Un nombre entier k étant compris entre deux multiples consécutifs de n, on a

$$k = h + n\,\lambda,$$

h désignant l'un des nombres 0, 1, 2, $\ldots\ n - 1$, et λ étant un nombre entier positif ou négatif; donc on peut écrire :

$$\alpha = \frac{\omega}{n} + \frac{2\,h\,\pi}{n} + 2\,\lambda\,\pi;$$

par suite, il n'y a à considérer que les n valeurs obtenues plus haut, auxquelles correspondent n solutions distinctes, puisque la différence de deux quelconques de ces arguments est moindre que 2π.

L'imaginaire

$$\rho\,(\cos\omega + i\sin\omega)$$

a donc n racines imaginaires qu'on peut représenter par

$$\rho^{\frac{1}{n}}\left[\cos\left(\frac{\omega}{n} + \frac{2\,k\,\pi}{n}\right) + i\sin\left(\frac{\omega}{n} + \frac{2\,k\,\pi}{n}\right)\right]$$

k désignant l'un quelconque des nombres 0, 1, 2, $\ldots\ n - 1$. On peut écrire l'expression précédente sous la forme

$$\rho^{\frac{1}{n}}\left(\cos\frac{\omega}{n} + i\sin\frac{\omega}{n}\right)\left(\cos\frac{2\,k\,\pi}{n} + i\sin\frac{2\,k\,\pi}{n}\right)$$

Le dernier facteur, susceptible de n déterminations représente l'une quelconque des racines $n^{\text{ièmes}}$ de l'unité.

Nous avons ainsi trouvé toutes les solutions réelles ou imaginaires de l'équation.

$$z^n - A = 0,$$

A désignant un nombre réel ou imaginaire quelconque. Si l'on désigne par a l'une quelconque des racines $n^{ièmes}$ de A, on peut poser

$$z = a x,$$

et l'on est ramené à résoudre l'équation

$$a^n x^n - A = 0$$

c'est-à-dire :

$$x^n - 1 = 0.$$

On voit ainsi, *a priori*, que la solution est de la forme

$$a x,$$

x désignant l'une quelconque des racines $n^{ièmes}$ de l'unité. Cherchons si l'équation peut avoir des solutions réelles, c'est-à-dire si un nombre A peut avoir une racine $n^{ième}$ réelle. En supposant

$$A = \rho (\cos \omega + \sin \omega),$$

on aura une racine réelle si l'on peut donner à k une valeur pour laquelle

$$\frac{\omega}{n} + \frac{2 k \pi}{n} = \lambda \pi,$$

λ étant un nombre entier. Cette équation n'est possible que si

$$\omega = (n \lambda - 2 k) \pi,$$

c'est-à-dire si A est réel, ce qui est évident puisque la puissance $n^{ième}$ d'un nombre réel est réelle.

Soit d'abord $\omega = 0$, c'est-à-dire A > 0 et par suite A $= \rho$, on devra prendre :

$$\frac{2 k \pi}{n} = \lambda \pi$$

et comme k est inférieur à n, on peut prendre $\lambda = 0$ ou $\lambda = 1$, c'est-à-dire $k = 0$ ou $k = \dfrac{n}{2}$; cette dernière solution n'étant acceptable que si n est pair.

Si $n = 2m$ on a donc deux solutions réelles égales à $\sqrt[n]{\rho}$ et à $-\sqrt[n]{\rho}$; si $n = 2m + 1$, une seule solution réelle : $\sqrt[n]{\rho}$.

Si $\omega = \pi$, c'est-à-dire $A = -\rho$, on doit avoir :

$$\frac{(2k + 1)\pi}{n} = \lambda\pi$$

ou :

$$2k + 1 = \lambda n$$

ce qui exige que n soit impair; si $n = 2m + 1$, on doit prendre $\lambda = 1$, $k = m$ ce qui donne : $-\sqrt[n]{\rho}$. On retrouve aussi des résultats obtenus par une autre voie.

L'étude complète des racines de l'équation binome $x^n - 1 = 0$ appartient au cours de trigonométrie.

36. Représentation géométrique de la racine $n^{ième}$ d'une imaginaire.

— Supposons que l'imaginaire donnée ait pour affixe le point A (fig. 9); ses n racines $n^{ièmes}$ seront représentées de la manière suivante. Menons une droite OB_0 faisant avec Ox un angle égal à $\dfrac{\omega}{n}$ et prenons sur cette droite une longueur OB_0 dont la mesure soit égale à la racine $n^{ième}$ arithmétique du nombre qui mesure oA ; du point O comme centre avec OB_0 comme rayon décrivons une circonférence et inscrivons dans cette circonférence un polygone régulier convexe de n côtés, ayant un sommet en B_0;

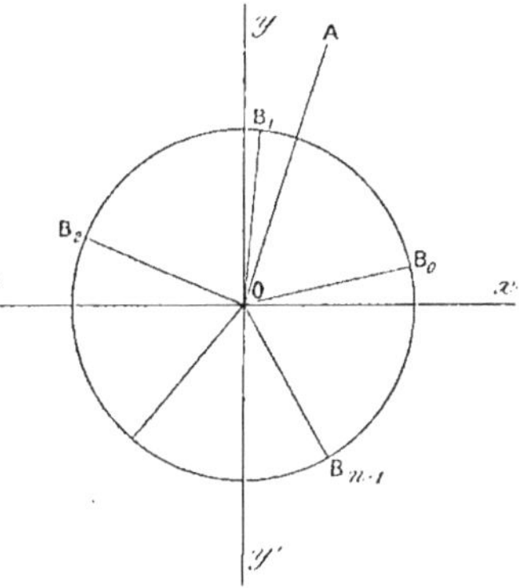

Fig. 9.

les sommets B_0, B_1, B_2 ..... B_{n-1} seront les affixes des racines $n^{ièmes}$ de l'imaginaire donnée.

37. Généralisation de la formule de Moivre.

— Si nous désignons par $z^{\frac{p}{q}}$ l'une quelconque des racines $q^{ièmes}$ de z^p on aura :

$$(\cos\omega + i\sin\omega)^{\frac{p}{q}} = (\cos p\omega + i\cos p\omega)^{\frac{1}{q}}$$
$$= \left(\cos\frac{p}{q}\omega + i\sin\frac{p}{q}\omega\right)\left(\cos\frac{2k\pi}{q} + i\sin\frac{2k\pi}{q}\right)$$

k désignant l'un quelconque des nombres entiers $0, 1, 2, \ldots q - 1$ de sorte que l'expression considérée est susceptible de q déterminations différentes.

Remarque. — Si z désigne un nombre réel ou imaginaire on n'a pas nécessairement $z^{\frac{p}{q}} = z^{\frac{p'}{q'}}$ quand $\frac{p}{q} = \frac{p'}{q'}$; en effet $z^{\frac{p}{q}}$ est susceptible de q déterminations, tandis que $z^{\frac{p'}{q'}}$ en admet un nombre différent q' .....

38. Il est aisé de généraliser la théorie de la racine $m^{ième}$ d'un polynome quelconque.

Reprenons, par exemple, la proposition, démontrée au n° 4, XII. Soit A un polynome entier en x de degré mp et supposons qu'on ait trouvé

$$A \equiv B^m + R \quad \text{et} \quad A \equiv C^m + S$$

B et C étant deux polynomes de degré p, R et S étant deux polynomes chacun de degré moindre que $mp - p$. On déduit des identités précédentes, en désignant par $\alpha, \beta, \ldots \lambda$ les racines $m^{ièmes}$ de l'unité, autres que 1,

$$(C - B) (C - B\alpha) (C - B\beta) \ldots (C - B\lambda) \equiv S - R.$$

Il est évident que le degré d'un seul facteur du premier membre, au plus, peut s'abaisser, par suite le degré du premier membre est au moins égal à $(m - 1)p$ ou $mp - p$; l'égalité est donc impossible à moins de supposer remplie l'une des identités :

$$C = B, \; C = B\alpha, \; C = B\beta, \ldots C = B\lambda$$

lesquelles entraînent $S = R$. Par suite la racine entière de A a m déterminations ; si l'une d'elles est le polynome B, on obtiendra les autres en multipliant B par les racines $m^{ièmes}$ de l'unité. On les obtiendra d'ailleurs en appliquant la règle ordinaire : le premier terme de la racine sera égal à l'une quelconque des racines $m^{ièmes}$ du premier terme du polynome donné, etc.

On généralise de la même façon la proposition analogue, relative aux puissances croissantes.

EXERCICES

1. Dans l'identité.

$$\begin{vmatrix} a & b \\ a' & b' \end{vmatrix} \times \begin{vmatrix} c & d \\ c' & d' \end{vmatrix} = \begin{vmatrix} ac + bd & ac' + bd' \\ a'c + b'd & a'c' + b'd' \end{vmatrix}$$

on pose

$$a = \alpha + \beta i \quad b = \gamma + \delta i \quad c = \alpha' + \beta' i \quad d = \gamma' + \delta' i$$
$$a' = -\gamma + \delta i \quad b = \alpha - \beta i \quad c' = -\gamma' + \delta' i \quad d' = \alpha' - \beta' i$$

En déduire que le produit d'une somme de quatre carrés par une somme de quatre carrés est encore une somme de quatre carrés.

2. Démontrer la même proposition en partant de l'identité :

$$\frac{1}{a-b} - \frac{1}{a-d} = \left(\frac{1}{a-b} - \frac{1}{a-c} \right) + \left(\frac{1}{a-c} - \frac{1}{a-d} \right).$$

Celle-ci donne immédiatement :

$$(b - d)(a - c) = (b - c)(a - d) + (c - d)(a - b).$$

On pose ensuite :

$$a = \frac{p + qi}{r + si} \qquad b = \frac{p' + q'i}{r' + s'i} \qquad c = \frac{-r + si}{p - qi} \qquad d = \frac{-r' + s'i}{p' - q'i}.$$

(DESBOVES.)

3. Soient $z = x + yi$. $z' = x + y'i$ et soient M et M' les affixes de ces deux imaginaires. Si l'on suppose que

$$zz' = k,$$

k étant une constante, quand le point M décrit une courbe (C) le point M' décrit une courbe correspondante (C'). Quelle relation y a-t-il entre ces deux courbes ? Si le point M décrit une droite, quelle courbe décrit le point M' ?

4. En supposant que λ prenne toutes les valeurs réelles, a, b, c, d, a', b', c', d', étant des nombres réels déterminés, prouver que l'affixe de l'imaginaire z définie par l'équation

$$z = \frac{a + b\lambda + i(a' + b'\lambda)}{c + d\lambda + i(c' + d'\lambda)}$$

décrit une circonférence (E. LAGUERRE).

5. En supposant z définie par la même équation, quelle courbe décrit l'affixe de z quand λ étant imaginaire, son affixe décrit une circonférence.

6. Soient a_1, a_2, ... a_m, m nombres imaginaires donnés et z un nombre imaginaire variable. Étudier comment varie l'argument du produit

$$(z - a_1)(z - a_2) ..... (z - a_m)$$

quand l'affixe de z parcourt une courbe fermée, par exemple une circonférence entourant les affixes des nombres a_1, a_2, ... a_m. Même question quand la circonférence n'entoure pas les affixes de tous les nombres donnés.

7. Étudier la variation de l'argument de l'expression

$$\sqrt[p]{(z - a_1)(z - a_2) ..... (z - a_m)}$$

quand z décrit une courbe fermée.

8. Même question pour l'expression.

$$(z - a_1)^{\frac{p_1}{q_1}}(z - a_2)^{\frac{p_2}{q_2}} ..... (z - a_m)^{\frac{p_m}{q_m}}$$

$\frac{p_1}{q_1}$, $\frac{p_2}{q_2}$ ..... $\frac{p_m}{q_m}$ étant des fractions irréductibles.

9. Montrer qu'on peut exprimer toutes les valeurs réelles ou imaginaires de x, y, z, vérifiant l'équation.

$$x^2 + y^2 + z^2 = 1$$

en posant :

$$x = \frac{1 - uv}{u - v} \qquad y = i\frac{1 + uv}{u - v} \qquad z = \frac{u + v}{u - v}.$$

Remarquer que quand x, y, z, sont réelles, u et $-\dfrac{1}{v}$ sont imaginaires conjuguées.

10. Trouver les racines cubiques de i, de $- i$ et de $\pm 1 \pm i$.

11. Trouver les racines cinquièmes de i, de $- i$ et de $\pm 1 \pm i$.

12. Trouver la racine quatrième de $a + bi$. Montrer qu'on peut trouver, par l'algèbre, les racines d'ordre 2^m de $a + bi$.

13. Dans l'expression

$$x + y(\cos\theta + i\sin\theta),$$

on pose

$$x = \frac{x'\sin(\theta - \alpha) + y'\sin(\theta - \alpha')}{\sin\theta}, \qquad y = \frac{x'\sin\alpha + y'\sin\alpha'}{\sin\theta}.$$

Prouver que l'on obtient pour résultat :

$$[x' + y'(\cos\theta' + i\sin\theta')](\cos\alpha + i\sin\alpha),$$

θ' désignant la différence $\alpha' - \alpha$.

14. En désignant par m_1, m_2, ... m_p, ... les coefficients du développement de $(1 + x)^m$, on pose

$$S_0 = 1 + m_4 + \ldots..$$
$$S_1 = m_1 + m_5 + \ldots..$$
$$S_2 = m_2 + m_6 + \ldots..$$
$$S_3 = m_3 + m_7 + \ldots..$$

Calculer S_0, S_1, S_2, S_3.

On remplacera, dans la formule du binôme, x successivement par 1, $- 1$, i, $- i$.

15. Prouver que toute imaginaire dont le module est égal à l'unité peut être mise sous la forme

$$\frac{1 + iz}{1 - iz}$$

z étant un nombre réel. — Calculer z; vérifier par la géométrie le résultat trouvé.

16. On pose

$$z' = \frac{az + b}{cz + d} \qquad \text{où} \qquad z = x + iy \qquad z' = x' + iy'.$$

Déterminer les coefficients a, b, c, d de façon qu'à $y > 0$ correspondent les points situés à l'intérieur d'un cercle.

— Les coefficients doivent être imaginaires, sans quoi si $ad - bc$ est positif, on peut le supposer égal à $+1$, et alors à $y > 0$ correspond $y' > 0$; et si $ad - bc = - 1$, à $y > 0$, correspond $y' < 0$.

17. Les notations étant les mêmes que dans le problème précédent, déterminer a, b, c, d de façon qu'à $zz_0 = 1$ corresponde $z'z'_0 = 1$, en désignant par z_0, z'_0 les conjuguées de z, z', et que $ad - bc = 1$.

— En désignant par a_0 la conjuguée de a, b_0 celle de b, etc....., on écrira que

$$(az + b)(a_0 z_0 + b_0) - (cz + d)(c_0 z_0 + d_0) \equiv (aa_0 - cc_0)(zz_0 - 1)$$

en posant $b = s c_0$, $d = s a_0$, on trouve $s = \pm 1$. La solution $s = 1$ convient seule, de sorte que $b = c_0$, $d = a_0$ et $a a_0 - c c_0 = 1$. Les substitutions vérifiant ces conditions forment un groupe. On aura alors

$$1 - z' z'_0 = \frac{1 - z z_0}{|c z + d|^2}.$$

À tout point pris sur le cercle $z z_0 = 1$ correspondra un point pris sur le cercle $z' z'_0 = 1$, et à l'intérieur du premier correspondra l'intérieur du second. Prouver que si $|z| = \rho < 1$, on a

$$|d| (1 - \rho) < |c z + d| < 2 |d|.$$

18. On fait la substitution

$$X = \frac{m_1 x + p_1 y + r_1}{m_3 x + p_3 y + r_3} \qquad Y = \frac{m_2 x + p_2 y + r_2}{m_3 x + p_3 y + r_3}$$

avec la condition

$$\Delta = \begin{vmatrix} m_1 & p_1 & r_1 \\ m_2 & p_2 & r_2 \\ m_3 & p_3 & r_3 \end{vmatrix} = + 1.$$

En supposant $x = x' + i x''$, $y = y' + i y''$ et $x_0 = x' - i x''$, etc....., déterminer les coefficients de la substitution de façon qu'à

$$x x_0 + y y_0 - 1 = 0 \quad \text{corresponde} \quad X X_0 + Y Y_0 - 1 = 0.$$

On trouvera, en désignant par m_1^0 la conjuguée de m_1, p_1^0 celle de p_1, etc.....

$$m_1 m_1^0 + m_2 m_2^0 - m_3 m_3^0 = 1$$
$$p_1 p_1^0 + p_2 p_2^0 - p_3 p_3^0 = 1$$
$$r_1 r_1^0 + r_2 r_2^0 - r_3 r_3^0 = 1$$

puis

$$p_1 m_1^0 + p_2 m_2^0 - p_3 m_3^0 = 0$$
$$m_1 r_1^0 + m_2 r_2^0 - m_3 r_3^0 = 0$$
$$r_1 p_1^0 + r_2 p_2^0 - r_3 p_3^0 = 0$$

et trois équations, conjuguées des trois dernières.

En exprimant x et y en fonctions de X et Y et recommençant les calculs, on voit que ces neuf relations sont équivalentes aux suivantes :

$$m_1 m_1^0 + p_1 p_1^0 - r_1 r_1^0 = 1, \text{ etc.....}$$
$$m_1 m_1^0 + p_3 p_1^0 - r_3 r_1^0 = 0, \text{ etc.....}$$

Si ces conditions sont remplies, les substitutions de cette nature forment un groupe. On aura, sous les mêmes conditions :

$$1 - X X_0 - Y Y_0 = \frac{1 - x x_0 - y y_0}{|m_3 x + p_3 y + r_3|^2}$$

de sorte qu'à $x x_0 + y y_0 - 1 < 0$ correspond $X X_0 + Y Y_0 - 1 < 0$ (c'est-à-dire à un point intérieur à l'hypersphère $x'^2 + x''^2 + y'^2 + y''^2 = 1$, correspond un point intérieur à l'hypersphère $X'^2 + X''^2 + Y'^2 + Y''^2 = 1$).

On vérifie ensuite qu'en supposant $x x_0 + y y_0 - 1 < 0$, on a, en posant $x x_0 + y y_0 = \rho^2$

$$| r_3 | (1 - \rho) < | m_3 x + p_3 y + r_3 | < 3 | r_3 |.$$

19. On peut vérifier l'équation

$$H^2 - G G' = D$$

en posant :

$$H = \sqrt{D}\,\frac{x - y}{x + y}, \quad G = -\frac{2\sqrt{D}}{x + y}, \quad G' = 2\sqrt{D}\,\frac{x\,y}{x + y}$$

si

$$x = x' + i x'' \quad y = y' + i y''; \quad G = g_0 + i g, \quad G' = g'_0 + i g', \quad H = h_0 + i h$$

trouver les conditions pour que l'on ait :

$$g > 0, \quad g' > 0, \quad h^2 - g g' < 0.$$

CHAPITRE XVIII

SÉRIES

1. Définitions. — On nomme *série* une suite indéfinie de nombres se succédant d'après une loi déterminée, de sorte que chaque terme de la suite soit connu dès que l'on donne son rang. Nous représentons les termes successifs par

$$u_0, u_1, u_2, \ldots\ u_n \ldots$$

u_n se nomme le terme général. Nous ne considérerons d'abord que des séries à termes réels.

Nous désignerons par S_n la somme

$$S_n = u_0 + u_1 + u_2 + \ldots + u_n.$$

On dit que la série considérée est *convergente* lorsque la somme S_n tend vers une limite finie et bien déterminée quand n augmente indéfiniment. Dans le cas contraire, on dit que la série est *divergente*. Il convient toutefois de remarquer qu'il peut arriver que la valeur absolue de S_n augmente indéfiniment avec n, ou bien que S_n ne tende vers aucune limite déterminée quand n augmente indéfiniment. Dans ce dernier cas on peut dire que la série est *indéterminée*.

Exemples. — Soit d'abord $u_n = n$; la somme :

$$S_n = 1 + 2 + 3 + \ldots + n$$

augmente indéfiniment avec n ; donc la *série formée par la suite naturelle des nombres entiers est divergente*.

2° Soit $u_n = (-1)^n$.

$$S_n = 1 - 1 + 1 - 1 + \ldots + (-1)^n.$$

Par suite :

$$S_{2p} = 1, \quad S_{2p+1} = 0.$$

S_n ne tend vers aucune limite, la série est divergente ; ou mieux *indéterminée*.

3° Soit $u_n = aq^n$.

La série est alors une progression géométrique.

$$S_n = a + aq + aq^2 + \ldots + aq^n = a\frac{1 - q^{n+1}}{1 - q} = \frac{a}{1 - q} - a\frac{q^{n+1}}{1 - q}.$$

Si l'on a $|q| < 1$, on sait que q^{n+1} tend vers zéro quand n augmente indéfiniment ; donc :

$$\lim S_n = \frac{a}{1 - q}.$$

Si au contraire on a $|q| > 1$, S_n augmente indéfiniment en valeur absolue, la série est divergente ; il en est de même pour $q = 1$; si $q = -1$ la série est indéterminée.

Par exemple :

$$1 - \frac{1}{2} + \frac{1}{4} - \frac{1}{8} + \ldots + (-1)^n \frac{1}{2^n}$$

a pour limite $\frac{2}{3}$ quand n croit indéfiniment.

Remarque. — Quand on cherche si une série est convergente, on peut supposer que la série commence à un terme de rang quelconque ; si en effet on commence au terme u_{p+1}, on diminue S_n d'un nombre déterminé S_p, et il est clair que si $S_n - S_p$, p étant fixe, a une limite, il en est de même de S_n et réciproquement.

2. Condition nécessaire pour qu'une série soit convergente. — Pour que la série :

$$u_0, u_1, u_2, \ldots u_n \ldots$$

soit convergente, il est **nécessaire** que u_n *ait pour limite zéro quand n augmente indéfiniment.*

En effet, si S_n a une limite S, étant donné un nombre positif arbitraire α, on peut déterminer un entier n', tel que l'on ait :

$$|\, S - S_{n+1} \,| < \frac{\alpha}{2}$$

dès que n dépasse n'.

Or, si cette condition est remplie on aura aussi

$$|\, S - S_n \,| < \frac{\alpha}{2}$$

d'où :

$$|\, S_n - S_{n-1} \,| < \alpha$$

Mais $S_n - S_{n-1} = u_n$ par suite u_n a pour limite zéro.

Plus généralement, on aura aussi, quel que soit le nombre positif p,

$$|\, S - S_{n+p} \,| < \frac{\alpha}{2}$$

et par conséquent :

$$|\, S_{n+p} - S_n \,| < \alpha$$

c'est-à-dire :

$$\lim (u_{n+1} + u_{n+2} + \ldots + u_{n+p}) = 0$$

quand n augmente indéfiniment. Il n'est pas inutile d'ajouter, pour éviter toute méprise, que *le nombre entier et positif p est entièrement arbitraire;* il peut croître indéfiniment en même temps que n.

La réciproque est vraie; en effet, si la condition précédente est remplie, étant donné un nombre positif α, on peut trouver un entier n' tel que l'on ait :

$$|\, S_{n+p} - S_n \,| < \alpha$$

pour toutes les valeurs de n supérieures à n', p étant un nombre positif quelconque: donc S_n a une limite quand n augmente indéfiniment.

3. La condition $\lim u_n = 0$ **n'est pas suffisante** pour assurer la convergence de la série dont le terme général est u_n.

On conçoit en effet que la différence $S_n - S_{n-1}$ puisse tendre vers zéro en même temps que S_n et S_{n-1} augmentent indéfiniment. En voici un exemple.

Considérons la série dont le terme général est $\dfrac{1}{a+n}$, a étant une constante que nous supposerons positive ou nulle. Si n croît indéfiniment $\dfrac{1}{a+n}$ a pour limite zéro. Je dis que S_n ne peut avoir une limite finie, en effet, s'il en était ainsi $S_{2n} - S_n$ devrait avoir pour limite zéro quand n augmente indéfiniment; or :

$$S_{2n} - S_n = \frac{1}{a+n+1} + \frac{1}{a+n+2} + \cdots + \frac{1}{a+2n}.$$

Mais les termes du second membre vont en décroissant, donc la somme de ces termes est supérieure à :

$$\frac{n}{a+2n}$$

or quand n augmente indéfiniment cette fraction a pour limite $\dfrac{1}{2}$; donc la série est divergente.

Si $a = 0$, en supposant $n \geqslant 1$, on a la série :

$$1, \frac{1}{2}, \frac{1}{3}, \cdots \frac{1}{n} \cdots$$

qu'on nomme la série *harmonique*.

On peut démontrer de la manière suivante que *la série harmonique est divergente*.

Donnons à n une valeur déterminée et soient 2^p et 2^{p+1} les deux puissances consécutives de 2 qui comprennent n, de sorte que :

$$2^p \leqslant n < 2^{p+1}$$

on a :

$$S_n \geqslant 1 + \frac{1}{2} + \left(\frac{1}{3} + \frac{1}{4} \right) + \left(\frac{1}{5} + \frac{1}{6} + \frac{1}{7} + \frac{1}{8} \right) + \cdots$$

$$\left(\frac{1}{2^{p-1}+1} + \frac{1}{2^{p-1}+2} + \cdots + \frac{1}{2^p} \right)$$

Or chacune des sommes placées entre parenthèses est plus grande que $\dfrac{1}{2}$; donc :

$$S_n \geqslant 1 + \frac{p}{2}$$

Si n croît indéfiniment, p croît indéfiniment; donc S_n croît indéfiniment.

Remarque. — Un terme quelconque de la série précédente est la moyenne harmonique du terme précédent et du terme suivant.

Il en est de même quand $u_n = \dfrac{1}{a + nr}$, a et r étant des constantes.

Autre exemple. — Considérons la série :

$$\frac{a}{1}, \frac{a}{2}, \frac{a}{2}, \frac{a}{3}, \frac{a}{3}, \frac{a}{3}, \ldots \frac{a}{p}, \frac{a}{p}, \ldots \frac{a}{p}, \ldots$$

Si n est compris entre $\dfrac{p(p-1)}{2}$ et $\dfrac{p(p+1)}{2}$ on a $u_n = \dfrac{a}{p}$.

Si $n > \dfrac{p(p-1)}{2}$ on aura $S_n > pa$; donc S_n augmente indéfiniment; la série est divergente, pourtant encore ici on a lim. $u_n = 0$ quand n augmente indéfiniment.

4. Quand une série est convergente, on appelle *somme* de cette série la limite vers laquelle tend la somme des n premiers termes quand n augmente indéfiniment. Si l'on désigne cette limite par S, on peut poser :

$$S = S_n + R_n$$

R_n désigne alors la somme de la série

$$u_{n+1} + u_{n+2} + \ldots$$

et se nomme le reste de la série proposée correspondant à la valeur considérée de n.

5. *Étant données plusieurs séries convergentes dont les sommes sont* S, S', S'', *de sorte que*

$$S = u_0 + u_1 + u_2 + \ldots + u_n + \ldots$$
$$S' = v_0 + v_1 + v_2 + \ldots + v_n + \ldots$$
$$S'' = w_0 + w_1 + w_2 + \ldots + w_n + \ldots$$

la série dont le terme général est

$$a u_n + b v_n + c w_n$$

a, b, c *étant des constantes, est convergente et a pour somme*

$$a S + b S' + c S''.$$

En effet, on a :

$$S = S_n + R_n$$
$$S' = S'_n + R'_n$$
$$S'' = S''_n + R''_n$$

d'où :

$$a S + b S' + c S'' = a S_n + b S'_n + c S''_n + (a R_n + b R'_n + c R''_n)$$

or, quand n augmente indéfiniment, R_n, R'_n, R''_n tendent vers zéro ; il en est donc de même de $a R_n + b R'_n + c R''_n$ et, par suite, $a S_n + b S'_n + c S''_n$ a pour limite $a S + b S' + c S''$; or, la somme des n premiers termes de la série ayant pour terme général $a u_n + b v_n + c w_n$, est précisément $a S_n + b S'_n + c S''_n$; donc la proposition est établie.

6. Dans l'étude des séries, nous distinguerons deux cas suivant que, au moins à partir d'un certain rang, les termes auront tous le même signe ou que, au contraire, quelque grand que soit n, on puisse toujours trouver des termes n'ayant pas le même signe que u_n et venant après lui.

Théorème. — *Une série est convergente quand la série formée par les valeurs absolues de ses termes est convergente.*

En effet, désignons par p_n la somme des termes positifs et par q_n la valeur absolue de la somme des termes négatifs qui se trouvent dans S_n, de sorte que l'on ait :

$$S_n = p_n - q_n.$$

Si l'on désigne par S'_n la somme des valeurs absolues de tous ces termes, on a :

$$S'_n = p_n + q_n.$$

Par hypothèse S'_n a une limite S', quand n croît indéfiniment, et l'on a évidemment : $S'_n < S'$. Or, p_n croît avec n, sans quoi, à partir d'un certain rang, tous les termes seraient négatifs ; il en est de même de q_n. D'autre part, on a :

$$p_n < S'_n < S'$$

p_n croissant avec n mais restant toujours inférieur à S' a une limite p ; de même q_n a une limite q ; donc $p_n - q_n$ a pour limite $p - q$ et par suite la série proposée a une limite S et l'on a :

$$S = p - q.$$

Il résulte de ce qui précède que les termes positifs écrits dans l'ordre où ils se présentent dans la série proposée, forment une série convergente ; il en est de même des termes négatifs et la série proposée a pour somme la différence $p - q$ des deux séries formées par ses termes positifs et par ses termes négatifs.

7. Remarque. — La réciproque du théorème n'est pas vraie; il peut se faire que la somme $p_n - q_n$ ait une limite finie et que $p_n + q_n$ croisse indéfiniment avec n; dans ce cas, p_n et q_n croîtront indéfiniment avec n; en effet, si l'on pose $S_n = p_n - q_n$ et $\sigma_n = p_n + q_n$, on a $p_n = \dfrac{\sigma_n + S_n}{2}$, $q_n = \dfrac{\sigma_n - S_n}{2}$. Or σ_n croît indéfiniment et S_n a une limite; les deux fractions précédentes croissent donc indéfiniment avec n.

Exemple. — Nous verrons plus loin que la série :

$$1, -\frac{1}{2} + \frac{1}{3} - \frac{1}{4} \ldots + \frac{1}{2n-1} - \frac{1}{2n} \ldots$$

qu'on nomme la série *harmonique alternée*, est convergente, tandis que la série harmonique est divergente; chacune des deux sommes

$$1 + \frac{1}{3} + \frac{1}{5} + \ldots + \frac{1}{2n-1}$$

et

$$\frac{1}{2} + \frac{1}{4} + \ldots + \frac{1}{2n}$$

croît indéfiniment avec n.

Pour abréger, nous appellerons *série positive* toute série dont tous les termes sont positifs, au moins à partir d'un certain rang. Si tous les termes sont négatifs, il est clair, d'après ce qui précède, que si la somme de leurs valeurs absolues a pour limite S quand leur nombre augmente indéfiniment, la série est convergente et a pour somme — S; et si la série des valeurs absolues est divergente il en est de même de la série proposée.

8. Théorème. — *Une série positive est convergente quand la somme S_n reste toujours inférieure à un nombre donné A.*

Cela est évident, puisque S_n croît avec n et reste inférieur à un nombre fixe A; S_n a une limite inférieure ou égale à A.

9. Théorèmes. — 1° *Étant données deux séries positives, si à partir d'une valeur de n suffisamment grande on a $S'_n < S_n$, S_n et S'_n représentant pour chacune la somme des $n + 1$ premiers termes, et si la première série est convergente, il en est de même de la seconde.*

Soient

$$u_0, u_1, \ldots u_n \ldots$$

et

$$v_0, v_1, \ldots v_n \ldots$$

deux séries positives et

$$S_n = u_0 + u_1 + \ldots + u_n$$
$$S'_n = v_0 + v_1 + \ldots + v_n.$$

Par hypothèse S_n a une limite S; or, S_n croît avec n, donc : $S_n < S$. Mais, à partir d'une valeur de n suffisamment grande on a :

$$S'_n < S_n$$

donc, on a aussi $S'_n < S$; par suite, en vertu du théorème précédent S'_n a une limite S', et l'on a :

$$S' \leqslant S.$$

2° *Si à partir d'une valeur de n suffisamment grande on a $S'_n > S_n$, et si la première série est divergente, il en est de même de la seconde.*

En effet, si S_n croît indéfiniment, il en est à plus forte raison ainsi de S'_n.

Application. — Si Σu_n, Σv_n sont des séries positives convergentes, la série $\Sigma \sqrt{u_n v_n}$ est aussi convergente, car

$$\sqrt{u_n v_n} < \frac{u_n + v_n}{2}.$$

10. Corollaire. — *Si le rapport $\dfrac{v_n}{u_n}$ a une limite finie, ou mieux, si à partir d'un certain rang ce rapport est compris entre deux nombres positifs déterminés a, b, les séries positives*

$$u_0, u_1, u_2, \ldots u_n, \ldots$$

et

$$v_0, v_1, v_2, \ldots v_n, \ldots$$

sont de même nature.

En effet, nous supposons que pour $n > n'$ on ait

$$a < \frac{v_n}{u_n} < b.$$

Alors si la série Σu_n est convergente, il en est de même de la série Σv_n, puisque

$$S'_n < b\,S_n$$

dès que $n > n'$.

En outre la série $\Sigma (b u_n - v_n)$ est une série positive convergente ayant pour somme $b\mathrm{S} - \mathrm{S}'$, donc $b\mathrm{S} - \mathrm{S}' > o$ ou $\mathrm{S}' < b\mathrm{S}$. On verrait de même que si Σu_n est divergente, Σv_n l'est *a fortiori*, puisque $\mathrm{S}'_n > a\mathrm{S}_n$.

En second lieu, les inégalités précédentes pouvant être mises sous la forme

$$\frac{1}{b} < \frac{u_n}{v_n} < \frac{1}{a}$$

on voit que Σu_n est convergente ou divergente suivant que Σv_n est elle-même convergente ou divergente. Donc les deux séries à termes positifs considérées sont bien de même nature.

Application. — Si la série Σu_n est convergente, il en est de même des séries $\Sigma \sin u_n$, $\Sigma \operatorname{tg} u_n$; — $\Sigma \operatorname{arc\,sin} u_n$, $\Sigma \operatorname{arc\,tg} u_n$.

11. Théorème. — *Soient :*

$$u_0, \ u_1, \ u_2, \ \ldots\ldots\ u_n\ \ldots\ldots$$
$$v_0, \ v_1, \ v_2, \ \ldots\ldots\ v_n\ \ldots\ldots$$

deux séries positives. Si à partir d'une certaine valeur de n, on a :

$$\frac{v_{n+1}}{v_n} < \frac{u_{n+1}}{u_n}$$

et si la première série est convergente, il en est de même de la seconde. Si la seconde est divergente, il en est de même de la première.

En effet, on a :

$$\frac{v_1}{u_1} < \frac{v_0}{u_0}, \ \frac{v_2}{u_2} < \frac{v_1}{u_1}, \ \ldots\ldots\ \frac{v_{n+1}}{u_{n+1}} < \frac{v_n}{u_n}$$

d'où l'on tire :

$$\frac{v_{n+1}}{u_{n+1}} < \frac{v_0}{u_0} \quad \text{ou} \quad v_{n+1} < u_{n+1}\,\frac{v_0}{u_0}$$

on est ramené au théorème précédent.

En écrivant ainsi la dernière inégalité :

$$u_{n+1} > v_{n+1}\,\frac{u_0}{v_0}$$

on en conclut la deuxième partie du théorème.

12. Théorème. — *Une série convergente à termes positifs reste convergente quand on multiplie tous ses termes par des nombres dont la valeur absolue est inférieure à un nombre donné.*

En effet, supposons d'abord les nombres :

$$a_0, a_1, a_2, \ldots a_n,$$

tous positifs et inférieurs à A ; on a :

$$a_0 u_0 + a_1 u_1 + a_2 u_2 + \ldots + a_n u_n < A S_n < A S$$

S désignant la somme de la série positive :

$$u_0 + u_1 + u_2 + \ldots + u_n + \ldots$$

qui est convergente par hypothèse ; on en conclut que la nouvelle série est convergente.

Supposons maintenant que u_n ait un signe quelconque et soit α_n sa valeur absolue ; la série dont le terme général est $\alpha_n u_n$ est convergente, puisque, par hypothèse, quel que soit n, α_n est plus petit que A ; donc la série, ayant pour terme général $a_n u_n$, est aussi convergente.

Il est évident que le théorème s'applique encore à une série dont tous les termes seraient négatifs ; et aussi à une série convergente à termes quelconques si la série des valeurs absolues est convergente.

Généralisation. — Soit

$$u_0, u_1, u_2, \ldots u_n, \ldots$$

une série convergente quelconque et soient

$$a_0, a_1, a_2, \ldots a_n, \ldots$$

des nombres positifs *décroissants* et ayant pour limite *zéro* quand n augmente indéfiniment ; je dis que la série, dont le terme général est $a_n u_n$, est convergente.

En effet, si l'on pose :

$$S_n = u_0 + u_1 + u_2 + \ldots + u_n$$

on a :

$$u_0 = S_0$$
$$u_1 = S_1 - S_0$$
$$u_2 = S_2 - S_1$$
$$\cdots\cdots\cdots$$
$$\cdots\cdots\cdots$$
$$u_n = S_n - S_{n-1}$$

d'où

$$a_0 u_0 + a_1 u_1 + \ldots + a_n u_n = a_0 S_0 + a_1 (S_1 - S_0) + \ldots + a_n (S_n - S_{n-1})$$
$$= (a_0 - a_1) S_0 + (a_1 - a_2) S_1 + \ldots + (a_{n-1} - a_n) S_{n-1} + a_n S_n ;$$

or S_n ayant une limite finie, on peut trouver un nombre A qui soit supérieur en valeur absolue aux nombres S_0, S_1, ... S_n. En effet, soit α un nombre positif arbitraire; on peut déterminer un nombre entier n' tel que pour toutes les valeurs de n supérieures à n', S_n soit comprise entre $S - \alpha$ et $S + \alpha$, S étant la limite de S_n. Supposons, par exemple, $S > 0$; il suffira de choisir pour Λ un nombre supérieur aux n' nombres.

$$S_0, \ S_1 \ ..... \ S_n, \ S + \alpha.$$

Cela posé, les nombres $a_0 - a_1$, $a_1 - a_2$, ... $a_{n-1} - a_n$ sont tous positifs et comme

$$(a_0 - a_1) + (a_1 - a_2) + ... + (a_{n-1} - a_n) = a_0 - a_n$$

la série positive

$$a_0 - a_1, \ a_1 - a_2, \ ..... \ a_{n-1} - a_n \ .....$$

est convergente; il en est de même de la série

$$(a_0 - a_1) S_0, \ (a_1 - a_2) S_1, \ ..... \ (a_{n-1} - a_n) S_{n-1};$$

en outre, $a_n S_n$ tend vers zéro quand n croît indéfiniment : donc le théorème précédent subsiste.

La proposition est encore vraie si a_n a une limite a différente de zéro, en supposant que a_n croisse en même temps que n, ou, au contraire, aille en décroissant quand n croît; il n'y a d'autre changement à la démonstration que celui-ci : $a_n S_n$ a pour limite $a S$.

Enfin, on peut encore supposer que S_n n'ait pas de limite déterminée, mais que sa valeur absolue soit toujours inférieure à un nombre déterminé B; si les nombres positifs a_n vont en décroissant et ont pour limite zéro, comme $a_n S_n$ aura pour limite zéro, la démonstration subsiste entièrement et la nouvelle série $\Sigma a_n u_n$ est convergente, la première ne l'étant pas

CARACTÈRES DE CONVERGENCE

13. Règle de Dalembert. — *Une série positive dans laquelle le rapport d'un terme au précédent est, à partir d'un certain rang, moindre qu'un nombre déterminé plus petit que l'unité, est convergente; elle est au contraire divergente si ce rapport est plus grand que l'unité.*

1° Soit k un nombre positif plus petit que l'unité. Nous allons comparer la série donnée à une progression géométrique de raison égale à k.

On suppose :

$$\frac{u_1}{u_0} < k, \quad \frac{u_2}{u_1} < k, \quad ..... \quad \frac{u_{n+1}}{u_n} < k,$$

d'où, en multipliant membre à membre :

$$\frac{u_{n+1}}{u_0} < k^{n+1}.$$

Donc :

$$u_1 < k u_0, \; u_2 < k^2 u_0, \; \ldots\ldots u_n < k^n u_0 \ldots\ldots$$

Par suite, les termes de la série sont moindres que ceux de la progression géométrique

$$u_0, \; k u_0, \; k^2 u_0, \; \ldots\ldots k^n u_0 \ldots\ldots,$$

qui est convergente, puisque l'on a supposé $k < 1$; la série proposée est donc convergente.

Limite de l'erreur commise en s'arrêtant au terme u_n. — L'erreur commise est la somme de la série convergente

$$u_{n+1} + u_{n+2} + u_{n+3} + \ldots\ldots$$

qui est moindre que la progression géométrique

$$k u_n + k^2 u_n + k^3 u_n + \ldots\ldots$$

prolongée indéfiniment et dont la somme est $\dfrac{k u_n}{1 - k}$.

En posant :

$$S = S_n + R_n,$$

on a donc :

$$R_n < \frac{k u_n}{1 - k}.$$

2° Supposons que dans une série à termes positifs on ait à partir d'une valeur convenable de n, $\dfrac{u_{n+1}}{u_n} > 1$; la série sera divergente, car les termes iront en croissant et par conséquent u_n n'aura pas pour limite zéro.

14. Corollaire. — *Supposons que* $\dfrac{u_{n+1}}{u_n}$ *ait une limite λ quand n augmente indéfiniment. Trois cas peuvent se présenter :*

1° $\lambda < 1$, *la série est convergente;*

2° $\lambda > 1$, *la série est divergente;*

3° $\lambda = 1$, *la série peut être convergente ou divergente.*

En effet, supposons d'abord $\lambda < 1$. Soit k un nombre quelconque compris entre λ et 1. On peut déterminer un entier n' tel que pour toutes les valeurs de n supérieures à n', le rapport $\dfrac{u_{n+1}}{u_n}$ soit compris entre $\lambda - \alpha$ et $\lambda + \alpha$, α étant donné d'avance ; si l'on suppose $\alpha = k - \lambda$, on aura $\dfrac{u_{n+1}}{u_n} < k$; donc la série est convergente.

2° Soit $\lambda > 1$; pour des valeurs de n suffisamment grandes, le rapport $\dfrac{u_{n+1}}{u_n}$ sera supérieur à 1 ; la série est donc divergente.

Enfin lorsque $\lambda = 1$, on ne peut plus rien affirmer.

Remarque. — On peut utiliser le théorème de Dalembert pour une série à termes ayant des signes quelconques ; il suffit en effet de l'appliquer à la série formée par les valeurs absolues de ces termes. Si, pour $n > n'$, on a :

$$\left| \frac{u_{n+1}}{u_n} \right| < k < 1,$$

la série proposée est convergente.

15. Exemples. — 1° Considérons la série

$$1 + \frac{x}{1} + \frac{x^2}{1.2} + \cdots + \frac{x^n}{1.2\ldots n} \cdots$$

Dans cet exemple :

$$\frac{u_{n+1}}{u_n} = \frac{x}{n+1}. \qquad \text{Donc } \lambda = 0.$$

La série proposée est convergente quelle que soit la valeur de x. En particulier, la série

$$1 + \frac{1}{1} + \frac{1}{1.2} + \cdots + \frac{1}{1.2\ldots n} + \cdots$$

est convergente.

2°
$$x - \frac{x^3}{3!} + \frac{x^5}{5!} - \cdots + (-1)^n \frac{x^{2n+1}}{(2n+1)!} + \cdots$$

$$1 - \frac{x^2}{2!} + \frac{x^4}{4!} - \cdots + (-1)^n \frac{x^{2n}}{(2n)!} + \cdots$$

sont des séries convergentes, quelle que soit la valeur réelle attribuée à x.

En effet, pour ces deux séries, $\lambda = 0$.

3° Soit encore la série :

$$1 + 2x + 3x^2 + \ldots + n x^{n-1} + \ldots$$

on a :

$$\frac{u_{n+1}}{u_n} = \frac{n+1}{n} x ; \quad \text{donc}, \quad \lambda = x,$$

la série est convergente si l'on a

$$-1 < x < 1,$$

dans tous les autres cas elle est divergente, car le terme général ne peut tendre vers zéro que si x est inférieur à 1 en valeur absolue.

4° Si l'on considère la série harmonique

$$1 + \frac{1}{2} + \frac{1}{3} + \ldots + \frac{1}{n} + \ldots$$

$\frac{u_{n+1}}{u_n} = \frac{n}{n+1}$; $\lambda = 1$. Il y a doute, mais on sait, d'autre part, que la série est divergente.

5° $$\frac{1}{1.2} + \frac{1}{2.3} + \ldots + \frac{1}{n(n+1)} + \ldots$$

Ici $\frac{u_{n+1}}{u_n} = \frac{n}{n+2}$; $\lambda = 1$; il y a doute. Mais la série est convergente, car on a

$$\frac{1}{p(p+1)} = \frac{1}{p} - \frac{1}{p+1}$$

d'où

$$S_n = \left(1 - \frac{1}{2}\right) + \left(\frac{1}{2} - \frac{1}{3}\right) + \ldots + \left(\frac{1}{n-1} - \frac{1}{n}\right) = 1 - \frac{1}{n}$$

S_n a donc pour limite 1.

16. Règle de Cauchy. — *Une série à termes positifs est convergente, si l'on a, à partir d'une valeur déterminée de n,*

$$\sqrt[n]{u_n} < k < 1$$

k étant un nombre déterminé moindre que 1, et divergente si l'on a

$$\sqrt[n]{u_n} > 1.$$

En effet, l'inégalité

$$\sqrt[n]{u_n} < k$$

entraîne la suivante :

$$u_n < k^n.$$

ce qui prouve que u_n sera moindre que le terme correspondant k^n d'une progression géométrique de raison $k < 1$. La série proposée est donc convergente.

Limite de l'erreur commise en s'arrêtant au terme u_n. — Supposons la condition précédente remplie et posons :

$$S = S_n + R_n,$$

on a :

$$R_n < k^{n+1} + k^{n+2} + \ldots < \frac{k^{n+1}}{1-k}.$$

2° Si $\sqrt[n]{u_n}$ est supérieur à 1, on aura $u_n > 1$, du moins à partir d'un certain rang, donc u_n n'ayant pas pour limite zéro, la série est divergente.

Dans la pratique, on cherche si $\sqrt[n]{u_n}$ a une limite quand n augmente indéfiniment. Supposons qu'on ait trouvé une limite λ, trois cas peuvent se présenter :

1° $\lambda < 1$, *la série est convergente;*

2° $\lambda > 1$, *elle est divergente;*

3° si $\lambda = 1$, *il y a doute.*

On démontre ces résultats comme pour le théorème de Dalembert.

17. Exemples. — Soit la série :

$$\frac{a+1}{a}\, x + \left(\frac{a+2}{a+1}\right)^2 + \ldots + \left(\frac{a+n}{a+n-1}\, x\right)^n + \ldots$$

posons

$$u_n = \left(\frac{a+n}{a+n-1}\, x\right)^n$$

d'où :

$$\sqrt[n]{u_n} = \frac{a+n}{a+n-1}\, x\,;$$

par suite

$$\lambda = x$$

donc si $|x|$ est plus petit que 1, la série est convergente.

Si $|x| \geqslant 1$, le terme général n'a pas pour limite zéro quand n augmente indéfiniment; en effet, en supposant n suffisamment grand, on a

$$\left|\frac{a+n}{a+n-1}\, x\right| > 1,$$

donc la série est divergente.

2° Considérons une série *entière* :

$$a_0 + a_1 x + a_2 x^2 + \ldots + a_n x^n \ldots,$$

$a_0, a_1, \ldots a_n$ étant des nombres positifs ou négatifs ; soit α_n la valeur absolue de a_n et supposons que α_n soit compris entre deux nombres positifs déterminés A, B, quel que soit n.

Si x est supérieur à 1 en valeur absolue, $a_n x^n$ n'a pas pour limite zéro, la série est divergente ; supposons x compris entre -1 et $+1$ et soit ρ sa valeur absolue ; $\sqrt[n]{\alpha_n \rho^n} = \rho \sqrt[n]{\alpha_n}$. Remarquons d'abord que $\sqrt[n]{\alpha_n}$ a pour limite 1.

En effet, on a, par hypothèse :

$$A < \alpha_n < B,$$

d'où :

$$\sqrt[n]{A} < \sqrt[n]{\alpha_n} < \sqrt[n]{B},$$

or $\sqrt[n]{A}$ et $\sqrt[n]{B}$ ont pour limite 1 ; il en est donc de même de $\sqrt[n]{\alpha_n}$; donc lim. $\sqrt[n]{\alpha_n \rho^n} = \rho$. Si ρ est moindre que 1, la série

$$\alpha_0 + \alpha_1 \rho + \alpha_2 \rho^2 + \ldots + \alpha_n \rho^n + \ldots$$

est convergente (**12**) ; il en est de même de la proposée.

Pour $x = +1$, on a la série

$$a_0 + a_1 + a_2 + \ldots + a_n + \ldots$$

et la règle de Cauchy ne donne rien ; si a_n ne tend pas vers zéro, la série est divergente ; mais si a_n tend vers zéro, elle peut être convergente ou divergente. Même conclusion pour $x = -1$.

18. Théorème. — *Soit u_n un nombre positif dont la valeur dépend de l'indice n qui reçoit des valeurs entières indéfiniment croissantes ; si le rapport $\dfrac{u_{n+1}}{u_n}$ a pour limite λ, et si $\sqrt[n]{u_n}$ a pour limite λ' quand n augmente indéfiniment, on a $\lambda = \lambda'$.*

En effet, considérons la série

$$u_0 + u_1 x + u_2 x^2 + \ldots + u_n x^n + \ldots$$

on a :

$$\frac{u_{n+1} \cdot x^{n+1}}{u_n x^n} = \frac{u_{n+1}}{u_n} x,$$

la limite de ce rapport est égale à λx; d'autre part $\sqrt[n]{u_n x^n}$ a pour limite $\lambda' x$. Je dis qu'on ne peut supposer λ différent de λ'; en effet, soit par exemple $\lambda < \lambda'$, ou :

$$\frac{1}{\lambda} > \frac{1}{\lambda'}$$

et donnons à x une valeur comprise entre $\frac{1}{\lambda}$ et $\frac{1}{\lambda'}$ de sorte que :

$$\frac{1}{\lambda} > x > \frac{1}{\lambda'};$$

on tire de ces inégalités

$$\lambda x < 1 \quad \text{et} \quad \lambda' x > 1,$$

donc la série proposée serait à la fois convergente en vertu de la règle de Dalembert, et divergente en vertu de la règle de Cauchy, ce qui est absurde; donc on ne peut supposer $\lambda < \lambda'$; on verra de la même façon qu'on ne peut supposer $\lambda' < \lambda$, par suite on a $\lambda = \lambda'$.

19. Remarque. — Il est facile de prouver directement que si $\dfrac{u_{n+1}}{u_n}$ a pour limite λ quand n augmente indéfiniment, il en sera de même de $\sqrt[n]{u_n}$.

En effet, α étant un nombre positif, on peut trouver, par hypothèse, un nombre entier p, tel que pour $n \geqslant p$, on ait :

$$\lambda - \alpha < \frac{u_{n+1}}{u_n} < \lambda + \alpha,$$

de sorte que l'on peut écrire les inégalités suivantes :

$$\lambda - \alpha < \frac{u_{p+1}}{u_p} < \lambda + \alpha,$$

$$\lambda - \alpha < \frac{u_{p+2}}{u_{p+1}} < \lambda + \alpha,$$

$$\cdots \cdots \cdots \cdots \cdots$$
$$\cdots \cdots \cdots \cdots \cdots$$

$$\lambda - \alpha < \frac{u_{p+k}}{u_{p+k-1}} < \lambda + \alpha,$$

on en déduit :

$$(\lambda - \alpha)^k < \frac{u_{p+k}}{u_p} < (\lambda + \alpha)^k,$$

et par suite

$$u_p (\lambda - \alpha)^k < u_{p+k} < u_p (\lambda + \alpha)^k$$

d'où

$$\lambda - \alpha \sqrt[p+k]{\frac{u_p}{(\lambda - \alpha)^p}} < \sqrt[p+k]{u_{p+k}} < (\lambda + \alpha) \sqrt[p+k]{\frac{u_p}{(\lambda + \alpha)^p}}.$$

Si k augmente indéfiniment $\sqrt[p+k]{\frac{u_p}{(\lambda + \alpha)^p}}$ et $\sqrt[p+k]{\frac{u_p}{(\lambda - \alpha)^p}}$ ont pour limite 1 ; donc

$\lambda + \alpha \sqrt[p+k]{\frac{u_p}{(\lambda + \alpha)^p}}$ a pour limite $\lambda + \alpha$, et $\lambda - \alpha \sqrt[p+k]{\frac{u_p}{(\lambda - \alpha)^p}}$ a pour limite $\lambda - \alpha$.

On peut donc supposer k suffisamment grand pour que l'on ait

$$\lambda - 2\alpha < \sqrt[p+k]{u_{p+k}} < \lambda + 2\alpha.$$

Or, α est un nombre arbitraire; il en résulte que $\sqrt[n]{u_n}$ a pour limite λ.

La réciproque n'est pas toujours vraie; voici comment on peut l'établir, ainsi que l'a montré M. C. Bourlet.

Supposons que $\sqrt[n]{u_n}$ ait pour limite λ quand n grandit indéfiniment. Si l'on pose :

$$\sqrt[n]{u_n} = \lambda + \alpha_n$$

on a :

$$\frac{u_{n+1}}{u_n} = \frac{(\lambda + \alpha_{n+1})^{n+1}}{(\lambda + \alpha_n)^n} = \frac{\left(1 + \dfrac{\alpha_{n+1}}{\lambda}\right)^{n+1}}{\left(1 + \dfrac{\alpha_n}{\lambda}\right)^n} \lambda.$$

Posons

$$\frac{n\,\alpha_n}{\lambda} = \omega_n$$

on peut écrire :

$$\frac{u_{n+1}}{u_n} = \lambda \cdot \frac{\left(1 + \dfrac{\omega_{n+1}}{n+1}\right)^{n+1}}{\left(1 + \dfrac{\omega_n}{n}\right)^n}.$$

Si ω_n a une limite ω quand n grandit indéfiniment, on a :

$$\lim \frac{u_{n+1}}{u_n} = \lambda \cdot \frac{e^\omega}{e^\omega} = \lambda.$$

Si $n\,\alpha_n$ oscille entre des valeurs finies, $\dfrac{u_{n+1}}{u_n}$ n'a pas de limite.

Si $n\,\alpha_n$ croît indéfiniment, ce qui précède ne suffit plus pour décider si $\dfrac{u_{n+1}}{u_n}$ a une limite.

Exemple. — Considérons la série

$$a, \; ab, \; a^2 b, \; a^2 b^2, \; \dots \; a^p b^p, \; a^{p+1} b^p, \; \dots$$

on a

$$u_1 = a,\; u_2 = ab,\; \ldots\; u_{2p} = a^p b^p,\; u_{2p+1} = a^{p+1} b^p,\; \ldots$$

et $\lim \sqrt[n]{u_n} = a^{\frac{1}{2}} b^{\frac{1}{2}}$, tandis que $\dfrac{u_{n+1}}{u_n}$ est égal à a ou à b.

Or, on vérifie aisément que $n\,\alpha_n = 0$ si $n = 2p$, tandis que

$$\lim n\,\alpha_n = \frac{1}{2}\, a^{\frac{1}{2}} b^{\frac{1}{2}} \mathrm{L} \frac{a}{b},\; \text{si } n = 2p + 1,\; p \text{ grandissant indéfiniment.}$$

Donc, si $a \neq b$, $n\,\alpha_n$ n'a pas de limite; si $a = b$, $n\,\alpha_n$ a pour limite zéro.

La démonstration donnée suppose $\lambda \neq o$. Supposons $\lim \sqrt[n]{u_n} = o$ et posons $\sqrt[n]{u_n} = \alpha_n$ et $n\alpha_n = \beta_n$: on aura

$$\frac{u_{n+1}}{u_n} = \frac{n^n}{(n+1)^{n+1}} \cdot \frac{(\beta_{n+1})^{n+1}}{(\beta_n)^n}.$$

Supposons $\lim \beta_n = k$ pour n infini, et soit $k \neq o$.

Posons $v_n = (\beta_n)^n$ de sorte que $\lim \sqrt[n]{u_n} = k$. Soit $\sqrt[n]{v_n} = k + \gamma_n$; si $n\gamma_n$ a une limite finie et déterminée ou seulement s'il reste fini quand n grandit indéfiniment, on voit que $\dfrac{v_{n+1}}{v_n}$ restera fini; or $\lim \dfrac{\overline{n+1}^{\,n+1}}{n^n} = o$ et $\dfrac{u_{n+1}}{u_n} = \dfrac{n^n}{\overline{n+1}^{\,n+1}} \cdot \dfrac{v_{n+1}}{v_n}$;

donc dans ce cas encore, $\lim \dfrac{u_{n+1}}{u_n} = o$.

Dans l'hypothèse $k \neq o$, le théorème ne tombe en défaut que si $n\gamma_n$ croît indéfiniment avec n.

Si $k = o$, on fera pour v_n ce qu'on a fait pour u_n et ainsi de suite. (BOURLET.)

(Voir aussi une note de M. G. Fouret, *Nouvelles Annales de mathématiques*. 1890, p. 222.)

20. Théorème. — *La série positive dont le terme général $u_n = \dfrac{1}{n^\mu}$ est convergente si l'on a $\mu > 1$; elle est divergente si $\mu \leqslant 1$.*

Si $\mu = 1$, la série donnée est la série harmonique, elle est divergente; si $\mu < 1$, chaque terme $\dfrac{1}{n^\mu}$ est plus grand que $\dfrac{1}{n}$, donc, à plus forte raison, la série proposée est divergente. Il n'y a, par suite, à considérer que le cas où l'on a $\mu > 1$.

Soit p un entier tel que $2^p < n < 2^{p+1}$, et considérons la somme des $2^{p+1} - 1$ premiers termes que nous écrirons ainsi :

$$S_{2^{p+1}-1} = \frac{1}{1^\mu} + \left(\frac{1}{2^\mu} + \frac{1}{3^\mu}\right) + \left(\frac{1}{4^\mu} + \frac{1}{5^\mu} + \frac{1}{6^\mu} + \frac{1}{7^\mu}\right) + \cdots$$

$$+ \left[\frac{1}{(2^p)^\mu} + \frac{1}{(2^p + 1)^\mu} + \cdots + \frac{1}{(2^{p+1} - 1)^\mu}\right]$$

la somme des fractions écrites, par exemple, dans le dernier crochet
est moindre que la somme obtenue en remplaçant chacune de ces
fractions par la première, c'est-à-dire moindre que

$$\frac{1}{(2^p)^\mu} \times 2^p \quad \text{ou} \quad \frac{1}{2^{p(\mu-1)}}$$

par suite

$$S_n < \frac{1}{1} + \frac{1}{2^{\mu-1}} + \frac{1}{2^{2(\mu-1)}} + \cdots + \frac{1}{2^{p(\mu-1)}}$$

or le second membre est la somme des $p + 1$ premiers termes
d'une progression géométrique dont la raison $\dfrac{1}{2^{\mu-1}}$ est plus petite

que 1, car $\mu - 1$ étant positif par hypothèse on a : $2^{\mu-1} > 1$; on en
conclut que la série proposée est convergente.

21. Théorème (Cauchy). — *Si dans une série à termes positifs,*

$$u_1 + u_2 + \cdots + u_n + \cdots$$

chaque terme est moindre que le précédent, la série :

$$u_1 + a\,u_a + a^2\,u_{a^2} + \cdots + a^n\,u_{a^n} + \cdots$$

*et la proposée, sont en même temps convergentes ou divergentes, quel que soit le
nombre entier a supposé plus grand que* 1.

On a en effet :

$$
\left.
\begin{aligned}
u_1 &= u_1 \\
a\,u_a &= a\,u_a \\
a^2\,u_{a^2} &< a\left(u_{a+1} + u_{a+2} + \cdots + u_{a^2}\right) \\
&\cdots\cdots\cdots\cdots\cdots\cdots\cdots\cdots \\
&\cdots\cdots\cdots\cdots\cdots\cdots\cdots\cdots \\
a^n\,u_{a^n} &< a\left(u_{a^{n-1}+1} + u_{a^{n-1}+2} + \cdots + u_{a^n}\right)
\end{aligned}
\right\}
\qquad (1)
$$

En effet, on a :

$$u_{a^{p-1}+1} + u_{a^{p-1}+2} + \cdots + u_{a^p} > u_{a^p}\left(a^p - a^{p-1}\right)$$

puisque les termes du second membre vont en décroissant et que leur nombre est
égal à $a^p - a^{p-1}$; donc, si l'on multiplie les deux membres par a, on aura :

$$a\left(u_{a^{p-1}+1} + u_{a^{p-1}+2} + \cdots + u_{a^p}\right) > a^p\,u_{a^p}\,a - 1 > a^p\,u_{a^p}$$

en faisant $p = 2, 3, \ldots n$, on aura les inégalités écrites plus haut (1) et en les
ajoutant membre à membre :

$$u_1 + a\,u_a + a^2\,u_{a^2} + \cdots + a^n\,u_{a^n} < u_1 + a\left(u_a + u_{a+1} + u_{a+2} + \cdots + u_{a^n}\right)$$

donc si la première série est convergente, il en est de même de la seconde.

On a ensuite :

$$
\begin{aligned}
(a-1)\,a\,u_a &> u_a + u_{a+1} + \cdots + u_{a^2-1} \\
(a-1)\,a^2 u_{a^2} &> u_{a^2} + u_{a^2+1} + \cdots + u_{a^3-1} \\
&\cdots\cdots\cdots\cdots\cdots\cdots \\
(a-1)\,a^n u_{a^n} &> u_{a^n} + u_{a^n+1} + \cdots + u_{a^{n+1}-1}
\end{aligned}
\qquad (2)
$$

en ajoutant membre à membre :

$$
(a-1)\left[a\,u_a + a^2 u_{a^2} + \cdots + a^n u_{a^n}\right] > u_a + u_{a+1} + \cdots + u_{a^{n+1}-1}
$$

donc si la première série est divergente, il en est de même de la seconde.

Comme application, soit $u_n = \dfrac{1}{n^\lambda}$; si l'on prend $a = 2$, le terme général de la seconde série sera :

$$
2^n \frac{1}{(2^n)^\lambda} = \frac{1}{(2^n)^{\lambda-1}}
$$

On retrouve ainsi le théorème précédent.

Soit

$$
u_n = \frac{1}{n\,(\log n)^\lambda};
$$

en prenant $a = 2$, la seconde série sera

$$
1 + \frac{1}{(\log 2)^\lambda} + \frac{1}{(\log 4)^\lambda} + \cdots + \frac{1}{(\log 2^n)^\lambda} + \cdots
$$

ou :

$$
1 + \frac{1}{(\log 2)^\lambda}\left(1 + \frac{1}{2^\lambda} + \frac{1}{3^\lambda} + \frac{1}{n^\lambda} + \cdots\right)
$$

donc la série donnée est convergente si l'on suppose $\lambda > 1$.

22. Voici encore quelques remarques faciles à appliquer pour décider, dans certains cas, si une série donnée est convergente ou non.

1° *Si $n^\lambda u_n$ a une limite k, et si l'on a $\lambda > 1$ la série est convergente.*

En effet, A étant un nombre supérieur à k, à partir d'un certain rang, on aura

$$
n^\lambda u_n < A,
$$

ou

$$
u_n < \frac{A}{n^\lambda}.
$$

Mais l'hypothèse $\lambda > 1$ entraîne la convergence de la série dont le terme général est $\dfrac{A}{n^\lambda}$; la série proposée est donc convergente.

Si, au contraire, $\mu \leqslant 1$, on prendra un nombre $B < k$, à partir d'un certain rang les termes de la série proposée seront supérieurs à ceux de la série divergente dont le terme général est $\dfrac{B}{n^\mu}$: la série proposée est alors divergente.

Application. — Supposons

$$u_n = \frac{A\,n^p + A_1\,n^{p-1} + \ldots\ldots}{B\,n^q + B_1\,n^{q-1} + \ldots\ldots}$$

Si $p \geqslant q$, la limite de u_n est différente de zéro, la série est divergente.

Soit

$$q = p + \mu,$$

on a

$$\lim n^\mu u_n = \frac{A}{B};$$

donc si $q - p > 1$, la série est convergente, si $q - p \leqslant 1$, elle est divergente.

2° Si les termes d'une série positive convergente sont décroissants (ou mieux non croissants), à partir d'un certain rang, on a nécessairement

$$\lim n\,u_n = 0$$

quand n croît indéfiniment.

En effet, si la condition précédente n'était pas remplie, il y aurait, quelque petit que fût un nombre positif donné k, une infinité de nombres entiers croissants $n_1,\, n_2,\, n_3,\, \ldots\ldots\, n_p\, \ldots\ldots$ tels que pour chacune de ces valeurs attribuées à n, on eût

$$n\,u_n > k;$$

on peut évidemment supposer $n_2 > 2\,n_1,\ n_3 > 2\,n_2, \ldots\ldots$ on aura alors

$$u_{n_1+1} + u_{n_1+2} + \ldots\ldots + u_{n_2} \geqslant (n_2 - n_1)\,u_{n_2} \geqslant \frac{n_2\,u_{n_2}}{2}$$

$$u_{n_2+1} + u_{n_2+2} + \ldots\ldots + u_{n_3} \geqslant (n_3 - n_2)\,u_{n_3} \geqslant \frac{n_3\,u_{n_3}}{2}$$

$$\ldots\ldots\ldots\ldots\ldots\ldots\ldots\ldots\ldots$$

donc

$$\Sigma u_n > S_{n_1} + \frac{k}{2} + \frac{k}{2} + \ldots\ldots$$

ce qui prouve que Σu_n croîtrait indéfiniment avec n.

(Voir E. Borel, *Leçons sur les séries à termes positifs*, p. 18.)

23. Théorème de Kummer*. — 1° *Une série à termes positifs* Σu_n *est convergente si, en supposant* $n \geqslant p$, *l'inégalité suivante est vérifiée* :

$$a_n u_n - a_{n+1} u_{n+1} > \mu \, u_{n+1} \qquad\qquad (1)$$

a_n *étant une fonction positive de* n, *et* μ *une constante positive.*

2° *Si pour* $n \geqslant p$, *on a*

$$a_n u_n - a_{n+1} u_{n+1} < 0 \qquad\qquad (2)$$

a_n *étant une fonction positive de* n *et si en outre la série* $\Sigma \dfrac{1}{a_n}$ *est divergente, la série positive* Σu_n *est divergente.*

De l'inégalité (1), on tire

$$u_{n+1} < \frac{1}{\mu} \left(a_n u_n - a_{n+1} u_{n+1} \right)$$

d'où

$$u_{p+1} + u_{p+2} + \dots + u_{p+q} < \frac{1}{\mu} \left(a_p u_p - a_{p+q} u_{p+q} \right) < \frac{1}{\mu} a_p u_p$$

ce qui démontre la première partie de l'énoncé.

Si l'inégalité (2) est vérifiée pour $n > p$, on en déduit, sous la même condition :

$$a_n u_n > a_p u_p$$

ou

$$u_n > a_p u_p \cdot \frac{1}{a_n} ;$$

la série $\Sigma \dfrac{1}{a_n}$ étant divergente, il en est de même à plus forte raison de la série proposée.

Applications. — Si l'on pose $a_n = 1$, on retrouve la règle de Dalembert, car l'inégalité (1) devient, dans cette hypothèse

$$\frac{u_{n+1}}{u_n} < \frac{1}{1 + \mu}$$

et le reste de la série arrêtée au terme u_n, est moindre que $\dfrac{1}{\mu} u_n$, ou en posant $k = \dfrac{1}{1 + \mu}$, moindre que $\dfrac{k u_n}{1 - k}$.

L'inégalité (2) se réduit dans ce cas à $u_{n+1} > u_n$, et dans cette hypothèse la série est évidemment divergente.

En posant $a_n = n \log n$, $a_n = n \log n \log \log n$, etc... On retrouvera les règles de J. Bertrand.

En posant $a_n = n$ on obtient une règle trouvée par Duhamel et Raabe.

* Voir *Nouvelles Annales de mathématiques*, t. VIII, 3ᵉ série, p. 196 et p. 406, deux articles de MM. Jensen et E. Cesaro.

Si le rapport $\dfrac{u_{n+1}}{u_n}$ a pour limite l'unité quand n augmente indéfiniment et reste inférieur à l'unité pour $n > p$, de sorte que l'on puisse poser

$$\frac{u_{n+1}}{u_n} = \frac{1}{1 + \alpha_n}$$

α_n étant positif et ayant pour limite zéro quand n augmente indéfiniment, la règle de convergence de Dalembert est en défaut. La règle de Duhamel et Raabe est la suivante :

Si à partir d'une valeur déterminée de n on a : $n\alpha_n > k > 1$ la série est convergente; elle est divergente si l'on a : $n\alpha_n < 1$.

Supposons que pour $n \geqslant p$ on ait $n\alpha_n > k > 1$ et posons $k = 1 + \mu$, μ étant positif; en remarquant que

$$\alpha_n = \frac{u_n}{u_{n+1}} - 1,$$

nous pourrons écrire l'inégalité :

$$n\left(\frac{u_n}{u_{n+1}} - 1\right) > 1 + \mu$$

ou

$$n\,u_n - (n+1)\,u_{n+1} > \mu\,u_{n+1}$$

d'où l'on tire, comme plus haut

$$u_{p+1} + u_{p+2} + \ldots + u_{p+q} < \frac{1}{\mu}\,p\,u_p,$$

ce qui prouve la convergence de la série positive proposée.

Un raisonnement connu (14) montre que la série est convergente si $n\alpha_n$ a une limite plus grande que 1.

Supposons maintenant que pour $n \geqslant p$ on ait $n\alpha_n < 1$, on aura

$$\frac{1}{1 + \alpha_n} > \frac{1}{1 + \dfrac{1}{n}}.$$

Donc le rapport d'un terme au précédent, dans la série proposée, sera plus grand que le rapport correspondant relatif à la série harmonique, ce qui prouve que la série proposée est divergente. D'ailleurs, on a alors

$$n\,u_n - (n+1)\,u_{n+1} < 0$$

et la série $\Sigma\dfrac{1}{n}$ est divergente.

Il reste encore un cas douteux; c'est celui dans lequel $n\alpha_n$ a pour limite 1.

Dans cette hypothèse posons :

$$n\alpha_n = 1 + \frac{\beta}{n}. \tag{3}$$

Si pour $n > p$, on a : $\beta < b$, b étant un nombre positif déterminé, la série est divergente.

En effet, l'égalité (3) donne :

$$\frac{1}{1 + \alpha_n} = \frac{1}{1 + \dfrac{1}{n} + \dfrac{\beta}{n^2}} \, .$$

Considérons la série dont le terme général est $\dfrac{1}{n - b}$, et supposons qu'on ne donne à n que des valeurs plus grandes que b. Dans cette série divergente, considérons le rapport d'un terme au précédent ; on a :

$$\frac{n - b}{n + 1 - b} = \frac{1}{1 + \dfrac{1}{n - b}} < \frac{1}{1 + \dfrac{1}{n} + \dfrac{b}{n^2}} \, .$$

Or, l'hypothèse $\beta < b$ donne :

$$\frac{1}{1 + \dfrac{1}{n} + \dfrac{\beta}{n^2}} > \frac{1}{1 + \dfrac{1}{n} + \dfrac{b}{n^2}} > \frac{n - b}{n + 1 - b}$$

donc, la série proposée est divergente. On peut dire aussi que la série est divergente quand β a une limite finie et déterminée.

24. *Application.* — Supposons :

$$\frac{u_{n+1}}{u_n} = \frac{n^\lambda + a n^{\lambda - 1} + \dots\dots}{n^\lambda + A n^{\lambda - 1} + \dots\dots} \, .$$

On trouve :

$$\alpha_n = \frac{A - a}{n} + \frac{B n^{\lambda - 2} + \dots\dots}{n^\lambda + a n^{\lambda - 1} + \dots\dots}$$

par suite, $\lim n\alpha_n = A - a$. On voit déjà que si $A - a$ est négatif, α_n sera négatif à partir d'un certain rang, et par suite $\dfrac{u_{n+1}}{u_n}$ sera plus grand que 1, donc la série sera divergente.

Si l'on suppose $A - a = 1$, on a $\lim \beta = B$.

Il résulte de là que la série proposée est convergente si l'on a $A - a > 1$, et divergente si l'on a $A - a \leqslant 1$. Cette règle est due à Gauss.

Considérons, par exemple, la série dont le terme général est :

$$u_n = \frac{1}{f(n)}$$

$f(n)$ étant un polynome entier, soit :

$$f(n) = n^\mu + \dots\dots$$

On a :

$$\frac{u_{n+1}}{u_n} = \frac{f(n)}{f(n + 1)} = \frac{n^\mu + a n^{\mu - 1} - \dots\dots}{n^\mu + (a + \mu) n^{\mu - 1} + \dots\dots}$$

Ici $A - a = \mu$; donc, si $\mu = 1$, la série est divergente, ce qui est bien évident ; et si $\mu > 1$ elle est convergente.

SÉRIES ALTERNÉES

25. On nomme série alternée, une série dont les termes, à partir d'un certain rang, sont alternativement positifs et négatifs.

Théorème. — *Une série alternée dans laquelle, à partir d'un certain rang, chaque terme est en valeur absolue moindre que le précédent et dans laquelle le terme général a pour limite zéro, est convergente.*

Supposons que la valeur absolue des termes commence à décroître à partir du premier, et considérons la somme des $2p$ premiers termes, le premier étant supposé positif :

$$S_{2p} = (u_1 - u_2) + (u_3 - u_4) + \ldots + (u_{2p-1} - u_{2p}).$$

Je dis d'abord que S_{2p} croît en même temps que p, car

$$S_{2p+2} = S_{2p} + (u_{2p+1} - u_{2p+2}),$$

et comme par hypothèse on a $u_{2p+2} < u_{2p+1}$, la somme S_{2p+2} est supérieure à S_{2p}.

Or on peut écrire ainsi S_{2p} :

$$S_{2p} = u_1 - (u_2 - u_3) - (u_4 - u_5) - \ldots - (u_{2p-2} - u_{2p-1}) - u_{2p}.$$

Chacune des parenthèses est positive; donc on a :

$$S_{2p} < u_1.$$

Il en résulte que S_{2p} croît quand p augmente indéfiniment, mais reste moindre qu'un nombre déterminé; donc S_{2p} a une limite S qui est inférieure à u_1.

En second lieu

$$S_{2p+1} = S_{2p} + u_{2p+1}.$$

Quand p augmente indéfiniment u_{2p+1} a pour limite zéro; donc S_{2p+1} a même limite S que S_{2p}. Donc enfin S_n a une limite S quand n augmente indéfiniment : la série proposée est convergente.

Remarque. — On peut démontrer que S_{2p+1} décroît quand p augmente; en effet

$$S_{2p+3} = S_{2p+1} - (u_{2p+2} - u_{2p+3}).$$

D'autre part

$$S_{2p+1} = (u_1 - u_2) + (u_3 - u_4) + \ldots + (u_{2p-1} - u_{2p}) + u_{2p+1},$$

chaque parenthèse étant positive, on a

$$S_{2p+1} > u_1 - u_2.$$

Ainsi S_{2p+1} décroît en restant supérieur au nombre positif $u_1 - u_2$, par conséquent S_{2p+1} a une limite S', supérieure à $u_1 - u_2$. Il résulte de là que S_{2p} et S_{2p+1} ont des limites S et S', si la valeur absolue des termes va en décroissant; ces limites ne sont les mêmes que si u_n a pour limite zéro quand n augmente indéfiniment.

Limite de l'erreur commise en s'arrêtant au terme u_n. — La série étant convergente, nous pouvons poser

$$S = S_{2p} + R_{2p},$$

où :

$$R_{2p} = u_{2p+1} - u_{2p+2} + u_{2p+3} - u_{2p+4} + \dots$$

D'après ce qui précède, on a

$$0 < R_{2p} < u_{2p+1} < u_{2p}.$$

On a ensuite

$$S = S_{2p+1} + R_{2p+1},$$

$$R_{2p+1} = - u_{2p+2} + u_{2p+3} - u_{2p+4} + \dots = -[u_{2p+2} - (u_{2p+3} - u_{2p+4}) - \dots].$$

Le reste R_{2p+1}, est négatif et sa valeur absolue est inférieure à u_{2p+2} et à plus forte raison moindre que u_{2p+1}.

Ainsi, *l'erreur commise a le signe du premier terme négligé et est moindre en valeur absolue que le dernier terme calculé.*

Remarques. — I. Pour reconnaître si les termes vont en décroissant, on devra considérer le rapport $\frac{u_{n+1}}{u_n}$; on voit, d'après le théorème précédent, que si l'on a, à partir d'un certain rang, $\frac{u_{n+1}}{u_n} < 1$ la série est convergente pourvu, bien entendu, que lim. $u_n = 0$. Il peut se faire que la limite du rapport $\frac{u_{n+1}}{u_n}$ soit égale à 1; le théorème de Dalembert ne suffirait pas alors pour décider si la série est convergente.

II. La condition que la valeur absolue des termes aille en décroissant *n'est pas nécessaire* pour qu'une série alternée soit convergente; en effet, il suffit de considérer une série positive convergente :

$$u_1 + u_2 + u_3 + \dots$$

dans laquelle on n'ait pas toujours $\dfrac{u_{n+1}}{u_n} < 1$; en changeant tous les signes des termes de rang pair, on aura une série alternée convergente.

26. Exemples. — 1° La série harmonique alternée est convergente. En effet, le terme général est $(-1)^n \dfrac{1}{n}$, il a pour limite zéro et sa valeur absolue va en décroissant quand n augmente.

2° Considérons la série :

$$x - \frac{x^3}{3!} + \frac{x^5}{5!} + \cdots + (-1)^n \frac{x^{2n+1}}{(2n+1)!} + \cdots$$

Le rapport d'un terme au précédent est, en valeur absolue, $\dfrac{x^2}{2n(2n+1)}$ dont la limite est zéro; donc, à partir d'un certain rang, les termes iront en décroissant; mais cela n'a pas lieu à partir du premier terme quel que soit x; car l'inégalité :

$$\frac{x^3}{1.2.3} < x$$

exige que l'on ait :

$$x^2 < 6 \quad \text{ou} \quad x < \sqrt{6} \text{ en supposant } x > 0.$$

Nous verrons plus loin que la série précédente, qui est convergente quel que soit x, représente $\sin x$.

Pareille remarque pour la série :

$$1 - \frac{x^2}{2!} + \frac{x^4}{4!} \cdots$$

qui représente $\cos x$.

27. Remarque sur le changement de l'ordre des termes d'une série convergente. — Considérons d'abord une série convergente à termes positifs. Soit :

$$S_n = u_0 + u_1 + u_2 + \cdots + u_n$$

écrivons les termes de la série dans un ordre différent; cela signifie que si nous considérons une seconde série dans laquelle la somme des p premiers termes est :

$$S'_p = v_0 + v_1 + v_2 + \cdots + v_p$$

en prenant n suffisamment grand, tout terme de S'_p se trouvera dans S_n et réciproquement, en prenant p suffisamment grand, tout terme de S_n sera dans S'_p.

Supposons que S_n ait une limite S. Quel que soit p on peut supposer n assez grand pour que S_n contienne tous les termes de S'_p : on aura donc :

$$S'_p \leqslant S_n < S.$$

Ce qui prouve que S'_p a une limite $S' \leqslant S$.

Or, on démontrera de même que $S \leqslant S'$, donc $S = S'$.

Si la première série est divergente, la seconde le sera aussi, sans quoi la première serait convergente.

Ainsi, on peut changer à volonté l'ordre des termes d'une série positive. Si elle est convergente, la nouvelle série est encore convergente et a la même valeur que la première ; si cette dernière est divergente, la nouvelle série sera aussi divergente.

2° Supposons que la série soit convergente, mais que ses termes aient des signes quelconques. Si la série des valeurs absolues de ses termes est convergente, la série est convergente. Il en est de même des séries formées par les termes positifs et par les termes négatifs respectivement, et si P et Q désignent les sommes de ces séries, la somme S de la série proposée est égale à P — Q. Si l'on change l'ordre des termes, la série formée par les termes positifs reste convergente de même que celle qui est formée par les termes négatifs ; de plus les valeurs respectives de ces séries ne sont pas changées, il en est donc de même pour leur différence P — Q ou S.

Ainsi, quand la série formée par les valeurs absolues des termes d'une série est convergente, on peut intervertir à volonté l'ordre des termes de la série proposée sans changer la valeur de la série.

3° Il n'en est plus de même pour les séries convergentes qui ne restent pas convergentes quand on remplace chacun de leurs termes par sa valeur absolue.

Considérons les exemples suivants :

Soit la série harmonique alternée

$$1 - \frac{1}{2} + \frac{1}{3} - \frac{1}{4} + \cdots$$

écrivons ainsi ses termes :

$$1 + \frac{1}{3} - \frac{1}{2} + \frac{1}{5} + \frac{1}{7} - \frac{1}{4} + \cdots + \frac{1}{4n-3} + \frac{1}{4n-1} - \frac{1}{2n} + \cdots$$

Si l'on pose :

$$\alpha_n = \frac{1}{4n-3} - \frac{1}{4n-2} + \frac{1}{4n-1} - \frac{1}{4n}$$

$$\beta_n = \frac{1}{4n-3} + \frac{1}{4n-1} - \frac{1}{2n}$$

on a :

$$\beta_n - \alpha_n = \frac{1}{4n-2} - \frac{1}{4n} = \frac{1}{2}\left(\frac{1}{2n-1} - \frac{1}{2n}\right)$$

en désignant par S la somme de la série harmonique alternée, on voit que la série dont le terme général est β_n, c'est-à-dire la seconde série est convergente et a par somme S', la valeur de S' était déterminée par la formule :

$$S' - S = \frac{1}{2}S,$$

ou

$$S' = \frac{3}{2}S.$$

Il peut même arriver qu'une série convergente devienne divergente quand on change l'ordre de ses termes. Considérons en effet la série alternée convergente :

$$1 - \frac{1}{\sqrt{2}} + \frac{1}{\sqrt{3}} - \frac{1}{\sqrt{4}} + \cdots + \frac{1}{\sqrt{2n-1}} - \frac{1}{\sqrt{2n}} + \cdots$$

écrivons ainsi les termes :

$$1 + \frac{1}{\sqrt{3}} - \frac{1}{\sqrt{2}} + \frac{1}{\sqrt{5}} + \frac{1}{\sqrt{7}} - \frac{1}{\sqrt{4}} + \cdots + \frac{1}{\sqrt{4n-3}} + \frac{1}{\sqrt{4n-1}} - \frac{1}{\sqrt{2n}} + \cdots$$

on aura :

$$S'_{3n} - S_{2n} = \frac{1}{\sqrt{2n+1}} + \frac{1}{\sqrt{2n+3}} + \cdots + \frac{1}{\sqrt{4n-1}}$$

d'où

$$S'_{3n} - S_{2n} > \frac{n}{\sqrt{4n-1}}.$$

Si n augmente indéfiniment, la fraction $\dfrac{n}{\sqrt{4n-1}}$ augmente indéfiniment ; donc la somme S'_{3n} est infinie en même temps que n : la seconde série est donc *divergente*.

D'une manière générale, considérons une série convergente à termes quelconques, mais telle que la somme des valeurs absolues de ses termes augmente indéfiniment en même temps que le nombre de ces termes. Je dis que l'on peut écrire les termes de la série dans un ordre tel que S_n tende vers telle limite qu'on voudra. Désignons par σ_p la somme des termes positifs contenus dans S_n et par σ_q la somme des termes négatifs pris en valeurs absolues, qui se trouvent dans la même somme S_n, p étant le nombre des termes positifs et q le nombre des termes négatifs, de sorte que $p + q = n$.

On a ainsi :

$$S_n = \sigma_p - \sigma_q.$$

Quand p et q augmentent indéfiniment, σ_p et σ_q augmentent aussi indéfiniment. En effet, S_n a une limite S : si σ_p et σ_q avaient des limites σ' et σ'' leur somme $\sigma_p + \sigma_q$ aurait pour limite $\sigma' + \sigma''$ et par suite la série des valeurs absolues des termes serait convergente et si une des sommes σ_p p. ex. avait une limite σ', σ_q qui est égale à $\sigma_p - S_n$ aurait aussi une limite égale à $\sigma' - S$.

Soit a un nombre positif quelconque et q un nombre donné : on peut évidemment trouver p, tel que l'on ait :

$$\sigma_p > \sigma_q + a \geqq \sigma_{p-1} \qquad (1)$$

d'où l'on tire :

$$\sigma_p - \sigma_q > a \geqq \sigma_{p-1} - \sigma_q \qquad (2)$$

or :

$$\sigma_p - \sigma_q - (\sigma_{p-1} - \sigma_q) = \sigma_p - \sigma_{p-1}.$$

Cela étant, si q augmente indéfiniment, p étant toujours assujetti à vérifier les inégalités (1), augmente aussi indéfiniment ; $\sigma_p - \sigma_{p-1}$ qui est un terme de la série a pour limite zéro; le nombre a est compris entre deux nombres dont la différence a pour limite zéro, ces deux nombres ont donc a pour limite commune. Il résulte de là que si p et q augmentent indéfiniment suivant une loi convenablement choisie, $\sigma_p - \sigma_q$ ou S_n a pour limite un nombre positif a arbitraire. On verrait de la même manière que S_n peut avoir pour limite un nombre négatif arbitraire.

(Cette démonstration est empruntée à l'ouvrage : Introduction à la théorie des fonctions d'une variable réelle, par M. J. Tannery.)

Les séries convergentes qui restent convergentes quand on donne à tous leurs termes le même signe, se nomment séries *absolument convergentes*. (Voir *Bulletin des sciences mathématiques*, avril 1890, une note de M. E. Borel.)

NOTIONS SUR LES SÉRIES IMAGINAIRES

28. Soit :

$$u_0 + v_0 i, \quad u_1 + v_1 i, \quad \ldots u_n + v_n i, \quad \ldots$$

une série à termes imaginaires. La somme des n premiers termes est égale à

$$P_n + Q_n i$$

en posant :

$$P_n = u_0 + u_1 + u_2 + \ldots + u_n$$
$$Q_n = v_0 + v_1 + v_2 + \ldots + v_n.$$

On dit que la série proposée est convergente si P_n et Q_n tendent respectivement vers des limites déterminées P, Q quand n augmente indéfiniment. On dit alors que $P_n + Q_n i$ a pour limite $P + Qi$ et cette expression est par définition la somme de la série.

En d'autres termes, une série imaginaire est *convergente* quand la série formée par les parties réelles et la série formée par les coefficients de i dans les termes successifs sont convergentes.

Corollaire. — Si une série imaginaire est convergente, u_n et v_n tendent vers zéro, par suite, le *module du terme général tend vers zéro*.

29. Théorème. — *Une série imaginaire est convergente quand la série formée par les modules de ses termes est convergente.*

Soit ρ_n le module de $u_n + v_n i$; si l'on désigne par a_n et b_n les valeurs absolues de u_n et de v_n, de l'égalité :

$$\rho_n^2 = a_n^2 + b_n^2.$$

on conclut :

$$a_n < \rho_n \quad \text{et} \quad b_n < \rho_n;$$

donc les séries à termes positifs :

$$a_0, a_1, a_2 \ldots a_n \ldots$$
$$b_0, b_1, b_2 \ldots b_n \ldots$$

sont convergentes : il en est donc de même des séries :

$$u_0, u_1, u_2 \ldots\ldots u_n \ldots\ldots$$

et

$$v_0, v_1, v_2, \ldots\ldots v_n \ldots\ldots$$

et, par suite, la série proposée est convergente. Il résulte encore de ce qui précède que l'on peut intervertir à volonté l'ordre des termes d'une série imaginaire, quand la série des modules de ses termes est convergente ; on peut même séparer les parties réelles et les parties imaginaires et les écrire dans l'ordre que l'on veut.

Quand la série des modules des termes d'une série est convergente, on dit que la série est *absolument convergente*.

30. Théorème d'Abel. — *Si une série entière*

$$a_0, a_1 z, a_2 z^2, \ldots\ldots a_n z^n \ldots\ldots$$

les coefficients $a_0, a_1, \ldots\ldots a_n$ étant réels ou imaginaires, et z désignant une variable réelle ou imaginaire, est convergente pour une valeur de z ayant pour module ρ, elle est convergente pour toutes les valeurs de z ayant un module plus petit que ρ.

En effet, si la série proposée est convergente pour une valeur de z ayant pour module ρ, en désignant par α_n le module de a_n, on a

$$\lim \operatorname{mod} \left(a_n z^n \right) = 0$$

c'est-à-dire

$$\lim \alpha_n \rho^n = 0$$

par suite, A étant un nombre positif donné, on peut trouver un entier n' tel que l'inégalité

$$\alpha_n \rho^n < A$$

soit vérifiée dès que l'on aura $n > n'$.

Soit r un nombre positif plus petit que ρ. La série géométrique

$$1, \quad \frac{r}{\rho}, \quad \left(\frac{r}{\rho}\right)^2, \ldots\ldots \left(\frac{r}{\rho}\right)^n \ldots\ldots$$

est convergente, puisque la raison $\dfrac{r}{\rho}$ est moindre que 1.

Si l'on multiplie les termes de cette série positive par les termes correspondants de la suite

$$\alpha_0, \alpha_1 \rho, \alpha_2 \rho^2, \ldots\ldots \alpha_n \rho^n, \ldots\ldots$$

tous ces nombres étant moindres que A (au moins à partir du rang n'), la série obtenue

$$\alpha_0, \quad \alpha_1 r, \quad \alpha_2 r^2, \ldots\ldots \alpha_n r^n, \ldots\ldots$$

est convergente. Or cette dernière est la série des modules des termes de la série proposée quand z a une valeur dont le module est égal à r ; donc la proposition est établie.

On peut l'énoncer encore de cette manière : *Si pour une valeur de z ayant pour module ρ, les modules des termes de la série, au moins à partir d'un certain rang, restent moindres qu'un nombre déterminé A, la série sera convergente pour toute valeur réelle ou imaginaire de z ayant un module plus petit que ρ.*

Corollaire. — Si la série est divergente pour une valeur de z telle que mod $z = \rho$, elle sera divergente si z a un module ρ' plus grand que ρ, car si elle était convergente quand mod $z = \rho'$, elle serait convergente quand mod $z = \rho$, puisque ρ est plus petit que ρ'.

31. Exemples. — 1° Soit la série

$$1 + \frac{z}{1} + \frac{z^2}{1.2} + \cdots + \frac{z^n}{1.2 \ldots n} + \cdots$$

Si l'on désigne par ρ le module de z, on a vu que la série

$$1 + \frac{\rho}{1} + \frac{\rho^2}{1.2} + \cdots + \frac{\rho^n}{1.2 \ldots n} + \cdots$$

est convergente quel que soit ρ; donc la série considérée est convergente pour toutes les valeurs de z.

2° On voit de même que les séries

$$z - \frac{z^3}{3!} + \frac{z^5}{5!} - \cdots + (-1)^n \frac{z^{2n+1}}{(2n+1)!} + \cdots$$

$$1 - \frac{z^2}{2!} + \frac{z^4}{4!} - \cdots + (-1)^n \frac{z^{2n}}{2n!} + \cdots$$

sont convergentes quel que soit z.

3° Soit la série

$$1 + z + z^2 + \cdots + z^n + \cdots$$

Si l'on désigne le module de z par ρ, on sait que ρ^n a pour limite 0 si ρ est plus petit que 1; et au contraire ρ^n augmente indéfiniment si ρ est plus grand que 1. Il en résulte que la série proposée est convergente pour toutes les valeurs de z dont le module est inférieur à l'unité. Traçons dans un plan deux axes rectangulaires ox, oy, et décrivons un cercle ayant pour centre le point o et un rayon égal à l'unité; si l'on pose $z = x + yi$, à tout point (x, y) situé à l'intérieur de ce cercle correspond une valeur de z pour laquelle la série proposée est convergente. — On dit, pour abréger, que la série est convergente à l'intérieur de ce cercle; elle est divergente à l'extérieur. Sur le cercle elle est divergente, car si $\rho = 1$, mod z^n ne tend pas vers 0.

On nomme *cercle de convergence* un cercle décrit de l'origine comme centre et tel que la série soit convergente à l'intérieur et divergente à l'extérieur; le rayon de ce cercle se nomme rayon de convergence. — Le rayon de convergence de la série considérée est donc égal à **1**.

Considérons encore la série

$$1 + \frac{z}{1} + \frac{z^2}{2} + \cdots + \frac{z^n}{n} + \cdots$$

si le module de z est plus petit que 1, mod $\dfrac{z^n}{n}$ tend vers zéro. Si $z = 1$, la série est divergente, on en conclut que le rayon de convergence est égal à 1. Sur la circonférence même du cercle de convergence il y a doute; la série est convergente pour le point $z = -1$, et divergente pour le point $z = 1$.

Enfin, il peut arriver que le rayon de convergence soit nul; il suffit de considérer la série

$$1 + z + 1.2 \cdot z^2 + 1.2.3 \cdot z^3 + \cdots + 1.2.3 \ldots n \cdot z^n + \cdots$$

quel que soit le module ρ, le produit $1.2.3\ldots\ldots n.\rho^n$ augmente indéfiniment avec n ; on en conclut que le rayon de convergence est nul.

32. D'une manière générale, si l'on imagine des valeurs croissantes du module de z pour lesquelles les modules des termes d'une série entière restent finis, ou bien ces valeurs peuvent croître indéfiniment, ou elles ont une limite R. Dans le premier cas, la série est convergente pour toutes les valeurs de z; dans le second cas, le rayon du cercle de convergence est égal à R.

On doit remarquer qu'à l'intérieur du cercle de convergence la série des modules est convergente; autrement dit : une série entière est *absolument convergente à l'intérieur de son cercle de convergence.*

Soit r un nombre plus petit que le rayon R du cercle de convergence, mais différant aussi peu qu'on veut de R. Si l'on donne à z une valeur dont le module soit égal à r, la série

$$a_0 + a_1 z + a_2 z^2 + \ldots\ldots + a_n z^n + \ldots\ldots$$

est convergente, et nous savons, de plus, que la série des modules est convergente. Il en résulte que l'on peut déterminer un entier n' tel que si l'on suppose $n > n'$, on ait :

$$\alpha_{n+1}\, r^{n+1} + \alpha_{n+2}\, r^{n+2} \ldots\ldots < \theta,$$

θ étant un nombre positif donné arbitrairement.

Cela étant, donnons à z une valeur arbitraire, mais ayant un module $\rho < r$; la série proposée est convergente pour cette valeur de z, et si l'on désigne par $f(z)$ la somme de la série, en désignant par $f_n(z)$ la somme des n premiers termes et par $\varphi_n(z)$ le reste de la série, de sorte que

$$f(z) = f_n(z) + \varphi_n(z)$$

on a évidemment

$$\mathrm{mod}\ \varphi_n(z) < \alpha_{n+1}\, \rho^{n+1} + \alpha_{n+2}\, \rho^{n+2} + \ldots\ldots < \alpha_{n+1}\, r^{n+1} + \alpha_{n+2}\, r^{n+2} \ldots\ldots$$

donc si l'on suppose $n > n'$ on aura

$$\mathrm{mod}\ \varphi_n(z) < \theta,$$

quelle que soit la valeur de z pourvu que l'on ait mod $z <$ mod r.

On exprime cette propriété en disant qu'une série entière est *uniformément convergente* à l'intérieur du cercle de convergence ou, plus exactement, à l'intérieur d'un cercle concentrique, de rayon plus petit que le rayon de convergence, mais en différant d'aussi peu qu'on veut.

33. Multiplication de deux séries. — Cauchy a démontré le théorème suivant :

Étant données deux séries ABSOLUMENT CONVERGENTES

$$u_0,\ u_1,\ \ldots\ldots\ u_n\ \ldots\ldots$$
$$v_0,\ v_1,\ \ldots\ldots\ v_n\ \ldots\ldots$$

la série dont le terme général w_n est donné par la formule :

$$w_n = u_0 v_n + u_1 v_{n-1} + u_2 v_{n-2} + \ldots\ldots + u_n v_0$$

est convergente et a pour somme le produit des deux séries données.

Dans le journal de Crelle (t. LXXIX), M. Mertens a fait voir qu'il suffisait que l'une des deux séries fût absolument convergente, l'autre étant convergente.

Considérons la différence

$$\delta = w_0 + w_1 + \ldots + w_{2n} - (u_0 + u_1 + \ldots + u_n)(v_0 + v_1 + \ldots + v_n)$$

on trouve aisément :

$$\delta = u_0(v_{n+1} + v_{n+2} + \ldots + v_{2n}) + u_1(v_{n+1} + v_{n+2} + \ldots + v_{2n-1}) + \ldots + u_{n-1}v_{n+1}$$
$$+ u_{n+1}(v_0 + v_1 + \ldots + v_{n-1}) + u_{n+2}(v_0 + v_1 + \ldots + v_{n-2}) + \ldots + u_{2n}v_0. \quad (1$$

Supposons que la série dont le terme général est u_n soit absolument convergente, c'est-à-dire que la série des modules de ses termes soit convergente et ait pour somme A ; on aura, quel que soit n :

$$\operatorname{mod} u_0 + \operatorname{mod} u_1 + \ldots + \operatorname{mod} u_n < \mathrm{A}.$$

Nous supposons la deuxième série convergente ; on peut donc déterminer un nombre B tel que l'on ait quel que soit n,

$$\operatorname{mod}(v_0 + v_1 + \ldots + v_n) < \mathrm{B}.$$

En effet, on peut trouver un nombre N tel que par $n > N$ on ait

$$\operatorname{mod} \mathrm{S}'_n < \operatorname{mod} \mathrm{S}' + h$$

h étant arbitraire ; il suffit de prendre pour B le plus grand des nombres

$$\operatorname{mod} \mathrm{S}'_0, \operatorname{mod} \mathrm{S}'_1 \ldots \operatorname{mod} \mathrm{S}'_N, \operatorname{mod} \mathrm{S}' + h.$$

On peut déterminer un entier n' tel que l'inégalité $n > n'$ entraîne les suivantes :

$$\operatorname{mod} u_{n+1} + \operatorname{mod} u_{n+2} + \ldots + \operatorname{mod} u_{n+p} < \frac{\alpha}{\mathrm{A} + \mathrm{B}}$$

$$\operatorname{mod}(v_{n+1} + v_{n+2} + \ldots + v_{n+p}) < \frac{\alpha}{\mathrm{A} + \mathrm{B}}$$

α étant donné arbitrairement.

Cela étant, le module de chacune des sommes

$$v_{n+1} + v_{n+2} + \ldots + v_{2n}, v_{n+1} + v_{n+2} + \ldots + v_{2n-1} \ldots v_{n+1}$$

sera moindre que $\dfrac{\alpha}{\mathrm{A} + \mathrm{B}}$; le module de chacune des sommes :

$$v_0 + v_1 + \ldots + v_{n-1}, v_0 + v_1 + \ldots + v_{n-2}, \ldots v_0$$

sera moindre que B, donc on aura :

$$\operatorname{mod} \delta < \mathrm{A}\,\frac{\alpha}{\mathrm{A} + \mathrm{B}} + \mathrm{B}\,\frac{\alpha}{\mathrm{A} + \mathrm{B}}$$

ou

$$\operatorname{mod} \delta < \alpha.$$

Donc $\lim \delta = o$, quand n augmente indéfiniment.

On verra d'une façon toute semblable que le module de la différence

$$\delta' = w_0 + w_1 + \ldots + w_{2n+1} - (u_0 u_1 + \ldots + u_{n+1})(v_0 v_1 + \ldots + v_{n+1})$$

a aussi pour limite zéro quand n augmente indéfiniment.

Le théorème est donc démontré. (Cours de Calcul différentiel et de Calcul intégral professé à la Sorbonne, par M. Picard.)

DÉFINITION DU NOMBRE e. LIMITE DE $\left(1 + \dfrac{z}{m}\right)^m$ QUAND m AUGMENTE INDÉFINIMENT

34. Définition du nombre e. — La série

$$1 + \frac{1}{1} + \frac{1}{1.2} + \frac{1}{1.2.3} + \cdots + \frac{1}{1.2\ldots n} + \cdots$$

est convergente, comme nous l'avons vu. On désigne sa valeur par la lettre e.

Si l'on pose :

$$e = 1 + \frac{1}{1} + \frac{1}{1.2} + \cdots + \frac{1}{1.2\ldots n} + R_n,$$

on a :

$$R_n = \frac{1}{1,2\ldots n}\left(\frac{1}{n+1} + \frac{1}{(n+1)(n+2)} + \frac{1}{(n+1)(n+2)(n+3)} + \cdots\right);$$

la série placée entre parenthèses a ses termes moindres que ceux de la progression géométrique indéfinie :

$$\frac{1}{n+1} + \frac{1}{(n+1)^2} + \frac{1}{(n+1)^3} + \cdots$$

dont la somme est égale à $\dfrac{1}{n}$, on peut donc écrire :

$$R_n = \frac{1}{1,2\ldots n} \cdot \frac{\theta}{n}$$

θ étant un nombre positif moindre que 1.

On a ainsi :

$$e = 1 + \frac{1}{1} + \frac{\theta}{1}.$$

c'est-à-dire

$$2 < e < 3.$$

35. Le nombre e est irrationnel. — Supposons, en effet, que e, qui ne peut être entier, d'après ce qui précède, soit

égal à une fraction $\dfrac{a}{b}$ que nous pouvons supposer irréductible. On aurait :

$$\frac{a}{b} = 1 + \frac{1}{1} + \frac{1}{1.2} + \cdots + \frac{1}{1.2\ldots b} \cdot \frac{\theta}{b} \cdot (0 < \theta < 1).$$

En multipliant les deux membres de cette égalité par $1.2.3\ldots b$, on obtiendrait :

$$A = B + \frac{\theta}{b}$$

A et B étant des nombres entiers : égalité impossible, puisque $\dfrac{\theta}{b}$ qui est moindre que 1 et différent de zéro, ne peut pas être la différence de deux entiers.

Donc, e n'étant ni un entier ni une fraction, est irrationnel.

La valeur approchée de e, à $\dfrac{1}{10^9}$ près, est égale à

$$2.718281828.$$

36. Limite de l'expression $\left(1 + \dfrac{z}{m}\right)^{m}$ **quand** m **augmente indéfiniment.** — Nous démontrerons d'abord la proposition suivante : a, b, c, $\ldots$ l *étant des nombres positifs moindres que l'unité, on a :*

$$P = (1 - a)(1 - b)\ldots(1 - l) = 1 - \theta(a + b + \ldots + l)$$

θ *désignant un nombre positif plus petit que l'unité.*

Il est d'abord évident que P est plus petit que l'unité. On a ensuite :

$$(1 - a)(1 - b) = 1 - (a + b) + ab > 1 - (a + b).$$

Je dis qu'on a d'une manière générale :

$$1 > P > 1 - (a + b + \ldots + l).$$

En effet, la proposition est établie pour deux facteurs ; supposons-la vraie pour $n - 1$ nombres a, b, $\ldots k$, nous démontrerons qu'elle est vraie pour n facteurs a, b, $\ldots k$, l. Par hypothèse :

$$(1 - a)(1 - b)\ldots(1 - k) > 1 - (a + b + \ldots + k).$$

On aura, en multipliant les deux membres par $1 - l$,

$$(1 - a)(1 - b)\ldots(1 - k)(1 - l) > [1 - (a + b + \ldots k)](1 - l);$$

mais le théorème étant vrai pour deux facteurs, on a :

$$[1 - (a + b + \ldots + k)](1 - l) > 1 - (a + b + \ldots + k + l),$$

donc la proposition est générale.

Cela étant, désignons la somme $a + b + \ldots + l$ par S. On a :

$$1 > P > 1 - S. \tag{1}$$

Si nous posons

$$P = 1 - \theta S,$$

on a :

$$\theta = \frac{1 - P}{S};$$

mais on déduit des inégalités (1)

$$0 < 1 - P < S,$$

ou

$$0 < \frac{1 - P}{S} < 1,$$

par suite, on peut poser

$$P = 1 - \theta (a + b + \ldots + l)$$

avec les conditions

$$0 < \theta < 1.$$

Cela fait, considérons l'expression :

$$\left(1 + \frac{z}{m}\right)^m$$

et supposons d'abord que m soit un nombre entier positif. D'après la formule du binome :

$$\left(1 + \frac{z}{m}\right)^m = 1 + \frac{m}{1} \cdot \frac{z}{m} + \frac{m(m-1)}{1.2} \cdot \frac{z^2}{m^2} + \ldots$$

$$\ldots + \frac{m(m-1)\ldots(m-p+1)}{1.2 \ldots p} \frac{z^p}{m^p} + \ldots + \frac{z^m}{m^m}.$$

Or on peut mettre le terme général sous la forme :

$$\left(1 - \frac{1}{m}\right)\left(1 - \frac{2}{m}\right)\ldots\left(1 - \frac{p-1}{m}\right)\frac{z^p}{1.2\ldots p}.$$

Mais d'après le lemme précédent :

$$\left(1 - \frac{1}{m}\right)\left(1 - \frac{2}{m}\right)\ldots\left(1 - \frac{p-1}{m}\right) = 1 - \theta.\frac{1+2+\ldots+(p-1)}{m}$$
$$= 1 - \theta\,\frac{p\,(p-1)}{2m}.$$

θ désignant un nombre positif entre 0 et 1. Nous appliquerons cette formule à chacun des termes du développement; par suite au lieu de θ, nous écrirons θ_{p-2} pour le terme contenant z^p en facteur. On a de cette manière :

$$\frac{m\,(m-1)}{1.2}\frac{z^2}{m^2} = \frac{z^2}{1.2} - \frac{z^2}{2m}$$
$$\frac{m\,(m-1)\,(m-2)}{1.2.3}.\frac{z^3}{m^3} = \frac{z^3}{1.2.3} - \frac{z^2}{2m}.\frac{\theta_1 z}{1}$$
$$\ldots \ldots \ldots \ldots$$
$$\frac{m\,(m-1)\ldots(m-p+1)}{1.2\ldots p}.\frac{z^p}{m^p} = \frac{z^p}{1.2\ldots p} - \frac{z^2}{2m}.\frac{\theta_{p-2}\,z^{p-2}}{1.2\ldots(p-2)}$$
$$\frac{z^m}{m^m} = \frac{m\,(m-1)\ldots(m-m+1)}{1.2\ldots m}\frac{z^m}{m^m} = \frac{z^m}{1.2\ldots m} - \frac{z^2}{2m}\frac{\theta_{m-2}\,z^{m-2}}{1.2\ldots(m-2)}$$

et par conséquent,

$$\left(1 + \frac{z}{m}\right)^m = 1 + \frac{z}{1} + \frac{z^2}{1.2} + \ldots + \frac{z^m}{1.2\ldots m}$$
$$- \frac{z^2}{2m}\left(1 + \theta_1\frac{z}{1} + \theta_2\frac{z^2}{1.2} + \ldots + \theta_{m-2}\frac{z^{m-2}}{1.2\ldots(m-2)}\right).$$

Si l'on désigne par ρ le module de z, on voit que le module du facteur :

$$1 + \theta_1\frac{z}{1} + \theta_2\frac{z^2}{1.2} + \ldots + \theta_{m-2}\frac{z^{m-2}}{1.2\ldots(m-2)}$$

est moindre que :

$$1 + \frac{\rho}{1} + \frac{\rho^2}{1.2} + \ldots + \frac{\rho^{m-2}}{1.2\ldots(m-2)}$$

et par suite, lorsque m augmente indéfiniment, le module de $\dfrac{z^2}{2m}$ tendant vers zéro, il en est de même du module du produit :

$$\frac{z^2}{2m}\left(1 + \theta_1\frac{z}{1} + \theta_2\frac{z^2}{1.2} + \cdots + \theta_{m-2}\frac{z^{m-2}}{1.2\cdots(m-2)}\right)$$

en outre la somme :

$$1 + \frac{z}{1} + \frac{z^2}{1.2} + \cdots + \frac{z^m}{1.2\cdots m}$$

a pour limite la somme de la série convergente :

$$S = 1 + \frac{z}{1} + \frac{z^2}{1.2} + \cdots + \frac{z^m}{1.2\cdots m} + \cdots$$

donc :

$$\lim. \left(1 + \frac{z}{m}\right)^m = S.$$

En particulier si $z = 1$, on a $S = e$, et par suite :

$$\lim. \left(1 + \frac{1}{m}\right)^m = e.$$

37. Le résultat précédent n'est démontré que pour m entier et positif. Supposons que m prenne des valeurs positives quelconques. Quelle que soit la valeur de m, fractionnaire ou irrationnel, ce nombre m est compris entre deux entiers consécutifs μ et $\mu + 1$:

$$\mu < m < \mu + 1;$$

si m augmente indéfiniment $\mu + 1$ augmente indéfiniment à plus forte raison, et par suite il en est de même de μ.

Or on a :

$$\left(1 + \frac{1}{\mu + 1}\right)^\mu < \left(1 + \frac{1}{m}\right)^m < \left(1 + \frac{1}{\mu}\right)^{\mu+1}$$

mais

$$\left(1 + \frac{1}{\mu + 1}\right)^\mu = \frac{\left(1 + \dfrac{1}{\mu + 1}\right)^{\mu+1}}{1 + \dfrac{1}{\mu + 1}}$$

le numérateur a pour limite e et le dénominateur a pour limite 1, donc :

$$\lim. \left(1 + \frac{1}{\mu + 1}\right)^{\mu} = e.$$

De même :

$$\left(1 + \frac{1}{\mu}\right)^{\mu + 1} = \left(1 + \frac{1}{\mu}\right)^{\mu} \cdot \left(1 + \frac{1}{\mu}\right)$$

le premier facteur a pour limite e et le second a pour limite 1, donc :

$$\lim. \left(1 + \frac{1}{\mu}\right)^{\mu + 1} = e.$$

Par suite, $\left(1 + \frac{1}{m}\right)^{m}$ étant toujours compris entre deux nombres qui ont tous les deux pour limite e, a aussi pour limite e.

Supposons enfin que m soit négatif et posons $m = -(\mu + 1)$; on aura :

$$\left(1 + \frac{1}{m}\right)^{m} = \left(1 - \frac{1}{\mu + 1}\right)^{-(\mu + 1)} = \left(1 + \frac{1}{\mu}\right)^{\mu + 1};$$

si la valeur absolue de m augmente indéfiniment, μ augmente aussi indéfiniment, par suite $\left(1 + \frac{1}{\mu}\right)^{\mu + 1}$ a pour limite e comme nous l'avons vu, donc on a dans tous les cas :

$$\lim. \left(1 + \frac{1}{m}\right)^{m} = e$$

lorsque le *nombre réel* m augmente indéfiniment en valeur absolue.

Si l'on pose $\frac{1}{m} = \alpha$, quand m augmente indéfiniment α tend vers zéro, donc :

$$\lim. (1 + \alpha)^{\frac{1}{\alpha}} = e$$

quand α tend vers zéro, par valeurs réelles quelconques. On démontrerait de la même façon que :

$$\left(1 + \frac{x}{m}\right)^{m}$$

x étant réel, a pour limite la somme de la série

$$1 + \frac{x}{1} + \frac{x^2}{1.2} + \cdots + \frac{x^m}{1.2 \ldots m} + \cdots$$

quand m augmente indéfiniment en valeur absolue.

EXERCICES

1. Étudier la série ayant pour terme général

$$u_n = \frac{1}{(n+a)^2 - b^2}.$$

2. Reconnaître dans quel cas la série dont le terme général est $n\,x^{n-1}$ est convergente et calculer la somme.

— La série est convergente si mod $x < 1$ et sa somme est alors $\dfrac{1}{(1-x)^2}$.

3. Étudier la série dont le terme général est $\dfrac{n(n+1)}{1.2}\,x^{n-1}$.

4. Étudier la série

$$K_m^1 + K_m^2\,x + K_m^3\,x^2 + \cdots + K_m^n\,x^n + \cdots$$

K_m^n désignant le nombre de combinaisons complètes de m lettres n à n.

5. Étudier la série

$$\frac{1}{2^\mu - 1} - \frac{1}{2^\mu + 1} + \frac{1}{3^\mu - 1} - \frac{1}{3^\mu + 1} + \cdots + \frac{1}{n^\mu - 1} - \frac{1}{n^\mu + 1} + \cdots$$

6. Lorsque a_n a pour limite zéro quand n augmente indéfiniment, la série dont le terme général est $(a_{n-1} - a_n)$ est convergente et a pour limite a_1, le premier terme étant $(a_1 - a_2)$.

Examiner les cas suivants :

$$a_n = x^{n-1}$$

$$a_n = \frac{1}{n}$$

$$a_n = \frac{1}{2n+1}$$

$$a_n = \frac{1}{x+n}$$

$$a_n = \operatorname{arc} tg \frac{c}{a+nb}.$$

(J. Bertrand. Calcul différentiel.)

7. Étudier la série dont le terme général est

$$\frac{1}{(x+p)(x+p+1)\ldots(x+p+n)}.$$

8. Soient

$$\varphi(n) = (n+a)(n+a+1)\dots(n+a+p-1)$$

le produit des p facteurs entiers consécutifs et $f(n)$ un polynome de degré $p-2$ au plus. La série ayant pour terme général

$$u_n = \frac{f(n)}{\varphi(n)}$$

est convergente. Calculer la somme.

— On mettra u_n sous la forme :

$$u_n = \frac{A}{(n+a)(n+a+1)} + \frac{B}{(n+a+1)(n+a+2)} + \dots + \frac{L}{(n+a+p-2)(n+a+p-1)}$$

A, B, ... L étant des constantes.

La méthode réussit encore si l'on prend seulement pour former $\varphi(n)$ le produit de $p-q$ facteurs choisis parmi les nombres $n+a$, $n+a+1$, ... $n+a+p-1$ le degré de $f(n)$ étant au plus égal à $p-q-2$.

(E. Catalan. Traité élémentaire des séries.)

Application numérique :

$$u_n = \frac{n(n+1)}{(n+2)(n+3)(n+4)(n+5)}$$

on trouve

$$S = \frac{1}{9}.$$

9. La série à termes positifs

$$u_0 + u_1 + u_2 + \dots + u_n + \dots$$

étant supposée divergente, prouver que la série

$$\frac{u_0}{u_0+1} + \frac{u_1}{(u_0+1)(u_1+1)} + \frac{u_2}{(u_0+1)(u_1+1)(u_2+1)} + \dots$$

est convergente et a pour somme 1.

— On part de l'identité

$$1 - \frac{x}{x+1} = \frac{1}{x+1}.$$

10. Discuter la série

$$1 + \frac{1}{2}x + \frac{1.3}{2.4}x^2 + \frac{1.3.5}{2.4.6}x^3 + \dots$$

11. Discuter la série

$$\frac{4}{3} + \frac{4.6}{3.5}x + \frac{4.6.8}{3.5.7}x^2 + \dots$$

12. Étudier la série dont le terme général est

$$\frac{(a+c)(2a+c)\dots(\overline{n-1}\,a+c)}{(b+c)(2b+c)\dots(\overline{n-1}\,b+c)}$$

a, b, c étant des nombres positifs.

13. Prouver que la série dont le terme général est $\dfrac{1}{\sqrt[n]{n^n+1}}$ est divergente.

14. Si $a_0, a_1, a_2 \ldots\ldots a_n \ldots\ldots$ sont des nombres décroissants et ayant pour limite zéro, les séries

$$a_0 + a_1 \cos \alpha + a_2 \cos 2\alpha + \ldots\ldots + a_n \cos n\alpha + \ldots\ldots$$
$$a_0 + a_1 \sin \alpha + a_2 \sin 2\alpha + \ldots\ldots + a_n \sin n\alpha + \ldots\ldots$$

(BJÖRLING.)

sont convergentes.

Plus généralement si les séries

$$\cos \alpha_1 + \cos \alpha_2 + \ldots\ldots + \cos \alpha_n + \ldots\ldots$$
$$\sin \alpha_1 + \sin \alpha_2 + \ldots\ldots + \sin \alpha_n + \ldots\ldots$$

ne sont pas divergentes, les séries

$$a_1 \cos \alpha_1 + a_2 \cos \alpha_2 + \ldots\ldots a_n \cos \alpha_n + \ldots\ldots$$
$$a_1 \sin \alpha_1 + a_2 \sin \alpha_2 + \ldots\ldots a_n \sin \alpha_n + \ldots\ldots$$

sont convergentes, en supposant que $a_1, a_2, \ldots\ldots a_n \ldots\ldots$ vont en décroissant et ont pour limite zéro.

Examiner, par ex., le cas où les arcs $\alpha_1, \alpha_2, \ldots\ldots \alpha_n \ldots\ldots$ sont en progression arithmétique.

15. Trouver la limite de l'expression

$$\frac{1.2.3 \ldots\ldots n}{(x+1)(x+2)\ldots\ldots(x+n)}$$

quand le nombre entier n augmente indéfiniment.

16. Trouver la somme de la série dont le terme général est

$$\frac{f(n)}{n!}$$

$f(n)$ désignant un polynome entier de degré p.

17. Démontrer que la différence entre le nombre e et $\left(1 + \dfrac{1}{m}\right)^m$ est comprise entre $\dfrac{e}{2m+1}$ et $\dfrac{e}{2m+2}$.

18. La série

$$1 + 4x + 9x^2 + 16x^3 + \ldots\ldots + n^2 x^{n-1} + \ldots\ldots$$

est convergente si $\bmod x < 1$ et a pour valeur $\dfrac{1+x}{(1-x)^3}$.

(SCHLÖMILCH.)

19. *Généralisation*. La série

$$1^p + 2^p x + 3^p x^2 + \ldots\ldots + n^p x^{n-1} + \ldots\ldots = \frac{P_p}{(1-x)^{p+1}}$$

P_p étant un polynome entier de degré $p-1$. Étudier ce polynome. Calculer sa valeur pour $x = 1$.

(E. CATALAN.)

20. On représente par la notation $\prod\limits_{p=0}^{p=n} (1 + u_p)$ le produit

$$(1 + u_0)(1 + u_1)(1 + u_2)\ldots\ldots(1 + u_n).$$

Si ce produit a une limite quand n augmente indéfiniment, on dit qu'il est *convergent*.

Démontrer que si le produit précédent est convergent u_n a pour limite zéro. Cette condition est nécessaire, mais n'est pas suffisante.

21. Démontrer l'identité :

$$(1 + u_0)(1 + u_1)\ldots\ldots(1 + u_n) = 1 + u_0 + (1 + u_0) u_1 + (1 + u_0)(1 + u_1) u_2 + \ldots\ldots$$
$$+ (1 + u_0)(1 + u_1)\ldots\ldots(1 + u_{n-1}) u_n$$

ou en changeant les signes :

$$(1 - u_0)(1 - u_1)\ldots\ldots(1 - u_n) = 1 - u_0 - (1 - u_0) u_1 - (1 - u_0)(1 - u_1) u_2 - \ldots\ldots$$
$$- (1 - u_0)(1 - u_1)\ldots\ldots(1 - u_{n-1}) u_n.$$

1° Cela posé, démontrer que si la série *positive*

$$u_0 + u_1 + u_2 + \ldots\ldots + u_n + \ldots\ldots$$

est convergente, le produit $\prod (1 - u_n)$ ne peut avoir pour limite zéro (on supposera les nombres u_0, u_1, $\ldots\ldots u_n \ldots\ldots$ tous plus petits que 1).

2° Démontrer que le produit $\prod (1 + u_n)$ est convergent ou divergent en même temps que la série à termes positifs $\sum u_n$.

22. Démontrer que la série positive

$$u_0 + u_1 + u_2 + \ldots\ldots + u_n + \ldots\ldots$$

et la série

$$\frac{u_1}{u_0} + \frac{u_2}{u_0 + u_1} + \frac{u_3}{u_0 + u_1 + u_2} + \ldots\ldots + \frac{u_n}{u_0 + u_1 + \ldots\ldots u_{n-1}} + \ldots\ldots$$

sont en même temps convergentes ou divergentes.

(ABEL.)

— Si l'on pose

$$v_n = \frac{u_n}{u_0 + u_1 + \ldots\ldots + u_{n-1}}$$

on a :

$$\frac{u_{n+1}}{u_n} = \frac{v_{n+1}}{v_n}(1 + v_n)$$

et

$$(1 + v_1)(1 + v_2)\ldots\ldots(1 + v_n) = 1 + \frac{1}{u_0}(u_1 + u_2 + \ldots\ldots + u_n).$$

23. Il est impossible de trouver une fonction $\varphi(n)$ telle qu'une série positive soit convergente si $u_n \varphi(n)$ a pour limite zéro quand n augmente indéfiniment et divergente dans le cas contraire.

(ABEL.)

Il suffit de considérer les deux séries

$$\frac{1}{\varphi(1)} + \frac{1}{\varphi(2)} + \cdots + \frac{1}{\varphi(n)} + \cdots$$

$$\frac{1}{\varphi(2)\,\dfrac{1}{\varphi(1)}} + \frac{1}{\varphi(3)\left[\dfrac{1}{\varphi(1)} + \dfrac{1}{\varphi(2)}\right]} + \cdots + \frac{1}{\varphi(n)\left(\dfrac{1}{\varphi(1)} + \dfrac{1}{\varphi(2)} + \cdots + \dfrac{1}{\varphi(n-1)}\right)} + \cdots$$

et d'appliquer le théorème précédent à ces deux séries.

24. Développer, par la division, la fraction

$$y = \frac{1 - x\cos\alpha}{1 - 2x\cos\alpha + x^2}$$

suivant les puissances croissantes de x. Soit

$$y = A_0 + A_1 x + A_2 x^2 + \cdots + A_n x^n + \cdots$$

Calculer A_n.

Trouver entre quelles limites doit varier x pour que la série soit convergente.

25. Chercher les séries telles que si l'on pose $\dfrac{u_{n+1}}{u_n} = \dfrac{1}{1 + \alpha_n}$ on ait : $n\alpha_n = k$, k étant une constante. Montrer que l'on peut trouver la somme des p premiers termes de ces séries. Retrouver la règle de convergence connue, ainsi qu'une limite du reste.

(G. Darboux.)

26. Si u_n a pour limite λ quand n croît indéfiniment, $\dfrac{u_1 + u_2 + \cdots + u_n}{n}$ a la même limite si une série est convergente et a pour somme S, $\dfrac{S_1 + S_2 + \cdots + S_n}{n}$ a pour limite S.

27. Étudier la série dont le terme général $u_n = \sqrt[n]{a} - \sqrt[n+1]{a}$
— on cherche $\lim n^2 u_n$; on trouve La.

28. Étudier la série dont le terme général $u_n = f(n) - f(n+1)$ où $f(n) = \dfrac{n\,x}{(x^2+1)^n}$.

Prouver que cette série est convergente pour toute valeur de x, mais non uniformément.

29. On pose

$$\frac{x}{e^x - 1} = 1 - \frac{x}{2} + \frac{B_1}{2!}\,x^2 - \frac{B_2}{4!}\,x^4 + \frac{B_3}{6!}\,x^6 - \cdots$$

et l'on multiplie par

$$e^x - 1 = x + \frac{x^2}{2!} + \frac{x^3}{3!} + \cdots$$

identifier les deux membres et en déduire des relations entre les coefficients B, qu'on nomme nombres de Bernoulli.

30. On pose

$$f(a) = \frac{e^{ax} - 1}{e^x - 1} = S_0 + S_1\,\frac{x}{1} + S_2\,\frac{x^2}{2!} + \cdots$$

On en déduit

$$x f(a) = (e^{ax} - 1) \left(1 - \frac{x}{2} + B_1 \frac{x^2}{2!} - B_2 \frac{x^4}{4!} + \cdots \right)$$

déduire de là l'expression de S_n.

31. On a

$$f(a + 1) - f(a) = e^{ax}.$$

En posant

$$f(a) = S_0(a) + S_1(a) \frac{x}{1} + S_2(a) \frac{x^2}{2!} + \cdots$$

on a

$$S_p(n + 1) = 1^p + 2^p + \cdots + (n-1)^p + n^p$$

n étant un entier.

CHAPITRE XIX

FRACTIONS CONTINUES

1. Soit $\dfrac{a}{b}$ une fraction irréductible. Exécutons sur les nombres entiers positifs a et b, les opérations du plus grand commun diviseur. Nous aurons successivement, en désignant les quotients obtenus par a_1, a_2, ... et les restes correspondants par b_1, b_2, ...

$$\begin{aligned}
a &= b \, a_1 + b_1 \\
b &= b_1 a_2 + b_2 \\
b_1 &= b_2 a_3 + b_3 \\
& \cdot \quad \cdot \quad \cdot \\
& \cdot \quad \cdot \quad \cdot \\
b_{n-2} &= b_{n-1} a_n + 1
\end{aligned}$$

Si l'on fait une division de plus, on aura à diviser b_{n-1} par 1, le quotient sera b_{n-1} et le reste 0. Pour plus de symétrie dans les notations nous écrirons encore :

$$b_{n-1} = a_{n+1}.$$

On déduit des inégalités précédentes :

$$\frac{a}{b} = a_1 + \frac{1}{\left(\dfrac{b}{b_1}\right)}$$

$$\frac{b}{b_1} = a_2 + \frac{1}{\left(\dfrac{b_1}{b_2}\right)}$$

$$\frac{b_1}{b_2} = a_3 + \frac{1}{\left(\dfrac{b_2}{b_3}\right)}$$

$$. . . . .$$
$$. . . . .$$
$$. . . . .$$

$$\frac{b_{n-2}}{b_{n-1}} = a_n + \frac{1}{b_{n-1}} = a_n + \frac{1}{a_{n+1}}.$$

On peut donc poser :

$$\frac{a}{b} = a_1 + \cfrac{1}{a_2 + \cfrac{1}{a_3 + \cfrac{1}{a_4 + \cdots + \cfrac{1}{a_n + \cfrac{1}{a_{n+1}}}}}}$$

Si a est inférieur à b, le quotient a_1 est nul et $b_1 = a$, de sorte que l'on sera amené à diviser b par a. Ainsi, le premier quotient peut être nul, mais dans tous les cas, les quotients suivants sont au moins égaux à l'unité.

Soit par exemple $\dfrac{a}{b} = \dfrac{355}{113}$. En faisant les opérations du plus grand commun diviseur, nous trouvons pour quotients 3, 7, 16, donc :

$$\frac{355}{113} = 3 + \cfrac{1}{7 + \cfrac{1}{16}}$$

De même :

$$\frac{113}{355} = \cfrac{1}{3 + \cfrac{1}{7 + \cfrac{1}{16}}}$$

Considérons en second lieu un nombre incommensurable positif x. Désignons par a_1 la partie entière de x, et posons :

$$x = a_1 + \frac{1}{x_1}$$

a_1 peut être nul, mais dans tous les cas $\frac{1}{x_1}$ est incommensurable et plus petit que l'unité, puisque $\frac{1}{x_1} = x - a_1$; donc x_1 est incommensurable et plus grand que 1, de sorte que l'on peut poser :

$$x_1 = a_2 + \frac{1}{x_2}$$

puis successivement :

$$x_2 = a_3 + \frac{1}{x_3}$$

$$\cdots \cdots \cdots$$

$$x_{n-2} = a_{n-1} + \frac{1}{x_{n-1}}$$

$$x_{n-1} = a_n + \frac{1}{x_n}$$

$a_2,\ a_3,\ \ldots\ a_n$ étant des entiers au moins égaux à l'unité, et $x_2,\ x_3,\ \ldots\ x_n$ des nombres incommensurables plus grands que 1. On obtient ainsi :

$$x = a_1 + \cfrac{1}{a_2 + \cfrac{1}{a_3 + \cdots + \cfrac{1}{a_n + \cfrac{1}{x_n}}}}.$$

Quelque grand que soit n, x_n ne sera jamais un nombre entier.

2. Définitions. — On est ainsi conduit à introduire dans le calcul algébrique des expressions telles que :

$$a_1 + \cfrac{1}{a_2 + \cfrac{1}{a_3 + \cdots \cfrac{}{\ddots + \cfrac{1}{a_n + \cdots}}}}$$

que l'on nomme des *fractions continues arithmétiques* et que nous représenterons par la notation :

$$\mid a_1, a_2, \ldots\ a_n, \ldots \mid$$

Les nombres $a_1, a_2, a_3, \ldots a_n \ldots$ qui sont des entiers, tous différents de 0 à *partir du second*, se nomment *quotients incomplets;* les nombres $x_1, x_2, \ldots x_n \ldots$ se nomment *quotients complets*. La suite des quotients incomplets peut être limitée ou illimitée : on dit alors que la fraction continue est elle-même *limitée* ou *illimitée*. Une fraction ordinaire donne naissance à une fraction continue limitée, et un nombre incommensurable donne une fraction continue illimitée. Si l'on arrête la fraction continue au quotient incomplet a_n, il suffit de remplacer a_n par $a_n + \dfrac{1}{x_n}$ pour avoir une fraction égale au nombre incommensurable x.

On nomme *réduites* successives d'une fraction continue, ou encore *fractions convergentes*, les fractions ordinaires égales aux fractions continues obtenues en arrêtant la fraction continue donnée au premier, au deuxième, ... en général au n^e quotient incomplet, ce qui donne la première, la deuxième, ... en général la n^e réduite.

3. Loi de formation des réduites successives. — Nous représenterons par R_n la réduite de rang n, c'est-à-dire :

$$R_n = a_1 + \cfrac{1}{a_2 + \cfrac{1}{a_3 + \cdots \cfrac{}{\ddots + \cfrac{1}{a_n}}}}$$

On a :

$$R_1 = \frac{a_1}{1}$$

si l'on pose $P_1 = a_1$ $Q_1 = 1$, on a :

$$R_1 = \frac{P_1}{Q_1} ;$$

on a ensuite :

$$R_2 = a_1 + \frac{1}{a_2} = \frac{a_1 a_2 + 1}{a_2} ;$$

donc, en posant

$$P_2 = a_1 a_2 + 1 \qquad Q_2 = a_2,$$

on a :

$$R_2 = \frac{P_2}{Q_2}.$$

On aura R_3, en remplaçant dans R_2, a_2 par $a_2 + \frac{1}{a_3}$; ce qui donne :

$$R_3 = \frac{a_1\left(a_2 + \dfrac{1}{a_3}\right) + 1}{a_2 + \dfrac{1}{a_3}} = \frac{(a_1 a_2 + 1) a_3 + a_1}{a_2 a_3 + 1} = \frac{P_2 a_3 + P_1}{Q_2 a_3 + Q_1}.$$

Par suite, en posant :

$$P_3 = P_2 a_3 + P_1, \qquad Q_3 = Q_2 a_3 + Q_1$$

on a :

$$R_3 = \frac{P_3}{Q_3}.$$

Je dis qu'en calculant P_n et Q_n par la formule de *récurrence*

$$\left.\begin{array}{l} P_n = P_{n-1} a_n + P_{n-2} \\ Q_n = Q_{n-1} a_n + Q_{n-2} \end{array}\right\} \qquad (1)$$

on aura :

$$R_n = \frac{P_n}{Q_n}.$$

En effet, en supposant P_1, P_2, Q_1 et Q_2 déterminés par les formules

$$P_1 = a_1, \qquad P_2 = a_1 a_2 + 1; \qquad Q_1 = 1, \qquad Q_2 = a_2,$$

P_3 et Q_3 satisfont à la loi de récurrence. Pour prouver que cette loi est générale, il suffit de faire voir que si elle est vraie jusqu'à $n = h$ elle sera vraie encore pour $n = h + 1$.

Or, on a :

$$R_{h+1} = \frac{P_{h-1}\left(a_h + \dfrac{1}{a_{h+1}}\right) + P_{h-2}}{Q_{h-1}\left(a_h + \dfrac{1}{a_{h+1}}\right) + Q_{h-2}} = \frac{(P_{h-1}\,a_h + P_{h-2})\,a_{h+1} + P_{h-1}}{(Q_{h-1}\,a_h + Q_{h-2})\,a_{h+1} + Q_{h-1}},$$

c'est-à-dire,

$$R_{h+1} = \frac{P_h\,.\,a_{h+1} + P_{h-1}}{Q_h\,.\,a_{h+1} + Q_{h-1}};$$

donc, en posant

$$P_{h+1} = P_h\,.\,a_{h+1} + P_{h-1}$$
$$Q_{h+1} = Q_h\,.\,a_{h+1} + Q_{h-1}$$

on a bien

$$R_{h+1} = \frac{P_{h+1}}{Q_{h+1}}.$$

Corollaire. — Les formules (1) montrent que l'on a

$$P_n > P_{n-1} \qquad Q_n > Q_{n-1}.$$

On en conclut aisément que si la fraction est illimitée, P_n et Q_n augmentent indéfiniment en même temps que n.

4. Théorème. — *On a :*

$$P_n\,.\,Q_{n-1} - Q_n\,.\,P_{n-1} = (-1)^n. \tag{2}$$

En effet, on déduit des équations (1),

$$P_n\,Q_{n-1} - Q_n\,P_{n-1} = P_{n-2}\,Q_{n-1} - Q_{n-2}\,P_{n-1}. \tag{3}$$

Si l'on pose

$$\Delta_n = P_n\,Q_{n-1} - Q_n\,P_{n-1},$$

on a, en vertu de l'équation (3)

$$\Delta_n = -\,\Delta_{n-1}$$

de même

$$\Delta_{n-1} = -\,\Delta_{n-2}$$
$$\Delta_{n-2} = -\,\Delta_{n-3}$$
$$\cdot\ \cdot\ \cdot\ \cdot\ \cdot\ \cdot\ \cdot\ \cdot$$
$$\cdot\ \cdot\ \cdot\ \cdot\ \cdot\ \cdot\ \cdot\ \cdot$$
$$\cdot\ \cdot\ \cdot\ \cdot\ \cdot\ \cdot\ \cdot\ \cdot$$
$$\Delta_3 = -\,\Delta_2$$

et par conséquent, comme

$$\Delta_2 = P_2\,Q_1 - Q_2\,P_1 = (a_1\,a_2 + 1) - a_1\,a_2 = 1$$

on en conclut :

$$\Delta_n = (-1)^n,$$

ce qui démontre la proposition.

Il résulte de l'équation (2) que P_n et Q_n sont premiers entre eux, par conséquent $\dfrac{P_n}{Q_n}$ est une fraction irréductible.

On peut remarquer que P_n et P_{n-1} sont aussi premiers entre eux ainsi que Q_n et Q_{n-1}.

5. Corollaire. — On a :

$$R_n - R_{n-1} = \frac{P_n}{Q_n} - \frac{P_{n-1}}{Q_{n-1}} = \frac{(-1)^n}{Q_n\,Q_{n-1}}$$

et :

$$\frac{1}{R_n} - \frac{1}{R_{n-1}} = \frac{Q_n}{P_n} - \frac{Q_{n-1}}{P_{n-1}} = -\frac{(-1)^n}{P_n\,P_{n-1}}.$$

On a ainsi successivement :

$$R_2 - R_1 = \frac{1}{Q_1\,Q_2} \quad R_3 - R_2 = \frac{-1}{Q_2\,Q_3}, \;\ldots\; R_n - R_{n-1} = \frac{(-1)^n}{Q_n\,Q_{n-1}}$$

on en tire, en ajoutant membre à membre :

$$R_n = R_1 + \frac{1}{Q_1\,Q_2} - \frac{1}{Q_2\,Q_3} + \;\cdots\; + \frac{(-1)^n}{Q_n\,Q_{n-1}}.$$

Il résulte de cette formule que, lorsque n croît indéfiniment R_n a une limite égale à la somme d'une série alternée, qui est convergente, puisque les termes, à partir du second, vont en décroissant et tendent vers zéro.

6. Comparaison des réduites successives. — La formule :

$$R_n - R_{n-1} = \frac{(-1)^n}{Q_n\,Q_{n-1}}$$

montre que $R_n - R_{n-1}$ a le signe $+$ quand n est pair et le signe $-$ quand n est impair. De plus $Q_n\,Q_{n-1}$ croît indéfiniment en même temps que n ; donc :

Toute réduite de rang pair est plus grande que la réduite précédente et que la réduite suivante ; au contraire, toute réduite de rang impair est moindre que celle qui la précède et que celle qui la suit immédiatement ; de plus, la valeur absolue de la différence de deux réduites consécutives tend vers zéro quand le rang de ces réduites augmente indéfiniment.

Considérons maintenant la différence $R_n - R_{n-2}$; on a :

$$\frac{P_{n-1}\,a_n + P_{n-2}}{Q_{n-1}\,a_n + Q_{n-2}} - \frac{P_{n-2}}{Q_{n-2}} = -\frac{(-1)^n\,a_n}{Q_n\,Q_{n-2}}.$$

Donc, la différence : $R_n - R_{n-2}$ est négative si n est pair, positive si n est impair ; autrement dit :

Les réduites de rang pair vont en diminuant, tandis que les réduites de rang impair vont en augmentant.

Nous pouvons donc écrire les inégalités :

$$R_1 < R_3 \;\ldots\; < R_{2p-1} < R_{2p+1} < R_{2p} < R_{2p-2} \;\ldots\; < R_4 < R_2.$$

Corollaire. — Supposons la fraction illimitée ; il résulte de ce qui précède que si n augmente indéfiniment, R_n a une limite ; en d'autres termes :

Toute fraction continue arithmétique illimitée est convergente.

Il convient de ne pas oublier que les quotients incomplets sont supposés, au moins à partir du second, entiers et positifs.

7. Théorème. — *La valeur d'une fraction continue est comprise entre deux réduites consécutives et plus près de celle qui a le rang le plus élevé.*

Considérons une fraction continue :

$$|\ a_1,\ a_2,\ \ldots\ a_n \ \ldots\ldots\ |$$

on obtiendra la réduite R_{n+p} en remplaçant dans R_{n+1}, le quotient incomplet a_{n+1} par

$$a_{n+1} + \cfrac{1}{a_{n+2} + \cfrac{}{\ddots \; + \cfrac{1}{a_{n+p}}}}$$

que nous désignerons par α ; on a donc :

$$R_{n+p} = \frac{P_n\,\alpha + P_{n-1}}{Q_n\,\alpha + Q_{n-1}}$$

par suite :

$$R_{n+p} - R_n = - \frac{(-1)^n}{(Q_n \alpha + Q_{n-1}) Q_n}$$

$$R_{n+p} - R_{n-1} = \frac{(-1)^n \alpha}{(Q_n \alpha + Q_{n-1}) Q_{n-1}}.$$

On voit que ces deux différences sont de signes contraires et que, par suite, R_{n+p} est compris entre R_n et R_{n-1}.

En second lieu :

$$\frac{R_n - R_{n+p}}{R_{n+p} - R_{n-1}} = \frac{Q_{n-1}}{\alpha\, Q_n}.$$

Or, on a : $Q_n > Q_{n-1}$, $\alpha > 1$ donc :

$$\frac{R_n - R_{n+p}}{R_{n+p} - R_{n-1}} < 1.$$

Ce qui démontre que R_{n+p} est plus près de R_n que de R_{n-1}.

Cela posé, si la fraction est limitée, on peut supposer que R_{n+p} soit la dernière réduite, c'est-à-dire la valeur de la fraction elle-même ; le théorème est donc établi pour une fraction limitée.

Supposons la fraction illimitée, et soit x sa valeur, on a :

$$x = \frac{P_n x_n + P_{n-1}}{Q_n x_n + Q_{n-1}},$$

x_n désignant la limite vers laquelle tend la fraction :

$$| \, a_{n+1}, a_{n+2}, \ldots a_{n+p} \, |$$

quand p augmente indéfiniment ; en raisonnant comme dans le cas précédent, on trouve de la même manière :

$$\frac{R_n - x}{x - R_{n-1}} = \frac{Q_{n-1}}{x_n Q_n} < 1,$$

par conséquent, la proposition est établie dans tous les cas.

8. Remarques. — 1. Si l'on développe, comme nous l'avons fait plus haut, un nombre incommensurable x, en fraction continue, on obtient :

$$x = a_1 + \cfrac{1}{a_2 + \cfrac{1}{a_3 + \cfrac{}{\ddots + \cfrac{1}{a_n + \cfrac{1}{x_n}}}}}$$

par conséquent x est compris entre R_n et R_{n-1}. Il en résulte que si n augmente indéfiniment R_n a précisément pour limite x.

II. Si l'on développe une fraction ordinaire $\dfrac{a}{b}$ en fraction continue en supposant $\dfrac{a}{b}$ irréductible, la dernière réduite $\dfrac{P_n}{Q_n}$ sera égale à $\dfrac{a}{b}$ et comme $\dfrac{P_n}{Q_n}$ est aussi irréductible, on aura $P_n = a$, $Q_n = b$.

Remarquons encore que si :

$$\frac{a}{b} = a_1 + \cfrac{1}{a_2 + \cdot \quad \cdot \quad + \cfrac{1}{a_{n-1} + \cfrac{1}{a_n}}}$$

on sait que a_n est plus grand que 1 ; on peut aussi écrire :

$$\frac{a}{b} = a_1 + \cfrac{1}{a_2 + \cdot \quad \cdot \quad + \cfrac{1}{a_{n-2} + \cfrac{1}{(a_n - 1) + \cfrac{1}{1}}}}$$

de cette façon, on peut toujours s'arranger de manière que le nombre de réduites soit pair ou impair.

Soit par exemple :

$$\frac{a}{b} = \frac{22}{15} = 1 + \cfrac{1}{2 + \cfrac{1}{7}} = 1 + \cfrac{1}{2 + \cfrac{1}{6 + \cfrac{1}{1}}}$$

de sorte que les réduites successives sont :

$$\frac{1}{1}, \frac{3}{2}, \frac{22}{15}$$

ou :

$$\frac{1}{1}, \frac{3}{2}, \frac{19}{13}, \frac{22}{15}.$$

On vérifie aisément que cette modification n'altère pas les propriétés des réduites.

9. Théorème fondamental. — *Si une fraction approche plus de la valeur d'une fraction continue qu'une réduite déterminée, ses termes sont respectivement plus grands que ceux de cette réduite.*

Soient $\dfrac{P_n}{Q_n}$ la réduite considérée, $\dfrac{P_{n-1}}{Q_{n-1}}$ la réduite précédente, x la valeur de la fraction continue et $\dfrac{a}{b}$ la fraction donnée, que nous pouvons supposer irréductible.

Pour fixer les idées, supposons n pair; alors :

$$\frac{P_{n-1}}{Q_{n-1}} < x < \frac{P_n}{Q_n}$$

$\dfrac{a}{b}$ s'approchant plus de x que $\dfrac{P_n}{Q_n}$ ne peut être plus grande que $\dfrac{P_n}{Q_n}$ ni plus petite que $\dfrac{P_{n-1}}{Q_{n-1}}$, puisque x est plus près de $\dfrac{P_n}{Q_n}$ que de $\dfrac{P_{n-1}}{Q_{n-1}}$ on a donc :

$$\frac{P_{n-1}}{Q_{n-1}} < \frac{a}{b} < \frac{P_n}{Q_n}$$

et par suite :

$$\frac{a}{b} - \frac{P_{n-1}}{Q_{n-1}} < \frac{P_n}{Q_n} - \frac{P_{n-1}}{Q_{n-1}}$$

c'est-à-dire :

$$\frac{a\,Q_{n-1} - b\,P_{n-1}}{b\,Q_{n-1}} < \frac{1}{Q_n\,Q_{n-1}}$$

d'où :

$$b > (a\,Q_{n-1} - b\,P_{n-1}).\,Q_n,$$

et comme $a\,Q_{n-1} - b\,P_{n-1}$ est un entier positif, *a fortiori* on a :

$$b > Q_n.$$

En second lieu, on a :

$$\frac{Q_n}{P} < \frac{b}{a} < \frac{Q_{n-1}}{P_{n-1}}$$

d'où :

$$\frac{a\,Q_{n-1} - b\,P_{n-1}}{a\,P_{n-1}} < \frac{1}{P_n\,P_{n-1}}$$

et par suite :

$$a > (a\,Q_{n-1} - b\,P_{n-1})\,P_n$$

et à plus forte raison :

$$a > P_n.$$

On ferait une démonstration analogue si n était impair :

Remarquons enfin que si $\dfrac{a'}{b'} = \dfrac{a}{b}$ on aura $a' > a$, $b' > b$, donc à plus forte raison $a' > P_n$, $b' > Q_n$.

Corollaire. — On peut énoncer la proposition suivante : *Chaque réduite d'une fraction continue approche plus de la valeur de cette fraction que toute fraction ordinaire dont le dénominateur est plus petit que celui de la réduite.*

Remarque. — Il résulte de la démonstration précédente que si deux fractions $\dfrac{\alpha}{\beta}$, $\dfrac{\alpha'}{\beta'}$ vérifient l'égalité : $\alpha\beta' - \beta\alpha' = 1$ *toute fraction* $\dfrac{a}{b}$ *comprise entre* $\dfrac{\alpha}{\beta}$ *et* $\dfrac{\alpha'}{\beta'}$ *a ses termes respectivement plus grands que les termes de chacune de ces fractions.* (Il est facile de le prouver directement.)

10. Théorème. — *Si un nombre x est compris entre deux nombres A et B dont les développements en fraction continue ont les n premiers quotients incomplets communs, ces quotients seront aussi les n premiers quotients incomplets du développement de x.*

En effet, on a :

$$A = a_1 + \cfrac{1}{y_1} \qquad B = a_1 + \cfrac{1}{z_1}$$

x étant compris entre A et B, la partie entière de x est égale à a_1 : on doit donc poser :

$$x = a_1 + \cfrac{1}{x_1}$$

et comme on a :

$$a_1 + \cfrac{1}{y_1} < a_1 + \cfrac{1}{x_1} < a_1 + \cfrac{1}{z_1}$$

on en déduit :

$$y_1 > x_1 > z_1$$

si donc y_1 et z_1 ont une partie entière commune a_2, la partie entière de x_1 sera aussi a_2 et ainsi de suite.

Application. — Le nombre π est compris entre $3,1415926$ et $3,1415927$.

Développons ces deux nombres, on trouve :

$$3,1415926 = 3 + \cfrac{1}{7 + \cfrac{1}{15 + \cfrac{1}{1 + \cdots}}}$$

$$3,1415927 = 3 + \cfrac{1}{7 + \cfrac{1}{15 + \cfrac{1}{1 + \cdots}}}$$

donc :

$$\pi = 3 + \cfrac{1}{7 + \cfrac{1}{15 + \cfrac{1}{1 + \cdots}}}$$

Si l'on calcule les réduites R_2 et R_4 on trouve $R_2 = \dfrac{22}{7}$ et $R_4 = \dfrac{355}{113}$ on obtient ainsi les valeurs approchées, données par Archimède et par Adrien Metius. Ces deux valeurs sont par excès puisque ce sont des réduites de rang pair.

11. Application de la théorie des fractions continues à l'analyse indéterminée du premier degré. — Soit donnée l'équation :

$$A x + B y = C$$

dans laquelle A, B, C désignent les nombres entiers positifs ou négatifs. Il s'agit de trouver toutes les solutions entières de cette équation.

On peut supposer les trois nombres A, B, C premiers entre eux, car s'il en était autrement on simplifierait l'équation en les divisant par leur plus grand commun diviseur. Cette condition étant supposée remplie, pour que le problème soit possible, *il est nécessaire que* A *et* B *soient premiers entre eux ;* en effet, si un nombre entier divisait A et B il diviserait $A x + B y$ et, par suite, aussi C, ce qui est contraire à l'hypothèse, à savoir que A, B, C sont premiers entre eux. Je dis maintenant que si A et B sont premiers entre eux, le problème est possible et admet une infinité de solutions. Remarquons d'abord que si l'on connaît une solution x_0, y_0 on pourra trouver toutes les autres.

Supposons, en effet, qu'on ait :

$$A x_0 + B y_0 = C$$

l'équation proposée peut être remplacée par la suivante :

$$A (x - x_0) + B (y - y_0) = 0$$

ou

$$A (x - x_0) = - B (y - y_0).$$

Or, A est premier avec B et il divise $B (y - y_0)$; donc il doit diviser $y - y_0$; on a, par conséquent :

$$y - y_0 = A t$$

et

$$x - x_0 = - B t,$$

t étant un nombre entier ou positif; toute solution est donc donnée par les formules

$$y = y_0 + A t$$
$$x = x_0 - B t$$

et réciproquement, car on tire de ces formules :

$$A x + B y = A x_0 + B y_0 = C.$$

Toute la question revient donc à trouver *une* solution.

Si l'on désigne par a et b les valeurs absolues de A et B, il suffit évidemment de savoir résoudre l'équation

$$a x - b y = C.$$

Réduisons la fraction $\dfrac{a}{b}$ en fraction continue et soient $\dfrac{P_{n-1}}{Q_{n-1}}$ et $\dfrac{P_n}{Q_n}$ les deux dernières réduites; on a :

$$P_n Q_{n-1} - Q_n P_{n-1} = (- 1)^n.$$

Or, les fractions $\dfrac{P_n}{Q_n}$ et $\dfrac{a}{b}$ sont égales; d'ailleurs, toutes deux sont irréductibles; donc :

$$P_n = a, \quad Q_n = b$$

et par suite

$$a\,Q_{n-1} - b\,P_{n-1} = (-1)^n\,;$$

donc :

$$a\,.\,(-1)^n\,Q_{n-1}\,.\,C - b\,.\,(-1)^n\,P_{n-1}\,.\,C = C,$$

on aura par conséquent une solution en prenant :

$$x = (-1)^n\,Q_{n-1}\,.\,C, \quad y = (-1)^n\,P_{n-1}\,C.$$

On peut donc considérer la question comme résolue.

12. Application. — *Résoudre en nombres entiers l'équation*

$$113\,x - 335\,y = 17.$$

Développons $\dfrac{355}{113}$ en fraction continue, nous avons trouvé (1) :

$$\frac{355}{113} = 3 + \cfrac{1}{7 + \cfrac{1}{16}}$$

Donc $n = 3$, $\quad P_2 = 22 \quad Q_2 = 7$

$$355\,.\,7 - 113\,.\,22 = -1,$$

et, par suite,

$$113\,.\,22\,.\,17 - 355\,.\,7\,.\,17 = 17$$
$$x_0 = 22\,.\,17, \quad y_0 = 7\,.\,17$$

la solution générale est donnée par les formules

$$x = 22 \times 17 + 355\,.\,t$$
$$y = 7 \times 17 + 113\,.\,t.$$

En prenant $t = -1$, on a $\quad x = 19 \quad y = 6$; ces nombres sont les plus petits nombres entiers positifs résolvant l'équation proposée.

13. Remarque. — Il convient d'examiner le cas où l'un des nombres a ou b est égal à 1.

Alors la solution du problème est évidente. En effet, si l'on a à résoudre par exemple l'équation

$$x + by = c,$$

il suffit évidemment, pour avoir toutes les solutions entières, de
poser

$$y = t$$
$$x = c - b t$$

t étant un entier positif ou négatif arbitraire.

D'ailleurs, on peut poser :

$$b = (b - 1) + \frac{1}{1}$$

et prendre

$$P_1 = b - 1, \ Q_1 = 1 : \quad P_2 = b, \ Q_2 = 1,$$

et, par suite, on a la solution :

$$x_0 = c (1 - b), \quad y_0 = c.$$

On peut aussi, en écrivant

$$\frac{1}{b} = 0 + \frac{1}{b}$$

poser :

$$P_1 = 0, \quad Q_1 = 1 ; \quad P_2 = 1, \quad Q_2 = b ;$$

on obtient de cette manière la solution évidente

$$x_0 = c, \quad y_0 = 0.$$

Ainsi, la méthode générale s'applique encore dans ce cas
particulier.

14. Il convient de remarquer que l'arithmétique élémentaire montre très
simplement la possibilité de trouver une solution. Pour fixer les idées, a, b, c étant
positifs, soit l'équation :

$$a x + b y = c.$$

On peut l'écrire ainsi :

$$x = \frac{c - b y}{a}.$$

Il s'agit de trouver un entier y_0 tel que $c - b y_0$ soit divisible par a.
Soit r le reste de la division de c par a.
On sait que si l'on divise par a, les $a - 1$ produits

$$b, \ 2 b, \ 3 b, \ \ldots \ (a - 1) b,$$

a et b étant premiers entre eux, tous les restes seront différents, et par suite, aucun d'eux n'étant nul, un de ces restes est égal à r, de sorte qu'il y a un nombre y_0 tel que :

$$b\, y_0 = \text{multiple de } a + r,$$

par conséquent

$$c - b\, y_0$$

est un multiple de a et, par suite, on a la solution :

$$y = y_0, \qquad x = \frac{c - b\, y_0}{a}$$

d'où l'on déduit toutes les autres.

FRACTIONS CONTINUES PÉRIODIQUES

15. Lorsque les quotients incomplets se reproduisent périodiquement à partir d'un certain rang, on dit que la fraction continue est périodique. Si ces quotients commencent à se reproduire à partir du premier, on dit que la fraction est périodique simple, dans le cas contraire, on dit qu'elle est mixte.

Ainsi la fraction :

$$\Big|\ a_1, a_2, \dots\ a_n, a_1, a_2, \dots\ a_n, a_1, a_2, \dots\ a_n, \dots\ \Big|$$

est une fraction périodique simple ; au contraire :

$$\Big|\ b_1, b_2, \dots\ b_p, a_1, a_2, \dots\ a_n, a_1, a_2, \dots\ a_n, \dots\ \Big|$$

est une fraction continue périodique mixte.

Considérons d'abord le premier cas, et soit :

$$x = \Big|\ a_1, a_2, \dots\ a_n, a_1, a_2, \dots\ a_n, \dots\ \Big|$$

une fraction périodique simple. On a :

$$x = a_1 + \cfrac{1}{a_2 + \cdot\quad\cdot\quad\cdot + \cfrac{1}{a_n + \cfrac{1}{x_n}}}$$

x_n désignant le n^e quotient complet. Mais x_n est la valeur d'une fraction continue périodique ayant la même période que x, et par suite $x_n = x$; si $\dfrac{P_n}{Q_n}$ désigne la n^e réduite, on a donc :

$$x = \frac{P_n\, x + P_{n-1}}{Q_n\, x + Q_{n-1}}$$

c'est-à-dire :

$$Q_n \cdot x^2 + (Q_{n-1} - P_n)\, x - P_{n-1} = 0. \tag{1}$$

Or, cette équation a ses racines réelles et de signes contraires ; donc x est égale à la racine positive. Par suite :

Une fraction périodique simple est égale à la racine positive d'une équation du second degré à coefficients entiers et dont les racines sont de signes contraires.

16. Remarque. — Il est naturel de chercher ce que représente la racine négative. Or, si l'on a égard aux relations de récurrence qui définissent P_n et Q_n, on trouve sans difficulté :

$$\frac{P_n}{P_{n-1}} = a_n + \cfrac{1}{a_{n-1} + \cfrac{1}{a_{n-2} + \cdots \; \cdots + \cfrac{1}{a_2 + \cfrac{1}{a_1}}}}$$

$$\frac{Q_n}{Q_{n-1}} = a_n + \cfrac{1}{a_{n-1} + \cdots \; \cdots + \cfrac{1}{a_2}}$$

Par suite $\dfrac{P_n}{P_{n-1}}$ et $\dfrac{Q_n}{Q_{n-1}}$ sont les réduites de rangs n et $n-1$ de la fraction périodique :

$$x' = \left| \; a_n, a_{n-1}, \ldots\ldots a_1, a_n, a_{n-1}, \ldots\ldots a_1, \ldots\ldots \; \right|$$

formée avec la période renversée de la fraction x ; donc :

$$x' = \frac{P_n\, x' + Q_n}{P_{n-1}\, x' + Q_{n-1}}$$

ou

$$P_{n-1}\, x'^2 + (Q_{n-1} - P_n)\, x' - Q_n = 0. \tag{2}$$

Or, si l'on pose $x = -\dfrac{1}{z}$, l'équation (1) devient

$$Q_n - (Q_{n-1} - P_n)\, z - P_{n-1}\, z^2 = 0,$$

en comparant avec l'équation (2), on voit que la racine négative de l'équation (1) est égale à $-\dfrac{1}{x'}$, c'est-à-dire à

$$-\cfrac{1}{a_n + \cfrac{1}{a_{n-1} + \cdots \; \cdots + \cfrac{1}{a_1 + \cfrac{1}{a_n + \cdots}}}}$$

17. Fractions périodiques mixtes. — Une fraction périodique mixte peut se mettre sous la forme :

$$y = b_1 + \cfrac{1}{b_2 + \cfrac{1}{b_3 + \cdots \; \cdots + \cfrac{1}{b_k + \cfrac{1}{x}}}}$$

x désignant une fraction périodique simple.

On a donc :

$$y = \frac{P_k x + P_{k-1}}{Q_k x + Q_{k-1}}$$

et comme x est donnée par une équation du second degré à coefficients réels, il en sera de même de y. On aura d'ailleurs y sans ambiguïté, puisque nous savons calculer x.

L'équation en y n'aura plus nécessairement ses racines de signes contraires ; mais on peut affirmer que chacune de ces équations a ses racines incommensurables, puisque les fractions continues dont elles donnent les valeurs sont illimitées.

Exemple. — Soit :

$$x = a + \cfrac{1}{a + \cfrac{1}{a + \cdots}}$$

on trouve immédiatement :

$$x = a + \frac{1}{x}$$

ou

$$x^2 - ax - 1 = 0,$$

donc :

$$x = \frac{a + \sqrt{a^2 + 4}}{2}.$$

On en conclut que $a^2 + 4$ n'est jamais un carré.

18. Théorème de Lagrange. — *Les racines d'une équation du second degré à coefficients entiers*

$$Ax^2 + Bx + C = 0,$$

dans laquelle on suppose $B^2 - 4AC$ *positif, mais non carré parfait, sont développables en fractions continues périodiques.*

Remarquons tout d'abord que si les deux racines étaient négatives leurs valeurs absolues seraient racines de l'équation

$$Ax^2 - Bx + C = 0.$$

Nous ne considérerons donc que le cas où les deux racines sont toutes deux positives et celui où elles sont de signes contraires. Nous allons montrer que le premier cas se ramène au second. En effet, supposons d'abord qu'une seule des racines soit comprise entre deux entiers consécutifs a_1, $a_1 + 1$. Si l'on pose $x = a_1 + \frac{1}{x_1}$, l'équation se transforme en une équation du second degré

$$A_1 x_1^2 + B_1 x_1 + C_1 = 0.$$

qui n'aura qu'une seule racine positive et plus grande que 1 ; la seconde racine sera négative ou positive, mais plus petite que 1. Si l'on pose de même $x_1 = a_2 + \frac{1}{x_2}$, a_2 étant la partie entière de la plus grande des racines de l'équation précédente, on obtiendra une nouvelle équation

$$A_2 x_2^2 + B_2 x_2 + C_2 = 0.$$

qui n'a qu'une seule racine positive; nous sommes donc certainement ramenés au second cas.

Supposons maintenant que l'équation proposée ait deux racines comprises entre a_1 et $a_1 + 1$; après un certain nombre de transformations analogues à la précédente on finira par trouver une équation de rang k, n'ayant qu'une racine x_k comprise entre deux entiers consécutifs, car autrement, comme on a posé

$$x = a_1 + \cfrac{1}{a_2 + \cfrac{1}{a_3 \cdots + \cfrac{1}{a_k + \cfrac{1}{x_k}}}}$$

les deux racines seraient développables suivant la même fraction continue, elles seraient donc égales, ce qui est contraire à notre hypothèse. Nous pouvons donc nous borner à considérer une équation n'ayant qu'une racine positive et c'est de cette racine que nous nous occuperons uniquement, puisqu'en changeant x en $-x$, on obtiendra une équation dont la racine positive donnera la valeur absolue de l'autre racine. Soit donc l'équation

$$A x^2 + B x - C = 0,$$

dont les termes extrêmes sont de signes contraires. Nous supposerons le coefficient de x^2 positif et le terme indépendant négatif. Soit a_1 la partie entière de la racine positive, on pose

$$x = a_1 + \frac{1}{x_1}$$

et l'on obtient l'équation

$$A \left(a_1 + \frac{1}{x_1} \right)^2 + B \left(a_1 + \frac{1}{x_1} \right) - C = 0$$

ou

$$A a_1^2 + B a_1 - C \, x_1^2 + (2 A a_1 + B) x_1 + A = 0.$$

Or a_1 étant compris entre les racines et A étant positif, le nombre $A a_1^2 + B a_1 - C$ est négatif; nous pouvons donc écrire la seconde équation sous la forme :

$$A_1 x_1^2 + B_1 x_1 - C_1 = 0$$

A_1 et C_1 étant positifs. En continuant ainsi, nous arriverons après k transformations analogues à l'équation

$$A_k x_k^2 + B_k x_k - C_k = 0.$$

Or, on vérifie facilement l'égalité

$$B^2 + 4 A C = B_1^2 + 4 A_1 C_1,$$

on en conclut

$$B_k^2 + 4 A_k C_k = B^2 + 4 A C.$$

Le nombre

$$B_k^2 + 4 A_k C_k$$

conserve donc une valeur constante et positive D.

Or l'égalité

$$B_k^2 + 4 A_k C_k = D$$

montre que B_k^2 est inférieur à D; par suite la valeur absolue du nombre entier B_k ne peut avoir qu'un nombre limité de valeurs différentes; de même, l'inégalité

$$4 A_k C_k < D$$

montre que chacun des deux nombres A_k et C_k ne peut avoir qu'un nombre limité de valeurs différentes; par conséquent, après avoir fait un nombre limité de transformations, on retombera nécessairement sur l'une des équations du second degré déjà rencontrée, et par conséquent on obtiendra une fraction continue périodique, puisque les quotients incomplets finissent par se reproduire périodiquement.

<h3 style="text-align:center">EXERCICES</h3>

1. On nomme fraction continue algébrique, une fraction limitée ou illimitée de la forme

$$a_1 + \cfrac{b_2}{a_2 + \cfrac{b_3}{a_3 + \;\cdots\; + \cfrac{b_n}{a_n + \;\cdots}}}$$

b_n désignant des nombres quelconques. Si l'on représente par $\dfrac{P_n}{Q_n}$ la réduite de rang n, prouver que l'on a :

$$P_n = P_{n-1} a_n + P_{n-2} b_n$$
$$Q_n = Q_{n-1} a_n + Q_{n-2} b_n$$
$$P_n Q_{n-1} - Q_n P_{n-1} = (-1)^n . b_2 b_3 \ldots\ldots b_n, \text{ etc.}$$

2. Soient A et B, deux polynomes entiers en x et premiers entre eux, supposons que le degré de A soit au moins égal à celui de B. Faisons sur A et B les opérations du plus grand commun diviseur et soient R_1, R_2, ... R_n les restes successifs, R_n étant une constante, et Q, Q_1 ..... Q_{n-1} les quotients successifs, on a :

$$\frac{A}{B} = Q + \cfrac{1}{Q_1 + \cfrac{1}{Q_2 + \;\cdots\; + \cfrac{1}{Q_{n-1} + \cfrac{1}{Q_n}}}}$$

en posant :

$$Q_n = \frac{R_{n-1}}{R_n}.$$

Calculer les réduites successives. — Montrer qu'on obtient les mêmes formules que pour les fractions arithmétiques et faire voir en outre que les degrés de chaque terme des réduites vont en augmentant avec le rang de la réduite ; en appelant $\frac{U}{V}$ l'avant-dernière réduite on aura :

$$\frac{A}{B} - \frac{U}{V} = \pm \frac{1}{BV}$$

en déduire le théorème de Bezout :

$$A V - B U = \pm 1.$$

U et V étant des polynomes entiers dont les degrés sont respectivement moindres que ceux de A et de B.

3. Nous avons trouvé que la fraction

$$\frac{P_n\, a_{n+1} + P_{n-1}}{Q_n\, a_{n+1} + Q_{n-1}}$$

représente la $n+1_{\text{ième}}$ réduite $\mid a_1, a_2, \ldots a_{n+1} \mid$.

Si l'on remplace a_n par un nombre λ auquel on donne les valeurs

$$0, 1, 2, 3, \ldots (a_{n+1} - 1), a_{n+1}$$

on aura, outre les réduites $\dfrac{P_{n-1}}{Q_{n-1}}$ et $\dfrac{P_{n+1}}{Q_{n+1}}$, $a_{n+1} - 1$ fractions qu'on a appelées fractions *convergentes intermédiaires*.

Nous poserons :

$$u_\lambda = \lambda\, P_n + P_{n-1}$$
$$v_\lambda = \lambda\, Q_n + Q_{n-1}.$$

Démontrer les formules :

$$u_{\lambda+1} = u_\lambda + P_n, \quad v_{\lambda+1} = v_\lambda + Q_n$$
$$u_{\lambda+1}\, v_\lambda - v_{\lambda+1}\, u_\lambda = P_n\, v_\lambda - Q_n\, u_\lambda = P_n\, Q_{n-1} - Q_n\, P_{n-1} = (-1)^n.$$
$$\frac{u_{\lambda+1}}{v_{\lambda+1}} - \frac{u_\lambda}{v_\lambda} = \frac{(-1)^n}{v_\lambda\, v_{\lambda+1}}, \quad \frac{P_n}{Q_n} - \frac{u_\lambda}{v_\lambda} = \frac{(-1)^n}{Q_n\, v_\lambda}.$$

Les fractions $\dfrac{u_\lambda}{v_\lambda}$ sont irréductibles.

Si l'on considère la suite des réduites de rang pair et celle des réduites de rang impair, puis qu'entre chaque réduite de l'une et de l'autre suite et la réduite suivante, on écrive toutes les fractions convergentes intermédiaires qui s'y rapportent, de telle manière que les dénominateurs forment une suite croissante, on obtiendra deux nouvelles suites qui seront, la première croissante, la seconde décroissante, et qui convergeront l'une et l'autre vers la valeur de la fraction continue.

Si une fraction $\dfrac{A}{B}$ est comprise entre les fractions convergentes $\dfrac{u_\lambda}{v_\lambda}$, $\dfrac{u_{\lambda+1}}{v_{\lambda+1}}$ appartenant au groupe provenant des réduites $\dfrac{P_{n-1}}{Q_{n-1}}$ et $\dfrac{P_n}{P_n}$, ou si $\dfrac{A}{B}$ est comprise entre $\dfrac{u_\lambda}{v_\lambda}$ et $\dfrac{P_n}{Q_n}$, le dénominateur B sera supérieur au dénominateur de chacune des fractions convergentes qui comprennent $\dfrac{A}{B}$.

Quand la fraction continue est limitée, on peut former les fractions convergentes intermédiaires.

$$\frac{P_n + P_{n-1}}{Q_n + Q_{n-1}}, \quad \frac{2 P_n + P_{n-1}}{2 Q_n + Q_{n+1}}; \quad \ldots\ldots \quad \frac{\lambda P_n + P_{n-1}}{\lambda Q_n + Q_{n-1}}$$

λ prenant toutes les valeurs entières de 1 à $+\infty$.

On a :

$$\frac{u_\infty}{v_\infty} = \frac{P_n}{Q_n}.$$

4. A l'aide de la théorie précédente, résoudre ce problème :

Déterminer, parmi toutes les fractions dont le dénominateur ne surpasse pas un nombre déterminé, celle qui approche le plus d'une irrationnelle donnée.

(Voir SERRET, *Algèbre supérieure*.)

5. En supposant $bc - ad = 1$, montrer que la plus simple des fractions comprises entre $\dfrac{a}{b}$ et $\dfrac{c}{d}$ est la fraction

$$\frac{a + c}{b + d}.$$

6. Si x est un nombre incommensurable, trouver deux nombres entiers a et b tels que l'on ait :

$$|\, bx - a \,| < \alpha$$

α étant un nombre positif donné.

— On réduit x en fraction continue et si Q_n est supérieur à $\dfrac{1}{\alpha}$, il suffit de prendre

$$a = P_n, \ b = Q_n.$$

Montrer que si l'on peut trouver deux nombres entiers a et b tels que la différence $|\, bx - a \,|$ puisse être rendue aussi petite qu'on veut, sans être nulle, x est incommensurable.

7. Étant donnés deux nombres incommensurables x, y, montrer qu'on peut déterminer deux entiers a et b, tels que l'on ait :

$$|\, bx - ay \,| < \alpha,$$

α étant un nombre positif donné.

8. On donne des nombres a_n, b_n liés entre eux par les relations :

$$a_n = a_{n-1} + b_{n-1} \qquad b_n = a_{n-1}.$$

Trouver la limite de $\dfrac{a_n}{b_n}$ quand n augmente indéfiniment.

9. Développer $\sqrt{a^2 - 1}$ en fraction continue, a étant un entier plus grand que l'unité.

10. Trouver la $n^{\text{ième}}$ réduite de la fraction continue périodique :

$$| 2, 2, 2, \ldots |$$

Rép.
$$\frac{(1 + \sqrt{2})^{n+1} - (1 - \sqrt{2})^{n+1}}{(1 + \sqrt{2})^{n} - (1 - \sqrt{2})^{n}}.$$

11. Trouver la $n^{\text{ième}}$ réduite de la fraction continue périodique :

$$| 2, -2, -2, \ldots |$$

Rép.
$$\frac{n+1}{n}.$$

12. Former les réduites successives de la fraction continue périodique :

$$| 1, 1, 1, \ldots |$$

Les dénominateurs forment la série de Lamé.

13. Si l'on nomme avec M. E. Catalan, *série des inverses* une série dont les termes sont les inverses des dénominateurs des réduites d'une fraction continue illimitée, prouver que la série des inverses des termes de la série de Lamé est convergente et ensuite que *toute série des inverses* est convergente.

14. Étant donnée une fraction continue

$$x = | a, b, c, \ldots p, q, r, s, \ldots |$$

dont les réduites successives sont

$$\frac{A}{A'}, \frac{B}{B'}, \frac{C}{C'}, \ldots \frac{P}{P'}, \frac{Q}{Q'}, \frac{R}{R'}, \ldots$$

soit une nouvelle fraction continue

$$y = | q, r, s, \ldots |$$

Prouver que les réduites de cette fraction ont pour dénominateurs

$$(PQ' - QP')(-1)^{\lambda}, \quad (PR' - RP')(-1)^{\lambda}, \quad (PS' - SP')(-1)^{\lambda}, \ldots$$
$$\text{(E. Catalan.)}$$

λ étant le rang du quotient incomplet p.

15. Soit x une fraction continue :

$$x = | q_1, q_2, \ldots q_g \ldots q_h \ldots q_k \ldots |$$

et soient trois fractions auxiliaires

$$y = (q_{g+1}, q_{g+2}, \ldots q_h) = \frac{N_{g+1,h}}{D_{g+1,h}}$$

$$z = (q_{h+1}, q_{h+2}, \ldots q_k) = \frac{N_{h+1,k}}{D_{h+1,k}}$$

$$u = (q_{g+1}, q_{g+2}, \ldots q_k) = \frac{N_{g+1,k}}{D_{g+1,k}}$$

on a :

$$D_k D_{g+1,h} - D_h D_{g+1,k} = (-1)^{h-g+1} D_g D_{h+1,k}$$

$$N_k D_{g+1,h} - N_h D_{g+1,k} = (-1)^{h-g+1} N_g D_{h+1,k}.$$
$$\text{(Kramp.)}$$

$\dfrac{N_g}{D_g}, \dfrac{N_h}{D_h}, \dfrac{N_k}{D_k}$, étant les réduites de rangs g, h, k de la fraction x.

(Voir : Notes sur la *Théorie des fractions continues*, etc., par E. Catalan. Tome XIV, des Mémoires de l'Académie royale des sciences, lettres et beaux-arts de Belgique, 1883.)

16. Étant donnée une fraction $\dfrac{a}{b}$ dont la différence avec un nombre x est $\pm \dfrac{\theta}{b^2}$,

θ étant compris entre 0 et 1, trouver la condition pour que $\dfrac{a}{b}$ soit l'une des réduites du développement de x en fraction continue.

On développe $\dfrac{a}{b}$ en fraction continue; si $\dfrac{P_n}{Q_n}$ est la dernière réduite, $\dfrac{a}{b}$ étant irréductible on a : $a = P_n$ $b = Q_n$; on peut s'arranger de manière que n soit pair ou impair, à volonté, en remplaçant le dernier quotient a_n par $(a_n - 1) + \dfrac{1}{1}$.

Cela étant, la condition est $\theta < \dfrac{Q_n}{Q_n + Q_{n-1}}$.

Montrer que la condition est remplie si $\left| x - \dfrac{a}{b} \right| < \dfrac{1}{2\,b^2}$.

17. Trouver la condition pour que la fraction $\dfrac{a}{b}$ développée en fraction continue donne une suite de quotients incomplets a_1, a_2, ... a_n, telle que

$$a_1 = a_n, \; a_2 = a_{n-1}, \; ..... \; a_p = a_{n-p},$$

$\dfrac{b^2 \pm 1}{a}$ doit être un nombre entier.

18. Trouver les conditions pour que deux irrationnelles x, x' se développent suivant deux fractions continues pouvant se terminer suivant un même quotient complet.

On doit avoir $x' = \dfrac{a\,x + b}{a'x + b'}$ avec la condition $a\,b' - b\,a' = \pm 1$

a, b, a', b' étant des entiers positifs ou négatifs.

19. Les périodes des quotients incomplets dans les fractions continues qui expriment les racines irrationnelles d'une équation du second degré à coefficients entiers sont inverses l'une de l'autre.

Nous avons démontré la proposition dans le cas où la fraction périodique est simple.

20. La période de la suite formée par les numérateurs ou par les dénominateurs des quotients complets relatifs à l'une des racines irrationnelles d'une équation du second degré à coefficients entiers est inverse de la période analogue qui se rapporte à la deuxième racine.

21. Trouver les équations du deuxième degré à coefficients rationnels dont les racines se développent en des fractions continues terminées par les mêmes quotients complets.

Pour les n⁰ˢ 3, 16, 17, 18, 19, 20, 21 (voir *Algèbre supérieure*, par J. A. SERRET, section 1ʳᵉ, chap. I et chap. II).

22. Trouver la limite de l'expression.

$$\left(1 + \cfrac{1}{m + \cfrac{1}{m + \ldots}} \right)^m$$

quand m augmente indéfiniment.

CHAPITRE XX

CONTINUITÉ

1. Définitions. — On dit que y est une fonction de x, si à chaque valeur de x correspond une valeur bien déterminée de y. Si cette condition est remplie pour toutes les valeurs de x comprises entre deux nombres a, b, on dit que y est une fonction de x bien déterminée dans l'intervalle (a, b).

Un polynome entier en x est une fonction de x bien déterminée pour toutes les valeurs de x.

Nous représenterons par la notation $f(x)$, $\varphi(x)$, $\psi(x)$ ..... des fonctions de x.

Il est utile de remarquer que le symbole $f(x)$ ne désignera pas toujours les opérations qu'il faudra effectuer sur une valeur quelconque de x pour obtenir la valeur correspondante de y, comme dans le cas où l'on a par exemple

$$f(x) = A\,x + B, \qquad f(x) = x^m, \ldots..$$

On définit en trigonométrie la fonction $\sin x$; à chaque valeur de x correspond une valeur de $\sin x$, bien déterminée et égale à un nombre compris entre -1 et $+1$; on voit bien que le symbole $\sin x$ ne désigne pas les opérations à faire pour calculer le sinus quand l'arc est donné.

Exemples. — 1° Nous pouvons convenir d'appeler y une variable égale à $\frac{1}{x}$ pour toutes les valeurs de x, excepté pour toutes les valeurs entières de x et pour $x = 0$, en convenant par exemple que y sera égale à 1 pour toutes ces valeurs particulières de x.

Ainsi y a pour toute valeur de x une valeur bien déterminée, c'est une fonction de x, mais cette fonction n'est pas la fraction $\frac{1}{x}$.

2° Soit x un nombre quelconque que nous supposerons positif pour plus de simplicité; soient p et q deux entiers quelconques, la somme $\Sigma \dfrac{1}{p^2\,q^2}$ étendue à toutes les valeurs de p et de q, telles que l'on ait $\dfrac{p}{q} < x$, est déterminée. En effet, supposons d'abord que p et q prennent toutes les valeurs entières à partir de 1. La somme $\Sigma \dfrac{1}{p^2}$, quand p croît de 1 à n, a une limite si n augmente indéfiniment, c'est la somme de la série convergente

$$1 + \frac{1}{2^2} + \frac{1}{3^2} + \cdots + \frac{1}{n^2} + \cdots$$

il en est de même de $\Sigma \dfrac{1}{q^2}$; or si l'on pose

$$S_n = 1 + \frac{1}{2^2} + \frac{1}{3^2} + \cdots + \frac{1}{n^2},$$

lorsque p et q croissent de 1 à n et de 1 à n' respectivement, la somme $\Sigma \dfrac{1}{p^2 q^2} = S_n \cdot S_{n'}$; donc si n et n' croissent indéfiniment, la somme $\Sigma \dfrac{1}{p^2 q^2}$ a une limite; à plus forte raison cette somme a une valeur bien déterminée quand p et q sont assujettis à ne prendre que les valeurs en nombre infini d'ailleurs, pour lesquelles on a

$$\frac{p}{q} < x.$$

Cette somme est un nombre ayant une valeur bien déterminée quand x est donné, c'est une fonction de x bien déterminée pour toutes les valeurs positives de x.

3° Soit

$$f(x) = x + \frac{1}{x},$$

on a

$$f(x) = - f(-x).$$

Si l'on fait dans cette identité $x = o$, on trouve

$$f(o) = - f(o),$$

d'où il semblerait qu'on peut en conclure que $f(o) = o$.

Ce résultat est inexact, parce que pour $x = o$ la fonction $f(x)$ n'est pas bien déterminée; ici le symbole $f(o)$ n'a pas de sens précis. Effectivement, si x tend vers o par valeurs positives, $f(x)$ augmente indéfiniment et reste positif. Si x tend vers o par valeurs négatives, $f(x)$ est négatif et sa valeur absolue croît indéfiniment, de sorte que dans le premier cas $f(o) = + \infty$, et dans le second $f(o) = - \infty$. Pour la fonction $f(x)$, o est *une valeur critique*.

2. Définition de la continuité.

— Soit $f(x)$ une fonction ayant pour chaque valeur de x comprise entre deux nombres déterminés a, b une valeur finie et bien déterminée et soit x_0 un nombre appartenant à l'intervalle (a, b). On dit que la fonction $f(x)$ *est continue pour* $x = x_0$, *si à tout nombre positif* α *correspond un nombre positif* β, *tel que l'inégalité :*

$$|h| < \beta$$

entraîne l'inégalité

$$| f(x_0 + h) - f(x_0) | < \alpha$$

(en supposant que $x_0 + h$ appartienne à l'intervalle (a, b). En d'autres termes, on dit que $f(x)$ est continue pour $x = x_0$ si $f(x_0 + h)$ a pour limite $f(x_0)$ quand h tend vers zéro suivant une loi quelconque.

Si la fonction $f(x)$ est continue pour toutes les valeurs de x appartenant à l'intervalle (a, b), nous dirons qu'elle est continue dans cet intervalle.

Il convient d'ajouter les conditions suivantes : $f(x)$ doit être finie et déterminée pour $x = a$ et pour $x = b$ et, de plus, $f(a + h)$ doit avoir pour limite $f(a)$ et $f(b - h)$ doit avoir pour limite $f(b)$, quand h tend vers zéro en prenant des valeurs positives quelconques.

Exemples. — 1° *Un polynome entier à coefficients réels $f(x)$, est continu pour toutes les valeurs réelles de x.*

En effet, la différence :

$$f(x_0 + h) - f(x_0)$$

étant un polynome entier en h, sans terme constant, à tout nombre positif α correspond un nombre positif β, tel que l'inégalité

$$| h | < \beta$$

entraîne l'inégalité

$$| f(x_0 + h) - f(x_0) | < \alpha.$$

2° *La fonction $\sin x$ est continue pour toutes les valeurs réelles de x.*
En effet,

$$\sin (x + h) - \sin x = 2 \sin \frac{h}{2} \cos \left(x + \frac{h}{2} \right)$$

donc, on a :

$$| \sin (x + h) - \sin x | < | h |, \text{ etc.}$$

3. Théorème. — *La fonction $f(x)$ étant supposée continue entre deux nombres réels a et b, si l'on suppose*

$$f(a) . f(b) < 0,$$

l'équation

$$f(x) = 0$$

a au moins une racine comprise entre a et b.

Les nombres $f(a)$ et $f(b)$ sont supposés de signes contraires ; soit, pour fixer les idées :

$$f(a) > 0 \quad \text{et} \quad f(b) < 0.$$

Insérons entre a et b, $n - 1$ moyens arithmétiques $x_2, x_3, \ldots x_n$, que nous rangerons par ordre de grandeur croissante. En supposant $a < b$ et posant $x_1 = a$, $x_{n+1} = b$, nous obtiendrons la suite :

$$x_1, x_2, \ldots x_n, x_{n+1}.$$

Il est évident que si aucun de ces moyens n'est racine de l'équation $f(x) = 0$, on trouvera nécessairement deux moyens consécutifs x_r, x_{r+1} tels que l'on ait :

$$f(x_r) > 0, \qquad f(x_{r+1}) < 0,$$

et

$$a \leqslant x_r < x_{r+1} \leqslant b.$$

Posons

$$x_r = a_1, \qquad x_{r+1} = b_1 ;$$

on a :

$$b_1 - a_1 = \frac{b - a}{n}.$$

En opérant de même sur a_1 et b_1, et en supposant toujours qu'aucun des nouveaux moyens ne soit racine, on obtiendra deux nombres a_2, b_2, satisfaisant aux conditions

$$f(a_2) > 0, \qquad f(b_2) < 0,$$
$$a_1 \leqslant a_2 < b_2 \leqslant b_1, \qquad b_2 - a_2 = \frac{b - a}{n^2}.$$

En continuant de la sorte, ou bien on finira par trouver une racine de l'équation $f(x) = 0$, ou bien on formera deux suites de nombres

$$a_1, \ a_2, \ \ldots a_p, \ \ldots$$
$$b_1, \ b_2, \ \ldots b_p, \ \ldots$$

les premiers non décroissants, les seconds non croissants, tels que l'on ait

$$f(a_p) > 0, \qquad f(b_p) < 0,$$
$$b_p - a_p = \frac{b - a}{n^p}.$$

Dans la dernière hypothèse, en prenant p suffisamment grand, on peut supposer la différence $b_p - a_p$ plus petite qu'un nombre donné d'avance; donc a_p et b_p ont une limite commune x_0; je dis que $f(x_0) = 0$.

En effet, x_0 est compris entre a et b; la fonction $f(x)$ est continue dans cet intervalle, donc $f(a_p)$ a pour limite $f(x_0)$, mais quelque grand que soit p, le nombre $f(a_p)$ est positif, donc sa limite $f(x_0)$ est positive ou nulle; de même $f(b_p)$, toujours négatif, a pour limite $f(x_0)$; $f(x_0)$ ne peut donc pas être positif; on doit avoir en même temps :

$$f(x_0) \geqslant 0 \quad \text{et} \quad f(x_0) \leqslant 0$$

et de plus $f(x_0)$ est un nombre déterminé; on a donc $f(x_0) = 0$.

Remarque. — Il est impossible de supposer, qu'à partir d'un certain rang p', les nombres a_p par exemple, demeurent constants, $f(a_{p'})$ étant supposé positif, car $a_{p'}$ serait alors la limite de b_p; donc $f(b_p)$ qui est négatif aurait pour limite le nombre positif $f(a'_{p'})$.

4. Corollaire. — *Si l'on a*

$$f(a) = A, \quad f(b) = B$$

et si C désigne un nombre quelconque compris entre A et B, l'équation

$$f(x) - C = 0$$

a au moins une racine comprise entre a et b.

En effet, par hypothèse, la fonction $f(x)$ est continue entre a et b, il en est de même de la fonction $f(x) - C$; or $f(a) - C$ et $f(b) - C$ sont de signes contraires, donc la proposition est établie.

5. Définitions. — Si, pour toutes les valeurs de x comprises entre a et b, on a :

$$A < f(x) < B$$

A et B étant deux nombres déterminés, on dit que la fonction $f(x)$ est *limitée* dans l'intervalle (a, b).

Si l'inégalité

$$f(x) < B$$

est seule vérifiée, on dit que la fonction $f(x)$ est limitée *supérieurement*, de même si l'on a seulement :

$$f(x) > A$$

on dit que la fonction $f(x)$ est limitée *inférieurement*.

Il n'est pas inutile de remarquer qu'une fonction peut n'être jamais *infinie* sans être *limitée*. Par exemple : une fonction égale à 1 pour toutes les valeurs entières de x, ainsi que pour $x = 0$, et égale à $\dfrac{1}{x}$ pour toutes les autres valeurs de x, n'est *infinie* pour aucune valeur de x; mais si on la considère dans l'intervalle de 0 à 1, par exemple, elle n'est pas limitée supérieurement, car si A désigne un nombre positif quelconque, pour toute valeur de x inférieure à $\dfrac{1}{A}$, la fonction considérée sera plus grande que A.

Si l'on considère les nombres ayant une propriété commune, on dit que tous ces nombres forment un *ensemble*. Par exemple, tous les nombres rationnels forment un ensemble. Si tout nombre d'un ensemble déterminé (E) est plus petit qu'un nombre fixe B, on dit que l'ensemble (E) est limité *supérieurement*. Si tout nombre appartenant à (E) est plus grand qu'un nombre fixe A, l'ensemble (E) est limité *inférieurement*. Enfin, si y étant un nombre quelconque appartenant à l'ensemble (E), on a

$$A < y < B,$$

nous dirons simplement que l'ensemble (E) est *limité*.

6. Théorème. — *Étant donné un ensemble limité* (E) *on peut trouver deux nombres* M, m, *tels que tout nombre appartenant à l'ensemble* (E) *soit inférieur ou au plus égal à* M *et supérieur ou au moins égal à* m ; *et qu'il y ait au moins un nombre faisant partie de l'ensemble et plus grand que* M — α *et au moins un nombre faisant aussi partie de l'ensemble et plus petit que* m + α, *quel que soit le nombre positif* α.

Supposons que tout nombre de l'ensemble (E) soit compris entre les deux nombres A, B et soit pour fixer les idées A < B. Insérons entre A et B, n — 1 moyens arithmétiques. Nous obtiendrons ainsi la suite croissante :

$$X_1, X_2, \ldots X_{n+1}.$$

Soit X_r le plus petit des nombres de cette suite qui soit certainement supérieur ou égal à tout nombre faisant partie de l'ensemble (E), de sorte qu'il y ait au moins un des nombres de cet ensemble qui soit plus grand que X_{r-1}. Posons $A_1 = X_{r-1}$ et $B_1 = X_r$. Partageons de même l'intervalle A_1 à B_1 en n parties égales, et ainsi de suite ; en d'autres termes, en procédant comme dans la démonstration du théorème précédent (3), nous obtiendrons des nombres variables A_p, B_p ayant une limite commune M. Je dis que tout nombre y faisant partie de l'ensemble (E) est au plus égal à M : en effet, supposons :

$$y = M + k$$

k étant positif. On peut supposer p assez grand pour que la différence B_p — M soit moindre que k, de sorte que l'on ait :

$$B_p < M + k$$

mais d'après la définition des nombres B_p, on a :

$$y \leqslant B_p,$$

et par suite,

$$y < M + k.$$

L'égalité $y = M + k$ est donc impossible.

D'autre part, soit α un nombre positif arbitraire ; on peut supposer p assez grand pour que l'on ait :

$$A_p > M - \alpha.$$

Or, il y a au moins un nombre appartenant à l'ensemble (E) et supérieur à A_p, ce nombre sera supérieur à $M - \alpha$.

La proposition est établie en ce qui concerne M. On démontrera de la même manière l'existence du nombre m.

Remarque. — Il peut arriver qu'à partir d'une certaine valeur p' de p on ait toujours $B_p = B_{p'}$; il est clair que, dans ce cas, $M = B_{p'}$. Une circonstance analogue peut se présenter pour m.

7. Définitions. — Le nombre M se nomme le *maximum absolu* ou encore *la limite supérieure précise* de l'ensemble (E) ; le nombre m se nomme le *minimum absolu* ou la *limite inférieure précise* ; enfin la différence $M - m$ se nomme l'*oscillation* de l'ensemble.

Il est évident que si y_1 et y_2 sont deux nombres quelconques de l'ensemble, on a :

$$|y_1 - y_2| \leqslant M - m.$$

Il convient de remarquer que si l'ensemble (E) n'était limité que dans un sens, l'un seulement des deux nombres M, m existerait.

8. Cas particulier. — Les valeurs d'une fonction $f(x)$ qui correspondent aux valeurs de x appartenant à un intervalle (a, b), constituent un ensemble auquel on peut appliquer les raisonnements précédents. On peut donc énoncer ce théorème :

Étant donnée une fonction $f(x)$ qui reste comprise, quand x prend les valeurs a, b et les valeurs intermédiaires, entre deux nombres fixes A et B; on peut trouver deux nombres M, m tels que M soit supérieur ou égal aux diverses valeurs de $f(x)$ et qu'il y ait au moins une valeur de $f(x)$ plus grande que $M - \alpha$; et que m soit inférieur ou égal à $f(x)$ et enfin qu'il y ait au moins une valeur de la fonction plus petite que $m + \alpha$, quel que soit le nombre positif α, x étant compris entre a et b [1].

Le nombre M se nomme le maximum absolu ou la limite supérieure de $f(x)$, et m le minimum absolu ou la limite inférieure de $f(x)$, dans l'intervalle (a, b). Enfin, $M - m$ est l'oscillation de

____

1. Voir G. Darboux : *Mémoire sur les fonctions discontinues.*

la fonction pour cet intervalle ; si x_1 et x_2 sont deux valeurs de x comprises entre a et b, on a :

$$| f(x_1) - f(x_2) | \leqslant M - m.$$

9. Théorème. — *Étant donnée une fonction $f(x)$ limitée et continue dans l'intervalle (a, b), cette fonction atteint son maximum absolu M et son minimum absolu m, pour une ou plusieurs valeurs de x comprises entre a et b, et, par suite, prend toutes les valeurs intermédiaires entre M et m.*

On voit d'abord que la fonction pouvant prendre une ou plusieurs valeurs supérieures à $M - \alpha$ et une ou plusieurs valeurs inférieures à $m + \alpha$, $f(x)$ prendra toutes les valeurs comprises entre $M - \alpha$ et $m + \alpha$, et cela quelque petit que soit α, ce qui revient à dire qu'elle prend toutes les valeurs comprises entre M et m ; il ne peut y avoir de doute que pour M et m eux-mêmes.

Considérons par exemple M. Partageons l'intervalle (a, b) en deux autres (a, c) et (c, b) ; dans l'un au moins de ces intervalles le maximum absolu sera M, cela est évident, supposons que cela soit vrai dans l'intervalle (c, b) ; nous partagerons de même cet intervalle en deux autres ; en continuant ainsi on obtiendra une suite indéfinie d'intervalles de plus en plus petits, tels que deux intervalles consécutifs aient une extrémité commune, et l'on peut admettre comme évident que les extrémités de ces intervalles ont une limite commune λ. Quelque petit que soit le nombre h, il y a dans l'intervalle de $\lambda - h$ à $\lambda + h$ une valeur de x pour laquelle on a $f(x) > M - \alpha$: cette valeur de x sera de la forme $\lambda + \theta h$, θ étant compris entre $- 1$ et $+ 1$; de sorte qu'on aura :

$$M - f(\lambda + \theta h) < \alpha ;$$

mais la fonction $f(x)$ *étant continue* dans l'intervalle (a, b), on peut supposer h assez petit pour que l'on ait aussi :

$$| f(\lambda + \theta h) - f(\lambda) | < \alpha ;$$

on aura donc :

$$| f(\lambda) - M | < 2\alpha.$$

Or, $f(\lambda)$ et M sont des nombres déterminés et α est arbitraire ; on a donc :

$$f(\lambda) = M.$$

On verra de la même façon que la limite minimum sera atteinte.

10. Nouvelle définition de la continuité. — Considérons une fonction $f(x)$ ayant pour chaque valeur de x comprise entre deux nombres a, b une valeur bien déterminée et supposons qu'à tout nombre positif α, il corresponde un nombre δ tel que dans tout intervalle compris entre a et b et moindre que δ, l'oscillation de la fonction soit moindre que α.

Dans ces conditions, $f(x)$ sera continue dans l'intervalle (a, b).

En effet, si x_1 et x_0 désignent deux valeurs de x appartenant à l'intervalle (a, b) et tels que

$$| x_1 - x_0 | < \delta$$

on aura :

$$| f(x_1) - f(x_0) | < \alpha.$$

Par conséquent, si l'on pose $x_1 = x_0 + \theta\delta$, θ étant compris entre -1 et $+1$, on aura :

$$| f(x_0 + \theta\delta) - f(x_0) | < \alpha.$$

De plus, si cette condition est remplie pour toute valeur de x comprise entre a et b, la fonction $f(x)$ sera nécessairement limitée. En effet, partageons l'intervalle de a à b en parties égales, moindres que δ; dans chacun des nouveaux intervalles, l'oscillation de la fonction sera moindre que α; si n est le nombre total de ces intervalles et si x_0 appartient à l'intervalle de rang n', on voit aisément que la différence $f(x_0) - f(a)$ sera moindre que $n'\alpha$ et, à plus forte raison, moindre que $n\alpha$; par suite $f(x_0)$ est compris entre $f(a) + n\alpha$ et $f(a) - n\alpha$.

Le nombre que nous avons désigné par δ est indépendant de x_0, il ne dépend que de α; tandis que le nombre β du n° 2 dépend à la fois de x_0 et de α. Je dis que, si à chaque système de valeurs x_0 et α correspond un nombre β, il existera nécessairement, pour chaque nombre positif α, un nombre déterminé δ, tel que si l'on partage a, b en intervalles moindres que δ, dans chacun de ces nouveaux intervalles l'oscillation de la fonction soit moindre que α.

Pour démontrer cette proposition, supposons l'intervalle a, b partagé en un certain nombre de parties égales, chacune d'elles en un même nombre de parties égales et ainsi de suite. Je dis que nous finirons par obtenir des intervalles dans chacun desquels l'oscillation de la fonction $f(x)$ sera moindre que $\dfrac{\alpha}{2}$. En effet, supposons le contraire; alors, si loin qu'on pousse la division, il y aura au moins un intervalle dans lequel l'oscillation sera supérieure à $\dfrac{\alpha}{2}$. Dans cet intervalle, il y en aura au moins un autre dans lequel l'oscillation sera supérieure à $\dfrac{\alpha}{2}$ et ainsi de suite. Ces intervalles étant compris les uns dans les autres et tendant vers zéro, les extrémités de chacun d'eux tendent vers un point limite λ, et par suite nous arrivons à cette conclusion que l'oscillation de la fonction serait supérieure à $\dfrac{\alpha}{2}$ dans un intervalle $\lambda - h$, $\lambda + h$, h étant aussi petit qu'on voudrait, ce qui est impossible, puisque la fonction $f(x)$ est supposée continue. D'ailleurs, λ pourrait coïncider avec a ou b, mais le raisonnement serait toujours applicable.

Pour le mode de division adopté, il arrivera donc un moment où l'oscillation sera dans chaque intervalle inférieure à $\dfrac{\alpha}{2}$; prenons alors pour δ la longueur commune de ces intervalles; un intervalle de longueur δ se composant au plus de deux parties dans chacune desquelles l'oscillation est moindre que $\dfrac{\alpha}{2}$, dans un intervalle de longueur δ compris dans l'intervalle (a, b) l'oscillation de la fonction sera moindre que α.

Cette démonstration très simple est empruntée au *Cours d'analyse* de M. Picard (Paris, Gauthier-Villars).

D'après cela, nous dirons qu'*une fonction $f(x)$ est continue dans l'intervalle (a, b) si à chaque nombre positif α il correspond un nombre positif δ, tel que x_1 et x_0 désignant deux nombres quelconques compris entre a et b, et vérifiant l'inégalité*

$$| x_1 - x_0 | < \delta$$

on ait :

$$| f(x_1) - f(x_0) | < \alpha.$$

11. Exemple. — *Un polynome entier en x à coefficients réels est une fonction continue de la variable réelle x.*

Soit a un nombre positif quelconque; désignons par x et y deux nombres quelconques compris entre $- a$ et $+ a$.

On a :

$$f(x) - f(y) = (x - y)\, \varphi(x, y)$$

$\varphi(x, y)$ désignant un polynome entier en x et y, puisque $f(x) - f(y)$ est divisible par $x - y$.

Si l'on désigne par A le nombre obtenu en remplaçant dans $\varphi(x, y)$ chaque coefficient par sa valeur absolue et x ainsi que y par a, on aura évidemment pour toutes les valeurs de x et de y comprises entre a et $- a$,

$$| \varphi(x, y) | < A$$

et par suite

$$| f(x) - f(y) | < | x - y | \, A.$$

Si l'on suppose

$$| x - y | < \frac{\alpha}{A}$$

on aura :

$$| f(x) - f(y) | < \alpha.$$

Donc $f(x)$ est une fonction continue quand x varie entre deux nombres quelconques.

12. La somme algébrique ou le produit d'un nombre déterminé de fonctions de x continues dans un même intervalle, est une fonction continue dans cet intervalle. Le quotient $\dfrac{f(x)}{\varphi(x)}$ de deux fonctions continues, est une fonction continue pourvu que $\varphi(x)$ ne s'annule pas. Tous ces théorèmes se démontrent sans aucune difficulté. Si x tend vers a, les fonctions continues $f(x)$, $\varphi(x)\dots$ ont pour limites $f(a)$, $\varphi(a)\dots$: il n'y a qu'à répéter les raisonnements que l'on a déjà faits, par exemple pour prouver que $\dfrac{f(x)}{\varphi(x)}$ a pour limite $\dfrac{f(a)}{\varphi(a)}$ quand x tend vers a.

13. Fonction croissante. — Fonction décroissante. — On dit que la fonction $f(x)$ est croissante dans l'intervalle (a, b), si dans cet intervalle elle varie dans le même sens que x, de sorte que x_1 et x_2 désignant deux nombres quelconques compris entre a et b, on ait :

$$\frac{f(x_2) - f(x_1)}{x_2 - x_1} > 0 .$$

ou, en posant

$$x_2 = x_1 + h :$$
$$\frac{f(x_1 + h) - f(x_1)}{h} > 0.$$

Si, au contraire, x_1 et x_2 désignant toujours deux nombres quelconques compris entre a et b, on a :

$$\frac{f(x_2) - f(x_1)}{x_2 - x_1} < 0$$

ou :

$$\frac{f(x_1 + h) - f(x_1)}{h} < 0$$

on dit que la fonction est *décroissante* dans l'intervalle considéré.

On dit encore que $f(x)$ est *croissante* ou *décroissante* pour $x = x_0$, si l'on peut trouver un nombre positif h tel que la fonction $f(x)$ soit *croissante* ou *décroissante* dans l'intervalle de $x_0 - h$ à $x_0 + h$.

14. Maximum relatif, minimum relatif. — On dit que la fonction $f(x)$ passe par un maximum relatif, pour $x = x_0$, si l'on peut trouver un nombre positif α, tel que pour toutes les valeurs de h comprises entre $-\alpha$ et $+\alpha$, on ait :

$$f(x_0 + h) - f(x_0) < 0.$$

On dit, au contraire, que $f(x)$ passe par un minimum pour $x = x_0$, si *dans les mêmes conditions* on a :

$$f(x_0 + h) - f(x_0) > 0.$$

Étant donnée une fonction $f(x)$ continue pour $x = x_0$, on ne peut pas toujours déterminer un nombre positif α, tel que la fonction soit *croissante* ou *décroissante* dans l'intervalle de x_0 à $x_0 + \alpha$; ou dans l'intervalle de $x_0 - \alpha$ à x_0. Il y a des fonctions continues qui jouissent au contraire de cette propriété, comme nous le verrons plus loin. Dans ce cas, on peut modifier ainsi la définition du maximum et celle du minimum relatif : la fonction $f(x)$ passe par un maximum pour $x = x_0$, si l'on peut trouver un nombre positif α tel que $f(x)$ soit croissante dans l'intervalle de $x_0 - \alpha$ à x_0 et décroissante dans l'intervalle de x_0 à $x_0 + \alpha$; et au contraire $f(x)$ passe par un minimum pour $x = x_0$, si elle est décroissante dans le premier intervalle et croissante dans le second.

15. Continuité d'une fonction de plusieurs variables indépendantes. — Soient x, y, z ..... des variables indépendantes, c'est-à-dire pouvant recevoir des valeurs arbitraires; si à tout système de valeurs attribuées à ces variables on fait correspondre un nombre déterminé u, l'ensemble de toutes les valeurs de u constitue une *fonction* de ces variables, que nous représentons par la notation :

$$u = f(x, y, z).$$

On dit que u est une fonction continue pour

$$x = x_0, \quad y = y_0, \quad z = z_0$$

si à tout nombre positif α correspond un nombre β, tel que sous les conditions :

$$-\beta < h < \beta, \quad -\beta < k < \beta, \quad -\beta < l < \beta,$$

on ait :

$$| f(x + h, y + k, z + l) - f(x, y, z) | < \alpha.$$

16. Théorème. — *Un polynome entier à coefficients réels, dépendant d'un nombre quelconque de variables, est une fonction continue pour toutes les valeurs attribuées aux variables.*

Pour établir cette proposition, considérons d'abord un polynome entier par rapport à x, y, z et ne contenant pas de terme indépendant. Soit ρ un nombre positif; si l'on donne à x, y, z des valeurs moindres que ρ en valeur absolue, un terme quelconque $A x^a y^b z^c$ du polynome prendra une valeur numérique moindre que $a \rho^{a+b+c}$, a désignant la valeur absolue de A, de sorte que la valeur absolue du polynome sera moindre que celle d'un polynome entier en ρ, sans terme indépendant. Or en vertu d'un théorème connu, on peut trouver un nombre β tel que, en supposant $\rho < \beta$, la valeur absolue de ce polynome en ρ soit moindre que α. Par suite, à plus forte raison, la valeur absolue du polynome proposé sera moindre que α.

Cela étant, en développant l'accroissement de la différence

$$f(x + h, y + k, z + l) - f(x, y, z)$$

suivant les puissances entières de h, k, l, on obtient un polynome entier par rapport à h, k, l, et ne contenant pas de terme indépendant de ces lettres; donc on peut, en appliquant ce que nous venons de dire à ce polynome, déterminer un nombre β, tel que en supposant la valeur absolue de chacun des nombres h, k, l, inférieure à β le module de l'accroissement du polynome $f(x, y, z)$ soit moindre que α. Le théorème est donc démontré.

17. Continuité d'une fonction d'une variable imaginaire. — Soient u et z deux variables imaginaires; si à toute valeur de z correspond une valeur bien déterminée de u, on dit que u est une fonction de z, et l'on écrit, comme dans le cas des variables réelles :

$$u = f\,z.$$

On dit que $f\,z$ est *continue* par $z = z_0$, si à tout nombre positif α correspond un nombre positif β, tel que l'inégalité

$$\operatorname{mod}\,(z - z_0) < \beta$$

entraîne l'inégalité

$$\operatorname{mod}\,[\,f\,z - f\,z_0\,] < \alpha.$$

18. *Un polynome entier à coefficients réels ou imaginaires et dépendant d'une variable imaginaire z, est une fonction continue pour toutes les valeurs attribuées à cette variable.*

En effet, soit

$$f\,z = A_0 z^m + A_1 z^{m-1} + \ldots\ldots + A_{m-1} z + A_m$$

le polynome donné; en posant $z = x + yi$ on peut mettre $f\,z$ sous la forme :

$$f\,z = \varphi(x, y) + i\psi(x, y),$$

$\varphi(x, y)$ et $\psi(x, y)$ étant deux polynomes entiers et à coefficients réels.

Si l'on pose

$$z_0 = x_0 + y_0 i$$

on aura

$$z - z_0 = x - x_0 + i(y - y_0) = h + ki$$

en posant :

$$x = x_0 + h \qquad y = y_0 + k$$

et par suite

$$f\,z - f\,z_0 = \varphi(x_0 + h, y_0 + k) - \varphi(x_0, y_0) + i\,[\,\psi(x_0 + h, y_0 + k) - \psi(x_0, y_0)\,]$$

Or on peut déterminer un nombre β tel que les inégalités $|\,h\,| < \beta$, $|\,k\,| < \beta$ entraînent les suivantes :

$$\left|\,\varphi(x_0 + h, y_0 + k) - \varphi(x_0, y_0)\,\right| < \sqrt{\frac{\alpha}{2}}$$

$$\left|\,\psi(x_0 + h, y_0 + k) - \psi(x_0, y_0)\,\right| < \sqrt{\frac{\alpha}{2}}$$

Alors pour toutes les valeurs de z vérifiant l'inégalité

$$\operatorname{mod}\,(z - z_0) < \beta$$

on aura

$$h^2 + k^2 < \beta^2$$

et par suite

$$|h| < \beta \ \text{et} \ |k| < \beta$$

donc on aura aussi :

$$\operatorname{mod}\left[f'(z) - f'(z_0)\right] < \alpha.$$

19. Théorème. — *Une série entière est une fonction continue à l'intérieur du cercle de convergence.* — Soit

$$f(z) = a_0 + a_1 z + a_2 z^2 + \ldots + a_n z^n \ldots$$

une série entière convergente à l'intérieur d'un cercle de rayon R, c'est-à-dire pour toutes les valeurs de z dont le module est inférieur à R ; soit r un nombre positif plus petit que R, mais en différant d'aussi peu qu'on veut, et considérons deux valeurs de z, z_1 et z_2, tels que l'on ait

$$\operatorname{mod} z_1 < r, \ \operatorname{mod} z_2 < r.$$

Désignons par $f_n(z)$ la somme des $n+1$ premiers termes de la série et par $\varphi_n z$ le reste correspondant. On a :

$$f(z_1) = f_n(z_1) + \varphi_n(z_1)$$
$$f(z_2) = f_n(z_2) + \varphi_n(z_2)$$

et par suite :

$$f(z_1) - f(z_2) = \left[f_n(z_1) - f_n(z_2)\right] + \varphi_n(z_1) - \varphi_n(z_2)$$

d'où

$$\operatorname{mod}\left[f(z_1) - f(z_2)\right] < \operatorname{mod}\left[f_n(z_1) - f_n(z_2)\right] + \operatorname{mod}\varphi_n(z_1) + \operatorname{mod}\varphi_n(z_2).$$

Soit α un nombre positif arbitraire ; la série étant *uniformément convergente* à l'intérieur du cercle r, on peut trouver n' tel que pour $n > n'$ on ait

$$\operatorname{mod}\varphi_n(z_1) < \frac{\alpha}{3}, \quad \operatorname{mod}\varphi_n(z_2) < \frac{\alpha}{3}.$$

En outre $f_n(z)$ étant un polynome entier en z, on peut trouver un nombre δ tel que l'inégalité

$$\operatorname{mod}(z_1 - z_2) < \delta \qquad\qquad 1$$

entraîne la suivante :

$$\operatorname{mod}\left[f_n(z_1) - f_n(z_2)\right] < \frac{\alpha}{3}$$

on aura donc, dans ces conditions :

$$\operatorname{mod}\left[f(z_1) - f(z_2)\right] < \alpha \qquad\qquad 2$$

L'inégalité (1) entraîne l'inégalité (2) ; la série proposée est donc une fonction continue de la variable z tant que l'on suppose $\operatorname{mod} z < r < R$, la différence R $-$ r pouvant, d'ailleurs, être supposée aussi petite qu'on veut.

Cela revient à dire que si z tend vers z_0, $f(z)$ a pour limite $f(z_0)$ pourvu qu'on suppose $\operatorname{mod} z_0 < r$.

Remarque. — Si la série $a_0 + a_1 z + a_2 z^2 + \ldots$ est convergente en un point z_1 de la circonférence du cercle de convergence et a pour somme A en ce point, lorsque z se rapproche de z_1, la somme variable de la série tend vers A, *pourvu toutefois que le chemin suivi ne soit pas tangent en z_1 au cercle de convergence.*

EXERCICES

1. x étant un nombre positif, on pose $f(x) = \Sigma \dfrac{1}{p^2 \, q^2}$, la somme étant étendue à toutes les valeurs des entiers positifs p et q vérifiant l'inégalité $\dfrac{p}{q} < x$. Démontrer que $f(x)$ est une fonction discontinue.

2. Si une série est uniformément convergente dans un intervalle (a, b) et si ses termes sont des fonctions continues de x, elle représente dans cet intervalle une fonction continue de x.

3. En représentant par $f(x + o)$ et $f(x - o)$ les limites de $f(x + h)$ et de $f(x - h)$ quand h tend vers o, on a :

$$E(n - o) = n - 1 \quad E(n) = n \quad E(n + o) = n$$

n étant un entier. Pour quelles valeurs de x la fonction $E(x)$ est-elle continue? ($E(x)$ désigne la partie entière de x.)

4. Si le terme général $\varphi_n(x)$ d'une série uniformément convergente $f(x)$ est tel que $\varphi_n(x + o)$ et $\varphi_n(x - o)$ soient des nombres différents, on a :

$$f(x \pm o) = \Sigma \varphi_n(x \pm o).$$

5. On considère la série

$$f(x) = a_1 \frac{E(x)}{x} + a_2 \frac{E(2x)}{2x} + \ldots\ldots + a_n \frac{E(nx)}{nx} + \ldots\ldots$$

et l'on suppose la série

$$A = a_1 + a_2 + \ldots\ldots + a_n + \ldots\ldots$$

absolument convergente, la série $f(x)$ sera uniformément convergente.

Si x est incommensurable, $f(x)$ est continue.

Si $x = \dfrac{p}{q}$, on a

$$f(x + o) = f(x)$$

$$f(x - o) = f(x) - \frac{1}{qx}\left(\frac{a_q}{1} + \frac{a_{2q}}{2} + \frac{a_{3q}}{3} + \ldots\ldots \right).$$

6. Soit (x) la fonction représentant la différence entre x et l'entier le plus voisin, on convient que si $x = n + \dfrac{1}{2}$, n étant entier, on a :

$$\left(n + \frac{1}{2} \right) = o.$$

Pour quelles valeurs de x la fonction (x) est-elle continue?

7. La série

$$f(x) = a_1 . (x) + a_2 . (2x) + \ldots\ldots + a_n . (nx) + \ldots.$$

est uniformément convergente si la série

$$A = a_1 + a_2 + \ldots\ldots + a_n + \ldots\ldots$$

est absolument convergente.

Si x est incommensurable ou si

$$x = \frac{p}{2q+1},$$

$f(x)$ est continue.

Si $x = \dfrac{p}{2q}$, $\dfrac{p}{2q}$ étant irréductible,

$$f(x + o) = f(x) - \frac{1}{2}\,(a_q + a_{3q} + a_{5q} + \ldots)$$

$$f(x - o) = f(x) + \frac{1}{2}\,(a_q + a_{3q} + a_{5q} + \ldots)$$

(Voir G. DARBOUX, *Mémoire sur les fonctions discontinues.* (*Annales de l'École normale*, 2ᵉ série, tome IV.)

8. On suppose la fonction $f(x, y)$ continue pour toutes les valeurs de x et de y correspondant à tous les points de coordonnées x, y situés à l'intérieur d'une courbe fermée. Prouver qu'à tout nombre positif α correspond un nombre β tel que l'on ait

$$\left| f(x', y') - f(x, y) \right| < \alpha$$

lorsque l'on suppose que la distance des points M et M' ayant pour coordonnées (x, y) et (x', y') et situés à l'intérieur de la courbe considérée vérifie l'inégalité

$$\overline{MM'} < \beta.$$

9. Prouver que si la fonction $f(x, y)$ est continue et limitée à l'intérieur d'une courbe fermée, il y a au moins un point à l'intérieur de cette courbe pour lequel $f(x, y)$ atteint son minimum absolu et un point par lequel $f(x, y)$ atteint son maximum absolu.

10. Pour déterminer le rayon du cercle de convergence de la série

$$a_0 + a_1\,x + \ldots + a_m\,x^m + \ldots \tag{1}$$

Il suffit de considérer la suite

$$\left| a_1 \right|, \ \left| \sqrt[2]{a_2} \right|, \ \ldots \ \left| \sqrt[m]{a_m} \right|, \ \ldots \tag{2}$$

1° Si cette suite contient des termes supérieurs à toute quantité donnée la série (1) n'est jamais convergente.

2° Si la suite (2) ne renferme pas de termes augmentant indéfiniment elle admet une limite supérieure α.

Le rayon de convergence de la série (1) est alors $\rho = \dfrac{1}{\alpha}$.

3° La condition nécessaire et suffisante pour que la série (1) soit convergente dans tout le plan est que $\sqrt[m]{a_m}$ tende vers zéro.　　　　　　(HADAMARD.)

11. Si une fonction $f(x)$ définie dans l'intervalle (a, b) est croissante dans cet intervalle, et prend toutes les valeurs intermédiaires entre $f(a)$ et $f(b)$, elle est continue dans cet intervalle.

CHAPITRE XXI

FONCTION EXPONENTIELLE. — LOGARITHMES

1. Fonction exponentielle. — Soit a un nombre positif déterminé et soit x un nombre réel quelconque. Quelle que soit la valeur attribuée à x, nous savons ce que représente le symbole a^x.

En effet : 1° si x est entier, a^x est le produit de x facteurs égaux à a ; 2° si x est une fraction, soit $x = \dfrac{p}{q}$, p et q étant positifs, par définition

$$a^{\frac{p}{q}} = \sqrt[q]{a^p}$$

et nous savons ce que représente cette notation ; enfin si x est incommensurable, nous avons défini a^x comme la limite des nombres a^{x_n}, x_n étant un nombre commensurable variable ayant pour limite x quand n augmente indéfiniment (XI, 10). Enfin si x est négatif, soit par exemple $x = -x'$, x' étant positif, on a :

$$a^{-x'} = \frac{1}{a^{x'}} ;$$

par suite a^x est encore déterminé dans ce cas.

On appelle *fonction exponentielle*, la fonction y définie par l'équation

$$y = a^x,$$

a désignant un nombre positif quelconque.

Remarquons d'abord qu'il faut écarter le cas de $a = 1$, car, quel que soit x, on a

$$1^x = 1 ;$$

nous distinguerons deux cas suivant que l'on a

$$a > 1 \quad \text{ou} \quad a < 1.$$

PROPRIÉTÉS DE LA FONCTION EXPONENTIELLE

2. Premier cas. $a > 1$. — Il résulte immédiatement de la définition de y, que l'on a :

1° $a^x > 0$ pour toutes les valeurs de x.

2° $a^x > 1$ si x est positif, $a^x < 1$ si x est négatif.

3° *La fonction a^x est une fonction croissante pour toutes les valeurs de x.*

En effet :

$$a^{x+h} - a^x = a^x\left(a^h - 1\right).$$

Le premier facteur a^x est positif, le second $a^h - 1$ a le même signe que h, puisque l'on a $a^h > 1$ quand h est positif et $a^h < 1$, si h est négatif; donc le quotient

$$\frac{a^{x+h} - a^x}{h}$$

est positif : la fonction a^x est donc *croissante*.

4° *Quand x tend vers zéro, a^x a pour limite 1.*

En effet, supposons pour fixer les idées, que x tende vers zéro en prenant des valeurs positives; l'inverse $\dfrac{1}{x}$ augmente indéfiniment.

Soit m la partie entière de $\dfrac{1}{x}$, de sorte que l'on ait :

$$m \leqslant \frac{1}{x} < m + 1.$$

Si $\dfrac{1}{x}$ augmente indéfiniment, il en est de même, à plus forte raison, de $m + 1$, et par suite m augmente aussi indéfiniment.

Or, on a :

$$\frac{1}{m} \geqslant x > \frac{1}{m+1};$$

et par conséquent (3°)

$$a^{\frac{1}{m}} \geqslant a^x > a^{\frac{1}{m+1}}.$$

Or nous avons démontré que $a^{\frac{1}{m}}$ a pour limite 1 quand m augmente indéfiniment (XI, 9, 3°); il en est de même de $a^{\frac{1}{m+1}}$ et par conséquent a^x étant compris entre $a^{\frac{1}{m}}$ et $a^{\frac{1}{m+1}}$ a aussi pour limite 1.

Si x prend des valeurs négatives, soit $x = -x'$; on a

$$a^x = \frac{1}{a^{x'}}.$$

Si x tend vers zéro, il en est de même de x', par suite $a^{x'}$ a pour limite 1, son inverse $\frac{1}{a^{x'}}$, ou a^x a donc aussi pour limite 1.

5° *La fonction a^x est continue pour toutes les valeurs de x.*

Donnons à x une valeur déterminée x_0; il suffit de prouver que $a^{x_0 + h}$ a pour limite a^{x_0} quand h tend vers zéro.

Or on a :

$$a^{x_0 + h} - a^{x_0} = a^{x_0}\left(a^h - 1\right).$$

D'après ce qui précède, si h tend vers zéro, a^h tend vers 1, par conséquent $a^h - 1$ tend vers zéro et il en est de même du produit

$$a^{x_0}\left(a^h - 1\right),$$

puisque le premier facteur a^{x_0} a une valeur finie déterminée.

Remarque. — Soient A et B deux nombres quelconques, A étant plus petit que B; x_0 et x_1 deux nombres compris entre A et B et h la valeur absolue de leur différence; on a, en supposant $x_0 < x_1$

$$a^{x_1} - a^{x_0} = a^{x_0}\left(a^h - 1\right) < a^{B}\left(a^h - 1\right).$$

si au contraire x_1 est plus petit que x_0,

$$a^{x_0} - a^{x_1} = a^{x_1}\left(a^h - 1\right) < a^{B}\left(a^h - 1\right),$$

soit α un nombre positif arbitraire, l'inégalité

$$a^h < 1 + \frac{\alpha}{\dfrac{B}{a}}$$

entraîne celle-ci :

$$\left| a^{x_0} - a^{x_1} \right| < \alpha.$$

Déterminons un entier m tel que l'on ait

$$a^{\frac{1}{m}} < 1 + \frac{\alpha}{\dfrac{B}{a}},$$

c'est-à-dire

$$a < \left(1 + \frac{\alpha}{\dfrac{B}{a}} \right)^m.$$

Il suffit pour cela que m soit égal à la partie entière de

$$\frac{a-1}{\alpha} \cdot \frac{B}{a}$$

augmentée de 1 de sorte que, en posant :

$$\frac{1}{\beta} = E\left(\frac{a-1}{\alpha} \cdot \frac{B}{a} \right) + 1,$$

on voit que sous la condition

$$| x_0 - x_1 | < \beta,$$

on aura

$$\left| a^{x_0} - a^{x_1} \right| < \alpha.$$

La fonction a^x est donc continue entre deux nombres quelconques A, B (XX, 11).

6° *Si x augmente indéfiniment par valeurs positives, a^x augmente indéfiniment.*

Autrement dit, $a^{+\infty}$ est infini et l'on écrit : $a^{+\infty} = +\infty$.

En effet, si m désigne un entier croissant indéfiniment, a^m croît indéfiniment, il en est de même de a^x quand x croît indéfiniment, car en appelant m la partie entière de x, on a

$$a^x > a^m.$$

7° *Si, x étant négatif, sa valeur absolue augmente indéfiniment, a^x tend vers zéro.*

En effet, en posant $x = -x'$, on a

$$a^x = \frac{1}{a^{x'}},$$

x' étant positif. Si x' croît indéfiniment, $a^{x'}$ augmente indéfiniment, son inverse $\dfrac{1}{a^{x'}}$ a pour limite zéro. En d'autres termes, $a^{-\infty} = 0$.

8° *Il y a une valeur de x et une seule pour laquelle a^x est égale à un nombre positif donné b. Autrement dit, l'équation*

$$a^x = b$$

b étant positif, a une racine réelle et une seule.

En effet, lorsque x augmente indéfiniment en prenant des valeurs positives, a^x augmente indéfiniment; on peut donc trouver un nombre positif β tel que l'on ait :

$$a^\beta > b.$$

D'autre part, si x prend des valeurs négatives augmentant indéfiniment en valeur absolue, a^x tend vers zéro; on peut donc trouver un nombre α tel que l'on ait :

$$a^\alpha < b.$$

La fonction $a^x - b$ est continue; elle prend pour $x = \alpha$ et pour $x = \beta$ des valeurs de signes contraires. Par suite, l'équation

$$a^x - b = 0,$$

a au moins une racine x_0 comprise entre α et β; d'ailleurs si l'on suppose $b > 1$, cette racine est positive; elle est au contraire négative si l'on suppose $b < 1$. En outre, la fonction a^x étant croissante, il est clair que l'équation proposée n'a *qu'une seule racine réelle.*

En résumé, quand x croît de $-\infty$ à $+\infty$, a^x croît d'une manière continue de 0 à $+\infty$, et passe *une fois* par chaque nombre positif.

3. Deuxième cas. $a < 1$. Si l'on pose $a = \dfrac{1}{a'}$ on a

$$a^x = (a')^{-x} ;$$

a' est > 1; donc si x croit de $-\infty$ à $+\infty$, $(a')^{-x}$ décroît de $+\infty$ à 0. On en déduit facilement les propriétés suivantes que l'on démontre d'ailleurs directement comme dans le cas de $a > 1$.

1° *On a : $a^x > 0$ pour toutes les valeurs de x.*

2° *On a : $a^x < 1$ si $x > 0$, et $a^x > 1$ si $x < 0$.*

3° *a^x est une fonction décroissante.*

4° *Si x tend vers zéro, a^x tend vers 1.*

5° *La fonction a^x est continue pour toutes les valeurs de x.*

6° *Si x augmente indéfiniment par valeurs positives, a^x a pour limite zéro.*

7° *Si x prend des valeurs négatives dont la valeur absolue augmente indéfiniment, a^x augmente indéfiniment.*

8° *L'équation $a^x = b$ a une racine réelle et une seule, en supposant $b > 0$.*

En résumé, quand on suppose : $a < 1$, si x croît de $-\infty$ à $+\infty$, a^x décroît d'une manière continue de $+\infty$ à 0, et passe une seule fois par chaque nombre positif.

LOGARITHMES

4. Nous venons de voir que si b désigne un nombre positif quelconque, l'équation $a^x = b$ admet une racine réelle et une seule ; cette racine se nomme le logarithme de b, dans la base a, et on la représente par la notation

$$\log_a b.$$

On nomme fonction logarithmique de x, ou logarithme de x, dans le *système* ayant pour base a, la fonction y définie par l'équation :

$$a^y = x,$$

la variable x ne *devant recevoir que des valeurs positives.*

On pose $y = \log_a x$, de sorte que l'on a identiquement, pour toute valeur positive de x,

$$a^{\log_a x} = x.$$

Lorsque $a = e$, les logarithmes se nomment logarithmes népériens, du nom de l'inventeur des logarithmes, le baron Neper. Nous conviendrons de représenter le logarithme népérien de x par le symbole $L. x$.

5. Il résulte immédiatement des propriétés de la fonction exponentielle que si la base a est supposée plus grande que 1, le logarithme d'un nombre plus grand que 1 est *positif*, le logarithme d'un nombre plus petit que 1 est *négatif*. C'est le contraire, quand la base est plus petite que l'unité. Dans tous les cas, on a : $\log 1 = 0$.

Si l'on suppose $a > 1$, on a : $\log_a 0 = -\infty \quad \log_a (+\infty) = +\infty$.

Si l'on suppose $a < 1$, on a : $\log_a 0 = +\infty \quad \log_a (+\infty) = -\infty$.

6. Théorème. — *La fonction $\log_a x$ est croissante quand a est supérieur à* 1, *et décroissante quand a est plus petit que* 1.

En effet, si l'on pose $a^y = x$, et si l'on suppose $a > 1$, quand y croît, x croît aussi, de sorte que :

$$\frac{a^{y+k} - a^y}{k} > 0.$$

Si l'on pose $a^{y+k} = x + h$, on a :

$$y + k = \log_a (x + h) \quad \text{et} \quad y = \log_a x,$$

par suite l'inégalité précédente peut s'écrire :

$$\frac{h}{\log_a (x + h) - \log_a x} > 0,$$

ce qui montre que la fonction $\log_a x$ est croissante, puisque la différence $\log_a (x + h) - \log_a x$ a le signe de h.

On verrait de même que $\log_a x$ est une fonction décroissante quand a est plus petit que 1.

7. Théorème. — *Le logarithme du produit d'un nombre déterminé de facteurs positifs est égal à la somme des logarithmes de ces
facteurs.*

En effet, soient x_1, x_2, ... x_n, n nombres positifs et y_1, y_2, ... y_n,
leurs logarithmes de base a. On a :

$$a^{y_1} = x_1, \quad a^{y_2} = x_2, \quad ..... \quad a^{y_n} = x_n;$$

d'où, en multipliant membre à membre :

$$a^{y_1 + y_2 + ... + y_n} = x_1 x_2 ..... x_n,$$

c'est-à-dire,

$$\log_a \left(x_1 x_2 ..... x_n \right) = \log_a x_1 + \log_a x_2 + ... + \log_a x_n.$$

8. Théorème. — *Le logarithme du quotient de deux nombres
positifs est égal au logarithme du dividende diminué du logarithme du
diviseur.*

En effet, des identités :

$$a^{y_1} = x_1, \quad a^{y_2} = x_2$$

on tire :

$$a^{y_1 - y_2} = \frac{x_1}{x_2};$$

c'est-à-dire,

$$\log_a \frac{x_1}{x_2} = \log_a x_1 - \log_a x_2.$$

9. Théorème. — *Le logarithme de la puissance $m^{ième}$ d'un
nombre positif est égal au logarithme de ce nombre multiplié par m.*

Soit, en effet :

$$a^y = x;$$

on en tire, quel que soit m :

$$a^{my} = x^m,$$

c'est-à-dire

$$\log_a x^m = m \log_a x.$$

Cas particulier. — Supposons $m = \dfrac{p}{q}$; on a alors :

$$\log_a \sqrt[q]{x^p} = \frac{p}{q} \log_a x.$$

10. Théorème. — *La fonction $\log_a x$ est continue pour toutes les valeurs positives de x.*

Soient x_0 un nombre positif, et h un nombre positif ou négatif. On a :

$$\log_a (x_0 + h) - \log_a x_0 = \log_a \frac{x_0 + h}{x_0} = \log_a \left(1 + \frac{h}{x_0} \right).$$

Il s'agit de trouver un nombre positif β, tel que pour toutes les valeurs de h comprises entre $-\beta$ et $+\beta$, on ait :

$$- \alpha < \log_a \left(1 + \frac{h}{x_0} \right) < \alpha$$

α étant un nombre positif donné.

Il faut et il suffit pour cela que

$$1 + \frac{h}{x_0} \text{ soit compris entre } a^{-\alpha} \text{ et } a^{\alpha},$$

c'est-à-dire que

$$\frac{h}{x_0} \text{ soit compris entre } a^{-\alpha} - 1 \text{ et } a^{\alpha} - 1,$$

ou enfin que

$$h \text{ soit compris entre } x_0 \left(a^{-\alpha} - 1 \right) \text{ et } x_0 \left(a^{\alpha} - 1 \right),$$

il suffit de prendre β égal à la plus petite des valeurs absolues de ces deux nombres, qui ont d'ailleurs des signes contraires.

Remarque. — Soient A et B deux nombres positifs quelconques, A étant supposé plus petit que B ; on peut déterminer un nombre positif β, tel que l'on ait :

$$| \log_a x_1 - \log_a x_0 | < \alpha$$

lorsque l'on a :

$$| x_1 - x_0 | < \beta,$$

x_1 et x_0 désignant des nombres compris entre A et B.

En effet, supposons $a > 1$, et soit $h = |\,x_1 - x_0\,|$. En supposant $x_0 < x_1$, on doit avoir :

$$\log_a\left(1 + \frac{h}{x_0}\right) < \alpha$$

ou :

$$1 + \frac{h}{x_0} < a^{\alpha}$$

c'est-à-dire

$$h < x_0\,(a^{\alpha} - 1)$$

il suffit donc de prendre :

$$\beta = \mathrm{A}\,(a^{\alpha} - 1).$$

11. Application. — *Soient u et v deux fonctions de x continues dans l'intervalle (a, b), la fonction u étant en outre positive pour toutes les valeurs de x comprises entre a et b ; dans ces conditions la fonction u^{v} est continue.*

En effet, on a identiquement :

$$u^{v} = e^{vLu}$$

puisque :

$$\mathrm{L}\,.\,u^{v} = vLu.$$

Or Lu est une fonction continue de x, puisque, par hypothèse, u ne prend que des valeurs positives ; le produit vLu varie donc d'une manière continue, et, par suite, il en est de même de l'exponentielle e^{vLu}.

En particulier u^{m}, m étant une constante quelconque, est une fonction continue de x, tant que u est une fonction de x, continue et positive.

Corollaire. — *Si u et v ont pour limites α et β quand x tend vers a, u^{v} a pour limite α^{β}, pourvu que α soit positif.*

En particulier, supposons que u ait pour limite 1 et que v grandisse indéfiniment ; si l'on pose $u = 1 + \alpha$, on a :

$$u^{v} = (1 + \alpha)^{\frac{1}{\alpha}\,(v\alpha)},$$

donc, dans ce cas,

$$\lim u^{v} = e^{\lim v\,(u - 1)}.$$

12. Problème. — **Passer d'un système de logarithmes à un autre.**

Supposons construite une table de logarithmes de base a. On demande le logarithme d'un nombre N dans un autre système de base b.

Soient x le logarithme du nombre positif N dans le système de base a et y son logarithme la base étant b, de sorte que

$$a^x = b^y = \mathrm{N};\qquad\qquad (1)$$

si l'on prend les logarithmes dans la base a, on en déduit

$$x = y \log_a b\qquad\qquad (2)$$

d'où

$$y = x \times \frac{1}{\log_a b}\qquad\qquad (3)$$

c'est-à-dire

$$\log_b \mathrm{N} = \log_a \mathrm{N} \times \frac{1}{\log_a b}.$$

Donc, si l'on connaît le logarithme d'un nombre dans le système a, on obtient son logarithme dans un nouveau système b, en multipliant le logarithme de base a par un nombre constant appelé le module du nouveau système par rapport à l'ancien.

Corollaires I. — Si l'on suppose $\mathrm{N} = a$, les équations (1) donnent $x = 1$ et $y = \log_b a$; donc, en vertu de (2) :

$$\log_a b . \log_b a = 1.\qquad\qquad (4)$$

II. — En prenant les logarithmes dans un troisième système c, on tire de (1)

$$x \log_c a = y \log_c b$$

d'où

$$\frac{\log_c a}{\log_c b} = \frac{\log_b \mathrm{N}}{\log_a \mathrm{N}}$$

ce qui prouve que le rapport $\dfrac{\log_c a}{\log_c b}$ est indépendant de c.

On arrive au même résultat en appliquant ce qui précède à un autre nombre N', de sorte que

$$a^{x'} = b^{y'} = \mathrm{N}'$$

L'égalité (3) devient

$$y' = x' \times \frac{1}{\log_a b}$$

de façon que

$$\frac{x}{x'} = \frac{y}{y'}$$

ou

$$\frac{\log_a N}{\log_a N'} = \frac{\log_b N}{\log_b N'}.$$

Cas particulier. — Soit $b = e$. On a dans ce cas,

$$L.N = \log_a N \times \frac{1}{\log_a e} \quad \text{et} \quad \log_a N = L.N \times \frac{1}{La}$$

ainsi que

$$\log_a e = \frac{1}{L.a}.$$

Ce nombre $\dfrac{1}{L a}$ se nomme le *module* du système a.

13. Identité des logarithmes définis par les exposants et des logarithmes définis par les progressions.

1° *Les logarithmes définis par les exposants peuvent être définis par les progressions.*

En effet, considérons des nombres en progression géométrique :

$$1, q, q^2, \ldots\ldots q^n, \ldots\ldots$$

si q a pour logarithme r dans la base a, on a

$$\log_a q^n = n \log_a q = nr ;$$

par suite les logarithmes des termes de la progression géométrique considérée seront respectivement :

$$0, r, 2r, \ldots\ldots nr, \ldots\ldots$$

De même les nombres :

$$\frac{1}{q}, \frac{1}{q^2}, \ldots\ldots \frac{1}{q^n} \ldots\ldots$$

auront pour logarithmes :

$$- r, - 2r, \ldots\ldots - nr \ldots\ldots$$

par suite si l'on considère les deux progressions :

$$\ldots\ldots \frac{1}{q^{n}} \ldots\ldots \frac{1}{q^{2}}, \frac{1}{q}, 1, q, q^{2} \ldots\ldots q \ldots\ldots$$

$$\ldots -nr \ldots\ldots -2r, -r, 0, r, 2r, \ldots\ldots nr \ldots\ldots$$

chaque terme de la progression arithmétique sera bien le logarithme du terme correspondant de la progression géométrique.

2° *Réciproquement, les logarithmes définis par les progressions peuvent être définis par les exposants.*

Considérons deux progressions, l'une géométrique commençant par 1 et de raison positive q; l'autre arithmétique commençant par 0 et de raison r. On peut trouver un nombre positif a tel que l'on ait $a^{r} = q$; il suffit en effet de prendre $a = q^{\frac{1}{r}}$.

On aura $q^{n} = a^{nr}$ et par suite $nr = \log_{a} q^{n}$.

Donc, si un nombre N fait partie de la progression géométrique, de sorte que $N = q^{n}$, son logarithme arithmétique sera égal à nr; mais on aura $N = a^{nr}$, par conséquent son logarithme algébrique de base a sera bien égal à nr.

Supposons N compris entre q^{n} et q^{n+1}. On insère $\mu - 1$ moyens géométriques entre q^{n} et q^{n+1} et autant de moyens arithmétiques entre nr et $(n+1)r$. Les moyens géométriques de rang k et $k+1$ seront égaux à :

$$q^{n+\frac{k}{\mu}} \quad \text{et} \quad q^{n+\frac{k+1}{\mu}}$$

et les moyens arithmétiques correspondants :

$$nr + \frac{kr}{\mu}, \quad nr + \frac{k+1}{\mu}r$$

seront leurs logarithmes arithmétiques. Supposons N compris entre

$$q^{\left(n+\frac{k}{\mu}\right)} \quad \text{et} \quad q^{\left(n+\frac{k+1}{\mu}\right)}.$$ On aura ainsi, en supposant $a > 1$,

$$a^{r\left(n+\frac{k}{\mu}\right)} < N < a^{r\left(n+\frac{k+1}{\mu}\right)}$$

donc, si μ augmente indéfiniment, les moyens arithmétiques

$$r\left(n + \frac{k}{\mu}\right) \qquad \text{et} \qquad r\left(n + \frac{k+1}{\mu}\right)$$

ont pour limite commune $\log_a N$; or, par définition, la limite commune de ces moyens arithmétiques est le logarithme de N défini par le système des deux progressions considérées ; la proposition est donc entièrement établie.

14. Logarithmes népériens. — Considérons les deux progressions :

$$1,\ 1+\alpha.\ (1+\alpha)^2,\ \ldots\ (1+\alpha)^n\ \ldots$$
$$0,\ \ \beta,\ \ \ 2\beta,\ \ \ \ldots\ \ n\beta\ \ \ldots$$

Néper nommait module la limite du rapport $\dfrac{\alpha}{\beta}$, lorsque α et β tendent vers zéro. Il pensait avoir le système le plus simple en prenant $\alpha = \beta$, ou en posant $\lim. \dfrac{\alpha}{\beta} = 1$.

Posons $\beta = k\,\alpha$; alors :

$$\log.(1+\alpha) = k\,\alpha$$

ou :

$$k = \log.(1+\alpha)^{\frac{1}{\alpha}}.$$

Si l'on suppose que α tende vers zéro, on a

$$\lim k = \log_a e = \frac{1}{L.\,a}\cdot$$

Ainsi pour Néper le module était $\dfrac{1}{\log_a e}$, a étant la base du système.

En nommant μ le module, nous avons

$$\mu = \log_a e \qquad \text{d'où } a = e^{\frac{1}{\mu}}.$$

On peut retrouver autrement ce résultat. En nommant a' la base du système défini par les progressions de raisons $1+\alpha$ et β, on a :

$$a' = (1+\alpha)^{\frac{1}{\beta}} = (1+\alpha)^{\frac{1}{k\alpha}} = \left[(1+\alpha)^{\frac{1}{\alpha}}\right]^{\frac{1}{k}}$$

Or si α tend vers zéro et k vers μ, a' a pour limite $e^{\frac{1}{\mu}}$.

On a donc bien $a = e^{\frac{1}{\mu}}$.

15. Développement de a^x suivant les puissances entières de x.

Nous avons vu (XVIII, 36) que l'expression $\left(1 + \dfrac{x}{m}\right)^m$ a pour limite

la somme de la série ayant pour terme général $\dfrac{x^n}{n!}$ lorsque le nombre entier positif m augmente indéfiniment.

Supposons que x désigne un nombre réel : on a, en posant $\dfrac{x}{m} = \alpha$,

$$\left(1 + \frac{x}{m}\right)^m = \left[(1 + \alpha)^{\frac{1}{\alpha}}\right]^x,$$

donc (11), comme α tend vers zéro quand m augmente indéfiniment en valeur absolue, on a :

$$\lim. \left(1 + \frac{x}{m}\right)^m = e^x$$

par suite :

$$e^x = 1 + \frac{x}{1} + \frac{x^2}{1.2} + \cdots + \frac{x^n}{1.2\ldots n} + \cdots$$

Si x tend vers une valeur déterminée x_0 quand m augmente indéfiniment, on a :

$$\lim. \left(1 + \frac{x}{m}\right)^m = e^{x_0}$$

Ainsi par exemple :

$$\lim. \left(1 + \frac{1}{m} + \frac{1}{m^2}\right)^m = e$$

car en posant $x = 1 + \dfrac{1}{m}$, x tend vers 1 quand m augmente indéfiniment, et l'expression précédente peut être écrite ainsi :

$$\left(1 + \frac{1 + \dfrac{1}{m}}{m}\right)^m.$$

Nous pouvons déduire du développement de e^x en série entière, celui de a^x, a désignant un nombre positif; il suffit de remarquer que :

$$a^x = e^{x\,\mathrm{L}a},$$

on a donc :

$$a^x = 1 + \frac{x\,\mathrm{L}a}{1} + \frac{(x\,\mathrm{L}a)^2}{1} + \cdots + \frac{(x\,\mathrm{L}a)^n}{1.2.\,\ldots\,n} + \cdots \quad (2)$$

Si l'on suppose $x = -1$, on a :

$$\frac{1}{e} = e^{-1} = 1 - \frac{1}{1} + \frac{1}{1.2.} - \frac{1}{1.2.3.} + \cdots + \frac{(-1)^n}{1.2.\,\ldots\,n} + \cdots \quad (3)$$

et

$$\frac{1}{a} = 1 - \frac{\mathrm{L}a}{1} + \frac{(\mathrm{L}a)^2}{1.2.} - \frac{(\mathrm{L}a)^3}{1.2.3.} + \cdots + \frac{(-1)^n.(\mathrm{L}a)^n}{1.2.\,\ldots\,n} + \cdots \quad (4)$$

Si l'on pose :

$$e^x = 1 + \frac{x}{1} + \frac{x^2}{1.2.} + \cdots + \frac{x^n}{1.2.\,\ldots\,n} + \mathrm{R}_n$$

on a :

$$\mathrm{R}_n = \frac{x^n}{1.2.\,\ldots\,n} \left(\frac{x}{n+1} + \frac{x^2}{(n+1)(n+2)} + \cdots \right)$$

Si ρ désigne la valeur absolue de x, on voit que la série placée entre parenthèses a une valeur absolue moindre que la somme de la série géométrique :

$$\frac{\rho}{n+1} + \frac{\rho^2}{(n+1)^2} + \cdots$$

qui est convergente si l'on suppose $n+1 > \rho$, et qui a pour somme :

$$\frac{\rho}{n+1-\rho}$$

on a donc :

$$\left| \mathrm{R}_n \right| = \frac{\theta.\rho^{n+1}}{1.2.\,\ldots\,n\,(n+1-\rho)}$$

θ étant un nombre compris entre 0 et 1.

Si x est positif, R_n est aussi positif et l'on a :

$$R_n \cdot \frac{\theta\, x^{n+1}}{1.2.\ \ldots\ n.\ (n+1-x)}.$$

Lorsque x est négatif, la série e^x est alternée et en supposant n suffisamment grand les termes vont en décroissant, en valeur absolue à parler du $n^{ième}$, on peut dans cette hypothèse prendre pour limite supérieure de l'erreur la valeur absolue du premier terme négligé (XVIII, 25).

Supposons $x = 1$; on a déjà vu dans ce cas que :

$$R_n \quad \frac{1}{1.2.\ \ldots\ n} \cdot \frac{\theta}{n}.$$

Supposons maintenant $x = -1$; alors la valeur absolue de R_n sera encore de la même forme :

$$\frac{1}{1.2.\ \ldots\ n} \cdot \frac{\theta}{n},$$

mais l'on voit immédiatement que le reste R_n aura le signe de $(-1)^{n-1}$; on pourra donc poser :

$$e^{-1} \quad 1 - \frac{1}{1} + \frac{1}{1.2.} - \frac{1}{1.2.3.} + \cdots + (-1)^n \cdot \frac{1}{1.2\ldots n} - (-1)^n \cdot \frac{1}{1.2\ldots n} \cdot \frac{\theta}{n}.$$

16. Application. — *Le nombre e ne peut être racine d'aucune équation du second degré à coefficients commensurables.*

Remarquons d'abord que si les coefficients d'une équation algébrique sont commensurables, en les réduisant au même dénominateur et multipliant tous les coefficients par ce dénominateur, on ramène l'équation à une équation à coefficients entiers. Il s'agit donc de prouver que l'on ne peut avoir :

$$Ae + B \cdot \frac{1}{e} + C = 0.$$

A, B, C désignant des nombres entiers positifs ou négatifs. On aurait en effet :

$$A\left(1 + \frac{1}{1} + \frac{1}{2!} + \cdots + \frac{1}{n!} + \frac{1}{n!}\frac{\theta}{n}\right) +$$

$$B\left(1 - \frac{1}{1} + \frac{1}{2!} + \cdots + (-1)^n \frac{1}{n!} - (-1)^n \frac{1}{n!}\frac{\theta'}{n}\right) + C = 0.$$

Multipliant tous les termes par $n!$ et simplifiant, on aurait :

$$E = \frac{A\theta - (-1)^n B\theta'}{n}$$

E désignant un entier.

Or on peut supposer n choisi de telle façon que A et $-(-1)^n$B soient de mêmes signes. En supposant n suffisamment grand, le second membre de cette égalité est une fraction proprement dite, différente de zéro, tandis que le premier membre est un entier ou zéro ; l'égalité est donc impossible.

Il résulte de là que si l'on développe e en fraction continue, on n'obtiendra pas une fraction périodique.

Remarque. — On démontre que e ne peut être racine d'aucune équation algébrique à coefficients entiers, c'est-à-dire que e est *un nombre transcendant.* Il en est de même de π.

17. Théorème. — *Le rapport d'un nombre à son logarithme augmente indéfiniment quand ce nombre augmente indéfiniment.*

En effet, soit

$$y = \frac{x}{\log_a x}.$$

Si l'on pose :

$$x = e^z,$$

on a :

$$y = \frac{e^z}{z} \, \mathrm{L}a.$$

Or, on a :

$$e^z > \frac{z^2}{1.2}$$

par suite

$$\frac{e^z}{z} > \frac{z}{1.2}$$

en supposant z positif. Si x augmente indéfiniment, il en est de même de z, par suite $\dfrac{x}{\log_a x}$ augmente indéfiniment en même temps que x.

Corollaire I. — Plus généralement, soit :

$$y = \frac{x^m}{\log_a x}$$

m étant positif. On peut écrire :

$$y = m \cdot \frac{x^m}{\log_a x^m},$$

donc y augmente indéfiniment en même temps que x.

Corollaire II. — *Quand x tend vers zéro, $x^m \log_a x$ a pour limite zéro, m étant supposé positif.*

Posons, en effet, $x = \dfrac{1}{z}$; on a :

$$x^m \log_a x = \frac{1}{z^m}, \log_a \frac{1}{z} = - \frac{\log_a z}{z^m}.$$

Si x tend vers zéro, z augmente indéfiniment, donc l'expression considérée a pour limite zéro.

18. Problème. — *Trouver la limite de x^x quand x tend vers zéro.*

On a $x^x = e^{x L x}$; d'après ce que nous venons de voir, $x L x$ a pour limite zéro, donc x^x a pour limite 1, quand x tend vers zéro.

19. Résolution d'équations exponentielles. — Soit d'abord l'équation :

$$a^x = b,$$

a et b étant deux nombres positifs. On trouve, en prenant les logarithmes des deux membres :

$$x = \frac{\log b}{\log a}$$

les logarithmes étant calculés dans une base quelconque.

Soit encore l'équation :

$$a^{b^x} = c.$$

On a : $b^x = \dfrac{\log c}{\log a}$; on est donc ramené au cas précédent. On peut, de la même façon, résoudre une équation de la forme :

$$a_n^x$$
$$\cdot$$
$$a_2$$
$$a_1$$
$$a = b.$$

a, a_1, a_2, ... a_n, b désignant les nombres positifs.

Si l'on a à résoudre une équation de la forme :

$$f(a^x) = b,$$

on posera d'abord $a^x = y$, et on résoudra l'équation

$$f(y) = b$$

à chaque racine *positive* y' correspondra une valeur de x, racine de l'équation $a^x = y'$,

Exemple :

$$5^{x-1} = 2 + \frac{3}{5^{x-2}}.$$

Multipliant les deux membres par 5^{x+1}, on obtient :

$$5^{2x} - 10 \cdot 5^x - 3 \cdot 5^3 = 0.$$

Cette équation est du second degré par rapport à 5^x; elle a une racine positive qui convient seule; donc :

$$5^x = 5 + \sqrt{5^2 + 3 \cdot 5^3} = 25 = 5^2,$$

d'où $x = 2$.

Remarque. — Soit a un nombre plus grand que 1; nous avons vu que l'inégalité $(1 + \alpha)^m > A$ est vérifiée dès que l'on prend m supérieur à $E\left(\dfrac{A - 1}{\alpha}\right)$.

On peut trouver maintenant la plus petite valeur de m satisfaisant à la condition donnée; en d'autres termes, nous pouvons résoudre l'inégalité $(1 + \alpha)^m > A$; en effet, cette inégalité est équivalente à celle-ci :

$$m\,L(1 + \alpha) > LA$$

ou

$$m > \frac{LA}{L(1 + \alpha)}.$$

EXPONENTIELLE IMAGINAIRE

20. Soit z un nombre imaginaire; la série

$$1 + \frac{z}{1} + \frac{z^2}{1.2} + \cdots + \frac{z^n}{1.2 \ldots n} + \cdots$$

est convergente; de plus la série formée par les modules est convergente; désignons cette série par $\varphi(z)$. On a vu que :

$$\lim \left(1 + \frac{z}{m}\right)^m = \varphi(z)$$

quand m augmente indéfiniment par valeurs entières et positives.

Soit z' un autre nombre réel ou imaginaire :

$$\varphi(z') = 1 + \frac{z'}{1} + \frac{z'^2}{1.2} + \cdots + \frac{z'^n}{1.2\ldots n} + \cdots$$

et

$$\varphi(z+z') = 1 + \frac{z+z'}{1} + \frac{(z+z')^2}{1.2} + \cdots + \frac{(z+z')^n}{1.2\ldots n} + \cdots$$

Posons

$$S_n = 1 + \frac{z}{1} + \frac{z^2}{1.2} + \cdots + \frac{z^n}{1.2\ldots n}$$

$$S'_n = 1 + \frac{z'}{1} + \frac{z'^2}{1.2} + \cdots + \frac{z'^n}{1.2\ldots n}$$

$$S''_n = 1 + \frac{z+z'}{1} + \frac{(z+z')^2}{1.2} + \cdots + \frac{(z+z')^n}{1.2\ldots n}.$$

Soient ρ et ρ' les modules de z et de z' et posons

$$\Sigma_n = 1 + \frac{\rho}{1} + \frac{\rho^2}{1.2} + \cdots + \frac{\rho^n}{1.2\ldots n}$$

$$\Sigma'_n = 1 + \frac{\rho'}{1} + \frac{\rho'^2}{1.2} + \cdots + \frac{\rho'^n}{1.2\ldots n}$$

$$\Sigma''_n = 1 + \frac{\rho+\rho'}{1} + \frac{(\rho+\rho')^2}{1.2} + \cdots + \frac{(\rho+\rho')^n}{1.2\ldots n}.$$

On voit aisément que

$$\Sigma''_n < \Sigma_n \Sigma'_n < \Sigma''_{2n+1}.$$

Il est évident, en effet, que tout terme contenu dans Σ''_n se trouve dans $\Sigma_n \Sigma'_n$, mais ce produit contient des termes qui ne sont pas dans Σ''_n. D'autre part, prenons dans Σ''_{2n+1} le terme $\dfrac{(\rho+\rho')^q}{q!}$; on y trouve, en développant, des termes tels que $\dfrac{\rho^\alpha}{\alpha!} \dfrac{\rho'^\beta}{\beta!}$ où $\alpha + \beta = q$; ce terme sera dans $\Sigma_n \Sigma'_n$ pourvu que q ne dépasse pas $2n$, donc Σ''_{2n+1} contient tous les termes de $\Sigma_n \Sigma'_n$ et d'autres encore. Or $\Sigma''_{2n+1} - \Sigma''_n$ a pour limite o ; donc la différence $\Sigma_n \Sigma'_n - \Sigma''_n$ a aussi pour limite o.

Mais

$$\text{mod}\left(S_n S'_n - S''_n\right) < \Sigma_n \Sigma'_n - \Sigma''_n,$$

car $S_n S'_n - S''_n$ est une somme de termes en z et z' et $\Sigma_n \Sigma'_n - \Sigma''_n$ est une somme de termes positifs qu'on obtient en remplaçant dans $S_n S'_n - S''_n$ chaque terme par son module. On a donc :

$$\lim. \text{mod}\left(S_n S'_n - S''_n\right) = o,$$

et par suite

$$\lim \left(S_n \, S'_n - S''_n \right) = o,$$

c'est-à-dire

$$\varphi(z + z') = \varphi(z) \cdot \varphi(z'). \tag{1}$$

Lorsque z est réel, $\varphi(z) = e^z$. Nous conviendrons de représenter encore $\varphi(z)$ par e^z quand z est imaginaire et l'identité précédente deviendra

$$e^{z + z'} = e^z \cdot e^{z'}. \tag{2}$$

En particulier si l'on pose $z = x + yi$, on a :

$$e^{x + yi} = e^x \cdot e^{yi}.$$

On a d'ailleurs, d'après la définition de la fonction e^z,

$$e^{yi} = \varphi(yi),$$

c'est-à-dire

$$e^{yi} = 1 - \frac{y^2}{1.2} + \frac{y^4}{1.2.3.4} - \cdots + i\left(y - \frac{y^3}{1.2.3} + \frac{y^5}{1.2.3.4.5} - \cdots \right) \tag{3}$$

Nous allons chercher une autre expression de e^{yi}.

Si l'on pose

$$1 + \frac{x}{m} = r \cos \alpha, \quad \frac{y}{m} = r \sin \alpha,$$

on a :

$$\left(1 + \frac{x + yi}{m} \right)^m = r^m \left(\cos m\alpha + i \sin m\alpha \right).$$

Or :

$$r^2 = \left(1 + \frac{x}{m} \right)^2 + \frac{y^2}{m^2} = 1 + \frac{1}{m}\left(2x + \frac{x^2 + y^2}{m} \right).$$

D'où l'on tire :

$$r^m = \left[1 + \frac{1}{m}\left(2x + \frac{x^2 + y^2}{m} \right) \right]^{\frac{m}{2}}$$

et par suite quand m augmente indéfiniment :

$$\lim r^m = e^x.$$

Ce résultat est évident *a priori*; car l'identité (2) donne :

$$e^{yi} \cdot e^{-yi} = 1$$

d'où il résulte que le module de e^{yi} est égal à 1. Par suite $e^{x + yi} = e^x \cdot e^{yi}$ a pour module e^x.

D'autre part :

$$\cos \alpha = \frac{1 + \dfrac{x}{m}}{\sqrt{\left(1 + \dfrac{x}{m}\right)^2 + \dfrac{y^2}{m^2}}}, \quad \sin \alpha = \frac{\dfrac{y}{m}}{\sqrt{\left(1 + \dfrac{x}{m}\right)^2 + \dfrac{y^2}{m^2}}}, \quad \text{tg } \alpha = \frac{\dfrac{y}{m}}{\left(1 + \dfrac{x}{m}\right)}.$$

Si m augmente indéfiniment, on a : $\lim \text{tg } \alpha = 0$, $\lim \sin \alpha = 0$, $\lim \cos \alpha = 1$: donc on peut supposer m suffisamment grand pour que α soit un arc aussi petit qu'on veut, en valeur absolue.

On a dès lors

$$\sin \alpha < \alpha < \text{tg } \alpha$$

d'où

$$m \sin \alpha < m \alpha < m \, tg \, \alpha,$$

c'est-à-dire

$$\frac{y}{\sqrt{\left(1 + \dfrac{x}{m}\right)^2 + \dfrac{y^2}{m^2}}} < m \alpha < \frac{y}{1 + \dfrac{x}{m}}.$$

Si m augmente indéfiniment on a donc $\lim m \alpha = y$.

Par conséquent

$$e^{x+yi} = e^x (\cos y + i \sin y). \tag{4}$$

Donc

$$e^{yi} = \cos y + i \sin y.$$

En comparant cette formule à la formule (3) on trouve

$$\cos y = 1 - \frac{y^2}{2!} + \frac{y^4}{4!} + \cdots + (-1)^n \frac{y^{2n}}{2n!} + \cdots$$

$$\sin y = y - \frac{y^3}{3!} + \frac{y^5}{5!} + \cdots + (-1)^n \frac{y^{2n+1}}{(2n+1)!} + \cdots$$

En changeant i en $-i$ on aura :

$$e^{-yi} = \cos y - i \sin y.$$

Des formules (5) et (6) on tire :

$$\cos y = \frac{e^{yi} + e^{-yi}}{2} \qquad \sin y = \frac{e^{yi} - e^{-yi}}{2i}$$

et par suite

$$\text{tg } y = \frac{e^{yi} - e^{-yi}}{i \left(e^{yi} + e^{-yi}\right)}.$$

Dans ce qui précède, la lettre y désigne une variable indépendante; on peut donc écrire aussi :

$$\cos x = \frac{e^{xi} + e^{-xi}}{2}, \qquad \sin x = \frac{e^{xi} - e^{-xi}}{2\,i}$$

$$\operatorname{tg} x = \frac{e^{xi} - e^{-xi}}{i\left(e^{xi} + e^{-xi}\right)}.$$

21. Logarithmes des nombres quelconques. — Soit un nombre réel ou imaginaire, $z = x + yi = \rho\,(\cos\omega + i\sin\omega)$; on peut déterminer un nombre positif r et un angle φ, tels que l'on ait

$$e^{r+\varphi i} = x + yi.$$

En effet, on a

$$e^{r+\varphi i} = e^{r}.\ \cos\varphi + i\sin\varphi$$

il suffit donc de poser

$$r = \mathrm{L}.\,\rho \quad \text{et} \quad \varphi = \omega + 2\,k\,\pi.$$

D'après cela, on dit que le nombre $x+yi$ a une infinité de logarithmes népériens, et l'on pose

$$\mathrm{L}\,(x + yi) = \mathrm{L}\rho + (\omega + 2k\pi)\,i$$

ρ et ω désignant le module et l'argument de $x+yi$, et $\mathrm{L}\rho$ désignant le logarithme du module, c'est-à-dire le nombre réel tel que $e^{\mathrm{L}\rho} = \rho$.

22. Problème. — *Trouver une fonction continue $f(x)$ satisfaisant à l'équation*

$$f(x) \cdot f(y) = f(x + y) \qquad\qquad (1)$$

pour toutes les valeurs réelles de x et de y.

Nous savons que la fonction a^x vérifie l'identité (1); nous allons prouver qu'il n'y a pas d'autre fonction jouissant de la même propriété.

Remarquons d'abord que si $x = y = \dfrac{x_0}{2}$, l'identité (1) devient :

$$f(x_0) = \left[f\left(\frac{x_0}{2} \right) \right]^2,$$

ce qui montre que la fonction $f(x)$ ne peut prendre que des valeurs positives.

En second lieu, on a :

$$f(x_1) \times f(x_2) = f(x_1 + x_2)$$
$$f(x_1 + x_2) \times f(x_3) = f(x_1 + x_2 + x_3)$$
$$. \quad . \quad . \quad . \quad . \quad . \quad . \quad . \quad . \quad . \quad . \quad . \quad .$$
$$. \quad . \quad . \quad . \quad . \quad . \quad . \quad . \quad . \quad . \quad . \quad . \quad .$$
$$f(x_1 + x_2 + \ldots + x_{n-1}) \times f(x_n) = f(x_1 + x_2 + \ldots + x_n),$$

d'où, en multipliant membre à membre et simplifiant :

$$f(x_1) \cdot f(x_2) \dots f(x_n) = f(x_1 + x_2 + \dots + x_n)$$

et, par suite, en supposant

$$x_1 = x_2 = \dots = x_n,$$

on a :

$$[f(x)]^n = f(nx). \qquad\qquad (2)$$

Je dis que l'identité (2) est vraie pour toutes les valeurs de n.

Soit d'abord $n = \dfrac{p}{q}$, p et q étant positifs : on a successivement :

$$\left[f\left(\frac{px}{q}\right) \right]^q = f(px) = [f(x)]^p,$$

et par suite, la fonction étant positive :

$$f\left(\frac{px}{q}\right) = [f(x)]^{\frac{p}{q}}.$$

Supposons n incommensurable et soit λ un nombre commensurable ayant pour limite n ; on a :

$$[f(x)]^\lambda = f(\lambda x).$$

Les limites des deux membres sont égales ; donc, puisque la fonction $f(x)$ est continue :

$$[f(x)]^n = f(nx).$$

Ainsi la formule (1) est établie par toutes les valeurs positives de n.

En faisant $y = o$, l'identité (1) devient :

$$f(x) \cdot f(o) = f(x) ;$$

donc :

$$f(o) = 1.$$

On a ensuite

$$f(x) \times f(-x) = f(o) = 1 ;$$

donc

$$f(-x) = \frac{1}{f(x)}.$$

Soit $n = -n'$, on aura :

$$f(-n'x) = \frac{1}{f(n'x)} = \frac{1}{[f(x)]^{n'}} = [f(x)]^{-n'};$$

donc l'identité (2) est vraie pour toutes les valeurs de n. On a donc aussi :

$$[f(u)]^x = f(nx)$$

et si l'on fait $n = 1$:

$$f(x) = [f(1)]^x.$$

Mais $f(1)$ est une constante positive ; si l'on pose :

$$f(1) = a,$$

on aura donc :

$$f(x) = a^x$$

et la proposition est établie.

On verra de même que la fonction $\log x$ est la seule qui vérifie l'équation

$$f(xy) = f(x) + f(y) \qquad (3)$$

En effet, on déduira de cette identité

$$nf(x) = f(x^n)$$

et l'on verra, comme plus haut, que cette identité subsiste pour toutes les valeurs de n.

Supposons que x ne puisse prendre que des valeurs positives et posons

$$x = a^z,$$

a étant positif. L'équation (4) deviendra

$$nf(a^z) = f(a^{nz}).$$

n et z étant quelconques ; on a aussi :

$$zf(a^n) = f(a^{nz});$$

donc

$$nf(a^z) = zf(a^n),$$

c'est-à-dire

$$nf(x) = \frac{\log x}{\log a} \cdot f(a^n),$$

d'où

$$f(x) = \frac{f(a^n)}{n \log a} \cdot \log x = b \cdot \log x,$$

b étant une constante. Mais on peut, en changeant la base, écrire simplement

$$f(x) = \log x.$$

Remarque. — On démontrera d'une façon analogue que la fonction la plus générale satisfaisant à l'équation

$$f(x + y) = f(x) + f(y)$$

est la fonction $A x$, A étant une constante.

Ce qui revient à cette proposition : pour que deux quantités variables z et x soient proportionnelles, il faut et il suffit qu'à une valeur de x corresponde une seule valeur de z, et 2° que si $z = z'$ quand $x = x'$ et $z = z''$ quand $x = x''$, on ait : $z = z' + z''$ quand $x = x' + x''$.

EXERCICES

1. Trouver la limite de

$$\frac{1}{n} \sqrt[n]{(n+1)(n+2) \ldots\ldots 2n}$$

quand l'entier n augmente indéfiniment.

(LAISANT.)

$$\text{Rép.} : \frac{4}{e}.$$

2. Trouver quels sont les nombres qui ont des logarithmes commensurables, dans un système de logarithmes dont la base est un nombre entier.

3. Trouver la limite de $\dfrac{e^x}{f(x)}$ quand x augmente indéfiniment, $f(x)$ désignant un polynome entier en x.

4. Si l'on pose

$$y_m = \frac{1^m}{1} \cdot x + \frac{2^m}{1.2} \, x^2 + \ldots\ldots + \frac{n^m}{p!} \, x^n + \ldots\ldots$$

montrer que

$$y_m = P_m \, e^x$$

P_m étant un polynome entier en x.

5. Développer e^{e^x} suivant les puissances croissantes de x.

6. Résoudre le système :

$$(y + 1)^x = 1.000$$

$$(y^2 - 1)^{2x-2} = \frac{(y - 1)^{2x}}{(y + 1)^x}.$$

7. Résoudre

$$x^{x+y} = y^{\frac{8}{3}}$$

$$y^{x+y} = x^{\frac{2}{3}}$$

8. Montrer que $\log x$ ne peut être une fonction rationnelle de x.

9. Si l'on suppose $x > 0$ on a : $\mathrm{L}(1 + x) < x$.

10. Examiner ce que devient la formule des intérêts composés quand on capitalise par fraction $\frac{1}{n}$ d'année au taux $\frac{r}{n}$ par franc, lorsque l'on suppose que n augmente indéfiniment. Montrer que la valeur A acquise par le capital C au bout de t années est donnée par la formule

$$A = Ce^{rt}.$$

11. Démontrer que le produit

$$(1 + a_1)(1 + a_2)\dots(1 + a_n)\dots$$

est convergent ou divergent en même temps que la série

$$a_1 + a_2 + \dots + a_n + \dots$$

a_n étant supposé positif, en partant de l'inégalité :

$$1 + x < e^x \qquad (x > o).$$

12. Soient

$$a_1, a_2 \dots a_n \dots$$

des nombres ayant pour modules $\alpha_1, \alpha_2 \dots \alpha_n \dots$

si le produit

$$(1 + \alpha_1)(1 + \alpha_2)\dots(1 + \alpha_n)\dots$$

est convergent, il en est de même du produit

$$(1 + a_1)(1 + a_2)\dots(1 + a_n)\dots$$

(CAUCHY.)

13. Prouver que si x est inférieur à 1, on a :

$$\frac{1 + x}{1 - x} > e^{2x}.$$

14. Montrer qu'on a, pour toute valeur positive de x :

$$0 = \frac{1}{2} - \frac{x}{x+1} + \frac{x(x-1)}{(x+1)(x+2)} - \ldots$$

$$= (1-x)\left(1 - \frac{x}{2}\right)\left(1 - \frac{x}{3}\right)\ldots$$

(BOURGUET, Ch. BRISSE.)

15. La série dont le terme général est

$$\frac{1}{n\,\mathrm{L}n\,(\mathrm{L}.\mathrm{L}n)^{\mu}}$$

est convergente si l'on a $\mu > 1$, divergente si $\mu \leqslant 1$.

16. En général si

$$u_n = \frac{1}{n\,\mathrm{L}n\,\mathrm{L}^2n\,\ldots\,\mathrm{L}^{k-1}n\,(\mathrm{L}^k n)^{\mu}}$$

la série est convergente si $\mu > 1$, divergente si $\mu \leqslant 1$. (L^2n désignant $\mathrm{L}.(\mathrm{L}n)$, L^3n désignant $\mathrm{L}.(\mathrm{L}^2n)$, etc.)

17. Une série positive est convergente si, à partir d'un certain rang, on a :

$$\frac{\mathrm{L}\dfrac{1}{u_n}}{\mathrm{L}n} > k > 1, \quad \text{et divergente si l'on a} \quad \frac{\mathrm{L}\dfrac{1}{u_n}}{\mathrm{L}n} < 1.$$

Lorsque $\lim \dfrac{\mathrm{L}\dfrac{1}{u_n}}{\mathrm{L}n} = 1$ il y a doute.

18. Une série positive est convergente si, à partir d'un certain rang, on a :

$$\frac{\mathrm{L}\dfrac{1}{nu_n}}{\mathrm{L}.\mathrm{L}n} > \mu > 1 \quad \text{et divergente si} \quad \frac{\mathrm{L}\dfrac{1}{nu_n}}{\mathrm{L}.\mathrm{L}n} < 1.$$

19. Trouver la limite de $\cos^m \dfrac{x}{m}$ quand m augmente indéfiniment.

20. Trouver la limite de $\cos^m \dfrac{x}{\sqrt{m}}$ quand m augmente indéfiniment par valeurs positives.

21. Trouver la limite de $\dfrac{\mathrm{L}.\mathrm{tg}\,px}{\mathrm{L}.\mathrm{tg}\,qx}$ quand x tend zéro.

22. Résoudre l'inégalité

$$\mathrm{L}.a.a^{\frac{1}{\mathrm{L}a}} < 1 \quad (a > 1).$$

TABLE DES MATIÈRES

CONTENUES DANS LE PREMIER VOLUME

PARIS. — IMPRIMERIE E. CAPIOMONT ET C⁹

57, RUE DE SEINE, 57

ERRATUM

Page.	Ligne.	*au lieu de :*	*lire :*
237	dernière.	$(ab)_{hk} = a_h a_k - a_k b_h \ldots$	$(ab)_{hk} = a_h b_k - a_h b_n \ldots$

Paris. — Imp. E. CAPIOMONT et Cie, rue de Seine, 57.

www.ingramcontent.com/pod-product-compliance
Lightning Source LLC
Chambersburg PA
CBHW061258030726
47595CB00001B/118